Entscheidungen des
Bundesarbeitsgerichts

Herausgegeben

von den Mitgliedern des Gerichtshofes

Berlin 1958

Walter de Gruyter & Co.

vorm. G. J. Göschen'sche Verlagshandlung / J. Guttentag, Verlagsbuchhandlung / Georg Reimer / Karl J. Trübner / Veit & Comp.

Entscheidungen des
Bundesarbeitsgerichts

5. Band

Berlin 1958

Walter de Gruyter & Co.

vorm. G. J. Göschen'sche Verlagshandlung / J. Guttentag, Verlagsbuchhandlung / Georg Reimer / Karl J. Trübner / Veit & Comp.

ZITIERWEISE

Für die Zitierung dieser Sammlung wird die Abkürzung BAG empfohlen, z. B. BAG 1,70 (= Band 1 Seite 70).

Archiv-Nr. 28 19 58

Satz und Druck: Berliner Buchdruckerei Union G. m. b. H., Berlin SW 61

INHALT

Berichtigung

Band 5: S. 182 bis 186 (Kolumnentitel) lies: „Aufklärungspflicht bei Abwerbung" statt „Aufklärungspflicht bei Abwertung".

1.

Ein Arbeitnehmer, der fahrlässig den Arbeitsunfall eines anderen Arbeitnehmers desselben Betriebes oder Unternehmens verursacht hat, haftet dem Geschädigten nicht, wenn und soweit ihm eine Belastung mit solchen Schadenersatzansprüchen deshalb nicht zugemutet werden kann, weil seine Schuld im Hinblick auf die besondere Gefahr der ihm übertragenen Arbeit nach den Umständen des Falles nicht schwer ist.

RVO §§ 898, 899; BGB § 823.

Großer Senat. Beschluß vom 25. September 1957 i. S. 1. St. (Bekl.), 2. B. D. (Nebeninterv.) w. 1. J. (Kl.), 2. L. Schl.-H. (Kl.) GS 4/56, GS 5/56 (1 AZR 576/55, 1 AZR 577/55).

I. Arbeitsgericht Rendsburg. — II. Landesarbeitsgericht Kiel.

Gründe:

I.

Am 25. November 1952 fuhr der beim Kraftfahrbundesamt in F. als Kraftfahrer angestellte Beklagte mit vier anderen Angestellten dieser Dienststelle, darunter dem Kläger J., mit einem Personenkraftwagen der Dienststelle in Richtung Hamburg. Sie sollten dort eine neue Papierschneidemaschine für das Kraftfahrbundesamt abholen. Auf der vereisten Straße kam der Wagen ins Rutschen und prallte gegen einen Baum. Bei diesem von der Bundesausführungsbehörde für Unfallversicherung in Wilhelmshaven als Arbeitsunfall im Sinne der Reichsversicherungsordnung anerkannten Unfall wurde der Kläger schwer verletzt; er kann nicht mehr in seinem ursprünglichen Beruf als Drucker, sondern nur noch als Pförtner tätig sein. Er bezieht jetzt Invaliden- und Unfallrente.

Das Strafgericht hat ein Verschulden des Beklagten verneint und ihn rechtskräftig freigesprochen.

In der einen der beiden arbeitsgerichtlichen Klagen hat der Verletzte J. die Feststellung verlangt, daß der Beklagte ihm allen Schaden zu ersetzen habe. In der andern hat die Landesversicherungsanstalt Schleswig-Holstein gemäß § 1542 RVO ihre für J. erbrachten Leistungen in Höhe von 1509,85 DM von dem Beklagten erstattet und ferner die Feststellung begehrt, daß der Beklagte verpflichtet sei, ihr alle weiteren Aufwendungen zu ersetzen.

Während das Arbeitsgericht mit der Begründung, daß es an einem Verschulden des Beklagten fehle, die Klagen abgewiesen hat, hat das Landesarbeitsgericht das Verschulden des Beklagten bejaht und den Klageanträgen entsprochen.

In beiden Sachen hat der Beklagte Revision eingelegt.

Der Erste Senat hat beschlossen, gemäß § 45 Abs. 1 Satz 2 ArbGG den Großen Senat um die Beantwortung folgender Fragen anzugehen:

I. Inwieweit haftet ein Arbeitnehmer, der durch eine fahrlässige unerlaubte Handlung den Arbeitsunfall eines anderen Arbeitnehmers des gleichen Betriebes oder Unternehmens verursacht hat, dem geschädigten Arbeitnehmer auf Ersatz seines Schadens?

II. 1. Inwieweit und unter welchen Voraussetzungen hat ein solcher Arbeitnehmer, soweit er dem geschädigten Arbeitnehmer haftpflichtig ist, einen Anspruch gegen seinen Arbeitgeber auf Freistellung von dieser Schadenersatzpflicht?

2. Stehen einem Freistellungsanspruch gegenüber dem Arbeitgeber Bestimmungen oder Prinzipien des Sozialversicherungsrechts entgegen?

III. Welchen Einfluß haben auf die Fragen zu I und II das Haftpflicht- und Haftpflichtversicherungsrecht?

Der Erste Senat ist der Auffassung, daß es sich um Fragen von grundsätzlicher Bedeutung handele, bei denen die Fortbildung des Rechts und die Sicherung einer einheitlichen Rechtsprechung die Entscheidung des Großen Senats erfordere.

Der Große Senat tritt der Auffassung des Ersten Senats bei, daß die Voraussetzungen des § 45 Abs. 1 Satz 2 ArbGG für die Anrufung des Großen Senats und auch für die Entscheidung der ihm vorgelegten Rechtsfragen gegeben sind, und zwar uneingeschränkt für die Frage zu I, bezüglich der Fragen zu II und III nur insoweit, als diese Fragen als Vor- und Begleitfragen der zu I gestellten Frage zu beantworten und für die Entscheidung der vor dem Ersten Senat anhängigen Prozesse erheblich sind. Eine eigenständige Beantwortung der Fragen zu II und III ohne Ausrichtung auf diese Prozesse würde auf die Erstattung eines Gutachtens in einer beim Bundesarbeitsgericht nicht anhängigen Sache hinauslaufen und unzulässig sein.

II.

Die im Vorlagebeschluß gestellten Fragen nach der Haftung des Arbeitnehmers für einen von ihm fahrlässig herbeigeführten A r b e i t s - u n f a l l eines Arbeitskameraden und nach einem etwaigen Freistellungsanspruch des Arbeitnehmers gegen seinen Arbeitgeber berühren sowohl Vorschriften der Reichsversicherungsordnung wie auch Regeln des Bürgerlichen Rechts einschließlich des Arbeitsrechts. Die Vorschriften der Reichsversicherungsordnung und die Regeln des Bürgerlichen Rechts und Arbeitsrechts greifen nicht immer reibungslos ineinander.

Nach den Vorschriften der Reichsversicherungsordnung erhält (auch) der durch einen von seinem Arbeitskameraden verschuldeten Arbeitsunfall geschädigte Arbeitnehmer aus der Krankenversicherung Arzt- und Heilmittelversorgung, aus der Unfallversicherung von der Berufsgenossenschaft, zu der sein Arbeitgeber gehört und an die dieser seine Beiträge zahlt, gegebenenfalls eine Unfallrente. Außerdem hat er nach Bürgerlichem Recht, und zwar, da zwischen den Arbeitnehmern im Betrieb in aller Regel kein Vertragsverhältnis besteht und daher Ansprüche aus Vertrag ausscheiden, auf Grund der in § 823 BGB oder in Sondergesetzen enthaltenen Vorschriften über unerlaubte Handlungen gegen den schuldhaften Schädiger einen Schadenersatzanspruch. Dieser geht auf Ersatz des vollen, durch die Leistungen aus der Sozialversicherung nicht gedeckten Schadens sowie nach § 847 BGB auf Schmerzensgeld. Soweit der Verletzte Leistungen aus der Sozialversicherung erhalten hat, geht sein Anspruch gegen den Schädiger gemäß § 1542 RVO auf die Sozialversicherungsträger über. Der Arbeitgeber ist gemäß § 898 RVO von der Ersatzflicht gegenüber seinem Arbeitnehmer frei, und zwar auch dann, wenn ihn oder seine Hilfspersonen, für die er nach Bürgerlichem Recht aus den §§ 278 und 618 oder 823, 831 BGB haften müßte, ein Verschulden trifft, es sei denn, daß strafgerichtlich festgestellt worden ist, daß er den Unfall vorsätzlich herbeigeführt hat. Insoweit sind nach der RVO nicht nur die Arbeitgeber von der Haftung frei, die an die Berufsgenossenschaft die ihnen obliegenden Beiträge zu zahlen haben, sondern gemäß § 899 RVO namentlich auch die Bevollmächtigten oder Repräsentanten des Unternehmers und die Betriebs- und Arbeitsaufseher, die solche Beiträge nicht zahlen. Wenn also der Arbeitnehmer, nach dessen Haftung im Vorlagebeschluß gefragt wird, ein Arbeitsaufseher oder eine andere im § 899 RVO genannte Person ist, so ist er bei fahrlässig herbeigeführtem Arbeitsunfall von der Haftung gegenüber dem geschädigten Arbeitnehmer frei. Kraftwagenführer, die wie der Beklagte nur Kraftfahrzeuglenker sind, fallen jedoch nicht unter diesen Personenkreis (vgl. BGHZ 19, 114 [117]; RGZ 167, 385 [387]; 170, 159; Böhmer, Versicherungsrecht, 1956, S. 126; Elleser, Die Sozialversicherung, 1956, S. 86).

Zwar können der Arbeitgeber und die in § 899 RVO aufgeführten Personen gemäß § 903 RVO von den Sozialversicherungsträgern in Anspruch genommen werden, jedoch lediglich in Höhe der von diesen aufgewendeten Leistungen und auch nur dann, wenn ihnen ein Verstoß gegen ihre besonderen Berufspflichten zur Last fällt, der — soweit der Anspruch nicht von den Berufsgenossenschaften erhoben wird (§ 903 Abs. 4 RVO) — auch noch strafgerichtlich festgestellt sein muß (§ 903 Abs. 1 — 3 RVO). Das in §§ 905, 906 RVO geregelte Verfahren führt obendrein noch meist zur Niederschlagung der Ansprüche aus § 903 RVO.

Ganz anders ist, von der RVO aus gesehen, die für die große Masse der Arbeitnehmer, die nicht unter § 899 RVO fallen, geltende, also hier in Betracht kommende Rechtslage. Sie sind durch die §§ 898, 899 RVO nicht aus der Haftung ausgenommen. Der Arbeitnehmer, der einen Arbeitsunfall schuldhaft herbeigeführt hat, ist nach allgemeinen Vorschriften ersatzpflichtig. Im Gegensatz zu seinem Arbeitgeber und seinem Arbeitsaufseher, die, außer bei strafgerichtlich festgestellter vorsätzlicher Herbeiführung des Schadens, also auch bei grob fahrlässiger Herbeiführung des Arbeitsunfalls von der Haftung gegenüber dem geschädigten Arbeitnehmer frei sind, muß nach dem Wortlaut der Gesetze der einfache Arbeitnehmer auch bei leichter Fahrlässigkeit, unter Umständen sogar bei fehlender Schuld, nach § 1542 RVO den Sozialversicherungsträgern das von diesen Aufgewandte erstatten und außerdem dem Geschädigten selbst nach § 823 BGB oder dem in Betracht kommenden Sondergesetz seinen durch die Leistung aus der Sozialversicherung nicht gedeckten vollen Schaden ersetzen und Schmerzensgeld zahlen. Wenn auch die Sozialversicherungsträger oft davon absehen, diese ihnen gesetzlich zustehenden Ansprüche gegen den Arbeitnehmer geltend zu machen, so muß doch nach dem Haftungsschema der RVO für den Arbeitsunfall unter Umständen der sozial Schwächste einstehen (vgl. dazu Berger, Unsoziale Haftpflicht für den Arbeitsunfall, Soziale Sicherheit 53, 366 und 54, 16; Kagerer, Sozialversicherung 55, 199: Schieke, Zur Frage der Haftung von Arbeitnehmern für Arbeitsunfälle, Sozialversicherung 55, 317; Debus, Soziale Sicherheit 56, 334; Oehmann, BB 56, 726).

Hier setzt der von der neueren arbeitsgerichtlichen Rechtsprechung und der arbeitsrechtlichen Lehre entwickelte Grundsatz ein, daß der Arbeitnehmer, der bei einer ihrer Natur nach leicht zu Schädigungen führenden Arbeit fahrlässig einen Schaden herbeigeführt hat, nicht schlechthin haften soll. Das gilt naürlich nicht für die Haftung gegenüber außenstehenden Dritten, die unberührt bleibt. Dagegen hat das Reichsarbeitsgericht mehrfach ausgesprochen, daß der Arbeitgeber vom Arbeitnehmer keinen oder jedenfalls keinen vollen Schadenersatz verlangen kann, wenn die Eigenart der vom Arbeitnehmer zu leistenden Dienste es mit sich bringt, daß dem Arbeitnehmer Fehler unterlaufen, die — für sich allein betrachtet — zwar jedesmal vermeidbar waren, also fahrlässig herbeigeführt worden sind, mit denen aber angesichts der menschlichen Unzulänglichkeit als mit einem typischen Abirren der Dienstleistung erfahrungsgemäß zu rechnen ist (vgl. RAG, ARS 30, 1; 41, 259). Diesen Rechtsgrundsatz hat das Reichsarbeitsgericht aus der Fürsorgepflicht des Arbeitgebers und der zwischen Arbeitgeber und Arbeitnehmer bestehenden Arbeitsgemeinschaft und der vom Arbeitgeber zu tragenden Betriebsgefahr hergeleitet (vgl. RAG, a. a. O.).

In folgerichtiger Weiterentwicklung dieses Grundsatzes hat die arbeitsgerichtliche Rechtsprechung dem Arbeitnehmer, der bei Ausübung der ihm übertragenen gefahrengeneigten Arbeit einen Dritten geschädigt hat, einen Anspruch gegen den Arbeitgeber auf gänzliche oder je nach den Umständen anteilmäßige Freistellung von seiner Ersatzpflicht, die er gegenüber dem geschädigten Dritten hat, gewährt, sowie auf Ersatz dessen, was er dem Dritten schon geleistet hat (vgl. RAG, ARS 41, 55 und 43, 108).

Beim Arbeitsunfall, den ein Arbeitskamerad des Verletzten bei gefahrengeneigter Arbeit fahrlässig verursacht hat, geraten nun aber die dargelegten Prinzipien, nämlich die Haftungsgrundsätze der Reichsversicherungsordnung und des Arbeitsrechts, in einen scharfen Widerspruch.

Steht dem verletzten Arbeitnehmer gegen seinen Arbeitskameraden, der den Arbeitsunfall im Rahmen der ihm übertragenen schadensgeneigten Arbeit (z. B. Kraftfahrzeugunfall) fahrlässig herbeigeführt hat, ein Schadenersatzanspruch aus § 823 BGB zu und gewährt man dem haftpflichtigen Arbeitnehmer einen Anspruch auf Befreiung von dieser Ersatzpflicht gegen seinen Arbeitgeber, so liefe das für diese Fälle auf eine Beseitigung des § 898 RVO hinaus. Es müßte nämlich dann der Arbeitgeber, der nach § 898 RVO von jeder Ersatzpflicht gegenüber dem in seinem Betrieb durch Arbeitsunfall verletzten Arbeitnehmer frei ist und der zur Erreichung dieses Haftungsausschlusses seine Beiträge zur Berufsgenossenschaft zahlt, doch für die Folgen des Arbeitsunfalls einstehen, und zwar auf dem Umwege, daß er seinen Arbeitnehmer von der Ersatzpflicht freistellen müßte.

Ließe man solchen Falles den fahrlässig handelnden Arbeitnehmer zwar aus § 823 BGB haften, versagte man ihm aber wegen des sonst gegen § 898 RVO verstoßenden Ergebnisses einen Freistellungsanspruch gegen seinen Arbeitgeber, so wäre eine solche Entscheidung ein Bruch mit einem jetzt allgemein anerkannten, billigen und gerechten arbeitsrechtlichen Rechtsprinzip.

Wenn man angesichts dieser rechtlichen Unstimmigkeiten, die sich sowohl bei Gewährung wie auch bei Versagung des Freistellungsanspruchs ergeben, schließlich in Erwägung zieht, dem durch Arbeitsunfall geschädigten Arbeitnehmer in gewissem Umfange und unter gewissen Voraussetzungen von vornherein den Schadenersatzanspruch gegen seinen Arbeitskameraden zu versagen, so scheint eine solche Lösung wieder gegen § 823 BGB (oder verwandte Bestimmungen) zu verstoßen, der ausnahmslos für jede auch nur leicht fahrlässige Körperverletzung dem Geschädigten gegen den Schädiger einen Anspruch auf vollen Schadenersatz gewährt.

Es ergibt sich also: Wie auch immer der Richter diesen sich aus dem Nebeneinander von Bürgerlichem Recht, Arbeitsrecht und Sozialversicherungsrecht ergebenden Schwierigkeiten begegnen will, stets würde er gegen Grundsätze des geltenden Rechts — jedenfalls in ihrem bisher verstandenen Sinne — verstoßen.

Die Lösung kann also, solange sich der Gesetzgeber dieser Frage nicht annimmt, nur durch richterliche Fortentwicklung des Rechts, wie sie gemäß §§ 45 ArbGG und 137 GVG zu den Aufgaben des Gerichts gehört (vgl. BAG 1, 279), gefunden werden.

III.

Dabei bestehen, wie sich schon aus dem oben Ausgeführten ergibt, drei Lösungsmöglichkeiten:

Entweder gewährt der Richter unter — scheinbarem oder wirklichem — Verstoß gegen § 823 BGB und gegen § 899 RVO dem durch Arbeitsunfall geschädigten Arbeitnehmer unter bestimmten noch näher festzulegenden Voraussetzungen von vornherein keinen Schadenersatzanspruch gegen den Arbeitskameraden desselben Betriebes, der den Arbeitsunfall fahrlässig herbeigeführt hat.

Oder der Richter gibt gemäß § 823 BGB dem geschädigten Arbeitnehmer einen Ersatzanspruch gegen seinen Arbeitskameraden, gewährt diesem aber — mit Rücksicht auf § 898 RVO — in Abweichung von der bisherigen Rechtsprechung keinen Freistellungsanspruch gegen seinen Arbeitgeber.

Oder der Richter spricht sowohl dem geschädigten Arbeitnehmer aus § 823 BGB einen Ersatzanspruch gegen den schädigenden Arbeitskameraden wie auch diesem einen Freistellungsanspruch gegen seinen Arbeitgeber zu, nimmt also einen Einbruch in das Gefüge der Reichsversicherungsordnung vor.

Der Große Senat hat alle drei Lösungsmöglichkeiten geprüft. Er hält die erste Lösung für die richtige. Im einzelnen gilt folgendes:

1. Der Große Senat tritt der vom Reichsarbeitsgericht entwickelten, von der arbeitsgerichtlichen Rechtsprechung und auch vom Bundesgerichtshof übernommenen Lehre von der Haftungsbeschränkung des Arbeitnehmers gegenüber dem Arbeitgeber bei gefahrengeneigter Arbeit bei. Wenn die Eigenart der vom Arbeitnehmer zu leistenden Dienste es mit großer Wahrscheinlichkeit mit sich bringt, daß auch dem sorgfältigen Arbeitnehmer gelegentlich Fehler unterlaufen, die — für sich allein betrachtet — zwar jedesmal vermeidbar waren, also fahrlässig herbeigeführt worden sind, mit denen aber angesichts der menschlichen Unzulänglichkeit als mit einem typischen Abirren der Dienstleistung erfahrungsgemäß zu rechnen ist, kann der Arbeitgeber von dem fahrlässig handelnden Arbeitnehmer keinen oder jedenfalls keinen vollen Schadenersatz verlangen. Es wäre eine unbillige Härte, den Arbeitnehmer in solchen Fällen nach den normalen Regeln haften zu lassen, da häufig auch die Gefahr besteht, daß der durch ein solches Versehen verursachte Schaden außer Verhältnis zu dem Arbeitseinkommen des Arbeitnehmers steht. Ob und gegebenenfalls in welcher Höhe der Arbeitnehmer an der Wiedergutmachung des Schadens zu beteiligen ist, richtet sich nach der Größe der in seiner Arbeit liegenden Gefahr, nach dem vom Arbeitgeber einkalkulierten oder durch Versicherung deckbaren Risiko, nach der Stellung des Arbeitnehmers im Betrieb, nach der Höhe des Arbeitsentgelts, in dem möglicherweise eine Risikoprämie für den Arbeitnehmer enthalten sein kann, nach der Höhe des Schadens, weiter besonders nach dem Grad seines Verschuldens und überhaupt nach den persönlichen Umständen des Arbeitnehmers, wie der Dauer der Betriebszugehörigkeit in der vorausgegangenen Zeit, seinem Lebensalter, den Familienverhältnissen, seinem bisherigen Verhalten u. ä. (RAG, ARS 41, 55, 259; 43, 108; 46, 136; BGH vom 10. Januar 1955, AP Nr. 1 zu § 611 BGB Haftung des Arbeitnehmers und BGHZ 16, 111; LAG Bremen, AP 53, 44; RdA 51, 75; LAG Düsseldorf, AP 51, 255 und Betrieb 56, 355; LAG Frankfurt, BB 52, 858; 56, 499; LAG Hamburg, RdA 48, 106, AR-Blattei, Haftung des Arbeitnehmers, Ent-

scheidung Nr. 1; LAG Stuttgart, AP 51, 147; 52, 7; LAG Hamm, AP 51, 75; LAG Breslau, ARS 42, 97).

Diese Beschränkung der Haftpflicht des Arbeitnehmers ergibt sich aus den das Arbeitsverhältnis beherrschenden Treue- und Fürsorgepflichtgedanken, mit denen es sich nicht vertrüge, daß der Arbeitgeber den Arbeitnehmer mit Schäden und Ersatzansprüchen belasten würde, die sich aus der besonderen Gefahr und Eigenart der ihm übertragenen Arbeit ergeben und als solche zum typischen vom Arbeitgeber zu tragenden Betriebsrisiko gehören, auch wenn sie im Einzelfall vom Arbeitnehmer fahrlässig herbeigeführt worden sind (vgl. Hueck-Nipperdey, Lehrbuch des Arbeitsrechts, 6. Aufl., I, § 35 II, 4, S. 213 ff.; § 46 III, 6, S. 378; Nikisch, Arbeitsrecht, 2. Aufl. § 27 V, 3, S. 269; § 36 I, 2 e, S. 407; Hueck, ARS 41, 64 ff.; AP Nr. 1 zu § 611 BGB Haftung des Arbeitnehmers; Denecke, RGR-Komentar, 10. Aufl., Vorbem. III, 4 vor § 611 BGB; derselbe RdA 52, 209, 211; Dersch Anm. AP 51, 255; Herschel, DR 41, 1374, IheringsJ. 90, 169; Beine, ZAkDR 39, 683; Rewolle, Betrieb 52, 166; Bulla, DAR 42, 19; Gumpert, BB 55, 480).

Was zunächst von der Rechtsprechung nur für den Schaden ausgesprochen wurde, den der Arbeitnehmer bei Ausübung der ihm übertragenen Arbeit dem Arbeitgeber zufügt, hat die Rechtsprechung dann auch auf den Schaden übertragen, den unter gleichen Voraussetzungen der Arbeitnehmer bei Ausführung der ihm übertragenen Arbeit einem Dritten zufügt. Zwar haftet der Arbeitnehmer dem Dritten unmittelbar unbegrenzt, da die Haftungseinschränkung nur für den innerbetrieblichen Schadensausgleich in Frage kommen kann, aber er hat einen Freistellungsanspruch gegen seinen Arbeitgeber (vgl. RAG, ARS 41, 55; 43, 108; 46, 136; LAG Hamm, BB 55, 477; LAG Düsseldorf/Köln, BB 56, 42; s. a. Hueck-Nipperdey, Nikisch und Gumpert a. a. O.). Auch diese Rechtsprechung macht sich der Große Senat zu eigen. Denn es gehört zur Fürsorgepflicht des Arbeitgebers, daß er einen Schaden, den der Arbeitnehmer aus einem bei der Natur der ihm übertragenen Arbeit und der menschlichen Unzulänglichkeit erklärlichen Versehen herbeigeführt hat — ganz oder teilweise, je nach den Umständen —, auf sich nimmt, wobei es gleichgültig ist, ob der Schaden dem Arbeitgeber selber oder einem Dritten entstanden ist. Ist ein Dritter der Geschädigte, so hat der Arbeitnehmer einen Anspruch auf gänzliche oder anteilige Freistellung von der Ersatzpflicht oder auf Erstattung dessen, was er dem Geschädigten bereits ersetzt hat.

Die bisherige Rechtsprechung und die Lehre haben dabei keine Unterscheidung dahin getroffen, daß der Arbeitgeber nur den einem Betriebsfremden zugefügten Schaden zu übernehmen hätte, der Arbeitnehmer aber den einem Betriebsangehörigen beim Arbeitsunfall zugefügten Schaden u. U. selbst tragen müßte. Es ist aber zu beachten, daß die bisher entschiedenen Fälle offenbar sämtlich außerhalb des gemeinsamen Betriebsorganismus stehende Dritte betrafen. Die Erwägungen, die zur Gewährung eines Freistellungsanspruchs geführt haben, insbesondere über das vom Arbeitgeber zu tragende Betriebsrisiko, schließen es nicht aus, auch den beim Arbeitsunfall verletzten Arbeitnehmer, den sein Arbeitskamerad bei der Arbeit für denselben Betrieb aus einem mit der Natur seiner Arbeit zusammenhängenden Versehen geschädigt hat, am Risiko der gefahrengeneigten Arbeit zu beteiligen. Denn die Belastung des Arbeitgebers mit dem Freistellungsanspruch auch bei Arbeitsunfällen, die ein Arbeitnehmer durch fahrlässiges Verhalten seines Arbeitskameraden erlitten hat, muß an der Grundkonzeption des Unfallversicherungsrechts scheitern.

2. Die Bestimmung des § 898 Reichsversicherungsordnung muß durchgeführt und darf nicht umgangen werden. Es darf nicht der große gesetzgeberische Fortschritt, den das Unfallversicherungsgesetz vom 6. Juli 1884 und die seine Bestimmungen übernehmende Reichsversicherungsordnung gegenüber dem früheren Rechtszustand bedeuten, gefährdet werden. Der Grund für die in § 898 RVO enthaltene Haftungsbefreiung des Arbeitgebers liegt darin, daß die in der Berufsgenossenschaft zusammengeschlossenen Unternehmer in ihrer Gesamtheit als Gefahrengemeinschaft für die Folgen eines jeden Arbeitsunfalls aufkommen müssen. Die Arbeitgeber zahlen allein die Beiträge. Als Ausgleich dafür sollen sie von ihrer Haftung gegenüber dem durch Arbeitsunfall verletzten Arbeitnehmer befreit sein. Der verletzte Arbeitnehmer bekommt zwar statt des vollen Schadenersatzes einschließlich eines etwaigen Schmerzensgeldes nur die — vielfach etwas geringere — Unfallrente. Dafür hat er aber den Vorteil eingetauscht, daß er bei jedem Arbeitsunfall entschädigt wird, ohne daß ein Verschulden des Arbeitgebers oder seiner Hilfspersonen vorzuliegen braucht, und auch dann, wenn ihn selbst ein Verschulden trifft. Darüber hinaus sollen — das war gleichfalls ein Grund für diese Regelung — im Interesse des Arbeitsfriedens alle Rechtsstreitigkeiten zwischen dem Arbeitgeber und Arbeitnehmer wegen eines Arbeitsunfalls vermieden werden (über die Verhandlungen des Reichstages, 5. Legislaturperiode, VI. Session vgl. Stenographische Berichte, 1884, 3. Anlageband, S. 65 ff. und S. 89; Hueck-Nipperdey, Lehrbuch des Arbeitsrechts, 6. Aufl., I, § 48,

II, 5, c ff. S. 368; Dersch, Festschrift für Sitzler 1956, S. 203 ff.; Debus, Soziale Sicherheit, 56, 334 [335]; Elleser, Sozialversicherung, 56, 86; Lauterbach, Unfallversicherung, 2. Aufl., § 898 Anm. 1; Schieke, Sozialversicherung, 55, 317; Schraft, Die Berufsgenossenschaft 53, 122; Weimar, BlfStR, SozVers. u. ArbR, 55, 281; RGZ 74, 27; BGHZ 3, 298 [303]; 8, 330 [338], 19, 114 [121]).

Der Sinn und Zweck der durch das Unfallversicherungsgesetz geschaffenen und von der RVO übernommenen Regelung würde vereitelt werden, wenn der Arbeitgeber auf dem Umweg, daß zunächst der durch den Arbeitsunfall verletzte Arbeitnehmer seinen Arbeitskameraden, der ihn verletzt hat, in Anspruch nehmen und dieser dann wieder seinen Arbeitgeber auf Schuldbefreiung belangen könnte, im Endergebnis doch für den Arbeitsunfall haften müßte. Zwei Prozesse um denselben Arbeitsunfall müßten unter Umständen geführt werden. Der durch die Einrichtung der Berufsgenossenschaften vom Unfallversicherungsgesetz und der Reichsversicherungsordnung erstrebte Betriebsfriede wäre ernstlich gefährdet.

Der Große Senat ist deshalb zu dem Ergebnis gekommen, daß der Freistellungsanspruch des Arbeitnehmers bei gefahrengeneigter Arbeit auf die Fälle der Schädigung außenstehender Dritter beschränkt bleiben muß, daß er jedenfalls nicht Platz greift bei Arbeitsunfällen, die ein in demselben Betrieb angestellter Arbeitskamerad des Verletzten verschuldet hat.

3. Vielmehr ist der Anspruch des durch Arbeitsunfall geschädigten Arbeitnehmers gegen den Arbeitnehmer seines Betriebes, der diesen Arbeitsunfall fahrlässig herbeigeführt hat, in gewissem Umfang und unter bestimmten Voraussetzungen n i c h t zu gewähren.

a) Da es sich dabei um eine zweckgetreue Fortentwicklung des Rechts handelt, mußte der Große Senat vor der Frage nach der rechtlichen Möglichkeit, eine solche Haftungseinschränkung zu begründen, die Frage nach der Gerechtigkeit dieser Lösung beantworten. Denn nur dann, wenn die Lösung billig und gerecht ist, darf das Recht in dieser Richtung fortentwickelt werden (Ennecerus-Nipperdey, Allgem. Teil § 51 II 3, 5 u. 6).

Die Frage nach der Gerechtigkeit dieser Lösung hat der Große Senat bejaht. Die Lösung beschneidet zwar einen dem Buchstaben nach dem geschädigten Arbeitnehmer zustehenden Anspruch gegen seinen Arbeitskameraden. Tatsächlich hat aber der geschädigte Arbeitnehmer wirtschaftlich kaum etwas von diesem Anspruch und er ist auch regelmäßig nicht auf ihn angewiesen. Denn der geschädigte Arbeitnehmer erhält seine Unfallversorgung aus der Berufsgenossenschaft. Daß diese hinter dem wirklichen Schaden erheblich zurückbleibe, wird zwar oft gesagt, trifft aber bei genauer Betrachtung nicht zu (vgl. Knoll, JZ 55, 318). Die Unfallrente beträgt zwar höchstens $^{2}/_{3}$ des Jahreseinkommens, aber dabei wird das Jahreseinkommen brutto, die Rente netto gerechnet, so daß der tatsächliche Unterschied nur etwa 15 % beträgt. Dafür fallen die Mehrausgaben weg, die der Arbeitende gegenüber dem Rentner hat. Außerdem werden bei der Berechnung des Jahreseinkommens Krankheitszeiten und Zeiten der Arbeitslosigkeit als vollbezahlte Arbeitszeit gerechnet. Es gibt zur Rente Kindergeld. Nach dem 65. Lebensjahr steht sich der unfallgeschädigte Arbeitnehmer finanziell besser als sein nicht versehrter Arbeitskamerad; denn er bekommt zu der Invaliden- bzw. Angestelltenrente noch die Unfallrente zusätzlich. Berücksichtigt man dies alles, so liegt die Unfallversorgung aus der Berufsgenossenschaft dicht hinter dem Ersatz des Vollschadens (vgl. Knoll, a. a. O.); ja, sie kann sogar, was bei Teilschaden gar nicht selten ist, als pauschalberechnete Unfallversorgung den konkreten Schaden des Verletzten übersteigen (vgl. hierzu Baresel, Zentralblatt für SozVers. 50, 240). Im Grunde fehlt nur das Schmerzensgeld, hinsichtlich dessen es jedoch durchaus zweifelhaft sein könnte, ob es gerecht und billig ist, wenn ein Arbeitskamerad vom anderen bei schadengeneigter Arbeit für einen Arbeitsunfall im Betrieb Schmerzensgeld fordert.

Weiter ist zu bedenken, daß gemäß § 1542 RVO alles, was bei dem am Arbeitsunfall schuldigen Arbeitnehmer beigetrieben wird, zunächst einmal den Sozialversicherungsträgern zugute kommt. Erst wenn diese für alle ihre Aufwendungen befriedigt sind, kann überhaupt der geschädigte Arbeitnehmer zum Zuge kommen, was angesichts der Höhe der Leistungen aus der Sozialversicherung kaum je der Fall sein wird. Die Beitreibbarkeit von dem Arbeitskameraden wird vielfach nicht gegeben sein. Während somit praktisch die Zubilligung eines Ersatzanspruchs dem verletzten Arbeitnehmer kaum nennenswerte wirtschaftliche Vorteile bringt, wäre die Belastung des am Arbeitsunfall schuldigen Arbeitskameraden stark und außer Verhältnis zu dem etwaigen Nutzen für den Geschädigten (vgl. Berger, a. a. O.; Schicke, a. a. O.; Debus, a. a. O.). Wenn er dem Geschädigten haftet, so heißt das, daß ihn die Sozialversicherungsträger nach § 1542 RVO für alle von ihnen wegen des Arbeitsunfalls erbrachten Leistungen in Anspruch nehmen können. Er wäre mit Ersatzleistungen belastet, die ihn und seine Familie auf Lebenszeit zu einer kümmerlichen Lebenshaltung zwingen, ihm die Arbeitsfreude nehmen und die Ausbildung seiner Kinder gefährden würden. Das müßte der Arbeitnehmer allerdings in Kauf nehmen, wenn er in leichtfertiger Weise oder gar vorsätzlich seinen Arbeitskameraden geschädigt hat, aber nicht dann, wenn es um einen aus der Natur der ihm übertragenen Arbeit sich ergebenden gelegentlichen Fehler geht, der angesichts der menschlichen Unzulänglichkeit jedem — auch dem verletzten Arbeitnehmer — erfahrungsgemäß einmal unterlaufen kann. Dann ist es ein Gebot der Gerechtigkeit, daß solche im Versagen der menschlichen Natur und in der Eigenart der Arbeit begründeten Schäden von den zu diesem Zwecke gegründeten Berufsgenossenschaften getragen werden und daß nicht nur der Arbeitgeber und seine Aufsichtspersonen, sondern auch der einfache Arbeitnehmer entlastet werden. Dadurch würde auch nicht etwa das Verantwortungsgefühl der Arbeitnehmer geschwächt werden; eine solche Gefahr ist durch den allen Arbeitsaufsehern in § 899 RVO gewährten Haftungsausschluß ebenfalls nicht eingetreten.

b) Erscheint es nach alledem billig und gerecht, die Haftung der Arbeitnehmer untereinander für die Folgen eines fahrlässig herbeigeführten Arbeitsunfalls zu beschränken, so fragt es sich, ob dieses Ergebnis auch nach dem geltenden, vom Richter in den Grenzen der ihm zustehenden Möglichkeiten fortzuentwickelnden Recht zutreffend ist.

Eine Gesetzesanalogie zu einzelnen positiven Bestimmungen scheidet allerdings aus.

Das gilt zunächst für beamtenrechtliche Vorschriften.

In Art. 34 GG ist bestimmt, daß die Verantwortlichkeit für eine von einem Amtsträger in Ausübung des ihm anvertrauten öffentlichen Amts einem Dritten gegenüber begangene Amtspflichtverletzung allein den Staat oder die betreffende öffentliche Körperschaft trifft; der Schädiger ist von der unmittelbaren Inanspruchnahme durch den Verletzten frei. Diese Amtspflicht kann auch den Staatsdienern der gleichen Behörde gegenüber bestehen und verletzt sein (vgl. RGZ 100, 188). Wenn also ein Amtsträger den Schaden seines Kollegen in Ausübung eines ihm anvertrauten öffentlichen Amts herbeigeführt hat, so kann er gemäß Art. 34 GG von dem Geschädigten nicht in Anspruch genommen werden. Dieser hat vielmehr nur einen Anspruch gegen den Staat oder die betreffende öffentliche Körperschaft, die ihrerseits bei Vorsatz oder grober Fahrlässigkeit des Staatsbediensteten bei diesem Rückgriff nehmen kann. In den vom Ersten Senat zu entscheidenden Sachen scheidet Art. 34 GG schon deshalb aus, weil die Dienstfahrt, auf der der Arbeitsunfall sich ereignet hat, zum Zwecke der Abholung einer in Hamburg gekauften Papierschneidemaschine, also zu einem auf dem Gebiet des Privatrechts liegenden Zwecke (vgl. BGH bei LM Nr. 25 zu Art. 34 GG) geschah.

Art. 34 führt aber selbst bei analoger Anwendung auch deshalb nicht weiter, da er nur in Verbindung mit der Haftung des „Arbeitgebers" des Amtsträgers sinnvoll ist, die hier gerade im Hinblick auf § 898 RVO nicht besteht.

Einschlägiger wären schon die Bestimmungen des § 124 des Deutschen Beamtengesetzes vom 26. Januar 1937 (RGBl. I S. 38), des § 151 des Bundesbeamtengesetzes i. d. F. vom 18. September 1957 (BGBl. I S. 1338) und des § 81 des Rahmengesetzes zur Vereinheitlichung des Beamtenrechts vom 1. Juli 1957 (BGBl. I, S. 667). Hier ist bestimmt, daß der durch Dienstunfall verletzte Beamte und seine Hinterbliebenen aus Anlaß eines Dienstunfalls neben ihrem Anspruch auf beamtenrechtliche Unfallversorgung weitergehende Ansprüche gegen einen öffentlichrechtlichen Dienstherrn oder — was hier in Betracht kommt — gegen die in seinem Dienst stehenden Personen nur bei vorsätzlicher unerlaubter Handlung einer solchen Person geltend machen können. Jedoch läßt sich aus diesen Vorschriften (über deren Tragweite vgl. BGH 6, 3 [13] ff.) kein allgemeiner auf alle Arbeitnehmer des öffentlichen Dienstes zu übertragender Rechtsgedanke entwickeln. Angesichts der tiefgreifenden Unterschiede, die allein schon hinsichtlich eines Dienst- bzw. Arbeitsunfalls für Beamte einerseits und für Arbeitnehmer selbst im öffentlichen Dienst andererseits bestehen (vgl. §§ 134 ff. BBG für Beamte, § 11 ATO, § 12 TO.A für Angestellte und § 11 ATO, § 15 TO.B für Arbeiter), ist es unzulässig, Bestimmungen, die der Gesetzgeber für die Gruppe der Beamten oder für Träger eines öffentlichen Amtes bei Ausübung öffentlicher Gewalt geschaffen hat, auf das allgemeine Arbeitsrecht zu übertragen.

Auch der in § 899 RVO den Arbeitsaufsehern und ähnlichen Personen in einer gewissen leitenden Position gewährte Haftungsausschluß kann nicht auf alle Arbeitnehmer erstreckt werden. Bei einer Erweiterung des Haftungsausschlusses aus § 899 RVO ergäbe sich zwar eine glatte und damit für die Praxis einfache Lösung: Der Arbeiter wäre beim Arbeitsunfall genau wie sein Arbeitgeber und sein Arbeitsaufseher (vom Fall der strafgerichtlich abgeurteilten vorsätzlichen Herbeiführung des Schadens abgesehen) von jeder Inanspruchnahme durch den Verletzten frei. Die Sozialversicherungsträger könnten sich an ihn wie an den Arbeitgeber und den Arbeitsaufseher nur unter den Voraussetzungen des § 903 RVO wenden, also bei qualifizierten — und in den Fällen § 903 Abs. 1—3 RVO strafgerichtlich festzustellenden — Verschulden sowie mit der Niederschlagungsmöglichkeit aus § 905 RVO. Dem Gedanken, daß ein solcher Haftungsausschluß bei grober Fahrlässigkeit des

Schädigers vielleicht gar nicht erstrebenswert wäre, ließe sich mit dem Hinweis begegnen, daß der Arbeitsaufseher auch bei grober Fahrlässigkeit von der unmittelbaren Inanspruchnahme durch den Geschädigten frei ist und unter den Voraussetzungen des § 903 RVO den Sozialversicherungsträgern haftet, und daß es angemessen wäre, es für den einfachen Arbeiter genau so zu regeln. Man könnte für die Gleichstellung des einfachen Arbeitnehmers mit dem Arbeitsaufseher weiter anführen, daß der eine Grund, der beim Arbeitgeber für den Haftungsausschluß spricht, nämlich seine alleinige Beitragszahlung zur Berufsgenossenschaft, für den Arbeitsaufseher genausowenig in Betracht kommt wie für den einfachen Arbeiter und daß der weitere Grund, der für die Schaffung der §§ 898, 899 RVO ins Feld geführt worden ist, nämlich den Arbeitgeber auch von einer nur moralischen Verpflichtung zum Schadenersatz zu befreien und den Betriebsfrieden zu erhalten (vgl. Stenographische Berichte des Reichstages a. a. O., S. 89), für den Haftungsausschluß sowohl bei dem Arbeitsaufseher wie auch beim einfachen Arbeiter spricht. Rechtspolitisch besonders einleuchtend ist die Bevorzugung des Arbeitsaufsehers vor dem einfachen Arbeiter nicht. Vielleicht mag bei Schaffung dieser Bestimmungen eine Haftung des Arbeiters aus praktischen Gründen, weil er zu wenig verdiente, gar nicht ernst genommen worden sein, sondern nur die des — besser verdienenden — Arbeitsaufsehers. Dann könnte die zunehmende Verbesserung der wirtschaftlichen Lage des Arbeiters den Anlaß bieten, nunmehr den in § 899 RVO dem Arbeitsaufseher gewährten Schutz auch dem Arbeiter zukommen zu lassen, zumal die immer stärker werdende Automation heute schon namentlich den Facharbeiter vielfach beim Überwachen von Maschinen eine Funktion im Betriebe ausüben läßt, wie sie zur Zeit der Schaffung des § 899 RVO der Arbeitsaufseher gegenüber den ihm unterstellten Arbeitern hatte. Trotz dieser Erwägungen hat sich der Große Senat jedoch nicht zu einer entsprechenden Anwendung des § 899 RVO auf den Arbeiter entschließen können. (Eine ausdehnende Auslegung kommt natürlich gar nicht in Frage.) Denn das wäre eine völlige Veränderung, ja Umkehrung der Bestimmung gewesen. In § 899 RVO sind einzelne Gruppen durch Gewährung des Haftungsausschlusses vor der Gesamtheit der übrigen Arbeitnehmer privilegiert worden. Im Sinne einer Fortentwicklung des Rechts könnte es durchaus liegen, in einzelnen der in § 899 RVO aufgezählten Gruppen noch diese oder jene ähnliche Sparte von Arbeitnehmern einzubeziehen (vgl. Enneccerus-Nipperdey, Allg. Teil § 48 I 2). Es geht aber nicht an, das Enumerationsprinzip des § 899 RVO durch Richterspruch in eine jeden Arbeitnehmer erfassende Generalklausel umzuwandeln. Außerdem müßte dann nicht nur § 899 RVO geändert werden; es änderte sich damit auch zugleich der Geltungsbereich des § 903 RVO. Eine solche Änderung der RVO ginge über die dem Richter im Rechtsstaat eingeräumten Befugnisse hinaus. Die Änderung der RVO muß das Bundesarbeitsgericht dem Gesetzgeber überlassen, der sich auch bereits in dieser Aufgabe zu befassen begonnen hat.

In dem von der Bundesregierung am 16. Februar 1957 dem Bundesrat zugeleiteten Entwurf eines Gesetzes zur Neuregelung der gesetzlichen Unfallversicherung (Bundesrats-Drucksache Nr. 55/57) war ein Haftungsausschluß bei Arbeitsunfall für alle Betriebsangehörigen vorgesehen, allerdings mit der Einschränkung auf den Fall, daß ihnen bei einer Inanspruchnahme durch den Verletzten gegenüber dem Arbeitgeber ein Anspruch auf Freistellung zustehen würde (§ 632). Das Gegenstück zu dieser Bestimmung war in § 795 des Entwurfs enthalten, der bestimmt, daß die nach § 632 von der unmitelbaren Inanspruchnahme durch den Geschädigten befreiten Arbeitnehmer den Sozialversicherungsträgern gegenüber für deren Aufwendungen haften, wenn sie den Unfall vorsätzlich oder grob fahrlässig herbeigeführt haben, wobei allerdings der Entwurf übersehen hat, daß bei einem solchen Verschulden gar kein Befreiungsanspruch des Arbeitnehmers gegen seinen Arbeitgeber bestehen und damit auch die Voraussetzungen des § 632 gar nicht gegeben sein würden.

Der Entwurf ist bisher nicht Gesetz geworden. Der Richter darf ihn aus den oben aufgezeigten Gründen nicht als bereits geltendes Recht betrachten und anwenden.

Wohl aber gibt dieser Gesetzentwurf einen klaren Hinweis auf das vom Großen Senat für richtig erachtete Ergebnis. Denn wenn der Entwurf in § 632 bestimmt hat, daß derjenige Arbeitnehmer von der Haftung gegenüber seinem Arbeitskameraden frei sein soll, der einen Befreiungsanspruch gegen seinen Arbeitgeber haben würde, so sollte das, wenn man — was notwendig ist — statt des Wortes „Befreiungsanspruch" die Voraussetzungen für die Entstehung eines solchen einsetzt, bedeuten, daß immer dann, wenn der Arbeitsunfall durch ein Versehen des Arbeitnehmers des Betriebes herbeigeführt worden ist, das seinen Grund in der Eigenart der ihm übertragenen Arbeit und in der menschlichen Unzulänglichkeit hat, der Arbeitnehmer seinem durch den Arbeitsunfall verletzten Arbeitskameraden nicht zu haften braucht. Das sagt auch die Begründung des Entwurfs S. 85 mit voller Klarheit.

c) Die Haftungseinschränkung ergibt sich aber schon nach geltendem Recht aus einer sinnvollen Weiterentwicklung der von der Rechtsprechung erarbeiteten — oben wiedergegebenen — Lehre von der Beschränkung der Haftung des Arbeitnehmers gegenüber dem Arbeitgeber und der Lehre von der Freistellungspflicht des Arbeitgebers bei gefahrengeneigter Arbeit. Dieses Prinzip der Haftungsbefreiung oder Haftungseinschränkung im Sinne einer innerbetrieblichen Schadensverteilung ist auf Arbeitsunfälle auszudehnen, die der Arbeitskamerad des Verletzten fahrlässig herbeigeführt hat. Der Schaden des Verletzten wird, wie oben dargelegt, weitgehend durch die Unfallversicherung gedeckt. Was einen etwa darüber hinausgehenden Schaden und das Schmerzensgeld betrifft, so erfordern es die Grundsätze der Betriebsgemeinschaft, daß der Arbeitnehmer seinen Arbeitskameraden bei schadensgeneigter Arbeit nicht schärfer zur Haftung heranziehen kann, als dieser seinem Arbeitgeber gegenüber und — bei Inrechnungstellung des Freistellungsanspruchs — im praktischen Endergebnis einem außenstehenden Dritten gegenüber haftet. Bereits das Reichsarbeitsgericht hat zur Begründung der Lehre von der Beschränkung der Haftung des Arbeitnehmers gegenüber dem Arbeitgeber auch den Gedanken der Betriebsgemeinschaft als Rechtsgrundlage herangezogen (vgl. RAG, ARS 41, 259 [264]). Das gilt mindestens in gleichem Maße für das Verhältnis der Arbeitnehmer desselben Betriebes untereinander. Sicherlich besteht zwischen den Arbeitnehmern desselben Betriebes untereinander kein Vertragsverhältnis (von den Sonderfällen der sich zu einer Kapelle zusammenschließenden Musiker u. ä. F. abgesehen, vgl. Nikisch, Arbeitsrecht, 2. Aufl., § 24 IV 2 S. 210 und § 25 I 3 S. 221). Wohl aber schafft die Arbeit im gleichen Betrieb ein mehr oder weniger enges Gemeinschaftsverhältnis der Arbeitnehmer untereinander, nicht nur als soziologische Erscheinung, sondern auch mit gewissen Rechtsfolgen. Der Arbeitnehmer tritt, worauf schon das Reichsgericht RGZ 106, 272 [275] und RGZ 113, 87 [89] hingewiesen hat, in die Arbeitnehmer*schaft* des Betriebes und damit in die gesamte Organisation des Betriebes ein, dessen Ergebnis in gemeinschaftlichem Zusammenwirken von Arbeitgeber und Arbeitnehmerschaft gewonnen wird. Darüber hinaus hat der Erste Senat des Bundesarbeitsgerichts in seinen Urteilen vom 8. Februar 1957 (1 AZR 338/55) und vom 25. Juli 1957 (1 AZR 194/56), AP Nr. 2 u. 3 zu § 615 BGB Betriebsrisiko, auf die Solidarität der Arbeitnehmer untereinander hingewiesen. Die Rechtswirkung, die bei der Tätigkeit einer Vielzahl von Arbeitnehmern in einem Betrieb eintritt, erschöpft sich nicht in einer der Zahl der Beschäftigten entsprechenden Summe von verbindungslos nebeneinander bestehenden Einzelarbeitsverträgen. Vielmehr wirkt die Betriebverbundenheit auf die Rechtsstellung des einzelnen Arbeitnehmers ein (z. B. auf der Grundlage des Grundsatzes der Gleichbehandlung und der dem Betriebsrat im Betriebsverfassungsgesetz zugewiesenen Aufgaben). Die Arbeitnehmer eines Betriebes müssen aufeinander besondere Rücksicht nehmen. Sie müssen aber bei gefahrengeneigter Arbeit auch einmal mit leichten Versehen ihrer Arbeitskameraden rechnen. Vielfach wissen sie, daß ihnen solche Versehen auch passieren können. Und sie möchten solchen Falles auch nicht haftbar gemacht werden. Mit dieser Verbundenheit der Arbeiter des Betriebes untereinander ist es nicht vereinbar, wenn der durch einen Arbeitsunfall verletzte Arbeitnehmer, der eine ausreichende Unfallversorgung von der Berufsgenossenschaft bekommt, noch darüber hinaus Schadenersatzansprüche gegen seinen Arbeitskameraden stellen könnte, die — wie oben dargelegt — ihm selbst gar nicht oder kaum zugutekommen, seinen Arbeitskameraden aber unter Umständen zeitlebens aufs empfindlichste in seiner Lebenshaltung beschneiden.

Wenn auch die Arbeiter desselben Betriebes keine Gesellschaft des BGB bilden, so rechtfertigt doch ihre betriebliche Verbundenheit, die Haftungsvorschriften, die nach dem BGB für die Gesellschafter gelten, zum Vergleich heranzuziehen (vgl. auch Hueck-Nipperdey, Lehrbuch, 6. Aufl., Bd. 1 S. 214). Wie die einzelnen Gesellschafter einander nur für die Sorgfalt einzustehen haben, die sie in eigenen Angelegenheiten anzuwenden pflegen (§ 708 BGB), so haften die Arbeitnehmer des Betriebes einander nicht, wenn der Schaden mit der Natur der ihnen übertragenen Arbeit zusammenhängt und durch ein leichtes typisches Abirren der Arbeitsleistung entstanden ist. Eine solche sich aus der speziellen Interessen- und Wertungslage ergebende Haftungsbeschränkung wirkt auf die Ansprüche aus unerlaubter Handlung ein, genau wie eine für die Vertragshaftung vorgesehene Beschränkung auf eine schwerere Schuldart auch für die Deliktshaftung gilt (vgl. RGZ 88, 317; RG, Recht 10 Nr. 3916; RG, SeuffA 89, 329; Kipp, DJZ 03, 256; Krückmann, IheringsJ 52, 428).

Wie der Gesellschafter des BGB trotz der auf die Sorgfalt in eigenen Dingen beschränkten Haftung doch gemäß § 277 BGB für grobe Fahrlässigkeit haftet und wie auch bei grober Fahrlässigkeit des Arbeitnehmers in der Regel seine Haftung gegenüber dem Arbeitgeber unbeschränkt ist, und dieser den Arbeitnehmer Dritten gegenüber nicht freizustellen braucht, so muß auch im Verhältnis der Arbeitnehmer des

Betriebes untereinander die Haftungsbeschränkung eine Grenze haben. Der Senat hat, um die arbeitsgerichtliche Rechtsprechung nicht zu sehr bei der Rechtsfindung einzuengen, bewußt davon Abstand genommen, hier die Begriffe von leichter und grober Fahrlässigkeit zu gebrauchen. In aller Regel wird bei leichter Fahrlässigkeit der Haftungsausschluß Platz greifen und bei grober nicht. Da es aber nicht undenkbar ist, daß das von der Rechtsprechung bei der Lehre vom Ausschluß und der Minderung der Haftung des Arbeitnehmers gegenüber dem Arbeitgeber betonte aus der menschlichen Unzulänglichkeit erklärbare typische Abirren der Arbeitsleistung sich auch einmal als ein grober Fehler darstellt, hat der Große Senat es vermieden, die herkömmlichen Begriffe von leichter und grober Fahrlässigkeit zu gebrauchen. Es kommt hinzu, daß im Hinblick auf den Beschluß des Großen Senats des BGH vom 4. April 1957, NJW 57, 785 die Frage noch offen ist, ob nicht der sogenannte objektive Fahrlässigkeitsbegriff des § 276 Abs. 1 Satz 2 BGB für die nicht vorsätzlichen Handlungen in Wahrheit die Definition der Rechtswidrigkeit enthält, so daß außerdem noch das Verschulden festgestellt werden muß (vgl. dazu Nipperdey, NJW 57, 1777 mit Angaben). Der Große Senat hat es daher vorgezogen, den unverbrauchten und den Rechtsgenossen verständlichen subjektiv getönten Ausdruck der „nicht schweren Schuld" zu wählen. Er wollte damit nicht etwa einen neuen Verschuldensbegriff prägen, was aus Gründen der Rechtseinheit entschieden abgelehnt werden müßte (so zutreffend Hueck in der Kritik zu LAG Stuttgart, AP Nr. 2 zu § 611 BGB Haftung des Arbeitnehmers; Dersch, BB 56, 501; Galperin, AR-Blattei, Haftung des Arbeitnehmers III, Positive Vertragsverletzung A II 2; LAG Bremen, RdA 51, 75 mit Anm. Dersch). Vielmehr sollte durch diese Fassung der künftigen Rechtsprechung auf diesem Gebiet möglichst viel Spielraum gelassen werden.

d) Die vom Großen Senat gefundene Lösung bedeutet auch keine Gefährdung der Rechtseinheit. Denn maßgebend für die Entscheidung waren rein arbeitsrechtliche Gründe, wie sie lediglich die Arbeitsgerichtsbarkeit beschäftigen, nämlich die Verbundenheit der Arbeitnehmer desselben Betriebes, die Natur der dem Arbeitnehmer übertragenen Arbeit und die Eigenart der sich bei solcher Arbeit möglicherweise ergebenden Versehen. Eine Abweichung von der Rechtsprechung anderer oberer Bundesgerichte ist somit nicht zu erwarten. Die Entscheidung steht auch nicht im Widerspruch zu der bereits vorliegenden Judikatur des Bundesgerichtshofs. So hat der Bundesgerichtshof eine Anwendung des § 899 RVO auf Arbeitskameraden auch seinerseits abgelehnt (vgl. BGH vom 12. März 1957, BB 57, 510). (Die Entscheidung betrifft im übrigen selbständige Landwirte, die einander beim Steineladen behilflich waren.) Ebenso steht die Entscheidung des Bundesgerichtshofs vom 9. Juli 1957 VI ZR 261/56 nicht entgegen, da es sich in dieser Entscheidung um zwei Arbeitnehmer handelte, die zwar auf dem gleichen Bau, aber für verschiedene Arbeitgeber (Baufirma und Elektrofirma) arbeiteten. Auch das in BGHZ 21, 207 veröffentlichte Urteil vom 4. Juli 1956 und die Entscheidung vom gleichen Tage VI ZR 250/55 behandeln keinen Fall einer Haftung der Arbeitnehmer untereinander, sondern die Inanspruchnahme eines Unternehmers durch einen in seinem Betrieb nicht eingegliederten Arbeitnehmer eines fremden Betriebes.

Der Beschluß verstößt auch nicht etwa, was abschließend noch bemerkt werden soll, gegen Sinn und Zweck des Gesetzes über die erweiterte Zulassung von Schadenersatzansprüchen bei Dienst- und Arbeitsunfällen vom 7. Dezember 1943. Wenn auch für die Rechtsstreitigkeiten, in denen der Vorlagebeschluß ergangen ist, dieses Sondergesetz nicht zur Anwendung kommt, weil die Fahrt vom 25. November 1952 in einem nicht dem allgemeinen Verkehr zugänglichen Dienstwagen unternommen worden ist (vgl. OGHZ 1, 245; BGHZ 3, 298 [304] und 8, 330 [337]; siehe auch amtliche Begründung des Gesetzes, DJ 44, 21), so mußte doch dieses Gesetz bei der Entscheidung des Großen Senats mit in Betracht gezogen werden. Die Vorteile dieses Gesetzes bleiben auch bei der Entscheidung des Großen Senats dem Verletzten erhalten. Mag er auch den Anspruch gegen den Fahrer einbüßen, so behält er doch gemäß der in diesem Gesetz von § 898 RVO gemachten Ausnahme bei einem im allgemeinen Verkehr erlittenen Arbeitsunfall Ersatzansprüche gegen seinen Arbeitgeber als den Halter des Kraftfahrzeuges, das den Arbeitsunfall verursacht hat.

IV.

Was die im Vorlagebeschluß zu III gestellte Frage nach dem Einfluß von Haftpflicht- und Haftpflichtversicherungsrecht angeht, so richtet sich das Haftpflicht- und Haftpflichtversicherungsrecht nach der Haftung und nicht umgekehrt. Wenn der Arbeitnehmer für den von ihm verursachten Arbeitsunfall seinem Arbeitskameraden keinen Schadenersatz schuldet, so braucht auch keine Haftpflichtversicherung für ihn einzutreten. Im übrigen ist die vom Großen Senat beschlossene Fassung, die es darauf abstellt, ob dem Arbeitnehmer die Belastung mit Schadenersatzansprüchen zuzumuten ist, elastisch genug, um auch in Sonderfällen, in denen angesichts einer eigens für einen Arbeitsunfall der eingetretenen Art eingegangenen Versicherung der Wegfall der Haftung sinnwidrig erscheinen sollte, eine gerechte Lösung zu finden.

2

Es gibt keinen Rechtssatz des Inhalts, daß bei einem Arbeitnehmer, dem nach langer Dienstzeit nur noch aus wichtigem Grunde gekündigt werden darf, solch ein wichtiger Grund niemals in unpersönlichen, lediglich im Betrieb liegenden Umständen gefunden werden kann. Ebensowenig gibt es den umgekehrten Rechtssatz, daß die völlige Stillegung eines Betriebes oder eines Betriebsteils stets und immer ein wichtiger Grund ist, der zur Entlassung auch der sonst unkündbaren Arbeitnehmer ausreicht. Ob eine außerordentliche Kündigung in einem solchen Falle berechtigt ist, kann vielmehr nur nach Abwägung aller für den Einzelfall in Betracht kommenden Umstände entschieden werden.

BGB § 626.

III. Senat. Urteil vom 8. Oktober 1957 i. S. P. (Kl.) w. Kleinbahn St.-M. GmbH. (Bekl.) 3 AZR 136/55

I. Arbeitsgericht Hamm/W. — II. Landesarbeitsgericht Hamm/W.

Der im Jahre 1900 geborene Kläger war seit 1918 als Rottenarbeiter, später als Rottenvorarbeiter bei der Beklagten beschäftigt. Die Beklagte, deren sämtliche Geschäftsanteile sich in öffentlicher Hand befinden, betrieb die Kleinbahn zwischen St. und M. Da der Betrieb dieser Kleinbahn unrentabel geworden war, ging die Beklagte dazu über, nebenher Personen und Güter auch durch Kraftwagen zu befördern. Am 1. Januar 1951 trat der Tarifvertrag für die Bediensteten der nichtbundeseigenen Eisenbahnen in der Bundesrepublik Deutschland i. d. F. vom 22. Dezember 1950 in Kraft. Sowohl der Kläger als auch die Beklagte gehören einer Tarifvertragspartei an. Nach § 30 Abs. 4 des Tarifvertrages ist ein Arbeiter nach einer Dienstzeit von 25 Jahren unkündbar, jedoch bleibt seine fristlose Entlassung aus wichtigem Grunde zulässig. Am 22. April 1953 beschlossen die Gesellschafter der Beklagten, die Kleinbahn stillzulegen, die Schienen abzubrechen und den Betrieb ganz auf Kraftfahrzeugverkehr umzustellen. Daraufhin wurde der Bahnbetrieb am 23. Juni 1953 eingestellt und mit dem Abbruch der Gleisanlagen begonnen. Bei diesem Abbruch arbeitete auch der Kläger mit. Nach Beendigung des Abbruchs wurde er mit Aufräumungsarbeiten und später mit Säuberungsarbeiten, insbesondere dem Waschen der Kraftwagen beschäftigt.

Am 31. Dezember 1953 erhielt der Kläger folgendes Kündigungsschreiben der Beklagten vom 29. Dezember 1953:

> Infolge Stillegung des Eisenbahnbetriebes kündigen wir hiermit Ihr Dienstverhältnis zum 30. Juni 1954. Bis zum Ablauf der Kündi-

gungsfrist werden wir Sie behelfsmäßig mit anderen Arbeiten beschäftigen...

Der Kläger hat auf Feststellung geklagt, daß diese Kündigung das Arbeitsverhältnis nicht aufgelöst habe.

Seine Klage hatte in keiner Instanz Erfolg.

Entscheidungsgründe

I. Da der Kläger im Zeitpunkt dieser Kündigung bereits über 25 Jahre im Dienst der Beklagten stand, war er grundsätzlich unkündbar geworden (§ 30 Abs. 4 Satz 1 TV). Ihm konnte nur noch aus wichtigem Grunde fristlos gekündigt werden (Satz 2 a. a. O.). Die Beklagte hat aber dem Kläger am 29. Dezember 1953 nicht fristlos, sondern mit 6 Monaten Frist zum 30. Juni 1954 gekündigt. Das ist die Kündigungsfrist, auf die der Kläger nach § 30 Abs. 3 TV nach mehr als 20jähriger Dienstzeit Anspruch gehabt hätte, sofern eine ordentliche Kündigung ihm gegenüber überhaupt noch zulässig gewesen wäre. Da eine solche ordentliche Kündigung jedoch nicht mehr zulässig war, hat das angefochtene Urteil in der Kündigung vom 29. Dezember 1953 eine außerordentliche Kündigung mit Frist erblickt. Daß die Beklagte eine Frist von sechs Monaten gewählt hat, also gerade die Frist, die im Falle einer ordentlichen Kündigung dem Tarifvertrag entsprochen hätte, zwingt nicht zu der Annahme, daß eine außerordentliche Kündigung nicht gewollt gewesen und zum Ausdruck gebracht worden sei, und daß die Kündigung deshalb nur eine ordentliche sein sollte. Wenn es in dem angefochtenen Urteil — im Hinblick darauf, daß nach dem Tarifvertrag überhaupt nur eine außerordentliche Kündigung des Klägers in Betracht kam — heißt, in der Kündigung vom 29. Dezember 1953 sei eine außerordentliche Kündigung zu erblicken, so ist das, soweit damit der Erklärungswille der Beklagten und der Erklärungsinhalt ihres Schreibens gekennzeichnet werden soll, eine tatsächliche Feststellung, an die das Revisionsgericht gebunden ist (BAG 2, 237). Das Berufungsgericht hält diese außerordentliche Kündigung, obwohl sie nicht fristlos, sondern befristet war, für zulässig, weil die Befristung die Belange des Klägers nicht verletzt, sondern im Gegenteil seinem Interesse entsprochen habe. Diese Ansicht des Landesarbeitsgerichts ist frei von Rechtsirrtum. Sie deckt sich mit der Auffassung des Bundesarbeitsgerichts (BAG 1, 185 [188]) und mit der herrschenden Meinung (RAG in ARS 34, 182; Hueck, KSchG, 3. Aufl., Anm. 17 zu § 13; Herschel-Steinmann, KSchG, 2. Aufl., Anm. 8 zu § 13). Die gegenteilige Auffassung der Revision, die Beklagte habe keine befristete außerordentliche, sondern nur entweder eine befristete ordentliche oder eine unbefristete außerordentliche Kündigung aussprechen dürfen, ist rechtlich verfehlt.

II. Als wichtiger Grund für die außerordentliche Kündigung vom 29. Dezember 1953 ist in dem Kündigungsschreiben die „Stillegung des Eisenbahnbetriebes" angegeben. Hierzu hat das angefochtene Urteil tatsächlich festgestellt, die Beklagte habe ihren Eisenbahnbetrieb auf Grund des Beschlusses der Gesellschafterversammlung vom 22. April am 23. Juni 1953 eingestellt, danach dem Kläger beim Abbruch der Gleisanlagen und mit Aufräumungsarbeiten und nach deren Beendigung bis zum Auslauf der Kündigungsfrist mit Säuberungsarbeiten beschäftigt, inbesondere mit dem Waschen der Kraftwagen. Unter diesen Umständen sei es, so meint das Landesarbeitsgericht, nicht erforderlich gewesen, daß die Beklagte dem Kläger sofort bei der Stillegung der Eisenbahn kündigte. Vielmehr habe sie dies erst zu tun brauchen, als sich übersehen ließ, daß keine Arbeit mehr für ihn da war. Es könne ihr daher nicht zum Nachteil gereichen, daß sie dem Kläger bereits etwa ein halbes Jahr vor dem Ende der Aufräumungsarbeiten gekündigt habe. Denn sie habe den Zeitpunkt dieser Beendigung richtig vorausgesehen, und der wichtige Grund sei im Zeitpunkt der Kündigung schon gegeben gewesen. Die Beklagte habe ihr Kündigungsrecht nicht verwirkt.

Diese Ausführungen beziehen sich auf § 30 Abs. 11 des Tarifvertrages, der besagt, die (außerordentliche) Kündigung müsse unverzüglich, d. h. ohne schuldhaftes Zögern erfolgen, sobald die ihr zugrunde liegenden Tatsachen dem Arbeitgeber bekannt geworden sind. Damit wird nur der ohnehin geltende allgemein anerkannte Grundsatz ausgesprochen, daß die schuldhafte Verzögerung des Ausspruchs einer außerordentlichen Kündigung gegen Treu und Glauben verstößt und eine Verwirkung des Kündigungsrechts bedeutet. Das angefochtene Urteil hat aber mit Recht keinen Anlaß gefunden, diesen Grundsatz hier anzuwenden. Denn nach dem festgestellten Sachverhalt kann nicht davon die Rede sein, daß die Beklagte den Ausspruch der Kündigung schuldhaft verzögert hat. Wenn im Kündigungsschreiben die Einstellung des Eisenbahnbetriebes als Kündigungsgrund genannt wird, dann ist damit der durch diese Einstellung bedingte künftige Wegfall der bisherigen Aufgaben des Klägers und seiner Kolonne gemeint. In diesem Sinne sagt das angefochtene Urteil mit Recht, die Stillegung des Schienenbetriebes sei nur der Anlaß gewesen, aus dem sich der Kündigungsgrund ergibt. Hieraus folgt aber, daß die Beklagte dem Kläger noch nicht unmittelbar nach der Stillegung ihres Eisenbahnbetriebes zu kündigen brauchte, sondern mit ihrer Kündigung warten durfte, bis der vorgesehene Abbau der Gleisanlagen und die damit verbundenen Aufräumungsarbeiten, die noch zum Aufgabenbereich des Klägers gehörten, ihrem Ende entgegengingen. Hätte sie dem Kläger eher gekündigt, dann hätte er ihr entgegenhalten können, die Kündigung sei verfrüht, da ja noch Arbeit für ihn vorhanden sei. Das Hinausschieben der Kündigung verstieß also insoweit keineswegs gegen Treu und Glauben, sondern lag auch im Interesse des Klägers. Auf der anderen Seite brauchte die Beklagte mit ihrer außerordentlichen Kündigung, da sie diese im Interesse des Klägers nicht fristlos erklärt, sondern befristet hatte, nicht so lange zu warten, bis die letzten Arbeiten völlig beendet waren, sondern konnte dies bereits tun, als der Zeitpunkt ihrer Beendigung vorauszusehen war. Denn schon in diesem Zeitpunkt war der wichtige Grund, wenn auch noch in naher Zukunft liegend, so doch greifbar und unabänderlich vorhanden. Wenn es wie oben dargelegt zulässig war, die außerordentliche Kündigung anstatt fristlos im Interesse des Klägers befristet auszusprechen, dann muß es der Beklagten auch gestattet sein, die Kündigungserklärung zeitlich so abzugeben, daß das Ende der Kündigungsfrist etwa mit der Beendigung der Arbeiten zusammenfiel. Daß der Kläger schließlich in der allerletzten Zeit, als die Aufräumungsarbeiten beendet waren, noch mit Reinigungsarbeiten, insbesondere mit dem Waschen der Kraftwagen, also mit Arbeiten beschäftigt worden ist, die mit seiner früheren Tätigkeit als Rottenvorarbeiter und Bahnunterhaltungsarbeiter nichts zu tun hatten, sondern eigentlich den Kraftfahrern oblagen, beeinträchtigt die Statthaftigkeit der außerordentlichen Kündigung nicht, wenn man zunächst von der Frage ihrer sachlichen Berechtigung absieht. Der Kläger kann sich hierauf jedenfalls nicht berufen, um darzutun, daß für ihn doch noch Arbeit vorhanden gewesen sei. Denn seine Beschäftigung mit dem Wagenwaschen ist nach den getroffenen Feststellungen nur deshalb geschehen, damit er überhaupt etwas zu tun hatte. Die Beklagte hat hiernach weder zu früh gekündigt, als noch kein wichtiger Grund vorhanden war, noch hat sie ihr Kündigungsrecht durch zu langes Warten verwirkt.

III. Weiter vertritt die Revision die Ansicht, daß die Stillegung des Eisenbahnbetriebes schon deshalb kein wichtiger Kündigungsgrund sei, weil die in § 30 Abs. 13 und 14 TV ähnlich wie in § 123 Gewerbeordnung aufgezählten wichtigen Gründe zur fristlosen Auflösung eines Arbeitsverhältnisses durchweg solche Gründe seien, die in der Person, oder, wie hinzugefügt werden muß, in dem Verhalten des Arbeitnehmers liegen. Daraus lasse sich der Wille der Tarifvertragsparteien entnehmen, daß unpersönliche betriebliche Verhältnisse, wie hier die Stillegung des Eisenbahnbetriebes, niemals einen wichtigen Kündigungsgrund abgeben könnten. Dabei verkennt die Revision aber, daß nach der vorhergehenden allgemeinen Vorschrift des § 30 Abs. 10 TV das Arbeitsverhältnis schlechthin „bei Vorliegen eines wichtigen Grundes im Sinne des § 626 BGB fristlos aufgelöst werden" kann, und daß die einzelnen Gründe in den Absätzen 13 und 14 ausdrücklich nur „beispielsweise" aufgezählt werden. Diese Aufzählung hergebrachter Beispiele schließt daher die Berücksichtigung anderer, auch objektiver in den betrieblichen Verhältnissen liegender Gründe nicht aus. Auch aus allgemeinen Erwägungen läßt sich ein solcher Ausschluß nicht folgern. Selbst im öffentlichen Dienst, in dem naturgemäß weniger Raum ist für betriebsbedingte zur außerordentlichen Kündigung ausreichende Gründe, zählt § 17 ATO die zulässigen Gründe für eine fristlose Entlassung nur beispielhaft, aber nicht erschöpfend auf. Bei einem Wirtschaftsbetrieb, der in Form einer Handelsgesellschaft geführt wird und stärker als der öffentliche Dienst Konjunktureinflüssen ausgesetzt ist, kann noch weniger davon die Rede sein, daß einem Arbeitnehmer niemals allein aus betriebsbedingten Gründen außerordentlich gekündigt werden darf.

IV. Nach alledem kommt es entscheidend darauf an, ob der mit der Einstellung des Eisenbahnbetriebes der Beklagten verbundene endgültige Wegfall des Aufgabenbereiches des Klägers ein wichtiger Grund zur Entlassung des Klägers im Sinne von § 626 BGB und der dazu entwickelten Grundsätze war.

In dieser Hinsicht führt das angefochtene Urteil aus, ein wichtiger Grund zur Auflösung des Arbeitsverhältnisses sei erwiesen. Es seien jetzt nur noch Kraftfahrer und Angestellte bei der Beklagten beschäftigt. Ein Arbeitsplatz für den Kläger sei nicht mehr vorhanden. Seine Umschulung als Kraftfahrer sei nicht angängig. Zwei andere Arbeitnehmer hätten zwar als Kraftfahrer umgeschult werden können, aber nur deshalb, weil es sich bei ihnen um Motorenfachleute mit langjähriger Erfahrung gehandelt habe. Mit dem Säubern der Kraftwagen sei der Kläger gegen Ende seiner Kündigungsfrist nur beschäftigt worden, damit er überhaupt etwas zu tun hatte. Diese Arbeit könne und müsse sonst ohne weiteres nebenher von den vorhandenen Kraftfahrern geleistet werden. Es könne sich daher nur darum handeln, ob die Beklagte den Kläger mit Rücksicht auf seine lange Betriebszugehörigkeit allein aus Gründen der Fürsorgepflicht hätte weiterbeschäftigen müssen. Dies sei jedoch zu verneinen. Wenn sich auch die wirtschaftliche Lage der Beklagten nach der Stillegung des Eisenbahnbetriebes gebessert habe, so ergebe sich doch aus den Geschäftsberichten, daß immer noch Zuschüsse aus öffentlichen Mitteln gegeben werden müßten. Die Beklagte sei aber gehalten, ihren Betrieb wirtschaftlich zu führen, und es hieße ihre Fürsorgepflicht überspannen, wenn ihr zugemutet würde, durch eine wirtschaftlich nicht zu vertretende Weiterbeschäftigung des Klägers bis zu seiner Invalidität ihr Defizit noch zu vergrößern. Bei richtiger Abwägung der beiderseitigen Interessen sei mithin ein wichtiger Grund zur außerordentlichen Kündigung zu bejahen.

Soweit in diesen Ausführungen tatsächliche Feststellungen enthalten sind, insbesondere in der Richtung, daß für den Kläger im Betrieb der Beklagten keine Arbeit mehr vorhanden sei und er auch nicht umgeschult werden könne, ist der Senat an sie gebunden (§ 561 Abs. 2 ZPO). Die Revision hat auch diese Feststellungen nicht angegriffen. Es bleibt also nur zu prüfen, ob das Landesarbeitsgericht den unbestimmten Rechtsbegriff des „wichtigen Grundes" richtig erkannt und angewandt hat. Nach feststehender Rechtsprechung des Bundesarbeitsgerichts ist ein wichtiger Grund dann anzunehmen, wenn dem Arbeitgeber unter Berücksichtigung aller vernünftigerweise in Betracht kommenden Umstände nach Treu und Glauben nicht zugemutet werden kann, den betreffenden Arbeitnehmer weiterzubeschäftigen (vgl. u. a. BAG 2, 207; 2, 214; BAG in AP Nr. 6, 7 zu § 626 BGB). Diesem Grundsatz wird das angefochtene Urteil gerecht. Es hat auch die danach gebotene Interessenabwägung ausreichend vorgenommen, ohne die die Zumutbarkeitsfrage nicht beantwortet werden kann. Gegeneinander abzuwägen war hier das Interesse des Klägers (der zur Zeit der Kündigung bereits 53 Jahre alt war und 35 Jahre im Dienst der Beklagten gestanden hatte) an der Fortsetzung seines Arbeitsverhältnisses um weitere 11 Jahre bis zu seiner Invalidisierung, und das Interesse der Beklagten, dieses Arbeitsverhältnis zu beenden, nachdem sie die Arbeitskraft des Klägers in ihrem veränderten Betriebe überhaupt nicht mehr sinnvoll verwenden konnte. Wenn das Landesarbeitsgericht bei dieser Abwägung zu einem für den Kläger nachteiligen Ergebnis gekommen ist, so läßt sich dies mit Rechtsgründen nicht beanstanden. Daß auch Gründe, die lediglich im Betriebe liegen, also hier der mit der Stillegung des Eisenbahnbetriebes verbundene Wegfall jeglicher Arbeitsmöglichkeit für einen Streckenarbeiter, eine außerordentliche Kündigung rechtfertigen können, ist allgemein anerkannt und auch vom Bundesarbeitsgericht bereits bejaht worden (BAG 2, 214). In dieser Entscheidung hat das Bundesarbeitsgericht auch den Grundsatz aufgestellt, daß bei einem Angestellten des öffentlichen Dienstes, dem nach langer Dienstzeit nur noch aus wichtigem Grunde gekündigt werden konnte, das Vorliegen eines wichtigen Grundes mit besonders strengem Maßstab geprüft werden muß. Dieser Grundsatz mag auch für einen öffentlichen Verkehrsbetrieb wie den der Beklagten gelten. Das angefochtene Urteil hat ihn aber nicht verkannt. Denn es hat sogar erwogen, ob der Beklagten etwa nur aus Fürsorge für den Kläger ohne Rücksicht auf ihre eigenen wirtschaftlichen Belange und die Möglichkeit einer sinnvollen Beschäftigung zuzumuten wäre, das Arbeitsverhältnis fortzusetzen. Wenn es das wegen der besonderen Verhältnisse des Einzelfalles, insbesondere wegen der an sich schon besonders schwierigen wirtschaftlichen Lage der Beklagten verneint hat, dann kann dem mit Rechtsgründen nicht entgegengetreten werden. Denn es gibt keinen Rechtssatz des Inhalts, daß bei einem Arbeitnehmer, dem nach langer Dienstzeit nur noch aus wichtigem Grunde gekündigt werden darf, solch ein wichtiger Grund niemals in unpersönlichen, lediglich im Betriebe liegenden Umständen gefunden werden kann. Ebensowenig gibt es allerdings den umgekehrten Rechtssatz, daß die völlige Stillegung eines Betriebes oder eines Betriebsteils stets und immer ein wichtiger Grund ist, der zur Entlassung auch der sonst unkündbaren Arbeitnehmer ausreicht. Vielmehr kann die richtige Lösung nur durch die dem Wesen des § 626 BGB entsprechende auf den Einzelfall abgestellte Interessenabwägung gefunden werden (vgl. RAG in ARS 8, 416 und 13, 308). Freilich muß bei dieser Abwägung davon ausgegangen werden, daß es dem Arbeitgeber nicht gestattet ist, einen Mißerfolg seiner unternehmerischen Tätigkeit ohne weiteres und unmittelbar auf seine Arbeitnehmer abzuwälzen. Doch ist es ihm nicht verwehrt, in einem solchen Falle von dem Recht der ordentlichen und der außerordentlichen Kündigung Gebrauch zu machen, wenn die Voraussetzungen dafür gegeben sind. Im übrigen spricht nichts dafür, daß das Landesarbeitsgericht bei der zum Tatbestand des § 626 BGB gehörenden Interessenabwägung einen wesentlichen Umstand aus dem Auge verloren, vor allem nicht gebührend berücksichtigt hat, daß der Kläger ein großes Opfer bringt, wenn er seine Lebensstellung bei der Beklagten ohne jedes Verschulden aufgeben muß, und daß es ihm bei seinem Alter und seiner möglicherweise mangelnden Eignung für einen anderen Beruf schwerfallen wird, seine Arbeitskraft anderweit zu verwenden. Gemildert wird dieses Opfer nach der mit Rechtsgründen nicht zu beanstandenden Auffassung des Landesarbeitsgerichts für den Kläger nur dadurch, daß er Eigentümer einer Landwirtschaft von 40 Morgen ist, aus der er allerdings noch Angehörige zu versorgen hat. Auf der anderen Seite steht aber nach den Ausführungen des Landesarbeitsgerichts die schwere Belastung, die der Beklagten entstehen würde, wenn sie den Kläger noch zehn Jahre ohne wirtschaftlichen Nutzen in ihrem Dienst behalten müßte. Abgesehen davon, daß die Beklagte dann ihrer Beschäftigungspflicht (vgl. BAG 2, 221) nicht genügen könnte, würde ihr auch eine erhebliche finanzielle Last aufgebürdet. Wenn auch die Langfristigkeit eines Dienstverhältnisses einerseits seine Lösung durch außerordentliche Kündigung erschwert, so muß doch andererseits berücksichtigt werden, daß dem Arbeitgeber gleichwohl die Weiterbeschäftigung eines Arbeitnehmers für nur kurze Zeit eher zuzumuten ist, als das Durchhalten eines langfristigen Vertrages (BAG in AP Nr. 6 zu § 626 BGB, Leitsatz 3). In diesem Zusammenhang gewinnt der Umstand eine Bedeutung, daß die Beklagte dem Kläger nicht fristlos, sondern aus sozialem Entgegenkommen mit einer Frist von sechs Monaten gekündigt hat. Dadurch ist er vor einer allzu plötzlichen Umstellung bewahrt geblieben und hat Zeit gewonnen, um sich nach anderer Arbeit umzusehen, soweit er es nicht vorzog, sich auf seine Landwirtschaft zu beschränken. Dieser Umstand, den das Landesarbeitsgericht nicht einmal besonders hervorgehoben hat, der sich aber aus dem festgestellten Sachverhalt von selbst aufdrängt, fällt insofern zu Gunsten der Beklagten ins Gewicht, als es ihr nach diesem sozialen Entgegenkommen noch weniger zuzumuten ist, dem Kläger bis zur Vollendung seines 65. Lebensjahres Lohn zu zahlen (vgl. die Anm. von A. Hueck zu der genannten Entscheidung).

3

1. Von der Anwendung der TO.A sind Verwaltungs- und Betriebsstellen der im § 1 Abs. 3 i TO.A bezeichneten Art nur dann ausgeschlossen, wenn sie organisatorische Eigenständigkeit besitzen.

2. Die Tätigkeit einer Fürsorgerin fällt in den Vergütungsgruppen V b und VI b TO.A nicht unter die erste Fallgruppe der Tätigkeitsmerkmale (Angestellte im Bürodienst usw.), sondern unter die Fallgruppe der Volks-(Gesundheits-)Pflegerinnen.

3. Der Begriff der „selbständigen Tätigkeit" in den Merkmalen für die Büroangestellten der Verg.Gr. V b TO.A ist gleichbedeutend mit dem Begriff der für die Büroangestellten der Verg.Gr. VI b TO.A geforderten „selbständigen Leistungen". Er bezeichnet eine Gedankenarbeit, die im Rahmen der für die Vergütungsgruppe vorausgesetzten Fachkenntnisse hinsichtlich des einzuschlagenden Weges wie insbesondere hinsichtlich des zu findenden Ergebnisses eine eigene Beurteilung und eine eigene Entschließung erfordert; eine leitende Tätigkeit oder die Unterschriftsbefugnis ist nicht erforderlich.

TO.A § 1 Abs. 3 i; TO.A Anlage 1 Verg.Gr. V b und VI b.

IV. Senat. Urteil vom 9. Oktober 1957 i. S. R. (Kl.) w. Gem.H. (Bekl.) 4 AZR 96/55.

I. Arbeitsgericht Köln. — II. Landesarbeitsgericht Düsseldorf (Köln)

Die Beklagte ist eine Gemeinde mit etwa 40 000 Einwohnern. Die Klägerin besitzt die staatliche Anerkennung als Fürsorgerin und ist seit 1949 in der Jugendfürsorgestelle der Beklagten tätig, in der Vormundschaften, Pflegschaften, Unterhaltsklagen, Fürsorgerechtssachen, Fürsorgeerziehung, Schutzaufsicht, Jugendgerichtshilfe sowie Pflegekinder- und Adoptionsangelegenheiten bearbeitet werden. Nach der Organisation der Beklagten ist die Jugendfürsorgestelle ein Teil des Sozialamts, das als weitere Sachgebiete noch Wohlfahrtsamt, Flüchtlingsbetreuung, Sozialversicherung, Lastenausgleichstelle und Krankenhausverwaltung umfaßt.

Die Klägerin erhält die Bezüge nach der Verg.Gr. VI b TO.A. Außer ihr sind eine weitere Fürsorgerin (Verg.Gr. VI b TO.A) und ein Hilfssachbearbeiter (Verg.Gr. VII TO.A) in der Jugendfürsorgestelle beschäftigt.

Mit der Klage fordert die Klägerin für Januar bis Juli 1951 die Bezüge der Verg.Gr. V b TO.A. Arbeitsgericht und Landesarbeitsgericht haben die Klage abgewiesen. Die Revision der Klägerin führte zur Zurückverweisung an das Berufungsgericht aus folgenden

Gründen:

Das Berufungsgericht ist zutreffend davon ausgegangen, daß auf das Arbeitsverhältnis der Klägerin die Tarifordnung A für Angestellte im öffentlichen Dienst anzuwenden ist. Zwar ist deren Anwendung gemäß § 1 Abs. 3 i TO.A ausgeschlossen für Verwaltungs- und Betriebsstellen, die der Förderung der Gesundheit, der Krankenpflege oder Fürsorge für jugendliche, obdachlose, alte, gebrechliche oder erwerbsbeschränkte Personen dienen; solchen Zwecken dient auch die Jugendfürsorgestelle der Beklagten. Sinngemäß können aber in dieser Ausnahmebestimmung nur Verwaltungs- und Betriebsstellen mit organisatorischer Selbständigkeit gemeint sein. Dafür spricht schon die Art der aus der Ausnahmebestimmung wiederum ausgenommenen Betriebe und Verwaltungen (Staatskrankenhaus Berlin, frühere Kuranstalten der Polizei und die Gesundheitsämter, deren organisatorische Eigenständigkeit als staatliche Einrichtungen sich zur Zeit des Erlasses der TO.A aus dem Gesetz über die Vereinheitlichung des Gesundheitswesens vom 3. Juli 1934 ergab). Insbesondere folgt das aus der weiteren Bestimmung, daß für die aus dem Anwendungsbereich der TO.A ausgenommenen Betriebs- und Verwaltungsstellen die TO.A und TO.B oder die Kr.T durch Dienstordnung eingeführt werden sollten, soweit die Betriebsverhältnisse dies zuließen. Der Erlaß einer Dienstordnung setzte nach § 16 AOGÖ einen Betrieb oder eine Verwaltung voraus, bei Verwaltungsstellen also eine einem Betrieb gleichzuachtende organisatorische Einheit. Dem entspricht die Jugendfürsorgestelle der Beklagten nicht, da sie als Teil des Sozialamts nur ein organisatorisch unselbständiger Teil der allgemeinen Verwaltung der Beklagten ist.

Das Berufungsgericht ist weiter richtig davon ausgegangen, daß der Anspruch auf die der ausgeübten Tätigkeit entsprechende Vergütungsgruppe unmittelbar auf der Tarifordnung beruht, so daß die vom Dienstherrn vorgenommene Einreihung des Angestellten in vollem Umfange der gerichtlichen Nachprüfung unterliegt. Es hat nun sogleich untersucht, ob die Tätigkeit der Klägerin den Merkmalen der ersten Fallgruppe der von ihr begehrten Vergütungsgruppe V b TO.A insoweit entspricht, als dort eine selbständige Tätigkeit verlangt wird. Es hätte aber zuvor prüfen müssen, ob die Klägerin nach ihrer Tätigkeit überhaupt in diese Fallgruppe, d. h. zu den Angestellten im Büro-, Buchhalterei-, Kassen-, Sparkassen- und sonstigen Innendienst und im Außendienst gehört. Die Klägerin ist nämlich im Jahre 1949 als Fürsorgerin mit staatlicher Anerkennung eingestellt worden. Sie hatte nach ihrem eigenen Vortrag auch im streitigen Zeitraum zu einem erheblichen Teil die Aufgaben einer Fürsorgerin zu erfüllen, nämlich mindestens insoweit, als sie sich den Außendienst mit der anderen Fürsorgerin geteilt hat. Für Fürsorgerinnen sind aber in der Anlage 1 zur TO.A bei den einzelnen Vergütungsgruppen besondere Tätigkeitsmerkmale aufgestellt. So sind in der Verg.Gr. IX fürsorgerische Hilfskräfte ohne Fachausbildung, in der Verg.Gr. VIII solche mit theoretischer oder praktischer Fachausbildung auf dem Gebiete der Wohlfahrtspflege ohne staatliche Abschlußprüfung aufgeführt. In den Vergütungsgruppen VII, VI b und V erscheinen die Fürsorgerinnen dann unter der Bezeichnung Volkspflegerinnen, und zwar wird für die Verg.Gr. VII die staatliche Abschlußprüfung einer Schule für Wohlfahrtspflege verlangt, für die Verg.Gr. VI b darüber hinaus die staatliche Anerkennung, die erst nach einjähriger praktischer Bewährung erteilt wird und von der Klägerin erworben ist; in die von der Klägerin begehrte Verg.Gr. V b schließlich sind Fürsorgerinnen (Volkspflegerinnen) in leitender Stellung einzureihen. Die Einreihung der Fürsorgerinnen in die Vergütungsgruppen ist also völlig unabhängig von den Tätigkeitsmerkmalen für Büroangestellte nach ihrem eigenen Berufsbild unter Berücksichtigung ihrer besonderen Vorbildung geregelt. Schon aus diesem Grunde mußte das angefochtene Urteil aufgehoben und die Sache zur anderweitigen Verhandlung und Entscheidung an das Landesarbeitsgericht zurückverwiesen werden.

Nun behauptet die Klägerin allerdings, daß die ihr neben dem Außendienst übertragenen Aufgaben über den Rahmen der Tätigkeit einer Fürsorgerin weit hinausgingen. Hierzu wird das Berufungsgericht gegebenenfalls nach Ausübung der richterlichen Fragepflicht (§ 139 ZPO), noch nähere tatsächliche Feststellungen zu treffen haben. Ergibt sich, daß die Tätigkeit der Klägerin teils der einen, teils der anderen der beiden in Betracht kommenden Fallgruppen entspricht, so ist die Einreihung nach der überwiegenden Tätigkeit vorzunehmen (§ 3 Abs. 2 TO.A). Überwiegt die fürsorgerische Tätigkeit, so kommt es allein darauf an, ob die Klägerin in einer leitenden Stellung beschäftigt ist. Dabei wird das Berufungsgericht zu berücksichtigen haben, was die beteiligten Berufskreise gerade bei einer Fürsorgerin nach deren besonderem Berufsbild unter einer leitenden Stelle verstehen. Sollten jedoch sonstige Verwaltungsaufgaben gegenüber der fürsorgerischen Tätigkeit überwiegen, so sind die vom Berufungsgericht angewandten Tätigkeitsmerkmale für die Angestellten im Bürodienst usw. maßgebend. Erst dann kommt es darauf an, ob die Klägerin eine selbständige Tätigkeit in einer Stelle von besonderer Bedeutung versieht.

Auch soweit das Berufungsgericht eine selbständige Tätigkeit der Klägerin bereits verneint hat, ist das angefochtene Urteil nicht frei von Rechtsirrtum. Das Berufungsgericht meint, eine selbständige Tätigkeit im Sinne der Tarifnorm erfordere eine leitende Tätigkeit, und zwar in der Verwaltung einer Gemeinde die Leitung eines der unter der Bezeichnung „Ämter" abgegrenzten Zuständigkeitsbereiche, bei weiterer Unterteilung des betreffenden Amtes in Sachgebiete mindestens die Leitung eines Sachgebiets; die Leitung der Jugendfürsorgestelle der Beklagten obliege aber nicht der Klägerin, sondern dem Leiter des Sozialamts. Das Berufungsgericht verkennt damit den in der Tarifnorm enthaltenen unbestimmten Rechtsbegriff der „selbständigen Tätigkeit". Dieser Begriff erfordert nämlich keine leitende Tätigkeit. Weder der Wortlaut noch der Aufbau der Tätigkeitsmerkmale in den verschiedenen Vergütungsgruppen rechtfertigt die Auffassung des Berufungsgerichts. So kann beispielsweise ein Kassierer oder ein Besoldungsbuchhalter (vgl. BAG, AP Nr. 6 zu § 3 TO.A) eine selbständige Tätigkeit ausüben, ohne leitende Funktionen zu haben. Sicher werden, wie das angefochtene Urteil bemerkt, die Leiter der in der Gemeindeverwaltung geschaffenen Ämter (z. B. Steueramt, Sozialamt) regelmäßig eine selbständige Tätigkeit ausüben; die Leitung eines solchen Amtes ist schwerlich anders als in einer selbständigen Tätigkeit denkbar.

Auch k a n n eine leitende Tätigkeit eine besondere Bedeutung der Stelle (Verg.Gr. V b) oder eine besondere Verantwortung (Verg.Gr. IV b) begründen. Nicht aber ist umgekehrt eine leitende Tätigkeit ein notwendiges Erfordernis für die Selbständigkeit der Tätigkeit oder für ihre besondere Bedeutung oder Verantwortlichkeit. Soweit die Tarifnormen eine leitende Funktion als wesentliches Begriffsmerkmal ansehen, ist das in den Tätigkeitsmerkmalen auch zum Ausdruck gebracht worden. Bei der ersten Fallgruppe der Verg.Gr. VI b TO.A ist das indessen nicht geschehen. Eine leitende Tätigkeit kann daher dort nicht verlangt werden.

Schließlich kann auch nicht der Auffassung des Berufungsgerichts beigetreten werden, daß sich eine selbständige Tätigkeit nicht aus der Summierung selbständiger Leistungen ergeben könne. Es ist auch nicht, wie die Revision meint, bei den Büroangestellten zwischen dem Merkmal der „selbständigen Tätigkeit" (Verg.Gr. V b) und den für die Verg.-Gr. VI b geforderten „selbständigen Leistungen" in der Weise zu unterscheiden, daß unter selbständigen Leistungen die selbständige Erledigung zugewiesener einzelner Arbeitsvorgänge, unter selbständiger Tätigkeit dagegen die selbständige Bearbeitung eines eigenständigen Aufgabengebiets zu verstehen wäre. Vielmehr sind die genannten beiden Tätigkeitsmerkmale für die Büroangestellten in den Vergütungsgruppen V b und VI b TO.A als gleichbedeutende Begriffe gebraucht. Diese Auffassung ist schon in früheren Entscheidungen des Bundesarbeitsgerichts erkennbar, wenn sie auch nicht ausdrücklich ausgesprochen worden ist (vgl. AP Nr. 6 und Nr. 9 zu § 3 TO.A). Sie rechtfertigt sich daraus, daß in der Anlage 1 zur TO.A auch sonst beide Ausdrucksformen ohne begriffliche Unterscheidung verwendet werden. Wäre eine solche Unterscheidung gewollt und wären wirklich an das Merkmal der selbständigen Tätigkeit höhere Anforderungen zu stellen als an das Erfordernis selbständiger Leistungen, so müßte jenes Merkmal auch immer bei der höheren Vergütungsgruppe erscheinen, wie es bei den Büroangestellten der Fall ist. Das trifft aber nicht zu. Bei den Angestellten in Archiven fordern vielmehr umgekehrt die Tätigkeitsmerkmale für die Verg.Gr. VI b eine selbständige Tätigkeit und für die höhere Verg.Gr. V b selbständige Leistungen. Selbst wenn man annehmen wollte, daß in einer selbständigen Tätigkeit in größerem Umfange selbständige Leistungen zu erbringen seien, wäre das für das praktische Ergebnis ohne Bedeutung. Denn da es erforderlich und ausreichend ist, daß die Tätigkeitsmerkmale in der überwiegenden Tätigkeit erfüllt sind (§ 3 Abs. 2 Satz 1 TO.A), müssen selbständige Leistungen überwiegend erbracht werden; überwiegen aber die selbständigen Leistungen, so ist zugleich auch die Tätigkeit eine überwiegend selbständige.

Auch diese Überlegung zeigt, daß es sich nur um verschiedene Ausdrucksformen für denselben Begriff handeln kann. Der Unterschied zwischen den Tätigkeitsmerkmalen für die Büroangestellten in den Vergütungsgruppen V b und VI b TO.A liegt somit allein darin, daß die Verg.Gr. V b TO.A eine Stelle von besonderer Bedeutung voraussetzt.

Eine selbständige Tätigkeit oder Leistung im Sinne dieser Tätigkeitsmerkmale liegt nicht schon dann vor, wenn es sich um eine Arbeit handelt, die nicht schematischer Art ist und auch nicht im einzelnen durch Weisungen gelenkt wird. Andererseits ist, wie das Berufungsgericht zutreffend ausführt, die Unterschriftsbefugnis kein notwendiges Erfordernis der Selbständigkeit; vielmehr genügt es, wenn die Vorgänge — soweit eine mit Unterschrift versehene Bekanntgabe des Arbeitsergebnisses nach außen überhaupt in Betracht kommt — bis zur Unterschriftsreife bearbeitet werden; dabei wird der Wert der Leistung durch die in der Verwaltung immer bestehende Prüfungs- und Korrekturbefugnis des Vorgesetzten nicht geschmälert. Grundsätzlich zu fordern aber ist für eine selbständige Leistung oder Tätigkeit eine Gedankenarbeit, die im Rahmen der für die Vergütungsgruppe vorausgesetzten Fachkenntnisse hinsichtlich des einzuschlagenden Weges wie insbesondere hinsichtlich des zu findenden Ergebnisses eine eigene Beurteilung und eine eigene Entschließung enthält; in diesem Sinne sind frühere Entscheidungen des Bundesarbeitsgerichts (vgl. AP Nr. 2, 7, 9 zu § 3 TO.A) zu verstehen, in denen für den Begriff der selbständigen Leistungen eine eigene geistige Initiative gefordert wird.

4

Eine Lernschwester (Krankenpflegeschülerin) steht in einem der Berufsausbildung dienenden Beschäftigungsverhältnis und nicht in einem Schulverhältnis, weil ihre Ausbildung sowohl tatsächlich als auch nach den maßgebenden Vorschriften (§ 8 der Ausführungsverordnung zur Krankenpflegeverordnung vom 28. September 1938) vorwiegend praktischer Art ist.

ArbGG § 2 Abs. 1 Ziffer 2, § 5 Abs. 1; Gesetz zur Ordnung der Krankenpflege vom 28. September 1938 (RGBl. I S. 1309); Krankenpflegeverordnung vom 28. September 1938 (RGBl. I S. 1310) in der Fassung vom 8. Dezember 1942 (RGBl. I S. 678); Ausführungsverordnung vom 28. September 1938 (RGBl. I S. 1314); Ergänzungsverordnung vom 28. September 1938 (RGBl. I S. 1320); Verordnung zur Änderung der Ersten und Zweiten Verordnung über die berufsmäßige Ausübung der

Krankenpflege und der Errichtung von Krankenpflegeschulen vom 15. September 1939 (RGBl. I S. 1823); Verordnung zur Ergänzung der Krankenpflegeverordnung vom 6. Januar 1943 (RGBl. I S. 5).

III. Senat. Urteil vom 29. Oktober 1957 i. S. Stadt Berlin (Bekl.) w. L. (Kl.) 3 AZR 411/55.

I. Arbeitsgericht Berlin. — II. Landesarbeitsgericht Berlin.

Die im Jahre 1935 geborene Klägerin war zunächst in der Zeit vom 1. Oktober 1953 bis zum 31. März 1954 als Lernschwester im R.-Krankenhaus tätig. Vom 1. April 1954 ab setzte sie ihre Ausbildung als Lernschwester in dem der Beklagten unterstehenden Krankenhaus in Berlin-Spandau fort. Am 3. April 1954 schlossen die Parteien eine schriftliche Vereinbarung. Danach wurde die Klägerin zur Ausbildung auf zwei Jahre bis zum 31. März 1956 aufgenommen mit der Abrede, daß die ersten drei Monate des Schulbesuchs als Probezeit gelten sollten. In der Vereinbarung wurde auf die Bestimmungen über die Aufnahme und Ausbildung von Lernschwestern in den städtischen Schulen für Krankenpflege vom 25. Juni 1943 Bezug genommen, die nach Ablauf der Probezeit eine Kündigungsfrist von einem Monat zum Monatsschluß, eine jährliche Ferienzeit von 18 Tagen, ein monatliches Taschengeld im ersten Ausbildungsjahr in Höhe von 30,— DM und im zweiten Ausbildungsjahr in Höhe von 36,— DM nebst freier Wohnung und Verpflegung vorsehen. Diese Vereinbarung unterschrieben die Klägerin, ihr Vater und ein Bediensteter der Beklagten. Einige Lernschwestern wurden wegen mangelnder Eignung bereits nach Ablauf der Probezeit entlassen. Die Klägerin wurde zunächst weiterbeschäftigt. Mit Schreiben vom 27. September 1954 kündigte die Beklagte den „geschlossenen Arbeitsvertrag fristgemäß zum 31. Oktober 1954" mit der Begründung, die Klägerin sei für den Schwesternberuf nicht geeignet.

Die Klägerin hält die Kündigung für unwirksam und beantragt festzustellen, daß ihr Lernverhältnis bei der Beklagten durch die Kündigung vom 27. September 1954 nicht aufgelöst worden sei. Die Beklagte rügt in erster Linie die Zuständigkeit des Gerichts. Sie ist der Auffassung, das Ausbildungsverhältnis einer Lernschwester sei kein Arbeitsverhältnis, sondern ein Schulverhältnis.

Die Klage hatte in allen drei Instanzen Erfolg.

Entscheidungsgründe:

I. Zu Unrecht rügt die Beklagte die Zuständigkeit der Arbeitsgerichte. Nach § 2 Abs. 1 Ziffer 2 ArbGG sind die Arbeitsgerichte ausschließlich zuständig für bürgerliche Rechtsstreitigkeiten zwischen Arbeitnehmern und Arbeitgebern aus dem Arbeitsverhältnis. Zu den Arbeitnehmern gehören nach § 5 Abs. 1 ArbGG die zu ihrer Berufsausbildung Beschäftigten, d. h. nicht nur Lehrlinge im engeren Sinne, sondern alle zu ihrer Berufsausbildung Beschäftigten, die zur Arbeitsleistung verpflichtet sind (vgl. die Begründung des Entwurfs eines Arbeitsgerichtsgesetzes zu § 5 in RdA 1951 S. 564; Dersch-Volkmar, ArbGG, 6. Aufl., § 5 Anm. 43).

Von dieser Rechtslage ist das Landesarbeitsgericht bei der Beurteilung des Verhältnisses der Klägerin zur Beklagten ausgegangen und hat dieses zutreffend als arbeitsrechtliches Ausbildungsverhältnis im Sinne des § 2 Abs. 1 Ziffer 2 und des § 5 Abs. 1 ArbGG angesehen. Es hat die Lernschwester mit dem Lehrling verglichen und dazu ausgeführt: Die Ausbildung der Lernschwester bestehe in einer theoretischen und praktischen Schulung. Der theoretische Unterricht sei nach Umfang und Zeitaufwand mit dem Unterricht des Lehrlings in der Berufsschule vergleichbar. Die praktische Tätigkeit der Lernschwester überwiege ebenso wie die praktische Tätigkeit des Lehrlings die theoretische Ausbildung. Darüber hinaus arbeite die Lernschwester in der Krankenpflege zum Nutzen des Krankenhauses für ein sich steigerndes Entgelt, wie auch sonst ein Lehrling zum Nutzen seines Lehrherrn im Betrieb für ein Entgelt mitarbeite, im Unterschied zum Schüler, der allein zu seinem eigenen Vorteil ohne jeden praktischen wirtschaftlichen Nutzen für den Schulträger in der Regel gegen Zahlung eines Schulgeldes Kenntnisse erwerbe. Der wirtschaftliche Wert der Tätigkeit der Lernschwester für das Krankenhaus ergäbe sich daraus, daß die Tätigkeit der Lernschwester die Arbeit des Pflegepersonals erleichtere und in nicht unerheblichem Umfang eine Einsparung an Pflegerinnen, Stationsmädchen und dergleichen ermögliche. Diesem Zustand entspräche das Ausbildungsverhältnis der Klägerin. Sie sei bereits nach kurzer Zeit in die Krankenversorgung eingeschaltet worden. Sie habe die Patienten beim Essen unterstützt und auf die Einhaltung ärztlicher Verordnungen geachtet. Für ihre Tätigkeit habe sie Taschengeld, Unterkunft und Verpflegung erhalten.

Die in diesen Ausführungen zum Ausdruck gekommene Rechtsauffassung des Landesarbeitsgerichts ist nicht zu beanstanden. Auch beim Lehrlingsverhältnis war es zweifelhaft, ob es ein Arbeitsverhältnis ist. Nach der heute herrschenden Lehre werden Lehrlinge als Arbeitnehmer angesehen (vgl. z. B. Hueck-Nipperdey, a. a. O. I, § 14 I. 1. a, die dort genannte Literatur und Hueck, Kündigungsschutzgesetz, 3. Aufl., § 1 Anm. 10; Nikisch, Arbeitsrecht, 2. Aufl., § 55 I. 1; Herschel-Steinmann,

Kündigungsschutzgesetz, 3. Aufl., § 1 Anm. 19). Der Grund für diese Ansicht liegt darin, daß der Lehrling dem Arbeitgeber zur Arbeitsleistung verpflichtet ist, er dadurch in persönliche Abhängigkeit vom Arbeitgeber gerät, in den Betrieb eingegliedert wird und somit eine ähnliche Stellung wie ein sonstiger Arbeitnehmer erhält. Diese für das Lehrverhältnis herausgearbeiteten Merkmale treffen auch für das Ausbildungsverhältnis der Lernschwestern zu. Aus den Feststellungen des Landesarbeitsgerichts geht hervor, daß die Lernschwestern in den Krankenhausbetrieb eingegliedert werden und dem Krankenhaus zur Arbeitsleistung verpflichtet sind. Sie erlernen daher ihren Beruf ebenso wie Lehrlinge durch eine vorwiegend praktische Tätigkeit und können daher ebenso wenig wie Lehrlinge als Schüler angesehen werden. Zwar können auch Schüler eine Fachausbildung durch praktische Tätigkeit erlernen, wie z. B. Haushaltsschülerinnen. Sie verfolgen aber diesen Zweck nicht dadurch, daß sie in fremde Dienste treten und bei der Ausübung der beruflichen Tätigkeit ihre Ausbildung erhalten. Ihre Tätigkeit erschöpft sich vielmehr im Lernen und hat — im Unterschied zu der Tätigkeit der Lehrlinge oder Lernschwestern — für den Ausbildenden keinen selbständigen wirtschaftlichen Wert (vgl. Hueck-Nipperdey, a. a. O.).

Der Beurteilung des Verhältnisses der Lernschwestern zur Krankenpflegeschule als arbeitsrechtliches Ausbildungsverhältnis, das zur Zuständigkeit der Arbeitsgerichte gehört, stehen entgegen der Auffassung der Beklagten weder das Gesetz zur Ordnung der Krankenpflege vom 28. September 1938 (RGBl. I S. 1309), noch die Krankenpflegeverordnung vom 28. September 1938 (RGBl. I S. 1310, im folgenden KrPflV) in der Fassung vom 8. Dezember 1942 (RGBl. I S. 678) und die Ausführungsverordnung vom 28. September 1938 (RGBl. I S. 1314) und die Ergänzungsverordnung vom 28. September 1938 (RGBl. I S. 1320), noch die Verordnung zur Änderung der Ersten und Zweiten Verordnung über die berufsmäßige Ausübung der Krankenpflege und der Errichtung von Krankenpflegeschulen vom 15. September 1939 (RGBl. I S. 1823) und die Verordnung zur Ergänzung der Krankenpflegeverordnung vom 6. Januar 1943 (RGBl. I S. 5) entgegen. Dort wird, wie das Landesarbeitsgericht mit Recht angenommen hat, das Verhältnis der Lernschwestern zur Krankenpflegeschule ausdrücklich nicht geregelt. Allerdings heißt es im § 4 Abs. 1 KrPflV, daß die Ausbildung zur berufsmäßigen Ausübung der Krankenpflege in staatlich anerkannten Krankenpflegeschulen erfolgt. Wiederholt wird auch von Krankenpflegeschülern gesprochen (so in § 5 Abs. 2 Ziff. 2, § 8 Abs. 3 KrPflV). Damit wird jedoch nicht bestimmt, daß die Ausbildung der Lernschwestern nur in einem echten Schulverhältnis erfolgen darf. Gegen eine solche Annahme spricht § 8 der Ausführungsverordnung. Danach erfolgt die Ausbildung vorwiegend praktisch. Der theoretische Unterricht von mindestens 200 Unterrichtsstunden nimmt nur einen kleinen Raum in dem normalen Lehrgang von 1½ Jahren (§ 8 Abs. 1 KrPflV) ein. Der Gesetzgeber hat hierdurch zu erkennen gegeben, daß die Lernschwestern — ähnlich wie Lehrlinge — in erster Linie durch praktische Tätigkeit ihren Beruf erlernen sollen. Diese Folgerung wird durch § 8 Abs. 2 KrPflV bestätigt, wo von einer fachlichen Berufsausbildung gesprochen wird. Unter diesen Umständen kann dem § 8 Abs. 3 KrPflV, wonach die Lernschwestern vom Träger der Schule auf seine Kosten gegen Krankheit und Haftpflicht zu versichern sind, nicht die von der Beklagten beigemessene Bedeutung gegeben werden. Sie meint, aus dieser Vorschrift gehe hervor, der Gesetzgeber habe die Lernschwestern nicht als Lehrlinge, sondern als Schüler angesehen, weil für Lehrlinge ohnehin eine Versicherungspflicht nach §§ 165, 165 a RVO bestünde. Diese Folgerung ist jedoch nicht zwingend. § 8 Abs. 3 KrPflV kann auch darauf zurückzuführen sein, daß der Gesetzgeber Klarheit über die Versicherungspflicht der Lernschwestern schaffen wollte, zumal diese Frage in der soizalrechtlichen Rechtsprechung nicht einheitlich beantwortet wurde (vgl. z. B. RVA vom 6. Mai 1931 AN S. IV 316 und vom 3. Oktober 1925 AN S. 326). Jedenfalls folgt aus dieser Vorschrift nicht, daß die Ausbildung der Lernschwestern nur in einem echten Schulverhältnis erfolgen *darf*. Von einer entgegengesetzten Auffassung geht neuerdings auch § 2 des Angestelltenversicherungsgesetzes in der Fassung des Angestelltenversicherungsneuregelungsgesetzes vom 23. Februar 1957 (BGBl. I S. 88) aus. Nach dieser Vorschrift (§ 2 Nr. 7) sind Lernschwestern in der Angestelltenversicherung in jedem Falle auch dann versicherungspflichtig, wenn sie keine sogenannten freien Schwestern werden.

Ob die Ausbildung der Lernschwestern nach dem Gesetz über die Ausübung des Berufs der Krankenschwester, des Krankenpflegers und der Kinderkrankenschwester (Krankenpflegegesetz) vom 15. Juli 1957 (BGBl. I S. 716) anders zu beurteilen wäre, kann dahingestellt bleiben, da dieses Gesetz erst am 19. Juli 1957 im Bundesgebiet in Kraft getreten ist (§ 22 Abs. 1 dieses Gesetzes).

II. Ist das Verhältnis der Klägerin zur Beklagten ein arbeitsrechtliches Ausbildungsverhältnis, so konnte das Landesarbeitsgericht über den Rechtsstreit der Parteien entscheiden. An der sachlichen Nachprüfung der Kündigung war es nicht — wie die Beklagte meint — deswegen gehindert, weil die Klägerin die Klage nicht innerhalb der Dreiwochenfrist des § 3 KSchG erhoben hat. Denn die Bestimmungen des Kündigungsschutzgesetzes finden auf die Klägerin keine Anwendung, da sie zur Zeit der Kündigung noch nicht 20 Jahre alt war (§ 1 Abs. 1 KSchG; vgl. auch BAG 1, 272).

Die befristete Kündigung der Beklagten hat das Landesarbeitsgericht mit Recht für unzulässig angesehen. Zwar haben die Parteien durch Inbezugnahme der Bestimmungen über die Aufnahme und Ausbildung von Lernschwestern in den städtischen Schulen für Krankenpflege vom 25. Juni 1943 in dem Ausbildungsvertrag nach Ablauf der Probezeit eine Kündigungsfrist von einem Monat zum Monatsschluß vereinbart. Diese Vereinbarung ist aber nach § 134 BGB unwirksam, da sie gegen § 18 des Berliner Gesetzes zur Regelung der Berufsausbildung sowie der Arbeitsverhältnisse Jugendlicher vom 4. Januar 1951 (GVBl. Berlin 1951 S. 40) verstößt. Dort werden die Gründe für die vorzeitige Beendigung eines Berufsausbildungsverhältnisses im einzelnen aufgezählt. Von Seiten des Ausbildungsverpflichteten kann das Berufsausbildungsverhältnis von einigen dort näher bezeichneten Einzelfällen abgesehen aus wichtigem Grund ohne Einhaltung einer Kündigungsfrist gekündigt werden. Aus dieser eingehenden Regelung folgt, daß eine befristete Kündigung nicht möglich ist. Dieses Ergebnis stimmt mit dem allgemeinen Grundsatz überein, daß eine Berufsausbildung nur unter ganz beosnders erschwerten Bedingungen abgebrochen werden darf (vgl. das zur Veröffentlichung in der Amtlichen Sammlung bestimmte Urteil des Bundesarbeitsgerichts vom 10. Mai 1957 — 1 AZR 249/56 —).

Gegen die Anwendung des § 18 des Berufsausbildungsgesetzes bestehen entgegen der Ansicht der Revision keine Bedenken. Nach § 1 Abs. 2 des Berufsausbildungsgesetzes finden auf die Berufsausbildung in Anstalten, Heimen und an Berufsfachschulen die Vorschriften dieses Gesetzes sinngemäß Anwendung. Bei der Klägerin handelt es sich um die Ausbildung in einer Anstalt, nämlich in einem Krankenhaus. Ihre Ausbildung ist auch als Berufsausbildung im Sinne dieses Gesetzes anzusehen; denn darunter fällt nicht nur die handwerkliche Ausbildung, wie die Beklagte meint. Das ergibt sich schon daraus, daß das Gesetz auch für die Ausbildung an Berufsfachschulen Geltung beansprucht, obwohl diese Ausbildung in der Regel keine arbeitsrechtliche, sondern eine schulische ist.

Ob die befristete Kündigung in eine fristlose umgedeutet werden kann, mag dahingestellt bleiben, da das Landesarbeitsgericht das Vorliegen eines wichtigen Grundes ohne Rechtsirrtum verneint hat. Es hat ausgeführt, die Klägerin habe die vereinbarte Probezeit mit Erfolg überstanden. Die Beklagte könne daher $2\frac{1}{2}$ Monate danach die Auflösung des Ausbildungsverhältnisses wegen angeblichem mangelndem Verantwortungsbewußtsein, fehlender sittlicher Reife, Verspieltheit, Verträumtheit, Schwatzhaftigkeit und Klatschsucht nicht verlangen, zumal sie selbst nicht behauptet habe, daß diese Eigenschaften erst nach der Probezeit aufgetreten seien. Die Probezeit gebe dem Ausbildenden Gelegenheit, sich zu entscheiden, ob er einen jungen Menschen charakterlich für geeignet halte und ihn ausbilden wolle. Wenn er ihn nach Aublauf der Probezeit behalte, dann müsse er ihn entsprechend erziehen, falls er mehr oder minder stark hervortretende ungünstige Eigenschaften habe. Zu Unrecht werfe auch die Beklagte der Klägerin ungenügende Kenntnisse vor. Nach dem Ausbildungsheft und den Leistungsberichten seien die Kenntnisse und Leistungen der Klägerin nicht derart unzureichend, daß eine weitere Ausbildung wertlos wäre.

Diese Ausführungen lassen nicht erkennen, daß das Landesarbeitsgericht den Rechtsbegriff des wichtigen Grundes verkannt oder den Sachverhalt unvollständig oder widerspruchsvoll gewürdigt hat. Nur daraufhin kann aber das Revisionsgericht die Berechtigung der fristlosen Kündigung nachprüfen (BAG 2, 207).

5

1. Der Schiedsgutachtervertrag mit den materiell-rechtlichen Wirkungen der §§ 317, 319 BGB ist auch im Arbeitsverhältnis zulässig.

Dem Schiedsgutachter kann zur Feststellung von Entscheidungselementen eines Rechtsstreits nicht nur die Feststellung von Tatsachen. sondern auch deren Subsumtion unter Rechtsbegriffe übertragen werden.

Die Bindung der Vertragsparteien an das Schiedsgutachten reicht nur so weit, wie die Parteien in der Gestaltung ihrer Vertragsbeziehungen frei sind; sie versagt daher gegenüber unabdingbaren Tarifnormen.

2. Die Tätigkeitsmerkmale für die Büroangestellten in den Vergütungsgruppen Vb und VI b TO.A unterscheiden sich nur dadurch, daß sich in der Verg.Gr. V b das Aufgabengebiet als „Stelle von besonderer Bedeutung" aus den Aufgabengebieten der Verg.Gr. VI b heraushebt. Diese besondere Bedeutung kann im Aufbau der Verwaltung selbst in Erscheinung treten, beispielsweise durch Zuweisung von Aufsichtsfunktionen oder besonders schwierigen Aufgaben, oder auch nach außen, nämlich in der besonderen Einwirkung der Tätigkeit auf die Lebensverhältnisse Dritter. Je nach den Umständen kann das eine oder das andere Moment

genügen, um der Stelle eine besondere Bedeutung zu verleihen; es kann aber auch so liegen, daß eine besondere Bedeutung der Stelle erst beim Zusammentreffen beider Momente anzuerkennen ist. Im einzelnen ist die Beurteilung Sache tatrichterlicher Würdigung. Die Anschauung der beteiligten Berufskreise ist zu berücksichtigen. Zu beachten ist, daß eine besonders verantwortliche Stellung bereits Merkmal der Verg.Gr. IV TO.A ist.

BGB § 317; TO.A Anlage 1, Verg.Gr. V b

IV. Senat. Urteil vom 16. Oktober 1957 i. S. M. (Kl.) w. Einfuhr- und Vorratsstelle f. G. (Bekl.) 4 AZR 257/55.

I. Arbeitsgericht Frankfurt a. M. — II. Landesarbeitsgericht Frankfurt a. M.

Die Klägerin ist bei der Beklagten, einer Anstalt des öffentlichen Rechts, als Angestellte beschäftigt. Seit Oktober 1952 bearbeitet sie das Sachgebiet „Schwundprüfung". Sie erhält die Bezüge nach der Verg.Gr. VI b TO.A. Ihr sind zwei Mitarbeiter zugeteilt, die in die Verg.Gr. VI b bzw. VII TO.A eingestuft sind.

Die Klägerin hat vor allem die Aufgabe, an Hand der Transport- und Lagermeldungen der Außenbeamten zu prüfen, ob die festgestellten Mengenverluste handelsüblichen Gepflogenheiten entsprechen und damit von der Beklagten zu tragen sind, ob ein überhöhter Schwund im Einzelfalle gerechtfertigt ist und ob gegebenenfalls Ersatzansprüche gegen Dritte bestehen. Bei dieser Tätigkeit werden Erfahrungssätze und Durchschnittswerte ermittelt und Schwundmeldungen daraufhin überprüft. Aus dem Rahmen fallende Verluste bedürfen näherer Untersuchungen, zu denen gewisse Kenntnisse und Erfahrungen auf dem Gebiet des Getreidehandels und des Warenumschlags erforderlich sind. Den notwendigen Schriftverkehr erledigt die Klägerin weitgehend selbständig. Schwierigere Angelegenheiten unterbreitet sie dem Referatsleiter, der ihre Entwürfe prüft und, soweit notwendig, korrigiert. Zum Teil handelt es sich hierbei um Angelegenheiten, die dem Vorstand zur Entscheidung vorzulegen sind. Die Bearbeitung des Sachgebietes „Schwundprüfung" führt zur Aufdeckung ungerechtfertigter Mengenverluste im Gesamtwert von jährlich 500 000,– bis 700 000,– DM.

Über eine Einstufung der Klägerin in die Verg.Gr. V b TO.A wurde zwischen den Parteien wiederholt verhandelt. Die Beklagte ließ schließlich im Einverständnis mit der Klägerin deren Arbeitsgebiet durch den Bundesrechnungshof überprüfen. Dieser kam in einer gutachtlichen Äußerung vom 5. November 1953 zu dem Ergebnis, daß die Voraussetzungen für eine Einstufung der Klägerin in die Verg.Gr. V b TO.A nicht gegeben seien.

Die Klägerin hat Klage erhoben auf Feststellung, daß die Beklagte verpflichtet ist, ihr ab 1. April 1953 die Vergütung nach der Verg.Gr. V b TO.A zu gewähren.

Die Beklagte hat behauptet, die Parteien hätten vor der Einholung des Gutachtens des Bundesrechnungshofes vereinbart, daß dessen Gutachten für die Parteien verbindlich sein solle. Sie hat auch bestritten, daß die Tätigkeit der Klägerin den Merkmalen der Verg.Gr. V b TO.A entspreche.

Beide Vorinstanzen haben die Klage abgewiesen. Das Landesarbeitsgericht stellt als bewiesen fest, die Parteien hätten sich darüber geeinigt, es solle vom Bundesrechnungshof ein Gutachten darüber eingeholt werden, ob die Klägerin eine selbständige Tätigkeit in einer Stelle von besonderer Bedeutung ausübe, und dieses Gutachten solle für die Parteien bindend sein. Das Berufungsgericht erblickt darin einen zulässigen Schiedsgutachtervertrag und ist der Auffassung, daß die Feststellung des Bundesrechnungshofs, da sie nicht offenbar unbillig sei (§ 319 BGB), materiellrechtlich für die Parteien bindend sei. Auch unabhängig hiervon sei die Klage unbegründet. Es sei schon zweifelhaft, ob die Arbeit der Klägerin als eine selbständige Tätigkeit anzusehen sei; jedenfalls habe sie keine Stelle von besonderer Bedeutung inne.

Die Revision der Klägerin hatte keinen Erfolg aus folgenden

Gründen:

I. Dem angefochtenen Urteil kann zwar insoweit nicht beigetreten werden, als es den Klageanspruch deshalb für unbegründet ansieht, weil die Parteien auf Grund ihrer Vereinbarung an das Gutachten des Bundesrechnungshofes gebunden seien. Nach den Feststellungen des Berufungsgerichts sollte der Bundesrechnungshof mit bindender Wirkung für die Parteien feststellen, ob die Klägerin eine selbständige Tätigkeit in einer Stelle von besonderer Bedeutung ausübt, d. h. ob sie die Tätigkeitsmerkmale der Verg.Gr. V b TO.A erfüllt. Das Berufungsgericht erblickt hierin einen materiellrechtlich wirksamen Schiedsgutachtervertrag. Es geht richtig davon aus, daß der Schiedsgutachtervertrag nicht durch § 4 ArbGG ausgeschlossen wird. Diese Bestimmung verbietet den Ausschluß der Arbeitsgerichtsbarkeit mit Ausnahme der hier nicht in Betracht kommenden Fälle, in denen gemäß §§ 101 ff. ArbGG ein Schiedsgericht vereinbart werden darf. Der Schiedsgutachtervertrag hat aber einen Ausschluß des Rechtswegs nicht zum Inhalt (vgl. BGHZ 9, 143 ff.; BGH NJW 1955, 685). Denn der Schiedsgutachter hat nicht wie der Schiedsrichter die Aufgabe, an Stelle des vom Staate bestellten Richters über Rechtsfolgen zu entscheiden. Seine Aufgabe ist es lediglich, für die Entscheidung eines Streits Tatsachen oder Anspruchsvoraussetzungen (Entscheidungselemente) für die Vertragspartner bindend festzustellen. Solche Feststellungen des Schiedsgutachters sind zwar auch für das Gericht bindend. Diese Bindungswirkung ist aber keine prozeßrechtliche, sondern eine materiellrechtliche, die auf privatrechtlicher Vereinbarung der Parteien beruht. Auf diese Vereinbarung sind die Bestimmungen der §§ 317 ff. BGB entsprechend anzuwenden (RGZ 96, 60; BGH NJW 1955, 685), so daß ein offenbar unrichtiges Schiedsgutachten nicht bindend ist (§ 319 Abs. 1 Satz 2 BGB). An dieser materiellrechtlichen Wirksamkeit des Schiedsgutachtervertrages ist auch nichts dadurch geändert worden, daß das ArbGG 1953 die prozeßrechtliche Regelung der Schiedsgutachtenklausel in §§ 106, 107 ArbGG 1926 nicht übernommen hat; daraus läßt sich eine Änderung privatrechtlicher Normen nicht herleiten (ebenso Stein-Jonas-Pohle, Anm. IV 3 vor § 1025 ZPO, Dersch-Volkmar, Anm. 125 zu § 1 ArbGG; zweifelnd Müller, ebenda, S. 1087; a. M. wohl Dietz-Nikisch, Anm. 12 zu § 4, Anm. 3 zu § 101 ArbGG).

Das Berufungsgericht irrt allerdings, wenn es ausführt, es handele sich bei der Feststellung, ob die Klägerin eine selbständige Tätigkeit in einer Stelle von besonderer Bedeutung ausübe, nur um eine Klärung im Tatsächlichen. Diese Tätigkeitsmerkmale der Verg.Gr. V b TO.A enthalten sogenannte unbestimmte Rechtsbegriffe (BAG AP Nr. 6 zu § 3 TO.A). Die Feststellung, ob eine Tätigkeit diesen Merkmalen entspricht, liegt daher nicht nur auf tatsächlichem Gebiet, sondern bedeutet zugleich die Unterordnung eines schon feststehenden oder vom Schiedsgutachter noch festzustellenden Sachverhalts unter eine Rechtsnorm. Das allein steht jedoch der Annahme eines Schiedsgutachtervertrages nicht entgegen. Denn es kann dem Schiedsgutachter durchaus die Aufgabe übertragen werden, eine Tatsache, von der ein Anspruch oder ein Rechtsverhältnis abhängt, nicht nur festzustellen, sondern sie auch rechtlich zu beurteilen, also eine Subsumtion unter Rechtsbegriffe vorzunehmen (ebenso Stein-Jonas, Anm. II, 3 a vor § 1025 ZPO; Baumbach-Lauterbach, Grundzüge 3 A vor § 1025 ZPO; Rosenberg, Lehrbuch, 7. Aufl., § 166, I 2; Palandt, Anm. 2 b, cc zu § 317 BGB; BGH NJW 1955, 665; vgl. auch die Sachverhalte in BGHZ 9, 138 und RGZ 96, 57). Hier sind allerdings die Grenzen zwischen Schiedsgutachtervertrag und Schiedsvertrag fließend. Insbesondere in dem hier vorliegenden Falle, in dem der Dritte darüber entscheiden soll, ob eine Tätigkeit die Merkmale einer tariflichen Vergütungsgruppe erfüllt, erhebt sich die Frage, ob es sich hier noch um eine Entscheidung über Tatbestandselemente handelt (so RAG, ARS 11, 72 f.), oder ob in Wirklichkeit über ein Rechtsverhältnis entschieden werden soll und ob deshalb ein Schiedsvertrag anzunehmen ist (so Müller bei Dersch-Volkmar, ArbGG, S. 1087 f.; vgl. auch BAG 1, 85 [90]). Eines näheren Eingehens hierauf bedurfte es jedoch nicht, weil das Gutachten des Bundesrechnungshofs aus anderen Gründen dem Klageanspruch nicht entgegensteht:

Die materiellrechtlich bindende Wirkung des Schiedsgutachtens beruht auf der Freiheit der Vertragsparteien in der Gestaltung ihrer rechtlichen Beziehungen. Diese bindende Wirkung kann daher auch nur insoweit eintreten, als die Vertragsfreiheit der Parteien reicht (vgl. Rosenberg, a. a. O., S. 811 oben). Sie versagt dagegen, wo zwingende Rechtsnormen eine freie Vertragsgestaltung ausschließen. Das gilt auch gegenüber der Unabdingbarkeit tariflicher Normen. Der Arbeitnehmer, dessen Arbeitsverhältnis unter eine Tarifordnung fällt, hat einen unabdingbaren Anspruch auf die in der Tarifordnung normierten Mindestbedingungen (§ 18 Abs. 2 AOGÖ). Für das Arbeitsverhältnis der Klägerin gilt die TO.A mit normativer Wirkung. Die beklagte Einfuhr- und Vorratsstelle ist nämlich, wie sich aus § 7 des Getreidegesetzes vom 4. November 1950 (BGBl. S. 721) und ihrer mit der Ersten Durchführungsverordnung zum Getreidegesetz vom 3. Februar 1951 (BGBl. S. 82) erlassenen Satzung ergibt, eine bundesunmittelbare Anstalt des öffentlichen Rechts, und auf diese Anstalten ist durch §§ 1, 6 des Bundespersonalgesetzes vom 17. Mai 1950 (BGBl. S. 207) — aufrechterhalten durch § 191 des Bundesbeamtengesetzes — die TO.A sinngemäß anzuwenden. Danach stehen der Klägerin die Ansprüche nach derjenigen Vergütungsgruppe, die ihrer Tätigkeit entspricht, unabdingbar in dem Sinne zu, daß eine der Klägerin ungünstigere vertragliche Regelung unwirksam wäre. Die Parteien könnten also die Tätigkeit der Klägerin, wenn sie die Merkmale einer bestimmten Vergütungsgruppe erfüllt, nicht geringer bewerten, indem sie vereinbaren, daß die Tätigkeit der Klägerin nur den Merkmalen einer geringeren Vergütungsgruppe entspreche. Dann aber können sie eine solche Bestimmung auch nicht einem Dritten, dem Schiedsgutachter, übertragen. Das Schiedsgutachten kann jedenfalls insoweit nicht für die Parteien und das Gericht bindend sein, als es nach richtiger Beurteilung entgegen der Tarifordnung zu einem der Klägerin ungünstigeren Ergebnis kommt. Daraus folgt, daß eine Nachprüfung seitens des Gerichts jedenfalls immer dann vorgenommen werden muß, wenn der Arbeitnehmer behauptet, daß seine Tätigkeit entgegen einem Schiedsgutachten die Merkmale einer höheren Vergütungsgruppe erfülle. Ob dies die Nichtigkeit der vom Berufungsgericht festgestellten Schiedsgutachterabrede der

Parteien insgesamt nach sich zieht, brauchte nicht entschieden zu werden, weil die Revision aus anderen Gründen keinen Erfolg haben konnte.

II. Die Revision ist nämlich unbegründet, weil das Berufungsgericht auch unabhängig von dem Gutachten des Bundesrechnungshofes auf Grund eigener Sachprüfung die Tätigkeitsmerkmale der Verg.Gr. V b TO.A nicht als erfüllt ansieht und insoweit eine Rechtsverletzung nicht ersichtlich ist. Auf die Ausführungen des angefochtenen Urteils zu dem Merkmal der „selbständigen Tätigkeit" ist dabei nicht weiter einzugehen, weil das Berufungsgericht eine abschließende Beurteilung zu diesem Punkt nicht vorgenommen hat. Es stellt vielmehr entscheidend darauf ab, daß die Klägerin jedenfalls nicht in einer Stelle von besonderer Bedeutung tätig sei.

Hierbei handelt es sich, wie bereits bemerkt wurde, um einen sogenannten unbestimmten Rechtsbegriff. Die Anwendung unbestimmter Rechtsbegriffe, wie sie in den Tätigkeitsmerkmalen der Vergütungsgruppen der Anlage 1 zur TO.A enthalten sind, hat das Revisionsgericht nur daraufhin nachzuprüfen, ob der Rechtsbegriff selbst verkannt ist oder ob bei der Unterordnung des Sachverhalts unter die Rechtsnorm Denkgesetze oder allgemeine Erfahrungssätze verletzt sind oder die Bewertung, insbesondere wegen Außerachtlassung wesentlicher Umstände, offensichtlich fehlerhaft ist; im übrigen unterliegt die Bewertung der Beurteilung der Tatsacheninstanz (vgl. hierzu die Urteile des erkennenden Senats vom 10. April und 13. März 1957, AP Nr. 18 und 19 zu § 3 TO.A). Verstöße dieser Art läßt das angefochtene Urteil nicht erkennen.

In den Tätigkeitsmerkmalen der Anlage 1 zur TO.A für die Büroangestellten sind, wie der Senat bereits in seinem zur Veröffentlichung bestimmten Urteil vom 9. Oktober 1957 — 4 AZR 96/55 — ausgesprochen hat, die Begriffe der „selbständigen Tätigkeit" (Verg.Gr. V b) und der „selbständigen Leistungen" (Verg.Gr. VI b) gleichbedeutend gebraucht. Das unterscheidende Merkmal zwischen beiden Vergütungsgruppen liegt also allein darin, daß die Verg.Gr. V b eine Tätigkeit in einer Stelle von besonderer Bedeutung voraussetzt. Das Aufgabengebiet in der Verg.Gr. V b muß sich somit aus den Aufgabengebieten der Verg.Gr. VI b durch besondere Bedeutung herausheben. Diese besondere Bedeutung kann im Aufbau der Verwaltung selbst in Erscheinung treten, beispielsweise durch Zuweisung von Aufsichtsfunktionen oder besonders schwierigen Aufgaben, oder auch nach außen, nämlich in der besonderen Einwirkung der Tätigkeit auf die Lebensverhältnisse Dritter. Je nach den Umständen kann das eine oder das andere Moment genügen, um der Stelle eine besondere Bedeutung zu verleihen; es kann aber auch so liegen, daß eine besondere Bedeutung der Stelle erst beim Zusammentreffen beider Momente anzuerkennen ist. Im einzelnen ist die Beurteilung Sache tatrichterlicher Würdigung. Wie überhaupt bei der Anwendung der unbestimmten Rechtsbegriffe der Allgemeinen Vergütungsordnung der TO.A ist dabei die Anschauung der beteiligten Berufskreise zu berücksichtigen (BAG 1, 247; BAG AP Nr. 6 zu § 3 TO.A). Zu beachten ist schließlich, daß eine b e s o n d e r s verantwortliche Stellung bereits Merkmal der Verg.Gr. IV TO.A ist.

Hiernach ist nicht ersichtlich, daß das Berufungsgericht den Begriff der „Stelle von besonderer Bedeutung" verkannt hätte. Im einzelnen hat das angefochtene Urteil ausgeführt, die Annahme einer Stelle von besonderer Bedeutung rechtfertige sich weder aus der Höhe der durch die Schwundstelle wieder hereingebrachten Summen, noch aus dem durch die Aufbereitung des statistischen Materials erzielbaren Überblick; die Schwundkontrolle sei im Rahmen der Einfuhr- und Vorratsstelle nicht von besonderer Bedeutung für die Arbeit der anderen Abteilungen, sondern nur eine zwangsläufig bei der Durchführung der allgemeinen Aufgaben anfallende Nebentätigkeit; die hierdurch ersparten Beträge seien in Anbetracht der Werthöhe der Einfuhren nicht derart hoch, daß daraus allein auf eine Stelle von besonderer Bedeutung geschlossen werden könnte. In dieser Beurteilung ist eine vom Revisionsgericht nachprüfbare Rechtsverletzung der oben gekennzeichneten Art nicht zu finden. Insbesondere ist nicht ersichtlich, daß das Berufungsgericht festgestellte oder von den Parteien vorgetragene wesentliche Umstände unberücksichtigt gelassen hat, die seine Beurteilung als fehlerhaft erscheinen lassen könnten.

6

Zur betrieblichen Übung als Anspruchsgrundlage.

Trotz der Fassung des § 10 Satz 3 TOK (Tarifordnung für die deutschen Kulturorchester) können die dieser Tarifordnung Unterworfenen einzelvertraglich Zuschüsse zugunsten des Arbeitnehmers vereinbaren.

Zur Möglichkeit einer Teilkündigung im Arbeitsverhältnis.

BGB § 242; TOK § 10; BGB § 157.

I. Senat. Urteil vom 8. November 1957 i. S. Land H. (Bekl.) w. A. (Kl.) 1 AZR 123/56.

I. Arbeitsgericht Wiesbaden. — II. Landesarbeitsgericht Frankfurt a. M.

Der Kläger ist seit mehr als vier Jahren nach Ablauf der Probezeit Mitglied des Staatsorchesters W. des beklagten Landes. Auf sein Dienstverhältnis finden die Vorschriften der Tarifordnung für die deutschen Kulturorchester (TOK) in der Fassung der Ergänzung und Abänderung vom 1. August 1939 (RABl. 1938 VI 597; 1939 VI 1345) Anwendung.

Mindestens seit 1922 erhielten die Orchestermitglieder des Staatstheaters W. ohne Widerrufsvorbehalt eine sogenannte Doppeldienstentschädigung, wenn sie an einer zweiten Vorstellung innerhalb desselben Tages mitwirkten. Diese Doppeldientsentschädigung wurde zuletzt in Höhe von jeweils 5,— DM für durchschnittlich insgesamt 30 Tage im Jahr gezahlt. In § 3 Nr. 3 des Tarif- und Normalvertrages vom 10. August 1928, der durch die TOK abgelöst wurde, war diese Doppeldienstentschädigung in der Weise verankert, daß dort ausdrücklich ein Sonderentgelt für die Mitwirkung bei einer zweiten Vorstellung bestimmt war. Die TOK regelt die Frage der Doppeldienstentschädigung nicht.

Erstmalig am 6. März 1953 wurde die Zahlung der Doppeldienstentschädigung an die Mitglieder des Staatsorchesters W. durch den Rechnungshof des beklagten Landes beanstandet. Die Intendantur teilte dem Orchestervorstand damals diese Beanstandung mit, beließ es aber einstweilen bei der bisherigen Regelung. Mit Schreiben vom 26. Januar 1955, vor dessen Absendung der Betriebsrat bei dem Staatsorchester selbst nicht benachrichtigt war, teilte die Intendantur dem Orchestervorstand mit, die Zahlung der Doppeldienstentschädigung sei wiederum vom Rechnungshof beanstandet und als unzulässig erklärt worden. Sie finde auch in der TOK keine Stütze. Die Doppeldienstentschädigung könne ab sofort nicht mehr gezahlt werden. Der Orchestervorstand hat den Inhalt des Schreibens vom 26. Januar 1955 dem Kläger sogleich zur Kenntnis gebracht.

Der Kläger hat beantragt

festzustellen, daß die Erklärung des beklagten Landes vom 26. 1. 1955 rechtsunwirksam ist und daß das beklagte Land weiterhin verpflichtet ist, dem Kläger Doppeldienstentschädigung für die Mitwirkung in einer zweiten am gleichen Tage stattfindenden Vorstellung zu gewähren.

Die Klage hatte in allen Instanzen Erfolg.

Aus den Gründen:

I. Der Kläger kann seinen Anspruch nicht auf Gewohnheitsrecht stützen. Das Bestehen von Gewohnheitsrecht setzt den Rechtsgeltungswillen der dem Gewohnheitsrecht unterworfenen Gemeinschaft voraus, d. h. den Willen der Gemeinschaft, gerade auch eine Rechtsnorm als solche zu verwirklichen (Enneccerus-Nipperdey, Allg. Teil des bürgerlichen

Rechts, 14. Aufl., Erster Halbband, S. 160). Wegen einer jahre- und jahrzehntelangen Übung allein, so notwendig für die Entstehung von Gewohnheitsrecht auch seine Manifestation sein mag, kann jedoch noch nicht sicher auf das Vorliegen eines Rechtsgeltungswillens geschlossen werden. So wird man bei der Übung, eine Doppeldienstentschädigung zu zahlen, zunächst an ein gewisses soziales Gefühl als den Grund für ihre Verwirklichung denken müssen. Eine derartige Übung kann jedoch kein Gewohnheitrecht begründen (Enneccerus-Nipperdey, a. a. O.). Sonstige Umstände, die für die Verwirklichung eines Rechtsgeltungswillens hinsichtlich der Übung bei dem Staatstheater W. sprechen könnten, sind aber nicht ersichtlich.

Gleichwohl ist der Anspruch des Klägers wegen der Übung hinsichtlich der Zahlung der Doppeldienstentschädigung begründet.

Die ständige Zahlung der fraglichen Beträge hat allerdings keine daraufhin gerichtete normative Regelung erzeugt. Eine sogenannte konkrete Ordnung des Betriebes mit der Natur einer selbständigen Rechtsquelle ist zum mindesten heute nicht mehr anzuerkennen und wird auch allgemein nicht mehr anerkannt (Hueck, Festschrift für Heinrich Lehmann zum 80. Geburtstag, S. 634). Es hat aber das arbeitsvertragliche Verhältnis des Klägers eine auf Gewährung der Entschädigung gerichtete Gestaltung erfahren.

Da die Doppeldienstentschädigung mindestens seit 1922 ohne Wiederrufsvorbehalt allen Orchestermitgliedern gezahlt wurde, verletzt der Arbeitsgeber die das Arbeitsverhältnis insbesondere mit Rücksicht auf seinen vorwiegend personenrechtlichen Charakter beherrschenden Grundsätze von Treu und Glauben, wenn er ohne Rücksicht auf die langjährige Übung einseitig erklärt, er wolle in Zukunft eine solche Zahlung nicht mehr vornehmen. Auf Grund der jahrzehntelang erfolgten Zahlung im Bereich des Orchesters haben sich bei diesem ihm naturgemäß bekannten Sachverhalt sämtliche Arbeitnehmer dort nach aller Erfahrung darauf verlassen, daß die Zahlung auch weiterhin geleistet werde. Gerade mit Rücksicht auf die lange Dauer der Übung konnte sich das beklagte Land nicht von heute auf morgen von ihr durch einseitige Erklärung lossagen. Die Arbeitnehmer durften nämlich auch darauf vertrauen, daß die Zahlung fortgesetzt werde, weil sie, was den Arbeitnehmern selbst doch bekannt war, so lange Zeit gleichmäßig an alle Orchestermitglieder ständig und ohne jeden Vorbehalt erfolgte. Dieses Vertrauen verdient den Schutz des Gerichts, und die Handlung des Arbeitgebers, durch die jenes Vertrauen verletzt wird, entbehrt der Rechtswirksamkeit. Die betriebliche Übung geht hier jedenfalls über die Bedeutung einer betrieblichen Verkehrssitte hinaus (vgl. Hueck, a. a. O., S. 642). Es gilt vielmehr das gleiche, was für die Verwirkung eines Anspruchs anzunehmen ist. Dort ist durch das Verhalten des Gläubigers der Schuldner dazu veranlaßt, darauf zu vertrauen, daß der Gläubiger Ansprüche aus dem Rechtsverhältnis nicht mehr geltend machen wird, und dieses Vertrauen des Schuldners wird dadurch geschützt, daß dem gleichwohl geltend gemachten Anspruch des Gläubigers der von Amts wegen zu berücksichtigende Einwand der Verwirkung entgegensteht. Hier kann der Gläubiger darauf vertrauen, daß der Schuldner eben wegen seiner gleichbleibenden vorbehaltlosen Praxis auch in Zukunft diese Praxis beibehalten wird.

Ein solcher Vertrauensschutz kommt nicht nur denjenigen Arbeitnehmern zugute, die seit Einführung jener Übung in Diensten des beklagten Landes bzw. seiner Rechtsvorgänger gestanden haben. Deshalb kommt es für die Entscheidung dieses Rechtsstreits nicht darauf an, ob der Kläger bereits seit 1922 zu den Mitgliedern des Staatsorchesters W. gehörte oder ob er erst zu irgendeinem späteren Zeitpunkt in das Orchester eingetreten ist. Auch derjenige Arbeitnehmer, der in einen Betrieb eintritt, in dem eine jahrelange vorbehaltlose Übung besteht, vertraut darauf und kann darauf vertrauen, daß die allgemein dort herrschende Übung ihm gegenüber ebenfalls angewendet wird (Hueck, Festschrift für Heinrich Lehmann zum 80. Geburtstag, S. 638). Wie sich der Arbeitnehmer eine solche Übung entgegenhalten lassen muß, die in dem Betrieb besteht, in den er eintritt, sofern sie sich zu seinen ungunsten auswirkt (BAG 1, 241), so muß das auch von einer solchen Übung gelten, die ihm Vorteile bringt. Daß eine entsprechende allgemeine und vorbehaltlose Übung selbst besteht, ist erfahrungsgemäß dem später eintretenden Arbeitnehmer entweder bereits bei seinem Eintritt in den Betrieb bekannt, oder er erfährt es doch kurze Zeit nachher. Im übrigen würde es schon genügen, wenn der einzelne Arbeitnehmer auch nur für seine Person über vier Jahre lang im Zusammenhang mit seiner Arbeitsleistung die ständige und vorbehaltlose Gewährung einer Leistung ihm gegenüber erfährt. Dann vertraut er und darf er vertrauen, daß die Leistung auch in Zukunft fortgesetzt wird.

Ohne Bedeutung ist es auch, ob das beklagte Land bzw. sein Rechtsvorgänger die Zahlung der Doppeldienstentschädigung vornahmen, weil sie vielleicht irrtümlicherweise annahmen, hierzu kraft einer diesbezüglichen Norm verpflichtet zu sein. Auch wenn man diesen Vortrag des Revisionsklägers als zutreffend unterstellt, so ist den Arbeitnehmern gegenüber doch nur in Erscheinung getreten, daß eine ständige und vorbehaltlose Zahlung Brauch wurde. Dann aber ist bei der Bedeutung von

Treu und Glauben gerade für das wesentlich personal bestimmte Arbeitsverhältnis die Bindung des Arbeitgebers eingetreten (vgl. Hueck, Festschrift für Heinrich Lehmann zum 80. Geburtstag, S. 638).

Hat hiernach der Kläger bereits auf Grund der vom Landesarbeitsgericht festgestellten betrieblichen Übung einen vertraglichen Anspruch auf Fortzahlung der Doppeldienstentschädigung erworben, so kommt hinzu, daß der Kläger einen solchen Anspruch auch auf Grund des Gleichbehandlungsgrundsatzes geltend machen kann. Das gilt sowohl für den Fall, daß er von Anfang an zu den Mitgliedern des W. Staatsorchesters gehörte, wie auch für den Fall, daß er erst später in das Orchester eingetreten ist. Bei der Anwendung des Gleichbehandlungsgrundsatzes selbst geht es nicht darum, daß der Arbeitnehmer wegen der bestehenden allgemeinen Übung darauf vertrauen darf, sie werde auch ihm gegenüber angewandt werden, sondern darum, daß die Gewährung der Leistung an alle anderen überhaupt in Frage kommenden Arbeitnehmer unmittelbar deswegen schon auch den inhaltlich gleichen Anspruch des dritten Arbeitnehmers begründet (Hueck, Festschrift für Heinrich Lehmann zum 80. Geburtstag, S. 643). Im vorliegenden Fall ist eine ständige und vorbehaltlose Zahlung der Doppeldienstentschädigung an die Orchestermitglieder schlechthin unbestritten stets vorgenommen worden. Daß der Grundsatz der Gleichbehandlung deswegen nicht zum Zuge komme, weil das beklagte Land oder schon seine Rechtsvorgänger allen neu eintretenden Arbeitnehmern oder bestimmten Gruppen von ihnen bei Abschluß des Dienstvertrages eindeutig zu erkennen gegeben hätten, sie sollten von jener Übung nicht ergriffen werden, braucht nicht geprüft zu werden. Es ist nicht vorgetragen worden, daß eine solche Mitteilung erfolgte. Demgemäß erübrigt sich insbesondere eine Untersuchung dazu, ob ein solches Vorgehen — das einen Anspruch auf der Grundlage des Vertrauensschutzes nicht zur Entstehung bringt — auch eine unterschiedliche Behandlung gegenüber den schon früher im Dienst stehenden Orchestermitgliedern rechtfertigt. Irgendwelche sonstigen Gründe für eine besondere Behandlung des Klägers hat das beklagte Land ebenfalls nicht vorgebracht. Sein angeblicher Irrtum hinsichtlich einer normativen Verpflichtung bei seiner an den gesamten Kreis der Orchestermitglieder gewährten Leistung ist nun einmal nicht in Erscheinung getreten.

Die früher geltenden Vorschriften über den Lohnstop haben den Anspruch nicht berührt. Nach dem Lohnstop war — grundsätzlich — eine Erhöhung der bereits geltenden Lohn- und Gehaltssätze und sonstiger regelmäßiger Zuwendungen verboten (siehe insbesondere § 1 Zweiter KLDB RGBl. 1939, I, S. 2028). Die Zahlung der Doppeldienstentschädigung war jedoch im W. Staatsorchester schon viele Jahre vor der Anordnung des Lohnstops als regelmäßige Zuwendung üblich gewesen. Es widersprach ihm deshalb nicht, daß denjenigen Arbeitnehmern, die nachher in das Orchester eintraten, die Doppeldienstentschädigung ebenso bezahlt wurde wie den älteren Mitgliedern. Die Lohnstopbestimmungen stellten auf die Zahlungen ab, wie sie in bestimmten Verhältnissen üblich waren, haben aber an diesen Zahlungen selbst nichts geändert.

Da es sich bei dem Anspruch auf die Doppeldienstentschädigung um einen solchen aus dem Dienstvertrag, nicht aber aus tariflichen Bestimmungen handelt, ist der den Orchestermitgliedern erwachsene Anspruch auch nicht durch das Inkrafttreten der TOK in Fortfall gekommen. Es bedarf vorliegend keiner Prüfung, ob die durch Tarifordnungen normierten Arbeitsbedingungen ausschließlich Mindestbedingungen waren und sind oder ob es zulässig war, im einzelnen Falle durch Tarifordnungen zwingend ferner Höchstbedingungen festzusetzen. Auch wenn letztere Möglichkeit zu bejahen gewesen wäre, so bliebe das doch ohne Einfluß auf die Entscheidung des vorliegenden Prozesses. Denn selbst dann, wenn man in der Doppeldienstentschädigung eine Zulage der Art sehen will, wie sie in § 10 TOK als nach dieser tariflichen Bestimmung nicht zu gewähren genannt sind — es ist immerhin denkbar, jene Zahlung auch als besondere Vergütung für eine besondere Leistung zu werten, und es erscheint möglich, Zahlungen dieses Charakters § 10 TOK von vornherein nicht zu unterstellen —, so würde aus dieser Vorschrift doch nicht der Wegfall des klägerischen Anspruchs folgen. Wenn in § 10 Satz 3 TOK gesagt ist, es dürften Zulagen, die in der TOK selbst nicht erwähnt sind, nicht gewährt werden, so sind nämlich damit nur solche gemeint, die kraft tarifrechtlicher Normen vorgesehen sind, nicht aber solche, die im Einzelarbeitsvertrag ihre Grundlage haben. Dem Gedanken des sozialen Schutzes, der gerade auch durch die Einrichtung des Tarifrechtes verwirklicht werden soll, entspricht es, daß zum mindesten in aller Regel die Tarifordnungen ebenfalls stets nur Mindestbedingungen enthielten (vgl. Nipperdey, Festschrift für Herschel, S. 11). Durch die positiven Bestimmungen der §§ 29, 32 AOG, 18 Abs. 2 AOGÖ, also durch Vorschriften der damals geltenden Arbeitsverfassungsgesetze, die ihrerseits die Grundlage für den Erlaß von Tarifordnungen bildeten, war jener Gedanke für die Zeit der Geltung dieser Gesetze zudem ausdrücklich ausgesprochen. Dann mußte aber, sofern Tarifordnungen überhaupt Höchstbedingungen vorsehen konnten, deren Ergehen völlig eindeutig und klar ausgesprochen werden. Bei der Fassung der Präambel zur TOK, wonach deren Vorschriften rechtsverbindliche Mindestbedingungen sind, über die der Arbeitgeber insoweit hinausgehen kann, als er hierzu durch Gesetz oder besondere Anordnung befugt ist, einerseits und der Normierung des § 10 Satz 3 TOK andererseits muß jedoch angenommen werden, daß einzelvertraglich begründete Zulagen unberührt blieben und nach wie vor auch abgemacht werden konnten. Da die Formulierung der Präambel der TOK „nach dem Gesetz" sehr weit ist und den Abschluß von günstigeren Einzelabreden auf der Grundlage des Satzes von der Vertragsfreiheit mitumfassen könnte, ist jene Fassung selbst nicht eindeutig genug, um in den Vorschriften der TOK mit völliger Sicherheit Höchstbedingungen sehen zu können, die lediglich in ganz besonderen Fällen überschritten werden dürften.

Besteht hiernach ein vertraglicher Anspruch auf die Doppeldienstentschädigung, so wird ein solcher Anspruch auch durch die Ansicht des Rechnungshofs des beklagten Landes nicht beeinträchtigt. Bei der Stellungnahme des Rechnungshofs handelt es sich lediglich um einen internen Verwaltungsvorgang, der Dritten gegenüber keinerlei rechtsbegründende oder rechtsändernde Wirkung zu zeitigen vermag (vgl. BAG 1, 128 [135]). Insbesondere kann sie die vertraglichen Verpflichtungen des beklagten Landes gegenüber seinen Arbeitnehmern nicht berühren.

II. Das Landesarbeitsgericht hat in der schriftlichen Erklärung des beklagten Landes vom 26. Januar 1955 eine Teilkündigung gesehen, die bestimmt gewesen sei, den Anspuch auf Zahlung der Doppeldienstentschädigung, unter Aufrechterhaltung des zwischen den Parteien bestehenden Dienstvertragsverhältnisses im übrigen, zu beseitigen. Damit stellt der Vorderrichter ein tatsächliches Geschehen und den Inhalt dieses Geschehens, also ebenfalls eine Tatsache, fest. Auslegungsfehler oder Verstöße gegen Denkgesetze sind hierbei nicht zu erkennen.

Die Fragen, ob die Teilkündigung dem Kläger ordnungsmäßig zugegangen ist und ob der Kläger gegen eine solche Teilkündigung nach den Fristen und in den Formen des Kündigungsschutzgesetzes angehen mußte, bedarf keiner Prüfung. Entgegen der Auffassung des Landesarbeitsgerichts ist nämlich die in der Erklärung vom 26. Januar 1955 liegende Teilkündigung unstatthaft.

Zwar ist eine Teilkündigung nicht in allen Fällen unzulässig. Ihre Zulässigkeit ist, wenigstens grundsätzlich, einmal dann zu bejahen, wenn sie sich auf einzelne Bestandteile eines Vertragsverhältnisses bezieht, hinsichtlich derer die Teillösbarkeit oder der Widerruf ausdrücklich vereinbart oder vorbehalten ist (RAG ARS 13, 302 [304/305]; RAG ARS 29, 352 [354]). Ferner ist eine Teilkündigung, jedenfalls wieder grundsätzlich, statthaft, wenn ein Gesamtvertragsverhältnis sich aus mehreren

Teilverträgen zusammensetzt und diese Teilverträge selbst nach dem Gesamtbild des Vertrages jeweils für sich als nach dem Vertrag selbständig lösbar angesprochen sind oder von vornherein eindeutig als selbständig lösbar aufgefaßt werden müssen (RAG ARS 12, 519 [521]). Die Zulässigkeit der Teilkündigung in allen diesen Fällen ergibt sich bereits aus dem Grundsatz der Vertragsfreiheit. Darüber hinaus sind aber durchaus auch Fälle denkbar, in denen erst eine nach § 157 BGB vorzunehmende Vertragsauslegung zu der Folgerung führt, daß die Möglichkeit der Teilkündigung oder auch eines Widerrufsvorbehalts als vereinbart angesehen werden muß. Wenn Verträge so auszulegen sind, wie Treu und Glauben mit Rücksicht auf die Verkehrssitte es erfordern, so gehört bei dieser allgemeinen Fassung der Auslegungsnorm zum auslegungsfähigen Inhalt des Vertrages u. a., ob gewisse Vertragsteile bei Weiterbestehen der übrigen Vertragsteile eben selbständig und für sich lösbar sind oder nicht. Es kommt darauf an, in welcher Beziehung die einzelnen Regelungen des Vertragsinhalts zueinander stehen.

Hier ist aber nun weder ausdrücklich noch sonstwie erkennbar eindeutig vereinbart, daß eine Teilkündigung hinsichtlich der Doppeldienstentschädigung möglich sein soll. Es kann aber auch keine Rede davon sein, daß eine Auslegung nach § 157 BGB zu diesem Ergebnis führe.

Was die Verpflichtung zur Zahlung der Doppeldienstentschädigung betrifft, so ist nämlich zu berücksichtigen, daß diese stets dann gewährt wird, wenn das Orchester an demselben Tage zweimal spielen muß. Selbst wenn die Doppeltätigkeit an dem einen Tag durch erhöhte Freizeit an einem anderen Tag ausgeglichen werden sollte, verbleibt doch für das einzelne Orchestermitglied eine höhere Belastung deshalb, weil es an einem einzigen Tage und damit doch stets kurz hintereinander mehr als einmal zu spielen hat. Dann aber ist die Gewährung der Doppeldienstentschädigung entgegen der Ansicht des Landesarbeitsgerichts ein den Vertrag prägendes Merkmal. Sie stellt sich als erhöhte Vergütung für erhöhten Arbeitsaufwand dar und entspricht deshalb dem Gedanken einer allgemeinen Lohngerechtigkeit. Da nichts dafür hervorgetreten ist, daß die fragliche Zahlung unabhängig von dem rechtlichen Schicksal des übrigen Vertrags besonders behandelt werden sollte, insbesondere auch, daß der Anspruch des Klägers auf sie beseitigt werden könnte, ohne daß dadurch der Arbeitsvertrag im übrigen berührt werde, ist bei der Bedeutung einer allgemeinen Lohngerechtigkeit im Arbeitsverhältnis seine diesbezügliche inhaltliche Bestimmung ein wesentliches Kennzeichen desselben als Gesamterscheinung. Auf die Höhe der Vergütung im einzelnen Fall kommt es hierbei nicht an. Entscheidend ist vielmehr, daß es sich bei der Doppeldienstentschädigung um ein zusätzliches Entgelt für eine gegenüber der normalen zusätzlichen Leistung handelt. Wenn aber wegen der Doppeldienstentschädigung eine Teilkündigung nicht möglich war, hätte der Anspruch auf sie nur im Wege einer Gesamt- oder Änderungskündigung beseitigt werden können. Eine solche liegt jedoch nicht vor, so daß auch nicht zu untersuchen ist, ob sie nach den Vorschriften des Kündigungsschutzgesetzes überhaupt wirksam erklärt werden konnte.

7

1. Hat ein Arbeitgeber des öffentlichen Rechts eine Versorgungskasse mit eigener Rechtspersönlichkeit gegründet, die nach Versicherungsgrundsätzen arbeitet, insbesondere sowohl von Arbeitgeber- wie von Arbeitnehmerseite Beiträge erhält, und hat er seinen Arbeitnehmern zur Pflicht gemacht, dieser Versorgungskasse beizutreten, so ist die von dieser Kasse zu gewährende Alters- und Hinterbliebenenversorgung keine „von dem Dienstherrn zu gewährende" Versorgung im Sinne der 3. DVO zum Regelungsgesetz.

2. Eine solche Versorgungskasse wird nicht schon dadurch zu einer leeren Rechtsform und zu einer bloßen Funktion des Arbeitgebers, daß sie satzungsgemäß von ihm beaufsichtigt und mit persönlichen und sachlichen Mitteln für ihre Arbeit versehen wird, und daß sie ihre Versorgungsverpflichtungen nur mit Hilfe in der Satzung vorgesehener außerordentlicher Zuschüsse des Arbeitgebers erfüllen kann.

3. Durchführungsverordnung zum Regelungsgesetz i. d. F. vom 10. Juni 1955, § 1.

III. Senat. Urteil vom 12. November 1957 i. S. Pf. (Kl.) w. Freie und Hansestadt H. (Bekl.) 3 AZR 355/56.

I. Arbeitsgericht Hamburg. — II. Landesarbeitsgericht Hamburg.

Der jetzt 72jährige Kläger war von 1923 bis 1946 als Angestellter im Dienst der Sächsischen Staatsbank beschäftigt, seit 1934 als Staatsbankdirektor mit 18 000,— RM Jahresgehalt und Gewinnbeteiligung. § 3 seines Dienstvertrages vom 17. Dezember 1926 bestimmt:

> Herr Pf. ist nicht Staatsdiener im Sinne des Staatsdienergesetzes vom 7. März 1835 (GVBl. 169). Herr Pf. tritt der Unterstützungskasse der Sächsischen Staatsbank bei. Die Bank leistet für ihn den satzungsgemäßen Arbeitgeberbeitrag.

Ebenso lautet § 3 des Dienstvertrages vom 26. März 1934. Dementsprechend ist der Kläger Mitglied der „Versorgungskasse der Sächsischen Staatsbank" geworden, die eine juristische Person des öffentlichen Rechts war und deren Verhältnisse in einer vom Sächsischen Finanzminister genehmigten Satzung von 1923 mit späteren Änderungen geregelt sind. Durch den Zusammenbruch hat der Kläger seine Stellung verloren und ist nach Hamburg gezogen.

Er verlangt von der Beklagten 6100,– DM nebst Zinsen als Teil der ihm nach dem Regelungsgesetz angeblich zustehenden Versorgungsbezüge.

Seine Klage blieb in allen Instanzen erfolglos.

Aus den Gründen:

Dem Kläger könnte der von ihm geltend gemachte Pensionsanspruch gegen die Beklagte über § 52 Regelungsgesetz in Verbindung mit § 2 Ziffer 1 der 3. DVO i. d. F. vom 10. Juni 1955 (BGBl. S. 283) nur dann zustehen, wenn er bereits am 8. Mai 1945 einen vertraglichen Anspruch auf Versorgung nach beamtenrechtlichen Grundsätzen oder auf Ruhelohn hatte. Dies wäre dann der Fall gewesen, wenn ihm durch Dienstordnung, Ruhelohnordnung, Satzung (Statut) oder Einzelvertrag eine Anwartschaft auf vom Dienstherrn zu gewährende lebenslängliche Versorgung bei Dienstunfähigkeit oder bei Erreichen einer Altersgrenze und auf Hinterbliebenenversorgung auf der Grundlage des Arbeitsentgelts und der Dauer der Dienstzeit zugesichert war (§ 1 der 3. DVO zum Regelungsgesetz). Das angefochtene Urteil ist mit Recht zu dem Ergebnis gekommen, daß diese Voraussetzungen beim Kläger nicht gegeben sind. Insbesondere fehlt es daran, daß ihm ein Versorgungsanspruch unmittelbar gegen die Sächsische Staatsbank als seinen damaligen Dienstherrn zustand.

Der Kläger hat mit der Sächsischen Staatsbank weder einen Pensionsvertrag geschlossen noch sonst irgendwie ein Pensionsversprechen erhalten. In § 3 seiner Dienstverträge vom 17. Dezember 1926 und 26. März 1934 steht nur, daß er der Versorgungskasse der Sächsischen Staatsbank beitritt, und daß die Bank für ihn den satzungsgemäßen Arbeitgeberbeitrag leistet. Das bedeutet zwar, daß die Staatsbank aus Gründen der Fürsorge den Wunsch hatte, den Kläger ebenso wie alle ihre Arbeitnehmer fürs Alter versorgt zu sehen, und daß sie zu diesem Zweck Beiträge an die Versorgungskasse leisten wollte. Es bedeutet aber zugleich, daß sie selbst dem Kläger keine Pension zahlen wollte. Ohne Vertrag kann jedoch der Kläger einen Pensionsanspruch gegen die Staatsbank nicht begründen. Es steht ihm weder eine gesetzliche Vorschrift noch eine Ruhelohnordnung oder ein sonstiges Statut zur Seite, noch kann er sich auf ein Gewohnheitsrecht berufen. Eine allgemeine Verpflichtung der Arbeitgeber, ihren langjährigen Arbeitnehmern auch ohne gesetzliche oder vertragliche Grundlage Alters- und Hinterbliebenenversorgung zu gewähren — so etwa wie es nach jetzt herrschender Ansicht einen allgemeinen Anspruch auf Urlaub gibt (vgl. BAG 3, 23) — besteht auch nach heutiger Rechtsauffassung nicht (vgl. BGH in AP Nr. 1 zu § 242 BGB „Ruhegehalt"; BAG Nr. 15 a. a. O.); noch weniger bestand sie nach der Rechtslage am 8. Mai 1945.

Zu dieser Zeit hatte der Kläger eine Anwartschaft auf Alters- und Hinterbliebenenversorgung nur gegen die Versorgungskasse der Sächsischen Staatsbank. Diese Versorgungskasse war, ebenso wie nach § 1 des Sächsischen Staatsbankgesetzes vom 25. Juni 1921 (Sächs. Ges. Bl. S. 194) die Staatsbank selbst eine mit Rechtsfähigkeit ausgestattete Staatsanstalt war, eine selbständige juristische Person des öffentlichen Rechts. Dies ergibt sich aus § 1 Abs. 1 der Satzung der Versorgungskasse, die mit ihren Änderungen ministeriell genehmigt worden ist, zuletzt durch Verfügung des Sächsischen Ministeriums für Wirtschaft und Arbeit vom 26. April 1938. Der Versorgungskasse gehörten nach § 2 Abs. 1 der Satzung als Mitgliedsunternehmen in der Hauptsache die Sächsische Staatsbank und sonst nach der Feststellung des angefochtenen Urteils nur noch einige selbständige Staatsbankfilialen, eine mit der Staatsbank verbundene Grundstücksgesellschaft und eine vom Sächsischen Finanzministerium verwaltete Stiftung an. Sogenannte Angestelltenmitglieder waren die Angestellten der genannten Unternehmen, die der Kasse beigetreten waren, also ganz überwiegend die Angestellten der Staatsbank, darunter der Kläger (vgl. § 2 Abs. 2 Satz 2 und 3). Die Geschäfte der Versorgungskasse wurden von ihrem Vorstand geführt (§ 5), und zwar unter der laufenden Oberaufsicht des Direktoriums der Staatsbank (§ 8 Abs. 1). Die Staatsbank hatte die zur Verwaltung der Versorgngskasse erforderlichen Hilfskräfte und die sachlichen Mittel zur Verfügung zu stellen und konnte ihren dadurch entstandenen Aufwand nach der Anzahl der Versicherten auf die beteiligten Unternehmen umlegen (§ 8 Abs. 2). Als weiteres Organ der Versorgungskasse war außer ihrem Vorstand ein Verwaltungsausschuß vorhanden §§ 4, 9 ff.). Die Kasse hatte ihren Angestelltenmitgliedern, die mindestens 5 Jahre ununterbrochen bei ihr versichert waren (§ 13), nach Vollendung des 65. Lebensjahres oder im Falle früherer Berufsunfähigkeit eine Rente zu gewähren (§ 14), die im Regelfall als Zuschuß zu den Leistungen der Sozialversicherung gedacht war (§ 1 Abs. 3 Satz 2). Im Falle des Klägers kamen jedoch solche Leistungen aus der Sozialversicherung nicht in Betracht, da er wegen der

Höhe seines Gehalts nicht angestelltenversicherungspflichtig war. Die Rente, die der Kläger von der Versorgungskasse zu beanspruchen gehabt hätte, betrug mindestens 40 % seines Durchschnittsgehalts und steigerte sich nach fünfjähriger Mitgliedschaft um jährlich 1,5 % bis höchstens 75 % des letzten Diensteinkommens (§ 14 Abs. 4, 5, 7). Die Einnahmequellen, aus denen die Versorgungskasse ihre Verpflichtungen zu erfüllen hatte, bestanden nach §§ 26, 28 hauptsächlich aus den Mitgliedsbeiträgen sowohl der Mitgliedsunternehmen (9 % des Einkommens ihrer versicherten Angestellten) als auch der versicherten Angestellten (4,5 %, für den das nach der Angestelltenversicherung versicherungspflichtige Höchstgehalt übersteigenden Teil des Diensteinkommens ebenfalls 9 %). Für den Kläger sind diese Beiträge während der Dauer seiner Mitgliedschaft bei der Kasse von beiden Seiten geleistet worden. Für den Fall, daß die verfügbaren Mittel der Kasse nach versicherungsmathematischer Berechnung unzulänglich wurden, konnten von den Mitgliedsunternehmen und den Angestellten oder nur von den Mitgliedsunternehmen außerordentliche Zuschüsse erhoben werden (§ 33).

So stellt sich die Rechtslage nach der letzten Satzung der Versorgungskasse aus dem Jahre 1938 dar. Danach hatte der Kläger am 8. Mai 1945 unmittelbar gegenüber der mit Rechtsfähigkeit ausgestatteten Versorgungskasse eine Anwartschaft auf Altersversorgung. Diese Anwartschaft war nach Versicherungsgrundsätzen aufgebaut; die Angestellten werden in der Satzung der Versorgungskasse auch ausdrücklich als Versicherte bezeichnet. Ansprüche gegen eine solche Versorgungskasse sind aber keine Versorgung nach beamtenrechtlichen Grundsätzen.

Dafür, daß der Kläger neben oder anstelle der Versorgungskasse auch die Staatsbank als seine Arbeitgeberin unmittelbar auf Altersversorgung in Anspruch nehmen konnte, ergibt sich aus den vorstehenden Darlegungen kein Anhalt. Der Erste Senat des Bundesarbeitsgerichts hat vielmehr im Anschluß an RAG in ARS 37, 399 bereits entschieden (AP Nr. 16 zu § 242 BGB Ruhegehalt), daß, wenn ein Arbeitgeber für seine Betriebsangehörigen eine besondere rechtsfähige Versorgungseinrichtung geschaffen hat, seine Arbeitnehmer sich mit ihren Ruhegeldansprüchen nur an die Versorgungseinrichtung halten können und den Arbeitgeber selbst nicht in Anspruch nehmen dürfen, es sei denn, er habe den Anspruch gegen die Versorgungseinrichtung treu- oder pflichtwidrig vereitelt oder beeinträchtigt. Diese für einen Fall aus der Privatwirtschaft aufgestellten Grundsätze, zu denen auch die Begründung des vom Kläger herangezogenen Urteils des Zweiten Senats vom 12. Oktober 1954 (BAG 1, 107) nicht ersichtlich in Widerspruch steht, macht sich der erkennende Senat für den öffentlichen Dienst zu eigen. Sie stimmen auch überein mit der Ansicht von Anders (Gesetz zu Artikel 131 GG, 3. Aufl., S. 366). Anders bejaht zwar den Charakter von Versorgungsbezügen als eine vom Dienstherrn zu gewährenden Versorgung dann, wenn nur die Auszahlung der Versorgung einer besonderen Versorgungskasse übertragen war, wobei es ohne Bedeutung sei, ob dem Berechtigten gegen die Kasse ein unmittelbarer Anspruch auf Zahlung zustand oder nicht. Er verneint diesen Charakter jedoch für den Fall, daß der Arbeitgeber seinen Arbeitnehmer mit Beiträgen aus eigenen Mitteln derart versichert hat, daß der Arbeitnehmer lediglich Ansprüche gegen den Versicherungsträger erwarb.

Das Revisionsvorbringen geht hauptsächlich dahin, daß die Versorgungskasse trotz ihrer formellrechtlichen Selbständigkeit in Wirklichkeit von vornherein und erst recht nach der tatsächlichen Entwicklung im Laufe der Zeit nur eine „Unterabteilung" oder eine „Tochteranstalt" der Sächsischen Staatsbank gewesen sei, mit anderen Worten eine „hohle Rechtsform", hinter der die Beklagte sich jetzt mit Unrecht verschanze, um sich den Pensionsansprüchen des Klägers zu entziehen. Zur Begründung dieser Ansicht beruft sich der Kläger zunächst darauf, daß die Staatsbank die Versorgungskasse gegründet und ihre Angestellten zu deren Mitgliedern gemacht habe, damit in der Bilanz der Staatsbank keine Pensionslasten erschienen. Ferner weist der Kläger darauf hin, daß das Direktorium der Staatsbank nach § 8 Abs. 1 der Satzung die laufende Oberaufsicht über die Geschäftsführung des Vorstandes der Versorgungskasse gehabt habe, daß die maßgebenden Personen in den Organen der Staatsbank und in den der Versorgungskasse weitgehend dieselben gewesen seien, und daß die Staatsbank gemäß § 8 Abs. 2 der Satzung die persönlichen und sachlichen Mittel für die Geschäftsführung der Versorgungskasse zur Verfügung gestellt habe. Schließlich führt die Revision aus, daß wenigstens zuletzt die Staatsbank auch durch außerordentliche Zuschüsse gemäß § 33 der Satzung fast ausschließlich die Mittel zur Befriedigung der Pensions- und Hinterbliebenenberechtigten aufgebracht habe.

Diesen Ausführungen kann nicht gefolgt werden. Allgemein gesehen darf sich zwar niemand auf eine von ihm geschaffene scheinbare äußere Rechtsstellung berufen, wenn diese mit der Wirklichkeit nicht vereinbar ist. Dieser allgemeine Rechtsgedanke hat einen Ausdruck z. B. in § 117 BGB über die Nichtigkeit von Scheinerklärungen und Scheingeschäften gefunden, sowie in § 6 Abs. 1 des Steueranpassungsgesetzes, wonach durch Mißbrauch von Formen und Gestaltungsmöglichkeiten des bürgerlichen Rechts eine Steuerpflicht nicht umgangen oder gemindert werden kann. Daß dieser Rechtsgedanke nur in verhältnismäßig engen Grenzen angewandt werden kann und im Einzelfall mit dem Grundsatz der Vertragsfreiheit in Einklang gebracht werden muß, zeigt sich z. B. darin, daß sogar die sogenannte Einmann-GmbH aus Gründen der wirtschaftlichen Zweckmäßigkeit von der Rechtsordnung anerkannt wird, obwohl eine nur aus einer Person bestehende Gesellschaft begrifflich nicht denkbar ist. Von diesen Erwägungen ausgehend reicht der vom Kläger behauptete Sachverhalt nicht aus, um die Versorgungskasse als hohle Rechtsform erscheinen zu lassen. Die Staatsbank war, wie bereits dargelegt, von vornherein nicht verpflichtet, dem Kläger Altersversorgung zu gewähren, und hat eine solche Verpflichtung in den Anstellungsverträgen auch nicht übernommen. Nach dem Vertragswillen der Beteiligten, der rechtlich in keiner Weise zu beanstanden ist, sollte nur die Versorgungskasse als selbständige Rechtspersönlichkeit verpflichtet sein. Daß die Verorgungskasse von der Staatsbank gegründet worden ist, von ihr beaufsichtigt, weitgehend beeinflußt und finanziert wurde, schließt ihre staatlich anerkannte eigene Rechtspersönlichkeit nicht aus. Was die außerordentlichen Zuschüsse anlangt, die gemäß § 33 der Satzung sowohl von den Mitgliedsunternehmen als auch von den Angestelltenmitgliedern, nach der Neufassung des § 33 im Jahre 1938 aber auch von den Mitgliedsunternehmen allein angefordert werden konnten, so mögen sie zuletzt einen sehr erheblichen Umfang angenommen haben. Gleichwohl blieben daneben die satzungsmäßigen ordentlichen Mitgliedsbeiträge sowohl der Staatsbank als auch der Angestelltenmitglieder bestehen und machten ebenfalls einen wesentlichen Teil der Einnahmequellen der Versorgungskasse aus. Unter diesen Umständen kann man nicht sagen, daß die Versorgungskasse praktisch allein von der Staatsbank finanziert worden ist. Dabei braucht nicht einmal viel Gewicht auf die Tatsache gelegt zu werden, daß es außer der Staatsbank auch noch einige andere mit ihr zusammenhängende Mitgliedsunternehmen gab; denn deren Beteiligung war unstreitig verschwindend gering. Schwerer wiegt aber das Bedenken, daß die Satzung der Versorgungskasse mit ihren Änderngen staatlich genehmigt war, so daß für eine von ihr abweichende tatsächliche Entwicklung, die auf ein Verschwinden der Eigenpersönlichkeit der Versorgungskasse hinausläuft, wenig Raum bleibt. In den §§ 39, 40 der Satzung ist nämlich die Auflösung und die Liquidation der Kasse eingehend geregelt. Vielleicht hätte in einem solchen Fall die Staatsbank mit eigenen Mitteln geholfen, um die Altersversorgung ihrer Angestellten zu sichern. Rechtlich verpflichtet wäre sie jedoch dazu nicht gewesen.

Denn es gibt entgegen der Ansicht des Klägers keinen Rechtssatz des Inhalts, daß ein Arbeitgeber, der es seinen sämtlichen Angestellten zur Pflicht gemacht hat, einer von ihm gegründeten, auf Versicherungsgrundlage aufgebauten Versorgungskasse beizutreten, damit die rechtliche Verpflichtung übernommen hat, selbst dafür einzustehen, daß die Angestellten ihre Altersversorgung auch wirklich erhalten.

Aus diesen Gründen kann die rechtliche Selbständigkeit der Versorgungskasse nicht geleugnet und der Charakter der dem Kläger gegenüber dieser Kasse zustehenden Versorgungsansprüche als einer „vom Dienstherrn" zu gewährenden Versorgung nicht anerkannt werden. Soweit in dem Urteil des Landesarbeitsgerichts Frankfurt vom 21. Februar 1957 (III LA 246/56), auf das sich der Kläger berufen hat und bei dem es sich um einen zwar ähnlichen, aber doch etwas anders gelagerten Sachverhalt handelt, mit anderen Maßstäben gemessen und danach festgestellt worden ist, die dort umstrittene Versorgungskasse sei lediglich eine zwischengeschaltete Einrichtung, eine organisatorisch geschaffene Zwischenstation für die Gelder der Dienstherren für ihre Versorgungsleistungen, vermag sich der Senat dem nicht anzuschließen.

Das Zweite Gesetz zur Änderung des Regelungsgesetzes vom 11. September 1957 (BGBl. S. 1275) hat für die Entscheidung keine Bedeutung. Die Änderung des § 52 beschränkt sich, soweit sie hier in Frage kommen könnte, darauf, den bisherigen § 1 der 3. DVO mit seiner Vorschrift, daß die Versorgung nach beamtenrechtlichen Grundsätzen vom Arbeitgeber gewährt gewesen sein muß, in den Gesetzestext aufzunehmen. Davon abgesehen ist die Neufassung des § 52 nach Artikel IX Nr. 10 des Änderungsgesetzes insoweit erst am 1. September 1957 in Kraft getreten, galt also zur Zeit des Erlasses des angefochtenen Urteils noch nicht und kann deshalb bei der rechtlichen Überprüfung dieses Urteils nicht berücksichtigt werden.

Abschließend sei bemerkt, daß etwaige Ansprüche des Klägers aus dem Allgemeinen Kriegsfolgengesetz vom 5. November 1957 (BGBl. S. 1747) durch dieses Urteil nicht berührt werden.

8

1. Ist in einer Tarifordnung konstitutiv Schriftform für den Abschluß von Arbeitsverträgen vorgesehen, so handelt es sich um die gesetzliche Schriftform im Sinne des § 126 BGB. Der nicht formgerecht geschlossene Arbeitsvertrag ist nichtig.

2. Die Berufung auf Formnichtigkeit verstößt nur in ganz besonderen Ausnahmefällen gegen Treu und Glauben. Grundsätzlich kann die Nichtigkeit eines Arbeitsvertrages wegen Formverstoßes jederzeit geltend gemacht werden.

3. Hat der Arbeitnehmer aber, bevor die Nichtigkeit geltend gemacht wird, die ihm vertragsmäßig obliegende Leistung bereits erbracht, so hat die Geltendmachung der Nichtigkeit regelmäßig keine Wirkung für die Vergangenheit. Für die Vergangenheit ist vielmehr ein solches Arbeitsverhältnis grundsätzlich wie ein fehlerfrei zustandegekommenes zu behandeln.

4. Der Grundsatz zu 3 gilt auch dann, wenn der Arbeitnehmer sich während der vorgesehenen Vertragszeit zur Arbeitsleistung zur Verfügung halten mußte und sich tatsächlich auf Forderung des Arbeitgebers zur Verfügung gehalten, der Arbeitgeber aber die Arbeitsleistung aus einem von ihm zu vertretenden Grunde nicht in Anspruch genommen hat.

BGB §§ 126, 242, 611, 615, 320 f.; Tarifordnung für Filmschaffende vom 19. August 1943.

I. Senat. Urteil vom 15. November 1957 in S. H.-A. (Bekl.) w. F. (Kl.) 1 AZR 189/57.

I. Arbeitsgericht Berlin. — II. Landesarbeitsgericht Berlin.

Der Beklagte ist persönlich haftender Gesellschafter einer im Laufe des Rechtsstreites aufgelösten Film-Produktion KG. Der Kläger, der Filmschauspieler ist, richtete an diese Gesellschaft ein von einer Vertreterin unterzeichnetes formularmäßig gedrucktes Angebotsschreiben vom 31. Mai 1956, in dem es heißt:

„Sie verpflichten mich, sofern Sie die für die Filmproduktion notwendigen Bundes- und Landesbürgschaften sowie die Finanzierung erhalten, für ihre Firma bzw. für diejenige Firma, für deren Rechnung Sie Filme herstellen, als Darsteller für die Rolle „Pfarrer Martin König" in dem Film mit dem voraussichtlichen Titel „Es waren zwei Königskinder". Die Vertragszeit beginnt am 11. Juli 1956 und endet am 20. August 1956."

Als Honorar für den Kläger war ein Betrag von 30 000,— DM vorgesehen.

Mit Schreiben vom 1. Juni 1956 erklärte die Film-Produktion KG die Annahme dieses Angebotes. Am 4. Juni 1956 bestätigte die Gesellschaft, daß „die Verträge rechtswirksam seien".

In der ersten Hälfte des Monats Juni 1956 erhielt der Kläger von einer anderen Filmgesellschaft ein Angebot für eine andere Rolle; die

Film-Produktion KG lehnte jedoch eine Freigabe des Klägers ab, und zwar mit dem Bemerken, der Film werde trotz der zur Zeit noch bestehenden Finanzierungsschwierigkeiten gedreht werden. Darauf brach der Kläger die Verhandlungen mit der anderen Gesellschaft ab und hielt sich für die Film-Produktion KG für die vorgesehene Vertragszeit frei. Diese nahm jedoch bis zu deren Ablauf die Dienste des Klägers nicht in Anspruch, da es ihr nicht gelang, die Finanzierung des Filmes sicherzustellen. Die Herstellung des Filmes war auch später nicht möglich.

Der Kläger verlangt mit der Klage die Zahlung des vereinbarten Honorars von 30 000,— DM.

Der Beklagte hält den geschlossenen Vertrag für rechtsunwirksam, da die in § 2 der anwendbaren Tarifordnung für Filmschaffende vom 19. August 1943 (RArbBl. IV, S. 628) vorgesehene Schriftform für den Vertragsabschluß nicht gewahrt sei. Auch habe sich der Kläger der Vorschrift des § 2 Abs. 2 der Tarifordnung zuwider bei dem Vertragsabschluß durch eine Managerin rechtsgeschäftlich vertreten lassen.

Die Klage hatte in allen Instanzen Erfolg.

Aus den Gründen:

I. Das Landesarbeitsgericht ist zutreffend davon ausgegangen, daß auf das Vertragsverhältnis zwischen dem Kläger und der Film-Produktion KG, das durch Abgabe des Angebotes des Klägers und dessen Annahme durch die Gesellschaft zustandegekommen ist, die Vorschriften der Tarifordnung für Filmschaffende vom 19. August 1943 (Tarifregister Nr. 3733/1, RArbBl. IV, S. 628) anzuwenden sind. Diese Tarifordnung ist bisher weder aufgehoben noch durch einen Tarifvertrag außer Kraft gesetzt, so daß sie die Arbeitsverhältnisse der Filmschaffenden auch in der Bundesrepublik und in Westberlin nach wie vor normativ beherrscht.

Nach § 2 Abs. 1 Satz 1 a. a. O. bedürfen Verträge zwischen Filmherstellerfirmen und Filmschaffenden der Schriftform. Bei dieser in der Tarifordnung vorgesehenen Schriftform handelt es sich, wie der Zweite Senat des Bundesarbeitsgerichts in der Entscheidung vom 7. Juli 1955 (2 AZR 27/53) eingehend dargetan hat (BAG 2, 58 f.), um eine *Abschlußnorm*, die die Schriftform mit *konstitutiver* Wirkung vorschreibt, nicht um eine Inhaltsnorm, die den Parteien des Arbeitsvertrags nur einen Anspruch auf schriftliche Festlegung des Vereinbarten für Beweiszwecke gibt, die Gültigkeit des der Formvorschrift zuwider geschlossenen Arbeitsvertrages aber nicht berührt (sog. deklaratorische Formvorschrift, wie z. B. in § 85 HGB). Die Form des § 2 Abs. 1 Satz 1 a. a. O. ist die *gesetzliche Schriftform* im Sinne der §§ 125, 126

BGB, denn die Tarifordnungen sind Rechtsverordnungen und damit Gesetze im materiellen Sinne. Nach Art. 2 EGBGB ist unter Gesetz im Sinne des BGB jede Rechtsnorm zu verstehen (vgl. Hueck-Nipperdey, Lehrbuch des Arbeitsrechts, 1957, Bd. II, S. 223, 385 f.). Ist daher in Tarifordnungen Schriftform für Verträge vorgesehen, so handelt es sich um die durch Gesetz bestimmte Schriftform. Diesem Erfordernis der gesetzlichen Schriftform ist nach § 126 BGB nur dann genügt, wenn beide Vertragsparteien den Vertrag auf derselben Urkunde unterzeichnet oder aber gleichlautende Urkunden ausgetauscht haben, von denen jede Partei das für die andere Partei bestimmte Exemplar unterzeichnet hat. Es reicht sonach nicht aus, wenn die eine Partei ein schriftliches Angebot abgibt und die andere Partei die Annahme dieses Angebotes in einem besonderen Schreiben bestätigt. Ein solches Verfahren hätte nach der Tarifordnung nur für die Abänderung, Ergänzung oder Aufhebung eines bereits geschlossenen Vertrages ausgereicht (§ 2 Abs. 1 Satz 2 a.a.O.), es entspricht aber nicht den Erfordernissen für den Abschluß des Vertrages, für die die Beachtung der gesetzlichen Schriftform im Sinne des § 126 BGB vorgeschrieben ist. § 127 Satz 2 BGB scheidet hier aus. Die Folgen der Nichtbeachtung dieser gesetzlich vorgeschriebenen Schriftform richten sich nach § 125 Satz 1 BGB. Das Rechtsgeschäft, das der durch Gesetz vorgeschriebenen Form ermangelt, ist nichtig. Die Folgen des Formverstoßes bestimmen sich also hier nicht nach § 125 Satz 2 BGB oder nach § 154 Abs. 2 BGB; denn es handelt sich um eine durch das Gesetz selbst vorgeschriebene Schriftform, nicht um eine kraft Rechtsgeschäftes vorgesehene Schriftform oder um eine im Rechtsgeschäft verabredete Beurkundung.

Der Senat schließt sich auch insoweit der Auffassung des Zweiten Senats an, als dieser angenommen hat, daß die Formvorschrift des § 2 Abs. 1 Satz 1 der Tarifordnung nicht durch entgegenstehendes Gewohnheitsrecht beseitigt ist. Um Wiederholungen insoweit zu vermeiden, verweist der Senat auf die Entscheidungsgründe des Zweiten Senates im Urteil vom 7. Juli 1955, BAG 2, 58. Auch im vorliegenden Rechtsstreit sind keine Umstände ersichtlich, aus denen sich die Bildung eines der normativen Regelung des § 2 Abs. 1 Satz 1 der Tarifordnung vom 19. August 1943 entgegenstehenden Gewohnheitsrechtes für den Bereich der Tarifordnung ergeben könnte.

Der zwischen dem Kläger und der Film-Produktion KG durch Schriftwechsel vom 31. Mai/1. Juni 1956 zustandegekommene Vertrag, nach dem der Kläger als Darsteller in einem Film gegen ein Honorar von 30 000,– DM tätig sein sollte, ist sonach wegen Formverstoßes nichtig.

II. Der Senat konnte es bei seiner Entscheidung dahingestellt sein lassen, ob der Vertrag auch deshalb nichtig ist, weil der Kläger das vorgedruckte Angebotsschreiben vom 31. Mai 1956 nicht selbst unterschrieben hat. Nach § 2 Abs. 2 Satz 2 der Tarifordnung vom 19. August 1943 müssen die Filmschaffenden die Verträge persönlich abschließen, sie können sich dabei wohl beraten, aber nicht vertreten lassen.

Der Senat sieht sich jedoch veranlaßt, ausdrücklich zu betonen, daß er gegen die Rechtswirksamkeit dieser Bestimmung der Tarifordnung, die es den Filmschaffenden verwehrt, sich bei Abschluß der Verträge eines bevollmächtigten Vertreters zu bedienen, sehr ernste Bedenken hat. Nach den Vorschriften des bürgerlichen Rechts ist, von gewissen Ausnahmen insbesondere im Familienrecht und im Erbrecht abgesehen, grundsätzlich jedermann befugt, sich bei seinen Rechtsgeschäften eines rechtsgeschäftlich von ihm bestellten Vertreters zu bedienen. Ein allgemeines Verbot, bei bestimmten Rechtsgeschäften einen Vertreter zu bevollmächtigen, kann im einzelnen Fall dazu führen, daß dem von diesem Verbot Betroffenen der Abschluß für ihn wichtiger Geschäfte unbillig erschwert wird. Ein solches Verbot ist mit den Grundsätzen des freiheitlichen Rechtsstaates und dem Recht auf freie Entfaltung der Persönlichkeit, wie es insbesondere in Art. 2 Abs. 1 GG zum Ausdruck kommt, kaum vereinbar, es sei denn, daß besonders schwerwiegende sachlich gerechtfertigte Gründe den persönlichen Abschluß erfordern.

Zu einer abschließenden Entscheidung dieser Frage hat sich der Senat jedoch in diesem Rechtsstreit nicht veranlaßt gesehen. Denn auch wenn man unterstellt, daß das in § 2 Abs. 2 Satz 2 der Tarifordnung niedergelegte Verbot für die Filmschaffenden, sich eines Vertreters bei dem Abschluß ihrer Verträge mit den Filmherstellungsfirmen zu bedienen, rechtswirksam ist und zur Nichtigkeit der in Zuwiderhandlung gegen dieses Verbot durch einen rechtsgeschäftlichen Vertreter des Filmschaffenden abgeschlossenen Verträge führt, sind die Folgen einer auf der Zuwiderhandlung gegen dieses Verbot beruhenden Nichtigkeit keine anderen als die der Nichtigkeit wegen Nichtbeachtung der gesetzlichen Schriftform.

III. Das Landesarbeitsgericht hat trotz der auch von ihm erkannten Nichtigkeit des Vertrages wegen Nichtbeachtung der gesetzlichen Schriftform dem Klageantrag deshalb stattgegeben, weil es der Auffassung ist, die Film-Produktion KG und auch der Beklagte verstießen gegen Treu und Glauben, wenn sie sich auf die Nichtigkeit des Vertrages beriefen.

Dem vermag der Senat nicht zu folgen. Es ist zwar nicht grundsätzlich ausgeschlossen, der Berufung auf die Nichtigkeit eines Vertrages wegen Verstoßes gegen Formvorschriften nach dem Grundsatz von Treu und Glauben (§ 242 BGB) den Erfolg zu versagen mit der Folge, daß die vertragsmäßigen Leistungen so zu erbringen sind als sei der Vertrag rechtsgültig (vgl. BGHZ 12, S. 286, 304; 16, 334, 337; 20, 338, 344; 21, 59). Die Berufung einer Partei auf die Formnichtigkeit ist aber für sich allein weder arglistig noch verstößt sie gegen Treu und Glauben (vgl. BAG 2, 58 und vom 26. September 1957, 2 AZR 309/56). Die Berufung auf die Formnichtigkeit verstößt vielmehr immer nur in besonderen Ausnahmefällen, deren Tatbestände mit Vorsicht geprüft werden müssen, gegen § 242 BGB (vgl. Gernhuber, Formnichtigkeit und Treu und Glauben in Festschrift für Schmidt-Rimpler 1957, S. 151 f.; Lorenz, Das Problem der Aufrechterhaltung formnichtiger Schuldverträge, in Archiv f. ziv. Praxis Bd. 156, S. 381 f.). Formvorschriften dürfen nicht ohne zwingenden Anlaß unberücksichtigt bleiben. Die Rechtssicherheit verlangt es vielmehr, daß grundsätzlich ein Verstoß gegen die kraft Gesetzes oder Rechtsgeschäftes als Voraussetzung der Rechtswirksamkeit gegebenen Formvorschriften zur Rechtsunwirksamkeit des Rechtsgeschäftes führt, und daß diese Folge auch von den Parteien des Rechtsgeschäftes hingenommen werden muß. Die zuweitgehende Anerkennung des Einwandes der unzulässigen Rechtsausübung gegen die Berufung auf gesetzliche oder rechtsgeschäftliche Formvorschriften führt letztlich dazu, daß entgegen dem im Gesetz zum Ausdruck gekommenen Willen des Gesetzgebers oder gegen den bei der Gestaltung ihrer Rechtsgeschäfte zum Ausdruck gekommenen Willen der Parteien der Verstoß gegen die Formvorschriften unbeachtet bleibt und damit eine Folge eintritt, die Gesetzgeber oder Parteien des einzelnen Rechtsgeschäftes gerade nicht eintreten lassen wollten. Dadurch würde, wie auch der Zweite Senat des Bundesarbeitsgerichts in der bereits erwähnten Entscheidung vom 7. Juli 1955 (BAG 2 S. 58 f.) ausgesprochen hat, dem Formzwang praktisch jede Wirkung genommen werden. Sonach muß die bei Verletzung von Formvorschriften eintretende Folge der Nichtigkeit des formwidrig abgeschlossenen Geschäftes grundsätzlich hingenommen werden; ihre Geltendmachung verstößt nicht gegen § 242 BGB.

Ein Fall, in dem ausnahmsweise die Geltendmachung der Nichtigkeit des Vertrages wegen Formverstoßes als Verstoß gegen Treu und Glauben unzulässig ist, liegt entgegen der Annahme des Landesarbeitsgerichts hier nicht vor. Die Tatsachen, daß der Kläger während der Vertragszeit der Film-Produktion KG zur Verfügung gestanden hat, daß sie ihn für eine anderweitige Tätigkeit nicht freigegeben und daß sie selbst gegenüber dem Kläger die Ansicht vertreten hat, der zwischen den Parteien geschlossene Vertrag sei rechtswirksam, vermögen die Unzulässigkeit der nachträglichen Geltendmachung der Formnichtigkeit nach § 242 BGB für sich allein noch nicht zu begründen. Es ist weder von dem Kläger behauptet noch auch von dem Landesarbeitsgericht festgestellt, daß die Film-Produktion KG sich so verhalten hat, obwohl sie bereits damals wußte, daß der mit dem Kläger geschlossene Vertrag wegen Verstoßes gegen die Formvorschriften der Tarifordnung nichtig sei. Insbesondere ist nicht behauptet, daß die Beklagte in Kenntnis der erforderlichen gesetzlichen Schriftform den Vertrag unter Formverstoß abgeschlossen oder gar den Kläger zu solchem Abschluß veranlaßt hat, um sich, falls dies später in ihrem Interesse liegen sollte, auf die Nichtigkeit des Vertrages berufen zu können. Vielmehr ist sie, als sie dem Kläger die ihrer Ansicht nach gegebene Rechtswirksamkeit des Vertrages bestätigte und ihn für eine andere Tätigkeit nicht freigab, offenbar auch wirklich davon ausgegangen, daß der Vertrag rechtsbeständig sei und zur Durchführung gelangen werde. Wenn sie dann später Gewißheit darüber erhielt, daß der Vertrag wegen Verstoßes gegen Formvorschriften nichtig sei, so konnte sie sich hierauf zur Abwehr der von dem Kläger geltend gemachten Ansprüche berufen, ohne gegen § 242 BGB zu verstoßen. Es gehört zur allgemein zugelassenen Rechtsverteidigung desjenigen, der aus einem Vertrag in Anspruch genommen wird, daß er sich auf die Nichtigkeit des Vertrages berufen kann. Der vom Kläger der Berufung auf die Formvorschrift gegenüber erhobene Einwand der Arglist oder des Rechtsmißbrauchs scheitert also daran, daß eine Kenntnis der Film-Produktion KG und des Beklagten von der Nichtigkeit des Vertrages bei dessen Abschluß oder in der vorgesehenen Drehzeit nicht festgestellt ist.

IV. Jedoch hat die Tatsache, daß im vorliegenden Fall die genau festgelegte Drehzeit abgelaufen war und daß der Kläger während der Vertragszeit der Film-Produktion KG wunschgemäß zur Verfügung gestanden hat, und nunmehr erst der Beklagte die Nichtigkeit des Vertrages ex tunc geltend machte, eine besondere Rechtslage geschaffen.

In dem Angebotsschreiben des Klägers ist auf die „Normativbestimmungen für Filmschaffende" Bezug genommen. Darunter ist die Tarifordnung für Filmschaffende vom 19. August 1943 zu verstehen. Danach (§ 4) hat der Filmschaffende der Firma an jedem von ihr gewünschten Ort „zur Verfügung zu stehen". Die Firma (§ 5) übernimmt keine Verpflichtung, die Dienste des Filmschaffenden überhaupt in Anspruch zu nehmen, sondern hat das Recht, selbst nach Beginn der Tätigkeit auf seine Tätigkeit zu verzichten. Der Filmschaffende hat in einem solchen Fall nur Anspruch auf die vereinbarte Vergütung. Auch in § 8 heißt es, der Filmschaffende habe der Firma „zur Verfügung zu stehen". In allen Fällen der

Behinderung der Firma aus von ihr zu vertretenden Umständen hat der Filmschaffende Anspuch auf die vereinbarte Vergütung.

In Erfüllung der ihm danach obliegenden Pflichten hat nun der Kläger der Film-Produktion KG während der gesamten festgelegten Vertragsdauer zur Verfügung gestanden, die Gesellschaft hat jedoch seine Dienste nicht in Anspruch genommen, ihn aber während der Vertragszeit am Vertrag festgehalten, ihm jedoch die vorgesehene Vergütung nicht gezahlt. Erst nach Ablauf der vorgesehenen Vertragsdauer hat sie sich auf die Nichtigkeit des Vertrages wegen Formverstoßes berufen.

Unter diesen besonderen Umständen erweist sich der Klageanspruch deshalb als begründet, weil die Film-Produktion KG sich auf die Nichtigkeit des Vertrages erst in einem Zeitpunkt berufen hat, in dem die fest bestimmte Vertragszeit, während der der Kläger sich zur Verfügung der Gesellschaft gestellt hatte, abgelaufen war.

Der zur Begründung eines Arbeitsverhältnisses erforderliche privatrechtliche Vertrag untersteht zwar grundsätzlich den Normen des bürgerlichen Rechts über gegenseitige Verträge einschließlich der Normen, die sich mit anfechtbaren und nichtigen Verträgen befassen. Wenn sonach grundsätzlich auch die Nichtigkeit eines Arbeitsvertrages wegen Formverstoßes zu jeder Zeit geltend gemacht werden kann, so ist doch zu unterscheiden, w a n n und für welche Zeit die Nichtigkeit geltend gemacht wird. Die Tatsache, daß auf Grund des nichtigen Arbeitsvertrages die Arbeit angetreten und die dem Arbeitnehmer obliegende Dienstleistung erbracht worden ist, kann durch die nachträgliche Geltendmachung der Nichtigkeit nicht aus der Welt geschafft werden. Insbesondere steht dem entgegen, daß durch das in Funktion-Setzen des Arbeitsverhältnisses, d. h. die Leistung von Diensten auf Grund des von den Vertragsparteien als rechtswirksam begründet angesehenen Arbeitsverhältnisses nicht nur schuldrechtliche Bindungen zwischen den Parteien begründet, sondern auch personenrechtliche Beziehungen geschaffen sind, die nicht durch eine spätere Geltendmachung der Nichtigkeit des Arbeitsvertrages rückwirkend beseitigt werden können. Die neuere Entwicklung des Arbeitsrechtes hat deshalb zu der Auffassung geführt, daß dann, wenn das Arbeitsverhältnis bereits in Funktion gesetzt, die geschuldete Arbeit bereits geleistet ist, nicht mehr mit r ü c k w i r k e n d e r Kraft die Nichtigkeit des Arbeitsvertrages geltend gemacht werden kann (vgl. Hueck-Nipperdey, Lehrbuch des Arbeitsrechts, 1957, Bd. I, S. 166 f.). Die in der Vergangenheit vollzogene tatsächliche Erbringung der bei Rechtsbeständigkeit des Arbeitsvertrages geschuldeten Leistung, die der Arbeitnehmer im Vertrauen auf die Rechtswirksamkeit dem Arbeitgeber erbracht hat, kann durch die Geltendmachung der Nichtigkeit nicht rückwirkend beseitigt werden. Die Nichtigkeit kann nur für die Zukunft geltend gemacht werden. Hätte der Kläger z. B. Verträge über mehrere Filmrollen geschlossen, so hätte sich die Beklagte rechtzeitig vor Beginn der Drehzeit des 2. oder 3. Films auf die Nichtigkeit des Vertrages ex nunc berufen können, ebenso wie das im vorliegenden Fall rechtzeitig vor Beginn der Drehzeit des in Rede stehenden Films möglich gewesen wäre. Für die Vergangenheit aber ist das wegen Formverstoßes nichtige Arbeitsverhältnis wie ein fehlerfreies Arbeitsverhälnis zu behandeln; der Kläger ist nicht auf Bereicherungsansprüche angewiesen (vgl. Hueck-Nipperdey, a. a. O., S. 174 im Einvernehmen mit der in Schrifttum und Rechtsprechung heute durchaus überwiegenden Meinung).

Hätte also der Kläger dem Vertrage entsprechend seine Rolle in dem geplanten Film gespielt, so hätte er ungeachtet der Nichtigkeit seines Arbeitsvertrages den Anspruch auf die vereinbarte Vergütung. Zu einer solchen schauspielerischen Tätigkeit des Klägers ist es nun allerdings nicht gekommen, da die Aufnahmen wegen der eingetretenen und nicht behobenen Finanzierungsschwierigkeiten unterblieben. Die tatsächliche schauspielerische Arbeit des Klägers ist also aus Gründen unterblieben, die jedenfalls der Kläger nicht zu vertreten hat. Das Risiko der möglichen Finanzierung eines geplanten Filmes trägt der Filmhersteller, nicht der Filmschaffende.

Der Senat konnte aber die Entscheidung der sich hier ergebenden Frage dahingestellt sein lassen, ob die Verneinung der Nichtigkeit ex tunc nicht nur bei Arbeitsverhältnissen Platz greift, bei denen die Arbeitsleistung vollzogen ist, sondern auch bei den Arbeitsverhältnissen, bei denen die Arbeitsleistung aus vom Arbeitgeber zu vertretenden Gründen, insbesondere infolge seines Annahmeverzugs nicht erfolgt ist, mit der Folge der Pflicht zur Zahlung der Vergütung. Ob ein solcher allgemeiner Grundsatz anzuerkennen ist, braucht hier deshalb nicht entschieden zu werden, weil jedenfalls im vorliegenden Fall die Film-Produktion KG und damit der Beklagte sich so behandeln lassen müssen, als hätte der Kläger bis zu dem Zeitpunkt, an dem ihm gegenüber die Nichtigkeit des Arbeitsvertrages geltend gemacht worden ist, gearbeitet. Das folgt daraus, daß nach den tatsächlichen Feststellungen des Landesarbeitsgerichts, die weder durch einen Tatbestandsberichtigungsantrag noch mit prozessualen Rügen angefochten sind, der Kläger sich seinerseits der Film-Produktion KG unter Ablehnung ihm zugegangener Angebote anderer Filmhersteller während der ganzen Dauer der Vertragszeit zur Verfügung gestellt hat, und daß auch die Film-Produktion KG dem Kläger erklärt hat, der Vertrag sei rechtsbeständig, der Kläger müsse ihr während der Vertragszeit zur Verfügung stehen. Damit hat der Kläger während der ganzen Vertragsdauer die von der Film-Produktion KG von ihm verlangte Leistung erbracht; daß diese ihn nicht mit der vorgesehenen schauspielerischen Aufgabe betraut hat, kann dem Kläger nicht zum Nachteil gereichen. Das entspricht auch der Bezugnahme auf die Normativbestimmungen für Filmschaffende und damit der Tarifordnung vom 19. August 1943. Wenn dort dem Filmschaffenden auferlegt wird, der „Herstellerfirma zur Verfügung zu stehen", aber die Herstellerfirma nicht gehalten wird, den Filmschaffenden auch tatsächlich zu beschäftigen, so muß jedenfalls bei solchen wegen Formmangels nichtigen Filmverträgen die sonst nach Maßgabe der Tarifordnung abzuwickeln und zu erfüllen wären, die Tatsache des „sich zur Verfügungstellens" jedenfalls dann, wenn dies im Einvernehmen und auf Veranlassung der Herstellerfirma geschehen ist, der Tatsache der Arbeitsleistung selbst gleichgestellt werden. Wenn die Tarifordnung dem Filmschaffenden, der sich zur Verfügung gehalten hat, auch dann den Vergütungsanspruch gibt, wenn die Herstellerfirma den Filmschaffenden bei Aufnahmen nicht eingesetzt hat, so muß ein Gleiches gelten, wenn der auf Grund eines zwar nichtigen Vertrages, dessen Nichtigkeit aber noch nicht geltend gemacht worden ist, gebundene Filmschaffende sich für die in Aussicht genommenen Dreharbeiten unter Ablehnung der Angebote anderer Herstellerfirmen für die vorgesehene Vertragszeit auf ausdrückliches Verlangen der Herstellerfirma zur Verfügung gestellt und bereit gehalten hat. Zwar beschränken sich grundsätzlich im Arbeitsrecht die Pflichten des Arbeitnehmers nicht darauf, seine Arbeitskraft dem Arbeitgeber zur Verfügung zu stellen; vielmehr verpflichtet der Arbeitsvertrag den Arbeitnehmer zur tatsächlichen Leistung der vertragsgemäßen Arbeit. Das hat der Senat unter Ablehnung der gegenteiligen Auffassung von Nikisch (Arbeitsrecht 2. Aufl., Bd. 1, S. 492) bereits in der Entscheidung vom 8. Februar 1957 (1 AZR 338/55, AP Nr. 2 zu § 615 — Betriebsrisiko) ausgeführt. Es ist aber möglich und zulässig, diese Pflichten einzelvertraglich, aber auch durch kollektive normative Regelungen dahin zu bestimmen, daß der Arbeitnehmer die ihm obliegende Leistung auch dann bereits erbracht hat, wenn er sich während der Vertragszeit im Einverständnis und auf besonderen Wunsch des Arbeitgebers für die eigentliche Tätigkeit zur Verfügung gehalten hat, ohne daß der Arbeitgeber die eigentliche Vertragsleistung, die tatsächliche Arbeitsleistung abgerufen oder angenommen hat. In dieser Weise ist das Arbeitsverhältnis der Filmschaffenden durch die Tarifordnung vom 19. August 1943 ausgestaltet. Für ihren Bereich steht die Bereitstellung der Arbeitskraft im Einvernehmen mit der Herstellerfirma und auf deren Veranlassung der tatsächlichen Leistung von Arbeit insbesondere hinsichtlich des vertragsmäßigen Vergütungsanspruches des Filmschaffenden gleich. Dann muß aber auch bei formnichtigem Arbeitsvertrag der Grundsatz gelten, daß nach Ablauf der Vertragszeit die Nichtigkeit für die Vergangenheit regelmäßig nicht geltend gemacht werden kann.

Danach kann der Kläger, weil der Beklagte die Nichtigkeit des Vertrages erst geltend gemacht hat, nachdem der Kläger sich während der ganzen Vertragszeit unter Ablehnung anderer Angebote der Film-Produktion KG auf deren Wunsch zur Verfügung gestellt hat, die vereinbarte Vergütung ebenso verlangen, als hätte er tasächlich als Darsteller bei den Aufnahmen zu dem vorgesehenen Film mitgewirkt.

9

Ausschlußfristen, die in einer noch fortgeltenden Tarifordnung gesetzt sind, greifen gegenüber Ansprüchen, die auf Tarifvertrag beruhen, nicht durch.

TVG § 4 Abs. 4 Satz 3; Reichstarifordnung für das Baugewerbe § 10.

I. Senat. Urteil vom 29. November 1957 i. S. B. f. A. u. A. (Kl.) w. W. (Bekl.) 1 AZR 35/56.

I. Arbeitsgericht Berlin. — II. Landesarbeitsgericht Berlin.

Am 10. April 1954 schieden aus dem Arbeitsverhältnis bei dem Beklagten, der in West-Berlin ein Bauunternehmen betreibt, 22 Arbeitnehmer aus. Diese meldeten sich beim Arbeitsamt und erhielten Arbeitslosengeld. Die Bundesanstalt sah in dem Ausscheiden der 22 Arbeitnehmer den Tatbestand einer Massenentlassung als gegeben an und veranlaßte den Beklagten zur Erstattung einer Anzeige dieser ihrer Ansicht nach gegebenen Massenentlassung. Am 10. Mai 1954 erstattete daraufhin der Beklagte die Anzeige mit dem Zusatz,

> Beendigung eines ca. 4 Wochen umfassenden, produktionswichtigen Termin-Bauvorhabens in einem hiesigen Industriewerk, für welches die zur Entlassung kommenden kurzfristig eingestellt waren.

Die Entlassungen wurden am 1. Juni 1954 rückwirkend zum 10. Mai 1954 genehmigt. Der Beklagte erhob gegen diesen Verwaltungsakt Klage bei dem Sozialgericht, soweit es sich um 15 von den insgesamt 22 am 10. April 1954 ausgeschiedenen Arbeitnehmern handelte. Diese Klage wurde im Juni 1955 von dem Sozialgericht abgewiesen.

Die Klägerin hat an die sieben anderen Arbeitnehmer insgesamt Arbeitslosengeld in Höhe von 578,45 DM entrichtet. Sie verlangt mit der vorliegenden, im Februar 1955 erhobenen Klage die Erstattung dieses Betrages von dem Beklagten.

Beide Vorinstanzen haben die Klage abgewiesen, da ein auf die Klägerin übergegangener Anspruch der sieben entlassenen Arbeitnehmer auf Lohnzahlung bis zum 10. Mai 1954 gemäß § 10 RTO Bau verfallen sei und die Klägerin aus eigenem Recht Ansprüche auf Erstattung des an die sieben Arbeitnehmer gezahlten Arbeitslosengeldes gegen den Beklagten nicht erheben könne.

Die Revision der Klägerin führte zur Zurückverweisung an das Landesarbeitsgericht.

Aus den Gründen:

I. . . .

II. Die Klägerin stützt ihren Anspruch darauf, daß der Lohnanspruch der sieben entlassenen Arbeitnehmer für die Zeit bis zum 10. Mai 1954 oder jedenfalls bis zu dem Tage, an dem die Arbeitnehmer anderweitig Arbeit aufgenommen haben, insoweit auf sie übergegangen sei, als sie an diese 7 Arbeitnehmer Arbeitslosengeld gezahlt habe. Sie gründet ihren Anspruch sonach auch auf § 113 Abs. 2 AVAVG (a. F.). Danach hat der Arbeitgeber, der einem Arbeitslosen Bezüge aus dem Arbeitsverhältnis schuldet, die Leistungsbeträge, die zu Unrecht entgegen § 113 Abs. 1 AVAVG (a. F.) gewährt sind, dem Arbeitsamt zu erstatten.

Auf die Klägerin übergegangene Rechtsansprüche der sieben entlassenen Arbeitnehmer auf Lohnzahlung über den 10. April 1954 hinaus haben die Vorinstanzen abgewiesen, weil die Ansprüche der Arbeitnehmer gemäß § 10 RTO Bau verfallen seien.

§ 10 RTO Bau bestimmt:

„Ansprüche aus den Arbeitsverhältnissen verfallen, wenn sie nicht innerhalb von 6 Monaten nach Fälligkeit, spätestens innerhalb von 8 Wochen nach dem Ausscheiden aus dem Betrieb diesem gegenüber schriftlich erhoben werden. Lehnt der Betrieb den Anspruch ab, so verfällt er, wenn er nicht innerhalb von 6 Monaten nach der Ablehnung gerichtlich geltend gemacht wird."

Nach den tatsächlichen Feststellungen des Landesarbeitsgerichts, an die der Senat gebunden ist, wäre bei Anwendung des § 10 die Ausschlußfrist für die gerichtliche Geltendmachung der Ansprüche abgelaufen, als die Klage erhoben wurde.

Das Landesarbeitsgericht hat jedoch den § 10 RTO Bau angewendet, ohne zu prüfen, ob die RTO Bau in West-Berlin noch heute gilt. Daß es sich bei den Ansprüchen der sieben Arbeitnehmer, die die Klägerin auf Grund der cissio legis geltend macht, um solche aus dem Arbeitsverhältnis im Sinne des § 10 RTO Bau handelt, reicht hier für sich allein nicht aus, um die Anwendung des § 10 RTO zu rechtfertigen. Die Anwendung des § 10 RTO Bau setzt vielmehr voraus, daß diese Reichstarifordnung für das Baugewerbe vom 1. November 1941 (Tarifregister Nr. 95/55) in Berlin bei der Entstehung der Ansprüche noch in Geltung war. Die RTO Bau ist für das Bundesgebiet durch den Rahmentarifvertrag für das Baugewerbe vom 17. April 1950 gemäß § 9 TVG außer Kraft getreten. Dieser Rahmentarifvertrag für das Baugewerbe gilt jedoch nicht in West-Berlin, er hat also dort nicht zu einer Verdrängung der RTO Bau geführt. Gleichwohl würde die RTO Bau auch in West-Berlin dann nicht mehr gelten, wenn sie durch örtlich in Berlin geltende Tarifverträge, die auch für West-Berlin eine Neuregelung anstelle der RTO gebracht haben könnten, gemäß § 9 TVG (Berlin) ganz oder teilweise verdrängt worden ist. Insoweit hat das Landesarbeitsgericht die erforderliche Feststellung, ob ein solcher die RTO verdrängender Tarifvertrag bereits vor dem 10. April 1954 bzw. 10. Mai 1954 die Arbeitsverhältnisse der Arbeitnehmer im Baugewerbe beherrschte, zu der es gemäß § 293 ZPO verpflichtet ist, unterlassen. Liegt eine solche die RTO verdrängende tarifliche Regelung auch für Berlin vor, so scheitert die weitere Anwendung der RTO Bau und damit auch die Anwendung der Verfallklausel nach § 10 RTO Bau bereits gemäß § 9 TVG.

Aber auch wenn eine tarifvertragliche Regelung vor dem 10. April 1954, dem Tage, an dem die 7 Arbeitnehmer entlassen worden sind, bzw. vor dem 10. Mai 1954 mit einer die RTO Bau verdrängenden Wirkung und räumlicher Geltung für West-Berlin nicht zustandegekommen ist, hätte das Landesarbeitsgericht die Rechtsgrundlage der von der Klägerin geltend gemachten Ansprüche der 7 Arbeitnehmer näher prüfen müssen, bevor es den § 10 RTO Bau anwandte. Es hätte insbesondere feststellen müssen, ob es sich dabei um Ansprüche handelt, die auf in West-Berlin geltenden Lohn- und Akkord*tarifverträgen* beruhen.

Sollte es sich um Ansprüche handeln, die auf einer solchen *tarifvertraglichen* Regelung beruhen, so kann diesen Ansprüchen die Verfallklausel des § 10 RTO Bau nicht entgegengesetzt werden. Nach § 9 TVG (Berlin) gelten zwar Tarifordnungen auch in West-Berlin solange weiter, wie sie nicht entweder durch die dort dafür zuständige Stelle (Abteilung Arbeit des Senats) aufgehoben oder aber durch Tarifverträge verdrängt worden sind. Jedoch ist zu prüfen, ob Ausschlußfristen einer fortgeltenden Tarifordnung für die Geltendmachung tarifvertraglich begründeter oder gestalteter Rechte maßgebend sind. Die Frage ist umstritten. Nach der einen Ansicht (vgl. Nikisch, Arbeitsrecht 1951 S. 334; Herschel, Fragen des Tarifrechts, BABl. 1950 S. 377, 380; Zigan-Sabin, TVG 1949, § 4 Anm. 6; Monjau-Heimeier, TVG 1950, § 4 Anm. 11 u. a.) ist das Verhältnis zwischen Tarifordnungen und Tarifverträgen allein nach § 9 TVG zu beurteilen. Danach gelten Tarifordnungen vollinhaltlich weiter, und zwar einschließlich der etwa in ihnen enthaltenen Regelungen über Ausschlußfristen, solange sie nicht gemäß § 9 TVG durch Aufhebung oder durch verdrängenden Tarifvertrag beseitigt worden sind. Nach dieser Ansicht können daher in Tarifordnungen gesetzte Ausschlußfristen auch solchen Ansprüchen entgegengesetzt werden, die auf Tarifverträgen, also auch auf Lohntarifverträgen beruhen. Nach der anderen Ansicht (vgl. Hueck-Nipperdey, Lehrbuch des Arbeitsrechts 1957, Bd. 2 S. 451 — mit zahlreichen Angaben über die verschiedenen Meinungen und die bisherige Rechtsprechung der Landesarbeitsgerichte — und Hueck-Nipperdey-Tophoven, TVG, 3. Aufl., § 4 Anm. 58) können Regelungen über Ausschlußfristen in Tarifordnungen solchen Ansprüchen nicht entgegengesetzt werden, die ihre Rechtsgrundlage in Tarifverträgen haben. Das Bundesarbeitsgericht hat zu dieser Frage noch nicht Stellung genommen. In der Entscheidung des Ersten Senats vom 13. April 1956 — 1 AZR 353/55 — (AP Nr. 2 zu § 4 TVG Ausschlußfristen) ist sie dahingestellt geblieben. Es heißt dort lediglich, Ausschlußfristen in fortgeltenden Tarifordnungen gelten jedenfalls für solche Ansprüche fort, die nicht in einem Tarifvertrag gestaltet sind. Der damalige Tatbestand gab keinen Anlaß zu einer Entscheidung darüber, ob Ausschlußfristen in Tarifordnungen für die durch Tarifvertrag gestalteten Ansprüche gelten. Die Frage ist zu verneinen. Das ergibt sich aus folgenden Erwägungen:

T a r i f o r d n u n g e n konnten in Deutschland nur unter der Geltung des mit Wirkung vom 1. Januar 1947 aufgehobenen Arbeitsordnungsgesetzes vom 20. Januar 1934 erlassen werden (vgl. im einzelnen Hueck-Nipperdey, Lehrbuch, 6. Aufl. 1957, II S. 165). In dieser Zeit herrschte ein staatliches Lohnamtssystem, in dem durch Rechtsverordnungen der Treuhänder der Arbeit und der Sondertreuhänder in der Form der Tarifordnungen die Arbeitsbedingungen festgesetzt wurden. Tarifverträge als frei geschlossene Verträge zwischen den Sozialpartnern kamen als Rechtsgrundlage von Ansprüchen aus dem Arbeitsverhältnis nach dem damaligen Arbeitsrecht nicht in Betracht. Der damalige Staat hatte die Gewerkschaften und die Arbeitgeberverbände beseitigt. Er k a n n t e k e i n e Tarifverträge. Der Tarifvertrag war eine Einrichtung, die diesem Regime seinem Wesen nach völlig fremd war. Wenn der Sondertreuhänder, der die RTO Bau erlassen hat, im § 10 eine Verfallklausel für Ansprüche aus dem Arbeitsverhältnis statuierte, so k a n n er nur die durch Tarifordnung, vielleicht auch die durch Betriebsordnung, Einzelvertrag, durch Gesetz oder Rechtsverordnung, n i e m a l s aber die durch T a r i f v e r t r a g gestalteten Ansprüche aus dem Arbeitsverhältnis gemeint haben. Denn das Rechtsinstitut des Tarifvertrages gab es nicht; es wurde darüber hinaus auch vom NS-Staat völlig und für alle Zeiten abgelehnt. Die in einer T a r i f o r d n u n g enthaltene Regelung von Ausschlußfristen bezieht sich somit denkgesetzlich nicht auf solche Ansprüche aus dem Arbeitsverhältnis, die normativ durch T a r i f v e r t r ä g e gestaltet sind. An dieser Rechtslage hat sich auch später nichts geändert. Die Tarifordnung als solche hat, wenn sie nicht geändert oder nach § 9 TVG aufgehoben wurde, seit dem Zusammenbruch in diesem Punkt keinen anderen Inhalt bekommen, als ihr Schöpfer ihr gegeben hat. Schon aus dieser sachgerechten A u s l e g u n g des § 10 RTO Bau ergibt sich somit, daß diese Bestimmung auf t a r i f v e r t r a g l i c h gestaltete Ansprüche aus dem Arbeitsverhältnis k e i n e Anwendung finden kann.

Die entgegengesetzte Auffassung verkennt aber weiter Sinn und Tragweite des § 9 TVG (Bundesrepublik und Berlin). § 9 TVG besagt k e i n e s w e g s, daß j e d e N o r m einer Tarifordnung ohne Rücksicht auf ihren Inhalt und ohne Rücksicht auf entgegenstehendes neues Recht solange vollinhaltlich weiter gilt, bis sie durch die zuständige Behörde aufgehoben oder durch Tarifvertrag ersetzt worden ist. Der Grundsatz des § 9 bezieht sich nur allgemein auf die Tarifordnung als solche. Ebensowenig ergibt sich die Weitergeltung jeder einzelnen Tarifnorm einer Tarifordnung aus dem allgemeinen Prinzip der Weitergeltung der Tarifordnungen als solcher, wie es das KRGesetz Nr. 56 anordnete und wie es auch nach dem KRGesetz Nr. 40 allgemein angenommen wurde. Zahlreiche Normen von Tarifordnungen sind heute nicht mehr geltendes Recht, obwohl sie nicht ausdrücklich aufgehoben oder durch Tarifvertrag verdrängt worden sind. Der Senat verweist insoweit nur auf seine Rechtsprechung zum Grundsatz der Lohngleichheit von Mann und Frau. Auch können Bestimmungen in den Tarifordnungen um deswillen ohne besonderen Aufhebungsakt und ohne neuen Tarifvertrag außer Kraft getreten sein, weil sie typisch nationalsozialistisches Gedankengut enthalten. Eine Rechtsnorm, die in einer Tarifordnung enthalten ist, kann nach allgemeinen Grundsätzen stets dann — ohne Rücksicht auf § 9 TVG — nicht mehr angewendet werden, wenn ihr eine spätere gesetzliche Regelung, insbesondere aus der Zeit nach dem Zusammenbruch entgegensteht. Trotz der grundsätzlichen Fortgeltung bestehender Tarifordnungen bis zu ihrer behördlichen Aufhebung oder tarifvertraglichen Verdrängung kann also jede Tarifordnung und jede einzelne in ihr enthaltene Norm nur dann noch Geltung für sich beanspruchen, wenn sie sich im Rahmen der jetzt geltenden Rechtsordnung hält, insbesondere nicht neuen gesetzlichen Regelungen widerspricht.

Um eine solche neue gesetzliche Regelung handelt es sich aber bei der Vorschrift des § 4 Abs. 4 Satz 3 TVG. Danach können Ausschlußfristen für die Geltendmachung tariflicher Rechte nur in einem Tarifvertrag vereinbart werden. Daß unter „tariflichen Rechten" nur die Rechte verstanden werden können, die durch Tarifvertrag begründet oder gestaltet sind, ist nach dem Wortlaut, dem Sinn und dem Zusammenhang innerhalb des § 4 und des ganzen Gesetzes eindeutig. Daraus folgt aber, daß § 10 RTO Bau, selbst wenn man ihn — zu Unrecht — auf tarifvertraglich gestaltete Ansprüche beziehen würde, dem § 4 Abs. 4 Satz 3 TVG insoweit widerspricht und daher insoweit nicht mehr gilt.

Schließlich erfordern Sinn und Zweck des § 4 Abs. 4 Satz 3 TVG die vom Senat gegebene Lösung. Die Vorschrift enthält einen wichtigen allgemeinen Grundsatz des neuen Arbeitsrechts. Die Befugnis, Ausschlußfristen für die Geltendmachung tarifvertraglich gestalteter Rechte zu statuieren, ist allein den Sozialpartnern und ihrer kollektiven Normensetzung vorbehalten. Jedweder Ausschlußfristregelung gegenüber solchen Rechten, die auf tarifvertraglicher Gestaltung, also auf der Vereinbarung der Sozialpartner beruhen, kann daher nur dann Rechtswirksamkeit zukommen, wenn sie in einem Tarifvertrag gesetzt ist. Für eine einschränkende Auslegung des § 4 Abs. 4 Satz 3 TVG dahin, daß nur in Arbeitsverträgen, Betriebsordnungen und Betriebsvereinbarungen Verwirkungsklauseln für tarifliche Rechte ausgeschlossen sein sollten, die Klauseln in Tarifordnungen für tarifvertraglich gestaltete Ansprüche aber weiter gelten, fehlt jeder Anhaltspunkt. Ausschlußfristen, die ja die nach allgemeinem Recht bestehenden, auf Tarifvertrag beruhenden Rechte der Arbeitnehmer (Verjährung, 2 Jahre) erheblich einschränken, sollen vielmehr nur zulässig sein, wenn die Tarifvertragsparteien sie übereinstimmend für zweckmäßig halten und daher tariflich vereinbaren. Die von den Treuhändern der Arbeit einseitig angeordneten Verfallklauseln genügen diesen Anforderungen in keiner Weise. Man kann auch nicht einwenden, daß mit dem Wegfall der Tarifordnungsfristen eine Lücke entstehe oder daß die Tarifparteien die Tarifordnung nicht durch einen Tarifvertrag abgelöst und daher die Klausel sanktioniert hätten. Davon kann keine Rede sein. Eine absolute Notwendigkeit für Ausschlußfristen besteht nicht. Es gelten die Verjährungsregeln. Wohl aber können Ausschlußfristen zweckmäßig sein. Darüber können die Tarifparteien sich einigen. In zahlreichen Fällen ist das geschehen. Aber diese Einigung kann nicht stillschweigend, sondern nur durch formgerechten Tarifvertrag erfolgen, dessen Abschluß seit dem Erlaß des Tarifvertragsgesetzes, also schon seit Jahren erfolgen kann.

§ 4 Abs. 4 Satz 3 TVG gilt immer, wenn die wesentliche Anspruchsgrundlage im Tarifvertrag (vor allem im tarifvertraglich normierten Arbeitsverhältnis) wurzelt. Das gilt namentlich, wenn die Ansprüche jetzt auf Lohn- und Gehaltstarifverträgen beruhen, mögen diese auch die ursprünglich in einer Tarifordnung geregelten Vergütungen abgeändert haben. In diesem Fall kann die Ausschlußfrist der Tarifordnung nicht angewendet werden.

§ 4 Abs. 4 Satz 3 TVG greift stets durch, aber auch nur, wenn es sich um tarifvertraglich begründete oder gestaltete Rechte aus dem Arbeitsverhältnis handelt. Handelt es sich hingegen um Ansprüche, die nicht von einem Tarifvertrag gestaltet sind, die vielmehr auf einer Gestaltung durch Tarifordnung, Betriebs-, Dienstordnung oder Arbeitsvertrag beruhen, so ist die weitere Anwendung der Ausschlußfrist einer fortgeltenden Tarifordnung zulässig und geboten.

III. Der Rechtsstreit ist noch nicht zur Endentscheidung reif. Ausgehend von der Entscheidung des Senats wird das Landesarbeitsgericht den Sachverhalt erneut zu beurteilen haben. Es wird dabei zunächst zu prüfen haben, ob die 7 Arbeitnehmer, deren übergegangene Lohnansprüche die Klägerin geltend macht, diese Ansprüche hatten. Wenn das Landesarbeitsgericht zu einer Bejahung dieser Frage kommt, muß es unter Berücksichtigung der Grundsätze des § 293 ZPO prüfen, ob die RTO Bau in Berlin zur Zeit der Anspruchsentstehung noch gilt oder gemäß § 9 TVG mitsamt ihrem § 10 außer Kraft gesetzt ist. Wenn die RTO Bau weiter gilt, ist alsdann zu prüfen, ob es sich um Ansprüche aus dem Arbeitsverhältnis handelt, die durch einen Tarifvertrag (auch einen Lohn- oder Akkordtarifvertrag) gestaltet worden sind. Ist dies der Fall, so greift diesen Ansprüchen gegenüber die Verfallklausel des § 10 RTO Bau nicht durch. Bei dieser Untersuchung wird das Landesarbeitsgericht aber auch zu prüfen haben, ob solche Tarifverträge, die das Arbeitsverhältnis der 7 hier in Rede stehenden Arbeitnehmer gestaltet haben, ihrerseits eine dann nach § 4 Abs. 4 Satz 3 TVG rechtswirksame Ausschlußfristregelung enthalten. Ist das der Fall, so wird das Landesarbeitsgericht schließlich zu untersuchen haben, ob die Klägerin der Berufung auf eine solche Regelung ausnahmsweise den Einwand der Arglist entgegensetzen kann.

10

1. Die Vorschrift des § 61 Abs. 4 Satz 1 ArbGG gilt nicht für die Verurteilung zur Herausgabe einer Sache (Lohnsteuerkarten, Versicherungskarten).

2. Nimmt der Kläger, der ein Urteil nach § 61 Abs. 4 Satz 1 ArbGG erstritten hat, vom Beklagten die ursprünglich geschuldete Leistung nach dem Ablauf der im Urteil bestimmten Frist entgegen, so verzichtet er damit auf die ihm zugesprochene Entschädigung.

ArbGG § 61 Abs. 4; ZPO § 510 b; BGB § 283.

II. Senat. Urteil vom 23. Januar 1958 i. S. C. (Kl.) w. A. (Bekl.)
2 AZR 62/56.

I. Arbeitsgericht Hamm i. W. — II. Landesarbeitsgericht Hamm i. W.

Der Beklagte war beim Kläger als technischer Zeichner angestellt. Nach Lösung des Arbeitsvertrags erstritt er gegen den Kläger das in abgekürzter Form nach § 313 Abs. 3 ZPO gefaßte Versäumnisurteil des Arbeitsgerichts Hamm vom 29. April 1955 mit dem folgenden Tenor:

„Der Beklagte wird verurteilt, an den Kläger dessen Lohnsteuerkarten 1954 und 1955 sowie die Angestelltenversicherungskarte binnen einer Frist von einer Woche nach Zustellung des Urteils herauszugeben, für den Fall der Nichtherausgabe eine Entschädigung von 300,— DM (in Worten: Dreihundert DM) an den Kläger zu zahlen."

Dieses Versäumnisurteil wurde dem jetzigen Kläger am 5. Mai 1955 zugestellt. Einspruch hat er nicht eingelegt. Die im Versäumnisurteil bezeichneten Urkunden übersandte er erst drei bzw. zehn Tage nach dem Ablauf der im Urteil gesetzten Frist dem jetzigen Beklagten; dieser nahm sie an.

Der jetzige Beklagte betreibt nach dem Ablauf der Frist die Zwangsvollstreckung aus dem Versäumnisurteil vom 29. April 1955 wegen der ihm zugesprochenen Entschädigung in Höhe von 300,— DM.

Hiergegen wendet sich der Kläger; denn er habe durch die, wenn auch verspätete Herausgabe der Urkunden den Hauptanspruch erfüllt; der Entschädigungsanspruch sei nur für den Fall zugesprochen worden, daß er die Arbeitspapiere überhaupt nicht herausgeben würde. Er beantragt deshalb, diese Zwangsvollstreckung für unzulässig zu erklären.

Das Arbeitsgericht und das Landesarbeitsgericht haben die Klage abgewiesen. Auf die Revision des Klägers gab das Bundesarbeitsgericht seinem Klageantrag statt.

Aus den Gründen:

Der Kläger bekämpft die auf die Zahlung der Entschädigung von 300,— DM gerichtete Zwangsvollstreckung, die der jetzige Beklagte aus dem Versäumnisurteil vom 29. April 1955 betreibt, mit der Vollstreckungsabwehrklage aus § 767 ZPO. Er wendet materiell gegen den Anspruch auf Zahlung der Entschädigung ein, daß er den ihm in erster Linie auferlegten Anspruch auf Herausgabe der drei Karten erfüllt habe; er meint, damit sei der Schadenersatzanspruch weggefallen.

1. Gegen die Zulässigkeit dieser Einwendung bestehen nach § 767 Abs. 2 ZPO keine Bedenken. Denn der Kläger hat die Urkunden erst nach der mündlichen Verhandlung, in der das Versäumnisurteil ergangen ist, herausgegeben. Die Einspruchsfrist gegen das Versäumnisurteil ist auch abgelaufen.

2. Den Anspruch auf Herausgabe der drei Karten, den das Versäumnisurteil in erster Linie dem jetzigen Beklagten zuerkannt hat, hat der jetzige Kläger, wenn auch verspätet, durch die Herausgabe der Karten erfüllt. Erfüllt hat er aber damit keineswegs den ihm nur bedingt auferlegten Anspruch auf Zahlung der Entschädigung von 300,— DM, dessentwegen der jetzige Beklagte die Zwangsvollstreckung aus dem Versäumnisurteil betreibt. Das behauptet der jetzige Kläger auch nicht. Er macht lediglich geltend, daß die — wenn auch verspätete — Erfüllung des ursprünglichen Herausgabeanspruchs die Entstehung der ihm bedingt auferlegten Entschädigungspflicht ausschließe.

Auch eine solche Einwendung ist nicht nur nach § 766 ZPO als Einwendung gegen die Art und Weise der Zwangsvollstreckung geltend zu machen, sondern kann auch Gegenstand der Vollstreckungsabwehrklage sein (Stein-Jonas, ZPO 18. Aufl., § 510 b Erl. VII).

3. Der Streit der Parteien geht um den Inhalt der — aufschiebenden — Bedingung, unter der das Versäumnisurteil dem jetzigen Kläger die Zahlung der Entschädigung von 300,— DM auferlegt, also um die Auslegung der in der Formel des Versäumnisurteils enthaltenen Worte: „für den Fall der Nichtherausgabe".

Nach der Ansicht des jetzigen Klägers bildet den Gegenstand dieser Bedingung allein die Tatsache, daß er die drei Karten überhaupt nicht herausgibt; den Ablauf der ihm zur Herausgabe der Karten im Versäumnisurteil gesetzten Frist von einer Woche hält der Kläger nicht für genügend. Diese Auslegung der Bedingung führt dazu, daß hier der Anspruch auf Zahlung der Entschädigung überhaupt nicht entstanden ist; denn der jetzige Kläger hat seine Herausgabepflicht, wenn auch verspätet, erfüllt und damit den Eintritt der Bedingung verhindert.

Der jetzige Beklagte dagegen meint, daß nicht allein die endgültige Nichtherausgabe der Karten, sondern schon der Ablauf der im Versäumnisurteil für die Herausgabe der Karten gesetzten — unstreitig abgelaufenen — Frist von einer Woche seit der Zustellung des Versäumnisurteils die Bedingung habe eintreten lassen; die verspätete Herausgabe der drei Karten stehe also dem Eintritt der Bedingung nicht entgegen.

Die Entscheidung des Rechtsstreits hängt daher, wie das Landesarbeitsgericht richtig sieht, in erster Linie von dem Inhalt der bezeichneten Bedingung des Versäumnisurteils ab.

Der Wortlaut des Versäumnisurteils allein ist nicht eindeutig. Denn er spricht nur von der „Nichtherausgabe". Dieser Wortlaut ergibt für sich allein nicht mit voller Sicherheit, daß damit auch die nicht rechtzeitige Herausgabe gemeint sein solle.

Auch die Entscheidungsgründe des Versäumnisurteils ergeben keinen Anhalt für die Auslegung; denn solche Entscheidungsgründe fehlen, da das Versäumnisurteil nach § 313 Abs. 3 ZPO in abgekürzter Form abgefaßt ist.

Ebenso entbehrt der in der Niederschrift über die Sitzung des Arbeitsgerichts vom 25. März 1955 enthaltene erweiterte Klagantrag, der dem Versäumnisurteil zugrunde liegt, der Begründung.

Der innere Zusammenhang der Urteilsformel läßt für sich allein sichere Schlüsse ebensowenig zu. Das Arbeitsgericht, das das Versäumnisurteil erlassen hat, stuft nicht etwa die Entschädigungspflicht nach der Zeitdauer ab, um die der damalige Beklagte die Herausgabe der drei Karten verzögert; es hätte etwa für jeden Tag, den der damalige Beklagte seiner Herausgabepflicht nicht genügen würde, dem damaligen Kläger eine der Höhe nach bestimmte Geldentschädigung zusprechen können. Das tut es aber nicht.

Auf den ersten Blick erscheint es schwer verständlich, daß das Versäumnisurteil dem damaligen Kläger eine gleichhohe Entschädigung ohne Rücksicht auf die verschiedene Höhe des ihm durch die Dauer der Vorenthaltung möglicherweise entstehenden Schadens zuspricht. Erhielt er die Karten nur einen Tag nach dem Ablauf der für die Herausgabe bestimmten Frist, so war sein Schaden voraussichtlich geringer, als wenn er sie mehrere oder gar viele Tage später ausgehändigt erhielt. Gab schließlich der damalige Beklagte die drei Karten überhaupt nicht heraus, z. B. weil er sie verloren hatte, so war der vermutliche Schaden doch wohl wiederum größer.

Bei dieser Lage geht das Landesarbeitsgericht zunächst von der Annahme aus, daß das Arbeitsgericht auf Grund des § 61 Abs. 4 ArbGG dem damaligen Beklagten die Entschädigung auferlegt habe. Ob ein Fall des § 61 Abs. 4 Satz 1 ArbGG überhaupt vorliegt, erörtert es nicht. Die zivilrechtliche Grundlage für die Entschädigungspflicht sieht es in § 283 BGB. Es schließt dann weiter, der Ablauf der im Urteil gesetzten Frist habe den Entschädigungsanspruch des Klägers unbedingt und fällig gemacht; diesen Anspruch, dessentwegen der Beklagte nunmehr vollstrecken lasse, habe daher auch die verspätete Herausgabe der Papiere durch den Kläger nicht zum Erlöschen gebracht. Zwar könne der Beklagte die Zwangsvollstreckung wegen der vorzunehmenden, aber nicht rechtzeitig vorgenommenen Handlung nicht mehr betreiben; die konsumierende Wirkung der Eventualverurteilung zu einer Entschädigung bei Nichtvornahme der Handlung komme aber dann zum Zuge, wenn die Handlung nicht rechtzeitig vorgenommen werde.

Fehl geht allerdings der offenbare Ausgangspunkt des Landesarbeitsgerichts, daß ein Fall des § 64 Abs. 4 Satz 1 ArbGG objektiv vorliege. Diese Vorschrift betrifft, wie ihr klarer Wortlaut und der in Satz 2 enthaltene Hinweis auf §§ 887 und 888 ZPO ergeben, nur die Verurteilung zur Vornahme einer Handlung und erstreckt sich nicht auf die Verurteilung zur Herausgabe von Sachen (Dietz-Nikisch, ArbGG, § 61 Erl. 29; für den dem Wortlaut insoweit nach gleichen § 510b ZPO: Stein-Jonas, ZPO, 18. Aufl., § 510b Erl. II 1; Rosenberg, Lehrbuch des Zivilprozeßrechts, 7. Aufl., § 110 II 4c; Wieczorek, § 510b ZPO, Erl. A 2a; Seuffert-Waldmann, § 510b ZPO, Erl. 2; a. A. Baumbach-Lauterbach, 22. Aufl., § 510b ZPO, Erl. 4). Die Herausgabe der Lohnsteuerkarten und der Angestelltenversicherungskarte enthält aber ihrem Wesen nach offenbar nicht die Vornahme einer Handlung, sondern die Herausgabe von Sachen; die Zwangsvollstreckung zur Erwirkung der Herausgabe dieser Karten geschieht daher nach § 883 Abs. 1 ZPO dadurch, daß der Gerichtsvollzieher sie dem Schuldner wegnimmt und dem Gläubiger übergibt, nicht dagegen nach den §§ 887 ff. ZPO. Um die Grundlage für einen künftigen Anspruch auf Schadenersatz wegen Nichterfüllung seines Anspruchs auf Herausgabe der Karten zu erhalten, kann der Arbeitnehmer lediglich die Bestimmung einer Frist zur Herausgabe nach § 255 ZPO im Urteil verlangen.

Wenn das Landesarbeitsgericht hiernach auch offenbar übersieht, daß ein Fall des § 61 Abs. 4 ArbGG in Wirklichkeit gar nicht vorgelegen hat, so kommt es doch für die Auslegung nicht auf die wahre Rechtslage an, sondern auf die vom Arbeitsgericht beim Erlaß des Versäumnisurteils offenbar angenommene Rechtslage. Offenbar hat das Arbeitsgericht aber — wenn auch rechtsirrtümlich — einen Fall des § 61 Abs. 4 ArbGG für vorliegend angesehen. Das ist auch die übereinstimmende Meinung der Parteien.

Das auf Grund dieser falschen rechtlichen Beurteilung erlassene Versäumnisurteil ist nun aber rechtskräftig geworden und muß daher rechtlich Bestand haben, gleichgültig ob es die Entschädigung zu Recht oder zu Unrecht zugesprochen hat.

Hiernach ist im Ergebnis dem Landesarbeitsgericht darin zuzustimmen, daß die in dem Versäumnisurteil bedingt festgesetzte Entschädigungspflicht sich formell auf § 64 Abs. 4 Satz 1 ArbGG gründet und die in dem Versäumnisurteil enthaltene Bedingung von dieser Vorschrift aus auszulegen ist. Dies legt es aber nahe, daß die dem jetzigen Kläger bedingt auferlegte Entschädigungspflicht lediglich von der rechtzeitigen Herausgabe und nicht überhaupt von der Herausgabe der herauszugebenden Sachen abhängig sein sollte.

Aber nicht nur die formelle Rechtslage, sondern, wie das Landesarbeitsgericht richtig sieht, auch die dieser formellen Rechtslage zugrunde liegende materielle Rechtslage führt im Ergebnis zu der Auslegung, die das Landesarbeitsgericht der Bedingung gibt, und entzieht den oben erörterten Bedenken die Grundlage.

Die materielle Rechtslage war die folgende:

Der Anspruch des jetzigen Beklagten auf Herausgabe seiner Lohnsteuerkarten und der Angestelltenversicherungskarte gründete sich, wenn man von etwaigen sachenrechtlichen Ansprüchen absieht, jedenfalls auf den Arbeitsvertrag. Bei dessen Lösung traf den Arbeitgeber, also den jetzigen Kläger, die schuldrechtliche Verpflichtung, die bezeichneten, ihm übergebenen Urkunden seinem Arbeitnehmer, also dem jetzigen Beklagten, wieder herauszugeben. Wird der Arbeitgeber zur Herausgabe rechtskräftig verurteilt, so kann der Arbeitnehmer nach § 283 Abs. 1 Satz 1 BGB ihm zur Bewirkung der Leistung eine angemessene Frist mit der Erklärung bestimmen, daß er die Annahme der Leistung nach dem Ablauf der Frist ablehne. Nach dem Ablauf der Frist kann der Gläubiger nach § 283 Abs. I Satz 2 Halbsatz 1 BGB Schadensersatz wegen Nichterfüllung verlangen, soweit nicht die Leistung rechtzeitig bewirkt wird; der Anspruch auf die Erfüllung ist nach dem Halbsatz 2 ausgeschlossen. Nach dieser Rechtslage war also der Schadensersatzanpruch wegen Nichterfüllung, dessentwegen der jetzige Beklagte die Zwangsvollstreckung betreibt, mit dem Ablauf der Frist entstanden; der Anspruch des jetzigen Beklagten auf die Herausgabe der Urkunden aber war von diesem Zeitpunkt ab ausgeschlossen.

Daraus folgt aber, daß die Entschädigungspflicht allein durch den Ablauf der in dem Versäumnisurteil für die Herausgabe bestimmten Frist entstanden ist; der ursprüngliche Anspruch auf Herausgabe war nach § 61 Abs. 4 Satz 2 ArbGG formell überhaupt nicht vollstreckbar und nach § 283 Abs. 1 Satz 2 Halbsatz 2 BGB materiellrechtlich untergegangen.

Hiernach ist im Ergebnis der Auslegung des Landesarbeitsgerichts darin beizutreten, daß das Versäumnisurteil die Entstehung der Entschädigungspflicht lediglich an die Bedingung knüpft, daß der jetzige Kläger die drei Karten nicht binnen der in dem Versäumnisurteil ihm hierfür gesetzten Frist herausgibt, und daß die Bedingung für den Eintritt der Entschädigungspflicht an sich erfüllt ist.

Der vom jetzigen Kläger erhobene Einwand der Erfüllung des ursprünglichen Anspruchs und damit des Nichteintritts der Bedingung ist also unbegründet.

4. Gleichwohl kann an der Tatsache, daß der jetzige Kläger nach dem Ablauf der ihm im Versäumnisurteil hierfür gesetzten Frist die drei Karten dem jetzigen Beklagten zugesandt und dieser sie widerspruchslos angenommen hat, nicht, wie das Landesarbeitsgericht es tut, als bedeutungslos vorübergegangen werden.

Erfüllt der Schuldner nach dem Ablauf der in einem Urteil nach § 61 Abs. 4 Satz 1 ArbGG für die Leistung bestimmten Frist gleichwohl die ihm in erster Linie auferlegte Verpflichtung, so leistet er etwas, was er gar nicht mehr schuldet, und der Gläubiger erhält etwas, worauf er gar keinen Anspruch mehr hat. Ein solches Verhalten der früheren Parteien eines Rechtsstreits muß sinnvoll ausgelegt werden, wenn man zu einem gerechten Ergebnis gelangen will. Dann kann es aber vernünftigerweise nur die stillschweigende Vereinbarung beinhalten, daß der Gläubiger trotz des Ablaufs der Frist die ursprünglich geschuldete Leistung — an Erfüllungs Statt (§ 364 Abs. 1 BGB) — noch entgegennehmen, dementsprechend aber den ihm ja nur als Schadensersatz wegen Nichterfüllung zugesprochenen Entschädigungsanspruch aufgeben wolle. Denn es ist nicht anzunehmen, daß der Schuldner seine ursprüngliche, inzwischen aber durch den Fristablauf untergegangene Verpflichtung erfüllen und außerdem noch die ihm bedingt auferlegte Entschädigung leisten will; umgekehrt ist nicht einzusehen, daß der Gläubiger sowohl die ursprüngliche, aber nach dem Ablauf der Frist eben nicht mehr geschuldete Leistung als auch die volle Entschädigung erhält.

Hiernach kann der jetzige Beklagte die ihm im Versäumnisurteil vom 29. April 1955 zugesprochene Entschädigung nicht mehr verlangen und kann daher aus dem Versäumnisurteil auch nicht mehr vollstrecken.

5. Auch der Umstand, daß dem jetzigen Beklagten möglicherweise durch die verspätete Herausgabe der Karten ein Verzugsschaden entstanden ist, rechtfertigt es nicht, wenigstens in Höhe dieses möglichen Verzugsschadens die Entschädigungspflicht auch nur teilweise aufrecht zu erhalten. Denn die Entschädigung nach § 61 Abs. 4 Satz 1 ArbGG wird allein wegen der Nichterfüllung der ursprünglichen Verpflichtung gewährt, sie tritt an deren Stelle; sie stellt aber eben keinen Verzugsschaden dar; dieser läßt die ursprüngliche Verpflichtung bestehen und tritt zu ihr hinzu.

Will der jetzige Beklagte den ihm durch die verspätete Herausgabe der Karten möglicherweise entstandenen Schaden ersetzt verlangen, so kann er diesen nicht als Teil der ihm durch das Versäumnisurteil rechtskräftig zugesprochenen Entschädigung verlangen, sondern muß eine neue Klage erheben.

6. Die Vollstreckungsabwehrklage aus § 767 ZPO richtet sich nicht gegen eine einzelne Vollstreckungsmaßnahme, hier die Vollstreckung in einen Wohnzimmerschrank, gegen die sich der Klageantrag fälschlicherweise wendet, sondern gegen die Zwangsvollstreckung aus dem Urteil überhaupt (Stein-Jonas, ZPO, 18. Aufl., § 767 Erl. I 2). Offenbar verfolgt der Kläger aber dieses Ziel. Ihm ist daher zu entsprechen.

7. Demnach ist die Zwangsvollstreckung aus dem Versäumnisurteil vom 19. April 1955 — im Gegensatz zu den Entscheidungen der Vorinstanzen — für unzulässig zu erklären.

11

1. Im Rahmen einer Gehaltsklage, bei der die Entstehung der geltend gemachten Restbeträge auf einer unterschiedlichen Auffassung der Parteien über das Bestehen oder Nichtbestehen einer Angestelltenversicherungspflicht des Arbeitnehmers beruht, sind die Arbeitsgerichte auch zur Entscheidung dieser sozialversicherungsrechtlichen Vorfrage berufen.

2. Der Unterschied zwischen dem Wohnungsgeldzuschuß des verheirateten und des ledigen Angestellten ist ein Zuschlag, der mit Rücksicht auf den Familienstand gezahlt wird. Er ist bei der Berechnung der Jahresarbeitsverdienstgrenze nicht zu berücksichtigen.

3. Ledige Angestellte, die mit Vollendung des 40. Lebensjahres den vollen Wohnungsgeldzuschuß wie verheiratete Angestellte beziehen, erhalten diesen ihres Lebensalters, nicht ihres Familienstandes wegen.

GVG § 13; ArbGG § 2, Abs. 2, Ziff. 2; AVG §§ 1, 3; TO.A §§ 4, 6; TV Nr. 60 vom 20. 5. 1953 (Post).

IV. Senat. Urteil vom 20. März 1957 i. S. Deutsche Bundespost (Bekl.) w. W. (Kl.) 4 AZR 526/54.

I. Arbeitsgericht Darmstadt. — II. Landesarbeitsgericht Frankfurt a. M.

Der über 40 Jahre alte und verheiratete Kläger ist bei dem Zentralamt der Beklagten für Fernmeldetechnik in D. tätig und wird nach Vergütungsgruppe IV TO.A entlohnt. Nach § 1 Abs. 1 des zwischen der Beklagten und der Deutschen Postgewerkschaft abgeschlossenen Tarifvertrages Nr. 60 vom 20. Mai 1953 (Amtsbl. d. Bundesministers für das Post- und Fernmeldewesen, Ausgabe A, 1953, S. 266) steht den ledigen Angestellten unter 40 Jahren ein sogenannter einfacher Wohnungsgeldzuschuß, den über 40 Jahre alten ledigen sowie allen verheirateten Angestellten der volle Wohnungsgeldzuschuß zu. Der Kläger hat unter Berücksichtigung des ihm gewährten vollen Wohnungsgeldzuschusses ein Jahresbruttoeinkommen von 9004,80 DM. Bei einfachem Wohnungsgeld würde er 300,— DM jährlich weniger bekommen. Obwohl der Kläger die 9000,— DM betragende Jahresverdienstgrenze überschreitet, hält ihn die Beklagte für angestelltenversicherungspflichtig nach § 1 Abs. 3, § 3 AVG. Sie sieht den Unterschiedsbetrag zwischen dem einfachen und dem vollen Wohnungsgeld als Zuschlag im Sinne des § 3 AVG an, der mit Rücksicht auf den Familienstand gezahlt werde und daher bei Feststellung der Jahresverdienstgrenze nicht zu berücksichtigen sei. Sie führt für den Kläger Angestelltenversicherungsbeiträge ab und behält deshalb von seinem Gehalt den Arbeitnehmeranteil ein.

Der Kläger ist der Meinung, die Differenz zwischen einfachem und vollem Wohnungsgeld sei bei ihm seit Vollendung seines 40. Lebensjahres nicht mehr ein Zuschlag, den er auf Grund seines Familienstandes als Verheirateter erhalte, weil sie ihm auch als Ledigem zugestanden hätte. Er hält sich nicht für versicherungspflichtig und fordert von der Beklagten inzwischen aufgelaufene Gehaltsteile im Gesamtbetrag von 569,64 DM.

Das Arbeitsgericht hat die Klage abgewiesen, das Landesarbeitsgericht ihr stattgegeben.

Die Revision der Beklagten führte zur Wiederherstellung des Urteils des Arbeitsgerichts.

Aus den Gründen:

Nach § 13 GVG gehören alle bürgerlichen Rechtsstreitigkeiten vor die odentlichen Gerichte, soweit nicht entweder die Zuständigkeit von Verwaltungsbehörden oder Verwaltungsgerichten, denen auch die Sozialgerichte zuzurechnen sind, begründet ist, oder auf Grund von Vorschriften des Bundesrechts besondere Gerichte bestellt oder zugelassen sind. Gemäß § 2 Abs. 2 Ziff 2 ArbGG sind die Arbeitsgerichte für bürgerliche Rechtsstreitigkeiten zwischen Arbeitnehmern und Arbeitgebern aus dem Arbeitsverhältnis ausschließlich zuständig.

Um eine solche bürgerliche Rechtsstreitigkeit handelt es sich hier. Denn der Kläger macht gegen die Beklagte einen Gehaltsanspruch aus seinem Arbeitsverhältnis geltend. Das Arbeitsverhältnis selbst wie auch die aus ihm folgenden Rechtsbeziehungen und Ansprüche sind bürgerlich-rechtlicher Natur, weil sich die Parteien des Arbeitsverhältnisses als Gleichberechtigte gegenüberstehen und ihre Beziehungen zueinander auf dem Boden der Gleichordnung erwachsen sind (vgl. Rosenberg, Lehrbuch des Deutschen Zivilprozeßrechts, 6. Aufl., S. 38; BGHZ 14, 222 [225]; BSG 1, 174 [176]; 2, 23 [26]). Allerdings hängt die Entscheidung über den Anspruch des Klägers von einer dem öffentlichen Recht, näherhin dem Sozialversicherungsrecht zugehörigen Vorfrage ab, nämlich ob der Kläger nach dem Angestelltenversicherungsgesetz (AVG) versicherungspflichtig ist oder nicht. Wäre allein und unmittelbar nur diese Frage Gegenstand des Streits, dann wäre die Zulässigkeit des Rechtswegs zu den Arbeitsgerichten zu verneinen, weil keine bürgerliche Rechtsstreitigkeit vorläge, sondern ein Streit über die Pflicht zur Sozialversicherung, für die der Weg des Verwaltungsstreitverfahrens gegeben und die Sozialgerichte zuständig sind (§ 51 SGG). Da dies hier aber nicht der Fall ist, die Frage der Angestelltenversicherungspflicht des Klägers vielmehr lediglich eine für die Entscheidung über den eingeklagten bürgerlich-rechtlichen Anspruch erhebliche Vorfrage darstellt, die nicht Gegenstand der Endentscheidung selbst ist, so haben die Arbeitsgerichte auch über diese Vorfrage in eigener Zuständigkeit selbst zu entscheiden, solange nicht ausdrücklich auch für die Entscheidung einer solchen Vorfrage die ausschließliche Zuständigkeit eines anderen Gerichts oder einer anderen Behörde begründet ist, was hier nicht der Fall ist (vgl. Dersch-Volkmar, ArbGG, 6. Aufl., § 1 Anm. 28; Hofmann-Schroeter, SGG, 2. Aufl., § 51, Anm. 5).

Mit Recht wendet sich die Revision gegen die Ansicht des Berufungsgerichts, nach der Regelung des Tarifvertrags Nr. 60 vom 20. Mai 1953 sei mit Vollendung des 40. Lebensjahres nur noch dieses, nicht aber der Familienstand für die Zahlung des vollen Wohnungsgeldzuschusses maßgebend, so daß der Unterschied zwischen diesem und dem dem Ledigen zustehenden Wohnungsgeldzuschuß der nächst niederen Tarifklasse (einfacher Wohnungsgeldzuschuß) nicht als Zuschlag im Sinne des § 3 Satz 2 AVG angesehen werden könne. Die Frage läßt sich nur bei Beachtung von Sinn und Zweck der Sozialversicherung für Angestellte entscheiden.

Nach § 1 Abs. 3 Satz 1 AVG ist u. a. Voraussetzung der Versicherungspflicht der in Abs. 1 und 2 a. a. O. genannten Personen, zu denen der Kläger gehört, daß ihr Jahresarbeitsverdienst die in § 3 a. a. O. auf 9000,— DM (vgl. Art 3 § 5 des Gesetzes über die Erhöhung der Einkommensgrenzen in der Sozialversicherung vom 13. August 1952 — BGBl. I, S. 437 —) festgesetzte Grenze nicht übersteigt. Außer Betracht bleiben aber nach § 3 Satz 2 AVG bei der Festsetzung des Jahresarbeitsverdiensts „Zuschläge, die mit Rücksicht auf den Familienstand gezahlt werden" (vgl. auch § 165 Abs. 4 RVO i. d. F. des Art. 1 Nr. 1 Buchst. a des 3. Gesetzes über Änderungen und Ergänzungen des 2. Buches der RVO vom 12. Juni 1956, BGBl. I S. 500). Gemäß § 4 der auch für die Angestellten der Beklagten geltenden TO.A (§ 1 Abs. 1 Buchst. a TO.A i. V. m. § 1 Postverwaltungsgesetz vom 24. Juli 1953, BGBl. I S. 676) besteht nun in der Regel die Vergütung außer der Grundvergütung u. a. auch aus einem Wohnungsgeldzuschuß, dessen Höhe sich nach drei Gesichtspunkten richtet, nämlich nach der Tarifklasse, der Ortsklasse und dem Familienstand. So erhält ein lediger Angestellter in der Regel einen geringeren Wohnungsgeldzuschuß als ein verheirateter. Es fragt sich, ob der Unterschied zwischen dem Wohnungsgeldzuschuß des verheirateten und des ledigen Angestellten ein Zuschlag ist, der mit Rücksicht auf den Familienstand gezahlt wird.

Das Reichsversicherungsamt (Bescheid vom 15. 11. 1928, EuM 23, S. 317 und Entscheidung Nr. 4023 vom 11. 12. 1930, EuM 29, S. 379 = RABl. 1931 S. IV 160) hatte zunächst unter enger Auslegung des damaligen, im wesentlichen mit dem § 165 Abs. IV RVO n. F. und dem § 3 Satz 2 AVG gleichlautenden § 165 Abs. 2 Satz 2 RVO a. F. entschieden, der dem Verheirateten zufließende Mehrbetrag an Wohnungsgeldzuschuß sei nur dann ein Zuschlag im Sinne des § 3 AVG, wenn er dazu bestimmt sei, einen Ausgleich für den Mehraufwand zu schaffen, der dem verheirateten Gehaltsempfänger durch den Unterhalt von Familienangehörigen erwachse. Diesen Standpunkt hat das Reichsversicherungsamt jedoch später aufgegeben (vgl. die Entscheidungen vom 4. 5. 1938 in EuM 43, S. 121 sowie vom 26. 5. 1943 in RABl. 1943, S. II 342). Unter dem Begriff des Familienstandes versteht es die Unterscheidung der

Personen danach, ob sie ledig, verheiratet, verwitwet oder geschieden sind; es sieht daher in allen Bar- oder Sachbezügen, die ein Angestellter deswegen, weil er verheiratet, verwitwet oder geschieden ist, mehr erhält als ein Lediger, Zuschläge, die auf Grund des Familienstandes gezahlt werden. Ob ein solcher Mehrbetrag als Zuschlag bezeichnet wird oder als solcher besonders in Erscheinung tritt, ist unerheblich. Vor allem aber wird in den letztgenannten Entscheidungen des Reichsversicherungsamtes nicht mehr vorausgesetzt, daß der erhöhte Betrag nur dem Ausgleich eines Mehraufwands aus Anlaß des Unterhalts der Familie dient. Es kommt nur darauf an, ob die Zahlung derartiger Zuschläge davon abhängt, daß der Angestellte verheiratet, verwitwet oder geschieden, also nicht ledig ist. Der Senat sieht keine Veranlassung, von dieser im Angestelltenversicherungsrecht herrschenden Ansicht zu § 3 Satz 2 AVG abzugehen (vgl. Schraeder-Schulte-Brucker, Die Deutsche Krankenversicherung, § 165, S. 278 B; Koch-Hartmann, a. a. O., § 1 Anm. C III 1 a, S. 178; § 3 Anm. 2, S. 288; Peters, Handbuch der Krankenversicherung, Bd. 2, § 165, Anm. 15; Böhm-Jund, Die Dienstverhältnisse der Angestellten und Arbeiter bei öffentlichen Verwaltungen und Betrieben, Bd. 2, § 6 TO.A, Anm. 1 e, S. 105; Faller, Die Betriebskrankenkasse 1953, S. 384; Matysik, Wege zur Sozialversicherung 1953, S. 140).

Entgegen der Ansicht des angefochtenen Urteils erhält der Kläger auch nach der Regelung des Tarifvertrags Nr. 60 vom 20. Mai 1953 den Unterschied zwischen dem vollen und einfachen Wohnungsgeldzuschuß als Zuschlag mit Rücksicht auf seinen Familienstand. Einen Hinweis hierfür bietet bereits § 6 Abs. 1 TO.A i. d. F. vom 1. November 1943 (RABl. 1943, S. IV 838). Hier wird bestimmt, daß verheiratete, verwitwete oder geschiedene Angestellte den (vollen) Wohnungsgeldzuschuß ihrer Tarifklasse erhalten. Nur diejenigen ledigen Angestellten, die im eigenen Hausstand ihrem unehelichen Kind Wohnung und Unterhalt gewähren, sind ihnen wegen ähnlicher Verhältnisse gleichgestellt. Im übrigen erhalten ledige Angestellte nur den (einfachen) Wohnungsgeldzuschuß der nächst niederen Tarifklasse. An dieser grundsätzlichen Unterscheidung, die die Zahlung des vollen Wohnungsgeldzuschusses deutlich erkennbar vom Familienstand des Angestellten abhängig sein läßt, hält § 6 TO.A i. d. F. des Tarifvertrags Nr. 60 fest. Auch hiernach erhalten den vollen Wohnungsgeldzuschuß die verheirateten, die verwitweten und geschiedenen Angestellten sowie diejenigen ledigen Angestellten, die ihrem unehelichen Kinde in ihrem Hausstand Unterhalt gewähren (§ 6 Abs. 1—3 a. a. O.), während die ledigen Angestellten den einfachen Wohnungsgeldzuschuß beziehen (§ 6 Abs. 3 a. a. O.). Nur an die über

40 Jahre allen ledigen Angestellten ist nach § 6 Abs. 1 a. a. O. der volle Wohnungsgeldzuschuß zu gewähren. Da hierbei aber allein auf das Lebensalter abgestellt wird, ändert diese Ausnahmeregelung nichts daran, daß die in dem Tarifvertrag beibehaltene unterschiedliche Behandlung der Verheirateten gegenüber den Ledigen wegen ihres Familienstandes erfolgt. Bei den über 40 Jahre alten ledigen Angestellten ist der Anlaß zu ihrer tariflichen Begünstigung nicht in ihrem vor und nach Vollendung des 40. Lebensjahres gleichbleibenden Familienstand, sondern in anderen mit dem Lebensalter zusammenhängenden, hier nicht näher interessierenden sozialen und wirtschaftlichen Erwägungen zu suchen (vgl. z. B. RAM vom 3. 7. 1941 in RABl. 1941, S. II 269). Verheiratete Angestellte aber, die ihres Familienstandes wegen immer schon das volle Wohnungsgeld erhielten, erhalten es auch nach Vollendung des 40. Lebensjahres deswegen, weil sie verheiratet sind, nicht deswegen, weil sie nunmehr ein gewisses Lebensalter erreicht haben. Dieses spielt hier immer nur bei Ledigen eine Rolle (vgl. auch RVA vom 4. 5. 1938, EuM Bd. 43 S. 121 [123]).

Dieses Ergebnis entspricht dem Sinn des § 3 Satz 2 AVG, der für den verheirateten Angestellten den Versicherungsschutz ausdehnen will, wenn Zuschläge wegen des Familienstandes bei der Begrenzung der Versicherungspflicht außer Acht bleiben sollen. Eine andere als die hier vertretene Auffassung (vgl. LSG Bayern, Amtsbl. Bay. AM 1955, Teil B, S. 193 – ablehnend Koch-Hartmann a. a. O., § 1 Anm. III, S. 178) würde dazu führen, daß ein verheirateter Angestellter, dessen Einkommen ohne den Unterschiedsbetrag zwischen einfachem und vollem Wohnungsgeldzuschuß die Jahresarbeitsverdienstgrenze nicht erreicht, sie mit dem Unterschiedsbetrag aber überschreitet, nach Vollendung des 40. Lebensjahres für sich und seine Familie den Versicherungsschutz verliert, obgleich er dasselbe Gehalt weiter bezieht und sein Familienstand unverändert bleibt. Gerade das will das Gesetz nicht, wenn es Zuschläge, die wegen des Familienstandes, nicht aber des Lebensalters wegen gezahlt werden, für die Berechnung der Jahresarbeitsverdienstgrenze unberücksichtigt läßt.

12

1. Trägt der Kläger neue Tatsachen und Beweismittel in Erfüllung eines Aufklärungsbeschlusses, den das Berufungsgericht auf Grund einer vom Erstgericht abweichenden Rechtsauffassung gemäß § 139 ZPO erlassen hat, später als in der Berufungsbegründung vor, so sind sie den Beschränkungen des § 67 ArbGG nicht unterworfen.

2. Die Vergütung der Überstunden von Angestellten, die im Sinne der Nr. 3 ADO zu § 2 TO.A versicherungsfrei oder im Besitz der dort bezeichneten Anwartschaft sind, setzt voraus, daß es sich um regelmäßige Mehrarbeit gehandelt hat, daß diese zur Bewältigung der anfallenden Arbeit erforderlich war und dem Willen des Leiters der Verwaltung oder seines weisungsbefugten Vertreters entsprochen hat.

3. Die Bestimmung der Nr. 3 Buchst. B Abs. 2 Satz 4 ADO zu § 2 TO.A, nach der die Anordnung regelmäßiger Überstunden schriftlich unter Angabe des hierfür maßgebenden Grundes von dem zum Abschluß von Arbeitsverträgen ermächtigten Dienststellenleiter oder seines Vertreters zu treffen ist, hat keine konstitutive Bedeutung für die Entstehung eines Anspruchs auf Überstundenvergütung nach Nr. 3 Buchst. B Abs. 1 ADO zu § 2 TO.A. Sie ist eine Verwaltungsvorschrift, die zum Inhalt hat, daß Vorgesetzte von einem Angestellten Überstunden nur unter den in ihr aufgeführten Voraussetzungen verlangen dürfen.

4. Zeiten für Anfahrtwege, die ein üblicherweise im Betrieb beschäftigter Arbeitnehmer zu und von einer außerhalb gelegenen Beschäftigungsstätte zurückzulegen hat, sind Teil seiner Arbeitszeit.

ArbGG § 67; AZO § 2 Abs. 3; TO.A § 2; Nr. 3 ADO zu § 2 TO.A.

IV. Senat. Urteil vom 17. April 1957 i. S. Land N.-W. (Bekl.), w. D. (Kl.) 4 AZR 315/54.

I. Arbeitsgericht Paderborn. — II. Landesarbeitsgericht Hamm i. W.

Der Kläger ist seit 1936 als Vermessungstechniker bei dem Bodenschätzungsausschuß des Finanzamts H. beschäftigt. In einer Rundverfügung vom 25. Februar 1949 billigte die vorgesetzte Dienststelle des Klägers, die Oberfinanzdirektion des Landes Nordrhein-Westfalen (OFD), den Vermessungstechnikern bei den Schätzungsausschüssen eine Überstundenvergütung für neun Stunden wöchentlich über die regelmäßige Arbeitszeit von 48 Stunden hinaus zu. In weiteren Rundverfügungen vom 30. Januar 1951 und 28. Juli 1951 wurde unter Berücksichtigung des schätzungsfreien Sonnabends für fünf Schätzungstage in der Woche die Vergütung von insgesamt 7½ Überstunden wöchentlich angeordnet. Dementsprechend erfolgte die Bezahlung der vom Kläger geleisteten Mehrarbeit. Außerdem erhielt er neben seinem von der OFD gewährten Gehalt eine Pauschale für Reisekosten und dergl. von 3,— DM täglich sowie Kilometergeld für Anmarschwege von dem Finanzamt H. unmittelbar. Zum Nachweis der Arbeitszeit des Klägers trug der amtliche Bodenschätzer die ihm von jenem angegebenen täglichen Arbeitsstunden, nach Feld- und Hausstunden getrennt, in besondere Tagebuchblätter ein und unterzeichnete sie. Neben der sich daraus ergebenden Stundenzahl enthielten die zur Auszahlung der Überstundenentschädigung von dem Finanzamt dem Kläger ausgestellten Bescheinigungen weiter noch die Zeiten seines An- und Abmarsches von und zu seiner Dienststelle in H. und den einzelnen Feldarbeitsstellen.

Der Kläger ist der Auffassung, er habe Anspruch auf Vergütung von $264^3/_4$ in der Zeit vom Januar bis November 1951 bei Außen- und Büroarbeiten über die angeordnete Mehrarbeit von $7\frac{1}{2}$ Stunden wöchentlich hinaus abgeleisteten Überstunden. Er hat von dem beklagten Land Zahlung von 453,75 DM verlangt. Dieses hat die Notwendigkeit zusätzlicher Mehrarbeit bestritten und sich im übrigen darauf berufen, ein Anspruch bestehe auch deshalb nicht, weil Nr. 3 Buchst. B ADO zu § 2 TO.A, worin eine Überstundenvergütung vorgesehen werde, eine Kannvorschrift sei und außerdem eine schriftliche Anordnung voraussetze, die hier fehle.

Das Arbeitsgericht hat die Klage abgewiesen. Auf die Berufung des Klägers hat das Landesarbeitsgericht dem Klagantrag gemäß erkannt.

Die Revision des bekl. Landes blieb erfolglos.

Aus den Gründen:

Daß das Berufungsgericht die Vorschrift des § 67 ArbGG verkannt habe, ist nicht ersichtlich. Zwar verlangt diese Bestimmung in Satz 1 von dem Berufungskläger das Vorbringen neuer Tatsachen und Beweismittel, soweit es überhaupt nach § 529 Abs. I und II ZPO zulässig ist, bereits in der Berufungsbegründung und gestattet es zu einem späteren Zeitpunkt nur unter den hier nicht weiter interessierenden Voraussetzungen des Satzes 2 a. a. O. Richtig ist auch, daß der Kläger auf den Auflagebeschluß des Landesarbeitsgerichts vom 31. März 1953 hin mit Schriftsatz vom 8. Mai 1953, also nach der am 19. Januar 1953 eingegangenen Berufungsbegründung, Tatsachen und Beweismittel in den Rechtsstreit eingeführt hat, die noch nicht Gegenstand der Verhandlung im ersten Rechtszug gewesen sind. Es handelt sich aber nicht um neues Vorbringen im Sinne des § 67 ArbGG. Denn das Arbeitsgericht hat die Klage allein daraufhin geprüft, ob ein Anspruch auf Vergütung der behaupteten Mehrarbeit nach Nr. 3 ADO zu § 2 TO.A bestehe, was es mangels einer schriftlichen Anordnung der eingeklagten Überstunden verneint hat. Die Untersuchung des Berufungsgerichts hingegen geht von der völlig anderen rechtlichen Erwägung aus, daß die Klagforderung als Schadensersatzanspruch wegen Verletzung der Fürsorgepflicht durch das beklagte Land begründet sein könne. Wenn es unter diesem Blickwinkel den Kläger mit Beschluß vom 31. März 1953 zur Ergänzung seines Vortrags unter Beweisantritt aufgefordert hat, so ist es damit nur seiner ihm nach § 139 ZPO obliegenden Aufklärungspflicht nachgekommen. Die vom Kläger in Erfüllung dieser Auflage im Rechtsstreit erstmalig vorgetragenen Tatsachen und angebotenen Beweismittel sind unter diesen Umständen nicht nachgebracht im Sinne des § 67 ArbGG und infolgedessen den Beschränkungen dieser Bestimmung nicht unterworfen. Die Frage, ob die Zulassung nachträglichen Sachvortrags durch das Berufungsgericht unter Nichtbeachtung des § 67 ArbGG ein mit der Revision angreifbarer Verfahrensverstoß ist und zur Aufhebung des angefochtenen Urteils und Zurückverweisung des Rechtsstreits führen muß (RAG 5, 131; 12, 220; 17, 36 [40]; a. A. Volkmar in Anm. zu RAG, ArbRspr. 12, 160 und zu RAG, ARS 17, 36; Dersch-Volkmar, ArbGG, 6. Aufl., § 67, Anm. 23; Dietz-Nikisch, ArbGG, § 67, Anm. 21; Stein-Jonas-Schönke, ZPO, 18. Aufl., § 529 Anm. III 6), braucht daher hier nicht entschieden zu werden.

Wenn das Berufungsgericht in der Sache selbst die Verpflichtung des beklagten Landes zur Vergütung der mit der Klage geltend gemachten Mehrarbeitsstunden bejaht, so ist ihm im Ergebnis beizutreten.

Wann im Bereich der TO.A Überstundenarbeit vorliegt, und wann ein Anspruch auf deren gesonderte Vergütung besteht, ergibt sich aus § 8 ATO, § 2 A i. V. mit hierzu ergangenen Bestimmungen der ADO.

Ob die ADO zur TO.A im ganzen als Ergänzung zu der nach Artikel II KRGes. Nr. 56 fortbestehenden TO.A weiterhin in Kraft ist, kann im vorliegenden Fall dahingestellt bleiben. Jedenfalls bestehen Bedenken gegen ihre Weitergeltung insoweit nicht, als sie dem Arbeitnehmer, wie hier in Nr. 3 ADO zu § 2 TO.A, weitergehende Ansprüche, als sie in der TO.A enthalten sind, gewährt (vgl. Nipperdey in Festschrift für Herschel, S. 12, 19).

Gemäß § 2 Abs. 1 Satz 2 TO.A sind Überstunden solche Dienstleistungen, die über die festgesetzte regelmäßige — nach dem unstreitigen Sachverhalt dieses Rechtsstreits entsprechend dem § 8 Abs. 1 ATO 48 Stunden betragende — Arbeitszeit hinaus erbracht werden. In der Regel werden gelegentliche Überstunden nach der angeführten Bestimmung der TO.A durch die allgemeine Vergütung des Angestellten mit abgegolten. Jedoch erhalten in Durchbrechung dieses Grundsatzes Angestellte, die weder nach §§ 11—14 RAngestVersGes. versicherungsfrei sind, noch Anwartschaft auf eine über die reichsgesetzliche Versicherungspflicht hinausgehende Alters- und Hinterbliebenenversorgung unter Beteiligung des Dienstberechtigten haben, nach § 2 Abs. 3 TO.A für Überstunden in erster Linie Dienstbefreiung in entsprechendem Umfang oder, falls das nicht möglich ist, eine dort näher bezeichnete Vergütung. Ergänzend hierzu setzt Nr. 3 A Buchst. b der ADO zu § 2 TO.A auch für versicherungsfreie oder im Besitz der genannten Anwartschaft befindliche Angestellte, zu denen nach den unstreitigen Feststellungen des Berufungsurteils der Kläger gehört, die Abgeltung gelegentlicher Überstunden durch die regelmäßigen Dienstbezüge fest. Nur für Arbeitsleistungen, die von Angestellten dieser Gruppe über die regelmäßige Arbeitszeit hinaus für mindestens drei zusammenhängende Wochen regelmäßig gefordert werden (regelmäßige Überstunden), ist in Nr. 3 Buchst. B Abs. 1 ADO zu § 2 TO.A eine Entschädigung vorgesehen. Ihrem Inhalt nach setzt diese Bestimmung also voraus, daß es sich um regelmäßige Mehrarbeit gehandelt hat, daß diese zur Bewältigung der anfallenden Arbeiten erforderlich war und dem Willen des Leiters der Verwaltung entsprochen hat (RAG, ARS 40, 195 [205 f.]).

Nach den Feststellungen des angefochtenen Urteils hat der Kläger über die regelmäßige Arbeitszeit und über die von der OFD mit den Runderlassen vom 30. Januar und 28. Juli 1951 angeordneten 7½ Überstunden wöchentlich hinaus im Sinne der Nr. 3 Buchst. B Abs. 1 ADO regelmäßige Mehrarbeit in dem von ihm mit der Klage in Anspruch genommenen Umfang geleistet.

. . .

Mit Recht prüft das Berufungsgericht, ob die Anmarschzeiten des Klägers in seine Arbeitszeit einzubeziehen sind. Wenn es dabei zu dem Ergebnis kommt, die Wegezeit jeweils von und zu seinen Arbeitsstellen sei als Arbeitszeit zu betrachten, so kann dem aus Rechtsgründen nicht entgegengetreten werden. Nach den tasächlichen Feststellungen des angefochtenen Urteils verrichtet der Kläger Außenarbeit und Büroarbeit, und zwar diese teils in seinen Privatunterkünften auf dem Lande, teils in seiner Wohnung, teils in den Densträumen des Finanzamts. Weiter ist dem Urteil als unstreitig zu entnehmen, daß der Kläger in Ausführung seiner Dienstobliegenheiten Anmarschzeiten von und zu seiner Dienststelle in H. und den einzelnen Feldarbeitsstellen hatte. Wenn § 2 Abs. 3 AZO bestimmt, daß Arbeitszeit auch die Zeit sei, während der ein im übrigen im Betrieb beschäftigter Arbeitnehmer außerhalb des Betriebs verwendet werde, so fällt darunter auch die für den Weg zu und von der außerbetrieblichen Arbeitsstelle aufgewandte Zeit (vgl. Schmidt, AZO, 2. Aufl., § 2 Anm. 1; Nikisch, Arbeitsrecht, 2. Aufl., Bd. I, S. 258).

Der Auffassung der Revision, diese Anmarschzeiten seien durch die dem Kläger neben dem Kilometergeld gewährte tägliche Reisekostenpauschale bereits abgegolten, kann nicht gefolgt werden. Nach Nr. 4 ADO zu § 3 TO.A erhalten die Angestellten Reisekostenvergütungen unter sinngemäßer Anwendung der Reisekostenvorschriften für die Beamten. Die Reisekostenvergütung besteht gemäß § 5 des Reisekostengesetzes vom 15. Dezember 1933 aus Fahrkostenentschädigung einschließlich Entschädigung für Fußwegestrecken, Tagegeld, Übernachtungsgeld und Nebenkostenersatz. Das einen Teil der Reisekostenvergütung bildende Kilometergeld ist also eine Entschädigung für die aus Anlaß der Arbeitsleistung zurückgelegten Wegestrecken (Nr. 24 der Ausführungsbestimmungen zum Reisekostengesetz) und hat mit der Arbeitsvergütung nichts zu tun. Tagegelder, Übernachtungsgelder und Nebenkostenersatz, die die Revision offenbar mit der Reisekostenpauschale meint, dienen nach § 9 Reisekostengesetz der Bestreitung der Mehrausgaben des Angestellten, nicht aber der Abgeltung der Anmarschzeiten, während deren er ohne Arbeit im eigentlichen Sinne dem Dienstherrn zur Verfügung steht.

Ohne Rechtsverstoß stellt das Landesarbeitsgericht weiter fest, daß die eingeklagten Überstunden auch zur Bewältigung der Aufgaben des Klägers notwendig waren.

. . .

Daß der Kläger die regelmäßige und notwendige Mehrarbeit mit Wissen und Willen des Leiters der Verwaltung abgeleistet hat, ergibt sich gleichfalls bedenkenfrei aus den Feststellungen des angefochtenen Urteils. Danach unterstand der Kläger dem Zeugen R. als dem zuständigen Abteilungsleiter, der ihm im Auftrag der OFD die Arbeitsanweisungen gab. Hat er also auf Veranlassung eines weisungsbefugten Vertreters dieser Behörde seine Arbeit und damit auch die eingeklagten Überstunden geleistet, so sind diese im Sinne der Nr. 3 Buchst. B Abs. 1 ADO zu § 2 TO.A von seiner Arbeitgeberin, nämlich der OFD, „gefordert", da diese das Verhalten ihres Vertreters gegen sich gelten lassen muß. Das ist um so unbedenklicher anzunehmen, als das Berufungsgericht weiter feststellt, daß durch die ständige Bekanntgabe der gesamten Arbeitsstunden des Klägers in den Bescheinigungen für das Finanzamt Höxter auch der OFD seine Überstunden bekannt geworden sind.

Der Kläger hat demnach regelmäßig Mehrarbeitsleistungen erbracht, die durch seine allgemeinen Dienstbezüge nicht abgegolten sind.

Zu Unrecht bestreitet das beklagte Land seine Verpflichtung zu deren Vergütung mit dem Hinweis, die Vorschrift der Nr. 3 Buchst. B Abs. 1 ADO zu § 2 TO.A sei eine Kannbestimmung. Wenn es darin heißt, bei Vorliegen der dort normierten Voraussetzungen „kann jede regelmäßige Überstunde ... entschädigt werden", so ist damit ihre Bezahlung keineswegs in das Belieben des öffentlichen Dienstherrn gestellt. Daß das nicht ihr Sinn ist, ergibt sich bereits aus der Entstehung dieser Fassung der Vorschrift. Nr. 3 ADO zu § 2 TO.A bestimmte ursprünglich nur, daß Abweichungen mit geldlichen Auswirkungen an die Zustimmung des Reichsministers der Finanzen und des sonst zuständigen Ministers gebunden seien. Der jetzige Inhalt ist, abgesehen von weiteren späteren Änderungen, vor allem hinsichtlich der hier interessierenden Formulierung dem Erlaß des Reichsministers der Finanzen vom 6. Juni 1938 (Reichsbesoldungsblatt 1938, S. 222) entnommen und durch die im Einvernehmen sämtlicher in Betracht kommender Minister erlassene Erste Änderung der Allgemeinen Dienstordnung für nichtbeamtete Gefolgschaftsmitglieder bei öffentlichen Betrieben und Verwaltungen, insbesondere zur TO.A vom 19. Dezember 1938 (RGBl. I, S. 1830) der neugeschaffenen Nr. 3 ADO zu § 2 TO.A eingefügt worden. Diese Änderung stellte alle Behörden, die bis dahin noch der Zustimmung des jeweils zuständigen Reichsministers bedurften, davon frei. Darin lag ihre Bedeutung.

Jedoch hat das Reichsarbeitsgericht (ARS, 40, 195 [205 f.]) unter Hinweis auf § 3 Abs. 2 TO.A aus dem Ausdruck „kann . . entschädigt werden" weiter entnommen, daß die Beurteilung der Voraussetzungen für eine Abgeltung auch der Überstundenleistungen eines Angestellten dem „Führer" der Verwaltung oder des Betriebes vorbehalten sei. Daher hängt nach seiner Ansicht die Entstehung eines unmittelbaren Vergütungsanspruchs des Angestellten von einer Anordnung ab, die gemäß Nr. 3 Buchst. B Abs. 2 Satz 4 ADO zu § 2 TO.A der zum Abschluß von Arbeitsverträgen ermächtigte Diensstellenleiter oder sein Vertreter schriftlich unter Angabe des hierfür maßgebenden Grundes zu treffen hat. Diese Auffassung ist jedoch mit dem geltenden Recht nicht vereinbar (BAG 1, 85).

Sicherlich bedarf es, sofern überhaupt eine Vergütung von Mehrarbeit, wie hier durch die ADO vorgesehen ist, im öffentlichen Dienst wie auch sonst im Arbeitsrecht einer Anordnung des Arbeitgebers oder seines weisungsbefugten Vertreters, um einen Überstundenanspruch zu begründen. Wenn aber nach Nr. 3 Buchst. B Abs. 2 Satz 4 ADO zu § 2 TO.A diese Anordnung schriftlich unter Angabe des Grundes zu erfolgen hat, so kommt diesem Erfordernis keine konstitutive Bedeutung für die Entstehung eines Vergütungsanspruchs zu, wie das Reichsarbeitsgericht (a. a. O.) von seinem Standpunkt aus annimmt. Das ergibt sich schon aus der Erwägung, daß für die Anordnung neben der Schriftlichkeit auch die Angabe des sie veranlassenden Grundes verlangt wird. Wäre der Schriftform rechtsbegründende Wirkung beizumessen, so könnte sie diese nur bei gleichzeitiger Bekanntgabe des Grundes in der Anordnung äußern. Sein Fehlen müßte sie trotz Schriftlichkeit als Anspruchsgrundlage unwirksam machen. Das kann aber nicht Sinn der in Rede stehenden Bestimmung sein. Der erkennende Senat sieht vielmehr darin eine Verwaltungsvorschrift, die zum Inhalt hat, daß der jeweilige Leiter einer Behörde oder eines Betriebes oder sein Vertreter von seinen Angestellten Überstunden nur bei schriftlicher Anordnung unter Angabe des Grundes verlangen darf. Sie voll verhindern, daß Vorgesetzte Überstunden anordnen, ohne die Befugnis dazu zu haben und ohne die Notwendigkeit der Mehrarbeit zuvor geprüft zu haben.

Kann sich demnach das beklagte Land auf den Mangel einer schriftlichen Weisung hinsichtlich der eingeklagten, über die von der OFD bereits angeordnete Mehrarbeit hinaus vom Kläger abgeleisteten Überstunden nicht berufen, so geht auch ihr Hinweis auf Nr. 4 ADO zu § 3 TO.A fehl. Danach sind Abweichungen von den Vorschriften der Nr. 1 bis 3 ADO zu § 2 TO.A, die zu geldlichen Auswirkungen führen, an die Zustimmung des Finanzministers oder des sonst zuständigen Ministers gebunden. Aus den bisherigen Ausführungen ergibt sich aber, daß eine solche Abweichung nicht vorliegt. Darüber hinaus könnte das Land aus einem etwaigen Mangel der ministeriellen Genehmigung nur dann einen Einwand herleiten, wenn er dem Kläger ebenfalls bekannt gewesen wäre. Dazu hat das Land aber nichts vorgetragen.

Der Kläger hat demnach Anspruch auf Bezahlung der von ihm zusätzlich erbrachten Überstunden. Grundlage dafür kann Nr. 3 ADO zu § 2 TO.A allerdings nur sein, soweit es sich um Überstunden handelt, die im Rahmen der Bestimmungen der AZO geleistet worden sind. Denn es bedarf keiner weiteren Begründung, daß weder in der ATO noch der TO.A oder der ADO eine Regelung gesetzwidriger regelmäßiger Überarbeit beabsichtigt war. Soweit solche vorliegt, entspricht es aber übereinstimmender Ansicht in Rechtslehre und Rechtsprechung, daß die normale Vergütung, d. h. regelmäßig der Tariflohn und der tarifliche Mehrarbeitszuschlag zu zahlen sind (vgl. Hueck-Nipperdey, Lehrbuch des Arbeitsrechts, 6. Aufl., S. 188 ff.; Denecke, AZO, 3. Aufl., § 15, Anm. 16). Eine ausdrückliche Anordnung ist in beiden Fällen nicht erforderlich. Es genügt, wie es hier der Fall ist, Zuweisung von Arbeit durch den Dienstherrn oder seinen weisungsbefugten Vertreter, die in der normalen Arbeitszeit nicht erledigt werden kann.

Der Klaganspruch ist der Höhe nach unstreitig. Er ist auch nicht verwirkt. Nach den Feststellungen des Landesarbeitsgerichts waren allerdings dem Kläger die Rundverfügungen der OFD vom 30. Januar und 28. Juli 1951 bekannt. Diese enthielten den Hinweis, daß für die eine Wochenarbeitszeit von 55½ Stunden überschreitenden Arbeitsstunden eine Entschädigung nicht gewährt, bzw. daß Mehrarbeit über diese Stundenzahl hinaus nicht verlangt werde. Selbst wenn der Kläger in Kenntnis dessen bis zur Klagerhebung mit dem Verlangen auf Bezahlung zusätzlicher Arbeitsstunden an seinen Dienstherrn nicht herangetreten wäre, wie die Rivision vorbringt, wäre ihre jetzige Geltendmachung nicht mit den Grundsätzen von Treu und Glauben unvereinbar. Denn angesichts des im Widerspruch zu den erwähnten Rundverfügungen stehenden Verhaltens des Zeugen R., das sich das beklagte Land zurechnen lassen muß, kann von einer illoyalen Verspätung der Klage nicht die Rede sein (vgl. Enneccerus-Nipperdey, Allgemeiner Teil des bürgerlichen Rechts, Bd. I 2, § 228 IV 2).

13

1. Bestehen Zweifel, wer als Arbeitgeber dem Arbeitnehmer Vergütung schuldet, so trägt grundsätzlich der Arbeitnehmer als Gläubiger das Risiko, ob er zwecks Unterbrechung der Verjährung rechtzeitig den wahren Schuldner verklagt.

2. Erfolgt im Laufe des Rechtsstreits durch Klagänderung ein Wechsel der beklagten Partei, die auf Zahlung rückständigen Gehalts in Anspruch genommen wird, so kann sich die in den Prozeß neu eintretende Partei ohne Verstoß gegen Treu und Glauben auch dann auf die Verjährung der Klagansprüche berufen, wenn diese im Zeitpunk der Klagerhebung gegen die zunächst verklagte Partei noch nicht verjährt waren, nunmehr aber verjährt sind.

3. Die Verjährungseinrede kann durch den Gegeneinwand der unzulässigen Rechtsausübung entkräftet werden, wenn der Schuldner durch sein Verhalten den Gläubiger, wenn auch unabsichtlich, von der rechtzeitigen Erhebung der Klage abgehalten hat.

BGB § 196 Abs. 1 Ziffer 8, § 198, § 201, § 222, § 242; ZPO § 264, § 281, § 261 b.

IV. Senat. Urteil vom 24. Mai 1957 i. S. Dr. M. (Kl.) w. J. G. Universität (Bekl.) 4 AZR 501/54.

I. Arbeitsgericht Mainz. — II. Landesarbeitsgericht Mainz.

Der Kläger war seit 1948 als Assistenzarzt an der Augenabteilung eines Krankenhauses in N. tätig. Er erstrebte seine Anerkennung als Facharzt. Deshalb bemühte er sich um eine Anstellung an einer öffentlichen Klinik oder Krankenanstalt, um sich dort der erforderlichen Sonderausbildung zu unterziehen. Es gelang ihm auf Empfehlung, seine bevorzugte Einstellung als Volontärarzt bei der Augenklinik der beklagten Universität zu erreichen. Er erhielt freie Unterkunft, verbilligte Verpflegung und einen Unterhaltszuschuß von zuletzt 260,– DM. Außerdem hatte er aus der Erstellung von Gutachten weitere Einnahmen von insgesamt etwa 2000,– DM. Nach Abschluß der Facharztausbildung schied er am 31. Juli 1951 bei der Beklagten aus.

In der zunächst gegen das Land erhobenen Klage hat der Kläger vorgebracht, er sei spätestens ab 1. April 1950 bis zum 31. Juli 1951 als vollverantwortlicher Stationsarzt eingesetzt gewesen und habe für diese Zeit Anspruch auf Entlohnung nach Vergütungsgruppe III der Krankenhaustarifordnung vom 2. Dezember 1939 (KrT). Er hat Zahlung von 5899,80 DM verlangt. Das Land hat die Notwendigkeit der Arbeit des Klägers für den Klinikbetrieb der Universität bestritten und weiter die Auffassung vertreten, die Geltendmachung des Klageanspruches sei im Hinblick auf das dem Kläger bei seiner Einstellung und Beschäftigung gezeigte Entgegenkommen treuwidrig.

Das Arbeitsgericht wies die Klage ab.

Im Laufe des zweiten Rechtszuges änderte der Kläger die Klage, indem er sie nunmehr mit Schriftsatz vom 1. Juli 1954, eingegangen bei Gericht am 2. Juli 1954, gegen die beklagte Universität richtete, der die Klagänderung nebst Klage am 5. Juli 1954 zugestellt wurde. Die beklagte Universität erhob die Einrede der Verjährung.

Das Landesarbeitsgericht wies die Berufung zurück.

Die Revision des Klägers hatte keinen Erfolg.

Aus den Gründen:

. . .

Ob die Beklagte anspruchsverpflichtet, also die richtige Beklagte ist, kann dahingestellt bleiben. Aus dem dem angefochtenen Urteil zugrunde liegenden Sachverhalt läßt sich in dieser Hinsicht nur feststellen, daß der Kläger seit der Klagänderung im zweiten Rechtszuge aus der Tatsache seiner Einstellung bei der Augenklinik der Universität den Schluß zieht, die Beklagte sei ihm vertraglich verpflichtet. Ob diese Schlußfolgerung richtig ist oder nicht, bedarf keiner Prüfung. Denn auch dann, wenn mit der Beklagten ein Arbeitsverhältnis bestanden hat, und dem Kläger hieraus die von ihm eingeklagten Vergütungsansprüche nach der KrT erwachsen sind, greift die von der Beklagten erhobene Einrede der Verjährung durch.

Ohne Rechtsirrtum geht das Berufungsgericht davon aus, daß im Zeitpunkt der Klageerhebung gegen die Beklagte — d. i. der Zeitpunkt der Klagänderung: 2. Juli 1954 gemäß §§ 264, 281, 261 b ZPO — der eingeklagte Anspruch bereits verjährt war. Denn wie das Bundesarbeitsgericht mehrfach entschieden hat (z. B. AP Nr. 2 zu § 242 BGB; Nr. 8 zu § 3 TO.A), gilt auch für Gehaltsansprüche der Angestellten im öffentlichen Dienst die zweijährige Verjährungsfrist des § 196 Abs. 1 Ziff. 8 BGB. Demnach waren die Ansprüche des Klägers aus dem Jahre 1950 mit Ablauf des 31. Dezember 1952 und die aus dem Jahre 1951 mit Ablauf des 31. Dezember 1953 verjährt (§§ 198, 201 BGB). Die Beklagte ist also berechtigt, die begehrte Leistung zu verweigern (§ 222 Abs. 1 BGB).

Die Erhebung der Verjährungseinrede durch die Beklagte im Verlaufe des Berufungsverfahrens am 20. Juli 1954 verstößt nicht gegen Treu und Glauben (§ 242 BGB).

Daß die Ausübung der Verjährungseinrede nicht schon an sich einen Verstoß gegen Treu und Glauben bedeutet, ihr aber der Einwand des Rechtsmißbrauchs entgegengehalten werden kann, ist anerkannten Rechts (Enneccerus-Nipperdey, Allg. Teil des bürgerlichen Rechts, I 2, 1955, S. 1019; RGR-Komm. z. BGB, 10. Aufl., § 222 Anm. 3; RG in ständ. Rspr., insbes. RGZ 144, 380, 145, 239 [244]; 153, 101 [108]; 157, 382). Zu seiner Begründung genügt es, wenn der Schuldner den Gläubiger, sei es auch unabsichtlich, durch sein Verhalten in einer Weise von der rechtzeitigen Klagerhebung abgehalten hat, daß es diesem nach verständigem Ermessen einen ausreichenden Anlaß bot, von einer Unterbrechung der Verjährung abzusehen (RG a. a. O.). Nur dann also kann hier die Verjährungseinrede der Beklagten durch den Gegeneinwand der unzulässigen Rechtsausübung entkräftet werden, wenn es auf ihr Verhalten zurückzuführen ist, daß der Kläger es unterlassen hat, sie als die nach seiner Ansicht richtige Beklagte rechtzeitig zu verklagen. Das ist aber nicht der Fall.

Die Klage gegen das zunächst beklagte Land Rheinland-Pfalz wurde mit Schriftsatz vom 11. Dezember 1952 eingereicht und am 29. Dezember 1952 zugestellt. Der erste Termin vor dem Arbeitsgericht fand am 15. Januar 1953 statt. Daß die rechtzeitige Erhebung der Klage gegen die beklagte Universität hinsichtlich der Ansprüche aus dem Jahre 1950 vor deren Verjährung infolge eines früheren, notwendigerweise vor dem Ablauf der Verjährung am 31. Dezember 1952 liegenden Verhaltens der Beklagten unterblieben sei, läßt sich aus den Feststellungen des Berufungsgerichts nicht entnehmen und wird auch vom Kläger nicht behauptet.

Ebenso fehlt es hinsichtlich seiner Ansprüche aus dem Jahre 1951 an einem in diesem Sinne für die verspätete Klagerhebung ursächlichen Verhalten der Beklagten, das die Verjährungseinrede als mit Treu und Glauben unvereinbar erscheinen ließe. Wenn der Kläger zunächst das Land Rheinland-Pfalz verklagt hat, so geht das zu seinen Lasten. Denn es ist unbestreitbar an sich seine Sache, sich vor Klagerhebung darüber zu vergewissern, gegen wen er seine Klage zu richten hat. Es kann nicht anerkannt werden, daß die Beklagte, der die Klage gegen das Land bekannt war, auf Grund ihrer Fürsorgepflicht — immer unterstellt, sie sei dem Kläger als Vertragspartnerin verpflichtet — gehalten gewesen sei, von sich aus zu prüfen, ob nicht sie tatsächlich die richtige Beklagte sei, und gegebenenfalls den Kläger hierüber zu unterrichten. Das würde eine Überspannung der Fürsorgepflicht des Arbeitgebers bedeuten, zumal der Kläger durch den Marburger Bund sachkundig vertreten war, im übrigen nichts dafür spricht, die Beklagte sei von vornherein der Auffassung gewesen, nur sie, nicht das Land Rheinland-Pfalz, könne als anspruchsverpflichtete Vertragspartnerin des Klägers in Frage kommen. Die tatsächlichen Feststellungen des angefochtenen Urteils enthalten keine Anhaltspunkte dafür, daß die Beklagte durch Erregung eines Irrtums bei dem Kläger in treuwidriger Weise die rechtzeitige Geltendmachung der Ansprüche gegen sie selbst verhindert hat. Ebensowenig ist die Ausnutzung eines solchen Irrtums erkennbar.

Der Einwand der unzulässigen Rechtsausübung kann nicht darauf gestützt werden, daß der Syndikus der Beklagten, Assessor M., das ursprünglich vom Kläger verklagten Land in dessen Auftrag und Vollmacht vertreten und von ihr die Informationen erhalten hat. Das wäre nur dann gerechtfertigt, wenn in Würdigung aller Umstände der Kläger hieraus und aus dem gesamten Verhalten der Beklagten für diese erkennbar das Vertrauen geschöpft hätte und hätte schöpfen dürfen, diese werde, sollte sie doch noch verklagt werden, die Verjährungseinrede nicht erheben. Zwar wußte die Beklagte, daß der Kläger aus seiner Beschäftigung bei ihr Ansprüche gegen das Land geltend machte. Nach den Feststellungen des Landesarbeitsgerichts haben aber noch zu Beginn des zweiten Rechtszuges beide damaligen Parteien übereinstimmend das Land Rheinland-Pfalz als Schuldner und damit richtigen Beklagten angesehen. Wenn unter solchen Umständen der Syndikus der beklagten Universität für das Land aufgetreten ist, dessen Verpflichtung zur Sache nicht bestritten und die von der Beklagen erhaltenen Informationen bei der Führung des Rechtsstreits verwandt hat, so konnte bei objektiver Würdigung dieses Verhalten dem Kläger noch nicht Anlaß zu der Überzeugung geben, die Beklagte werde im Falle ihrer Inanspruchnahme, mit der sie selbst nicht gerechnet hat, ihre Verteidigung allein gegen den sachlichen Bestand des Anspruches richten und eine inzwischen eingetretene Verjährung nicht geltend machen.

Bloße Schuldlosigkeit des Klägers bei der Versäumung rechtzeitiger Klagerhebung gegen die Beklagte reicht im übrigen zur Begründung des Einwands der unzulässigen Rechtsausübung nicht aus, auch wenn man eine solche zu seinen Gunsten unterstellt (vgl. Soergel, BGB, 8. Aufl., § 222 Anm. 4 d).

14.

1. Die Zuordnung eines Arbeitnehmers zu der Gruppe der Angestellten oder der Arbeiter bestimmt sich in erster Linie danach, wie seine Tätigkeit von der Auffassung der im konkreten Falle beteiligten Berufskreise bewertet wird.

2. Besteht in den in Betracht kommenden Kreisen eine feste Auffassung nicht, so ist nach den allgemeinen Anschauungen des Verkehrs in der Regel Angestellter, wer kaufmännische oder büromäßige Arbeit leistet sowie wer überwiegend leitende, beaufsichtigende oder eine vergleichbare Tätigkeit ausübt.

3. Reichen diese Maßstäbe zu einer Eingruppierung nicht aus, so bleibt entscheidend, ob nach dem Gesamtbild der von dem Arbeitnehmer verrichteten Arbeiten die geistige Leistung im Vordergrund steht.

ZPO § 139, § 256, § 260, § 308; AVG § 1; Bestimmung der Berufsgruppen für die Angestelltenversicherung vom 8. März 1924 i. d. F. vom 4. Februar und 15. Juli 1927.

IV. Senat. Urteil vom 24. Juli 1957 i. S. B. d. T. (Bekl.) w. Pf. u. a. (Kl.) 4 AZR 445/54.

I. Arbeitsgericht Reutlingen. — II. Landesarbeitsgericht Tübingen.

Die Klägerinnen sind als Laborhelferinnen bei dem Staatlichen Prüfamt für Textilstoffe in R. tätig. Dieses ist dem Staatlichen Technikum für Textilindustrie dort angegliedert und wird von dem Beklagten, einem eingetragenen Verein des Privatrechts, geführt. Die Klägerinnen sind Mitglieder der Gewerkschaft Textil-Bekleidung, während der Beklagte einem Arbeitgeberverband nicht angehört. Er entlohnt diejenigen bei ihm beschäftigten Angestellten, die nicht vom Staat, sondern von ihm selbst angestellt sind, nach der TO.A und seine Arbeiter nach den in der Textilindustrie geltenden Tarifsätzen. Nach diesen werden die Klägerinnen ebenfalls bezahlt. Ihre Aufgabe besteht in der Durchführung von Untersuchungen an Erzeugnissen der Textilindustrie, in der Hauptsache:

in der Feststellung der Festigkeit von Fasern, Garnen und Geweben;
in der Untersuchung des Feuchtigkeitsgehaltes von Fasern, Garnen und Geweben;
in der Bestimmung von Fadenzahl, Garnnummer und Quadratmetergewicht von Geweben für Qualitätsanalysen;
in der Feststellung von Scheuer- und Biegefestigkeit, Luft- und Wasserdurchlässigkeit;
in der Feststellung von Faserstapeln und der Aufzeichnung des Stapelschaubildes.

Hierbei haben die Klägerinnen Prüfapparate zu bedienen, Messungen, Wägungen und Auszählungen vorzunehmen, die in Zahlen ausgedrückten Ergebnisse dieser Untersuchungen in Formulare einzutragen und bestimmte Berechnungen vorzunehmen.

Nach ihrer Ansicht ist diese Arbeit Angestelltentätigkeit. Sie werde, wie sie behaupten, in der Textilindustrie als solche angesehen und sei nach dem für sie dort geltenden Tarif zu entlohnen. Die Klägerinnen haben von der Beklagten Zahlung der Unterschiedsbeträge zwischen der nach diesem Tarif berechneten Vergütung und ihrem derzeitigen Entgelt verlangt. Hilfsweise haben sie Feststellung begehrt, daß sie nach der TO.A zu bezahlen seien. Der Beklagte hat sich gegenüber dem Zahlungsantrag auf mangelnde Tarifbindung und im übrigen darauf berufen, die Klägerinnen seien nach der Art ihrer Tätigkeit und der Verkehrsanschauung Arbeiterinnen, nicht Angestellte.

Das Arbeitsgericht hat festgestellt, daß die Klägerinnen in die Vergütungsgruppe IX TO.A einzustufen seien.

Das Landesarbeitsgericht hat die Berufung des Beklagten zurückgewiesen. Auf die Anschlußberufung der Klägerinnen hat es sie für die ersten vier Jahre ihrer Tätigkeit bei dem Beklagten in die VergGr. IX TO.A, für die Zeit danach in die VergGr. VIII TO.A eingestuft. Im übrigen hat es die Anschlußberufung zurückgewiesen.

Die Revision des Beklagten führte zur Zurückweisung an das Landesarbeitsgericht.

Aus den Gründen:

Rechtsirrig ist allerdings die Ansicht des Beklagten, die von den Klägerinnen gewählte und von dem Berufungsgericht zugelassene Verbindung eines Leistungs- mit einem Feststellungsantrag im Eventualverhältnis enthalte einen Verstoß gegen die §§ 139, 260 ZPO, weil der Feststellungsantrag auf dem gleichen Sachverhalt beruhe und der Berufungsrichter daher den Hilfsantrag habe abweisen oder die Klägerinnen zur richtigen Antragstellung habe veranlassen müssen.

Die Klägerinnen leiten aus der Tatsache ihrer Beschäftigung als Laborhelferinnen bei dem Beklagten einmal einen Haupt-(Zahlungs-)antrag mit der Rechtsbehauptung ab, sie seien Angestellte i. S. des von dem Beklagten anzuwendenden Tarifs für die Textilindustrie, zum anderen einen Hilfs-(Feststellungs-)antrag mit der Begründung, sie seien als Angestellte nach der von dem Beklagten für diese im Betrieb angewandten TO.A zu bezahlen. Gegen die Zulässigkeit einer derartigen Eventualstellung zweier inhaltlich verschiedener Anträge sind aus § 260 ZPO Bedenken nicht zu erheben, gerade weil Haupt- und Hilfsantrag auf demselben Tatsachenkomplex beruhen und im Grunde das gleiche Ziel, nämlich die Entlohnung der Klägerinnen als Angestellte, verfolgen (vgl. Stein-Jonas-Schönke ZPO, 18. Aufl., § 260 Anm. II B 2 a; Rosenberg, Lehrbuch des Deutschen Zivilprozeßrechts, 7. Aufl., S. 442). Damit verliert die Rüge einer Verletzung des § 139 ZPO von selbst ihre Grundlage.

Die Revision meint weiter, das Berufungsgericht habe prüfen müssen, ob der auf Leistung gerichtete Hauptantrag nicht ganz oder teilweise auf der Grundlage der von den Klägerinnen gleichfalls in Anspruch genommenen TO.A gerechtfertigt sei, ehe es auf den Hilfsantrag hin habe entscheiden können. Es habe also den Hauptantrag nicht erschöpft und damit § 308 ZPO verletzt. Dieser Rüge kann allerdings nicht entgegengehalten werden, sie sei schon um deswillen bedeutungslos, weil der von der Beklagten behauptete Verstoß nur die Klägerinnen, nicht aber sie selbst beschwere. Denn hat das Berufungsgericht diesen entgegen der Vorschrift des § 308 ZPO etwas zugesprochen, was sie nicht beantragt haben, so ist ein solcher Prozeßverstoß vom Revisionsgericht von Amtswegen zu beachten (RGZ 156, 375 [376], 157, 23).

Richtig ist, daß im Falle der Geltendmachung mehrerer Ansprüche im Eventualverhältnis die vorzeitige Entscheidung über den Hilfsanspruch eine derartige Verletzung des § 308 ZPO bedeutet (RGZ 152, 296; Rosenberg a. a. O. S. 443). Davon kann hier aber nicht die Rede sein. In erster Linie begehren die Klägerinnen, wie bereits gesagt, Zahlung einer bestimmten Geldsumme auf der Grundlage des von ihnen für anwendbar gehaltenen Angestelltentarifs für die Textilindustrie. Inhaltlich davon völlig verschieden ist der selbständige, auf ihre Einstufung in eine bestimmte Vergütungsgruppe der TO.A gerichtete, aber nur für den Fall der Verwerfung des Hauptantrages erhobene Hilfsantrag, dem die Behauptung zu Grunde liegt, die Klägerinnen erfüllten die Tätigkeitsmerkmale der von ihnen in Anspruch genommenen Vergütungsgruppe. Zum Prozeßstoff und damit der Beurteilung durch den Richter unterbreitet wird dieses eventuelle Vorbringen in seiner Gesamtheit jedoch erst dann, wie sich aus der Zulässigkeit einer solchen Eventualstellung ergibt (vgl. Stein-Jonas-Schönke a. a. O. § 260 Anm. II 2 b), wenn der Hauptantrag bereits als unbegründet erkannt ist. Dies schließt eine Heranziehung des Eventualvorbringens bei dessen Prüfung aus. Daher ist es nicht zu beanstanden, wenn der Vorderrichter den Zahlungsantrag nicht auch auf der Grundlage der TO.A auf seine Begründetheit hin untersucht hat.

Ebensowenig bestehen Bedenken gegenüber dem Hilfsantrag etwa deshalb, weil es wegen der Möglichkeit einer Leistungsklage an den besonderen Prozeßvoraussetzungen des § 256 ZPO für das Feststellungsbegehren fehle, wie die Revision meint. Seine Zulässigkeit hängt maßgeblich davon ab, ob eine Feststellung nach den Besonderheiten des vorliegenden Falles zu einer abschließenden Entscheidung führt oder aus anderen prozeßökonomischen Erwägungen sinnvoll erscheint. Das ist zu bejahen. Letztlich betrifft der Streit der Parteien auch im Rahmen des Hilfsantrags allein den Grund des Anspruchs, nämlich, wie bereits gesagt, die Frage, ob die Klägerinnen als Angestellte anzusehen und zu entlohnen sind. Zwar ist der beklagte Verein nach den Feststellungen des Berufungsurteils eine juristische Person des Privatrechts. Wie aus seinem eigenen Vortrag zu entnehmen ist, besorgt er aber im Auftrag und an Stelle des Staates die sachliche Führung des Staatlichen Prüfamtes für Textilstoffe, bei dem die Klägerinnen tätig sind. Unter diesen Umständen erscheint in gleicher Weise, wie wenn der Staat unmittelbar in Anspruch genommen wäre, die Erwartung gerechtfertigt, der Beklagte werde sich an Sinn und Gehalt eines feststellenden Richterspruchs, der keiner unmittelbaren Vollstreckung fähig ist, gebunden erachten (vgl. Stein-Jonas-Schönke, a. a. O., § 256 Anm. III 5 b). Der Hilfsantrag ist danach zulässig.

Begründet ist indessen die Rüge einer Verletzung des § 286 ZPO. Nach dem dem Berufungsurteil zugrunde liegenden Sachverhalt hat der Beklagte Sachverständigenbeweis dafür angeboten, daß die Tätigkeit der Klägerinnen im konkreten Fall nach der Verkehrsanschauung als eine solche von Arbeiterinnen und nicht von Angestellten angesehen werde. Das Landesarbeitsgericht hat diesen Beweisantritt unbeachtet gelassen. Denn es glaubt, das entscheidende Merkmal für die Abgrenzung zwischen Arbeiter- und Angestelltentätigkeit in dem bei Angestellten regelmäßig größeren Maß an selbständiger Verantwortung für den Betriebsablauf zu finden, das sich darin zeige, daß ihnen bestimmte Aufgaben zur selbständigen oder im wesentlichen selbständigen Erledigung zugewiesen seien. Könne schon danach die Angestellteneigenschaft bejaht werden, so brauche nicht mehr geprüft zu werden, ob dies auch nach der Verkehrsanschauung der Fall sei. Dieser Auffassung kann sich der Senat nicht anschließen.

Ohne Bedeutung für den Angestelltenbegriff sind allerdings Behandlung, Entlohnung und Bezeichnung des Arbeitnehmers (vgl. RAG ARS 7, 109 [110]). Es kommt auch nicht darauf an, ob seine Angestelltenversicherungspflicht von den Versicherungsinstanzen festgestellt oder, wie bei den Klägerinnen, verneint worden ist. Solche Entscheidungen haben allenfalls für den Bereich der Sozialversicherung, nicht aber für das Gebiet des Arbeitsrechts bindende Wirkung.

Für den allgemeinen Angestelltenbegriff, der hier in Frage steht, hat es die Rechtsprechung des früheren Reichsarbeitsgerichts (ARS 11, 189 [190]; 13, 10 [15]; 18, 437; 20, 40 [53]; 26, 253 [255]; 36, 139 [141]; 41, 122 [125]) darauf abgestellt, ob die Tätigkeit eines Arbeitnehmers überwiegend geistiger Art im Gegensatz zu der überwiegend körperlichen Tätigkeit des gewerblichen Arbeiters sei. Dabei hat aber das Reichsarbeitsgericht (ARS 32, 232) der Verkehrsauffassung ausschlaggebende Bedeutung für die Zuordnung zu der einen oder anderen Berufsgruppe beigemessen. Dem hat sich das Bundesarbeitsgericht (BAG 1, 93; AP Nr. 2 und 3 zu § 59 HGB) in Übereinstimmung mit der herrschenden Lehre (vgl. u. a. Hueck-Nipperdey, Lehrbuch des Arbeitsrechts, 6. Aufl., Bd. I, S. 62; Dietz, Betriebsverfassungsgesetz § 5 Anm. 5; ders. Personalvertretungsgesetz; Schnorr v. Carolsfeld, Arbeitsrecht, S. 101; Hefermehl in Anm. zu AP Nr. 1 zu § 59 HGB) angeschlossen. Der erkennende Senat sieht keine Veranlassung, von dieser Rechtsprechung abzuweichen.

Kommt es also ausschlaggebend auf die Verkehrsanschauung an, so ist für die Behandlung einer bestimmten Beschäftigung als Angestellten-, bzw. als Arbeitertätigkeit in erster Linie entscheidend, wie sie von der Auffassung der im konkreten Fall beteiligten Berufskreise bewertet wird. Der Nachweis, daß nach dieser ihre Arbeit eine solche von Angestellten sei, obläge an sich den Klägerinnen, die ja Angestellte zu sein behaupten. Wenn aber der Beklagte seinerseits Beweis dafür erboten hat, daß ihre Tätigkeit nach der für eine Beschäftigung dieser Art bestehenden Auffassung der hier in Betracht kommenden Kreise nicht als eine solche von Angestellten anzusprechen sei, so ist dieser Beweisantritt nach dem Ausgeführten erheblich. Seine Ablehnung durch das Berufungsgericht bedeutet eine Verletzung des § 286 ZPO. Das angefochtene Urteil beruht auch auf diesem Verstoß, da bei Verneinung der Angestellteneigenschaft der Klägerinnen für eine Anwendung des Grundsatzes der Gleichbehandlung, auf den es sich stützt, kein Raum mehr wäre.

Ergibt der Beweis nicht das Bestehen einer festen Bewertung durch die beteiligten Berufskreise, die die Klägerinnen der Gruppe der Angestellten zuweist, so wird für ihre Zuordnung davon auszugehen sein, daß in aller Regel als Angestellter anzusehen ist, wer kaufmännische oder büromäßige Arbeit leistet sowie wer überwiegend leitende oder beaufsichtigende oder sonst eine vergleichbare Tätigkeit ausübt (vgl. Nikisch, Arbeitsrecht, 2. Aufl., Bd. 1, S. 110 ff.). Anhaltspunkte dafür, welche Berufe hierhin zu zählen sind, bieten § 1 AVG, sowie die dazu ergangene „Bestimmung der Berufsgruppen für die Angestelltenversicherung" vom 8. März 1924 (RGBl. I S. 274) i. d. F. vom 4. Februar und 15. Juli 1927 (RGBl. I S. 58 und 222). Diese Abgrenzung entspricht auch der allgemeinen Anschauung des Verkehrs, die sich in den in den genannten Bestimmungen angeführten Beispielen widerspiegelt. Versagen diese Maßstäbe, so bleibt für die Annahme einer Angestelltentätigkeit entscheidend, ob nach dem Gesamtbild der verrichteten Arbeit die geistige Leistung im Vordergrund steht. Bei einer dann vom Landesarbeitsgericht vorzunehmenden Abwägung der Gesamttätigkeit der Klägerinnen wird es zu beachten haben, daß im Gegensatz zu der Auffassung der Revision der Vorbildung der Klägerinnen eine maßgebliche Bedeutung nicht beizulegen ist, sondern es allein auf die Art ihrer Beschäftigung und die an ihre geistigen Fähigkeiten gestellten Anforderungen ankommt. Ebenso ist die rein zeitliche Abmessung der verschiedenen Teilfunktionen innerhalb der Gesamttätigkeit kein für die Zuordnung ausschlaggebender Faktor, sondern eines der verschiedenen bei der Bewertung des Gesamtgepräges der Tätigkeit heranzuziehenden Merkmale (vgl. BAG AP Nr. 1 zu § 59 HGB).

15.

1. Wird in Anwaltsprozessen das Verfahren durch den Tod des Anwalts der Partei unterbrochen, so endet die Unterbrechung, wenn der bestellte neue Anwalt seine Bestellung dem Gericht angezeigt und das Gericht die Anzeige dem Gegner von Amts wegen zugestellt hat.

2. Die Anzeige der Bestellung erfolgt durch einen bei Gericht einzureichenden Schriftsatz, der die klare Äußerung des Willens enthält, das Verfahren weiterzuführen.

3. Der Mangel der förmlichen Zustellung kann auf Grund des § 187 Satz 1 ZPO bei Nachweis des tatsächlichen Zugangs insbesondere dann

als geheilt angesehen werden, wenn mit der Anzeige nicht für den Zustellungsempfänger, sondern für die Partei, für die die Bestellung angezeigt worden ist, eine neue Frist zu laufen beginnt.

4. Die Revisionsbegründungsfrist ist keine Notfrist, bei der vom Erfordernis der förmlichen Zustellung gemäß § 187 Satz 2 ZPO nicht abgesehen werden kann.

ZPO § 224 Abs. 1, § 249 Abs. 1, § 250, § 187.

IV. Senat. Urteil vom 23. Oktober 1957 i. S. W. V. f. K. u. L. e. V. (Bekl.) w. Dr. N. (Kl.) 4 AZR 394/54.

I. Arbeitsgericht Münster i. W. — II. Landesarbeitsgericht Hamm i. W.

Das Arbeitsgericht hat den beklagten Verein verurteilt, an den Kläger 1437,— DM nebst Zinsen zu zahlen. Das Landesarbeitsgericht hat diese Entscheidung 1954 bestätigt. Das Berufungsurteil ist dem Beklagten am 10. August 1954 zugestellt. Mit einem beim Bundesarbeitsgericht am 10. September 1954 eingegangenen Schriftsatz vom 9. September 1954 legte Rechtsanwalt B., Kassel, gegen dieses Urteil für den Beklagten Revision ein und bat am 8. Oktober 1954 um Verlängerung der Revisionsbegründungsfrist um einen Monat, die bis einschließlich 10. November 1954 bewilligt wurde. Am 2. November 1954 verstarb Rechtsanwalt B. Rechtsanwalt H., Kassel, der in Notarsachen zum amtlichen Vertreter des erkrankten Rechtsanwalts B. bestellt worden war, schrieb am 8. November 1954 an den Beklagten, er habe die Bearbeitung der laufenden Angelegenheiten des verstorbenen Rechtsanwalts B. übernommen und bitte um Mitteilung, falls ein anderer Anwalt mit der Bearbeitung des Rechtsstreits betraut werden solle. Unter dem 10. November 1954 bestätigte der Beklagte Rechtsanwalt H. dessen Schreiben und erklärte sein Einverständnis mit der weiteren Prozeßvertretung durch ihn. Daraufhin teilte Rechtsanwalt H. in einem beim Bnudesarbeitsgericht am 23. November 1954 eingegangenen, vom 22. November datierten Schriftsatz u. a. folgendes mit:

„Ich bin inzwischen von dem W. Verein für Krebs- und Lupusbekämpfung e. V. mit der Weiterführung des Rechtsstreits beauftragt worden. Nach Einholung weiterer Informationen zwecks Revisionsbegründung werde ich die Revisionsbegründungsschrift demnächst einreichen."

Dieser Schriftsatz wurde dem Prozeßbevollmächtigten des Klägers formlos übersandt und ist dort am 25. November 1954 eingegangen. Rechtsanwalt H. begründete die Revision zunächst nicht. Daraufhin setzte das Gericht auf Antrag des Klägers dem Beklagten gemäß § 244 Abs. 2 ZPO eine Frist zur Bestellung eines neuen Anwalts bis zum 20. September 1955. An diesem Tage überreichte Rechtsanwalt H. eine unter dem 4. November 1954 datierte Vollmacht, nahm das Verfahren wieder auf und stellte eine demnächstige Revisionsbegründung in Aussicht. Mit Schriftsatz vom 19. Oktober 1955, eingegangen am 20. Oktober 1955, begründete dann Rechtsanwalt H. namens des Beklagten die Revision.

Gegen das angefochtene Urteil hatte irrtümlich unter einem anderen Aktenzeichen auch Rechtsanwalt J., Essen, am 8. September 1954 Revision eingelegt, obwohl er von dem Beklagten hierzu nicht beauftragt war. Nach Fristverlängerung begründete er diese Revision am 8. November 1954 und nahm sie in einem weiteren, am 25. April 1957 beim Bundesarbeitsgericht eingegangenen Schriftsatz wieder zurück. In der mündlichen Verhandlung vor dem erkennenden Senat hat der beklagte Verein die von Rechtsanwalt J. abgegebene Revisionsbegründung für die von Rechtsanwalt B. eingelegte Revision genehmigt.

Die Revision des Beklagten wurde als unzulässig verworfen.

Aus den Gründen:

Durch den Tod von Rechtsanwalt B. ist das Verfahren zunächst mit der Wirkung unterbrochen worden, daß die volle Revisionsbegründungsfrist nach Beendigung der Unterbrechung neu zu laufen begann (§§ 244 Abs. 1, 249 Abs. 1 ZPO). Die Unterbrechung des Verfahrens endete aber nicht erst mit Einreichung des Schriftsatzes von Rechtsanwalt H. vom 20. September 1955, sondern bereits mit dessen Bestellungsanzeige vom 22. November 1954, so daß die Revisionsbegründung am 20. Oktober 1955 selbst dann verspätet eingegangen ist, wenn man die Rechtsanwalt B. bewilligte Nachfrist von einem weiteren Monat auch Rechtsanwalt H. als neuem Prozeßbevollmächtigten zubilligen würde. Das ergibt sich aus folgenden Erwägungen.

Nach § 244 Abs. 1 in Verbindung mit § 250 ZPO wird die Unterbrechung des Verfahrens beendet, wenn der von der Partei bestellte neue Anwalt seine Bestellung dem Gericht anzeigt und das Gericht dem Gegner die Anzeige von Amts wegen zustellt. Der Inhalt der Anzeige unterliegt keinen Förmlichkeiten. Es genügt jede klare Äußerung des Willens, den Prozeß weiterzubetreiben (Baumbach-Lauterbach, ZPO, 24. Aufl., § 250 Anm. 2; RGZ, 51, 97). Das Schreiben des Rechtsanwalts H. an das Bundesarbeitsgericht vom 22. November 1954 enthält in seinem letzten Absatz die eindeutige Mitteilung, daß er von dem beklagten Verein den Auftrag zur Weiterführung des Rechtsstreits erhalten habe und demnächst die Revisionsbegründung einreichen werde. Diese Angaben entsprechen auch dem tatsächlichen Sachverhalt. Denn der beklagte Verein hatte mit Schreiben vom 10. November 1954 sein Einverständnis zur Übernahme der Prozeßvertretung durch Rechtsanwalt H. erteilt. Damit ist dem ersten Erfordernis des § 244 Abs. 1 ZPO genügt.

Zwar ist die formelle Zustellung des Schriftsatzes vom 22. November 1954 durch das Gericht an den Kläger unterblieben; gemäß § 187 Satz 1 ZPO kann indessen die Zustellung eines unter Verletzung zwingender Zustellungsvorschriften formlos übersandten Schriftsatzes zum Zeitpunkt des tatsächlichen Zugangs als bewirkt angesehen werden. Der die Bestellung anzeigende Schriftsatz des Rechtsanwalts H. ist aber bei dem Prozeßbevollmächtigten des Klägers schon am 25. November 1954 eingegangen.

Die Revisionsbegründungsfrist ist im Gegensatz zur Revisionsfrist keine Notfrist (vgl. §§ 552, 554 Abs. 2 ZPO), bei der die Heilung eines Zustellungsmangels ausgeschlossen wäre (§ 187 Satz 2 ZPO). Nach § 223 Abs. 3 ZPO müssen Notfristen als solche ausdrücklich im Gesetz bezeichnet werden, sonst sind sie keine Notfristen (vgl. Baumbach-Lauterbach a. a. O., § 223, Anm. 3). Es ist nicht einzusehen, weshalb die Sonderbestimmung des § 187 Satz 2 ZPO in Anlehnung an § 233 Abs. 1 ZPO erweiternd ausgelegt und auf Rechtsmittelbegründungsfristen erstreckt werden sollte (so Stein-Jonas, ZPO, 18. Aufl., § 187, Anm. IV). Wenn das Gesetz die Wiedereinsetzung in den vorigen Stand nicht nur wegen Versäumung von Notfristen, sondern auch von Rechtsmittelbegründungsfristen gewährt, so können hieraus keine Rückschlüsse für die ganz andere Frage der Behebung von Zustellungsmängeln gezogen werden (wie hier Wieczorek, ZPO, § 187, Anm. B III). Hätte der Gesetzgeber etwas anderes gewollt, so hätte es nahe gelegen, dies in § 187 Satz 2 ZPO genauso wie in § 233 Abs. 1 ZPO für Rechtsmittelbegründungsfristen ausdrücklich zu bestimmen.

Der Senat trägt auch keine Bedenken, von der durch § 187 Satz 1 ZPO eingeräumten Möglichkeit, den Zustellungsmangel als geheilt anzusehen, Gebrauch zu machen. Die formelle Zustellung der Bestellungsanzeige dient dem genauen Nachweis des Zeitpunkts der Beendigung der Unterbrechung, hier mit der Folge des erneuten Beginns der Revisionsbegründungsfrist. Die Einhaltung dieser Frist obliegt in diesem Rechtsstreit aber nicht dem Zustellungsempfänger, sondern dem beklagten Verein, dessen neuer Prozeßbevollmächtigter durch die Anzeige seiner Bestellung selbst den Anstoß zum Fortgang des Verfahrens gegeben hat und demzufolge auch damit rechnen mußte, daß die von ihm einzuhaltende Revisionsbegründungsfrist erneut zu laufen begann. Offenbar war

Rechtsanwalt H. zunächst auch selbst der Auffassung, daß durch seinen Schriftsatz vom 22. November 1954 die Beendigung der Unterbrechung des Verfahrens und damit anschließend der erneute Beginn der vollen Revisionsbegründungsfrist herbeigeführt wurde. Denn er stellt die baldige Einreichung der Revisionsbegründung in Aussicht.

. . .

Schließlich kann auch die in der mündlichen Verhandlung vor dem Senat erklärte Genehmigung der Prozeßführung des Rechtsanwalts J. insoweit, als der Beklagte nunmehr dessen Revisionsbegründung für die von Rechtsanwalt B. eingelegte Revision gelten lassen will, nicht zur Zulässigkeit der Revision führen, über die hier zu entscheiden ist. Die erteilte Genehmigung der Prozeßführung des Rechtsanwalts J. ist verspätet. Sie wirkt nicht auf den Zeitpunkt des Eingangs der von diesem angefertigten Revisionsbegründung beim Bundesarbeitsgericht zurück. Außerdem muß grundsätzlich verlangt werden, daß jede konkret eingelegte Revison auch für sich begründet wird und den Erfordernissen des § 554 ZPO genügt. Es ist nicht möglich, den Mangel einer eigenen rechtzeitigen Revisionsbegründung durch eine nachträglich zu Protokoll erklärte Genehmigung der Begründung einer anderen eingelegten Revision zu beheben.

16.

1. Die Tarifvertragsparteien können untereinander Rechtsstreitigkeiten in der Form der Feststellungsklage über den Inhalt und die Auslegung tariflicher Normen führen.

2. Das nach § 256 ZPO erforderliche Feststellungsinteresse ergibt sich aus der Stellung der Tarifvertragsparteien im Rahmen der tariflichen Ordnung und der tariflichen Regelung.

3. Die Möglichkeit der Führung eines Musterprozesses in der Form der Lohnklage oder einer Klage einer Tarifvertragspartei auf Durchführung des Tarifvertrages gegen die andere Tarifvertragspartei schließt das Feststellungsinteresse nicht aus.

4. Macht ein Tarifvertrag Unterschiede in der Zuschlagsregelung zwischen „Nachtarbeit" und „Schichtarbeit", die in die Nacht fällt, so ist der höhere Zuschlag für Nachtarbeit nur dann zu zahlen, wenn es sich um unregelmäßige Nachtarbeit handelt. Beginnt die Arbeitszeit regelmäßig in der Nachtzeit, so ist nur der Zuschlag für „Schichtarbeit, die in die Nacht fällt", zu zahlen. Nicht ist die Entscheidung davon ab-

hängig, ob es sich um einen Mehrschichtbetrieb handelt, in dem sich die Arbeitnehmer der einen Schicht mit den Arbeitnehmern der anderen Schicht abwechseln.

TVG § 8; ZPO § 256; AZO § 2.

I. Senat. Urteil vom 15. November 1957 i. S. G. N.-G.-G. (Kl.) w. B. d. d. F. e. V. (Bekl.) 1 AZR 610/56

I. Arbeitsgericht Hamburg. — II. Landesarbeitsgericht Hamburg

Zwischen der Klägerin, der Gewerkschaft Nahrungs-, Genuß- und Gaststätten, und dem Beklagten, dem Bundesverband der deutschen Fischindustrie, besteht ein am 1. August 1933 in Kraft getretener Manteltarifvertrag vom 3. August 1953, dessen § 4 Regelungen über die Mehr-, Sonntags-, Feiertags-, Nacht- und Schichtarbeit enthält.

Nach § 4 Nr. 2 wird Nacht- und Sonntagsarbeit mit 50 % Zuschlag zum Stundenlohn vergütet. Nachtarbeit ist die Zeit zwischen 22 und 6 Uhr. § 4 Nr. 4 bestimmt, daß für Schichtarbeit, die in die Nacht fällt, ein Zuschlag von 10 % gezahlt wird.

Bei einem Mitglied der Beklagten, der Firma Ch. W. in Hamburg, arbeiten die Arbeitnehmer in der Mayonnaiseabteilung von morgens 5.30 Uhr an; die Arbeitnehmer in den anderen Abteilungen nehmen ihre Arbeit um 7.00 Uhr auf. Wechselschichten, bei denen die Arbeitnehmer einer Schicht von den Arbeitnehmern anderer Schichten abgelöst werden, sind bei dieser Firma nicht eingeführt. Die Firma W. zahlt an die Arbeitnehmer in der Mayonnaiseabteilung für die vor 6.00 Uhr abgeleistete halbstündige Arbeit einen Zuschlag von 10 % zum Stundenlohn.

Die Klägerin ist der Ansicht, daß dies nicht tarifgerecht sei, die Arbeitnehmer in der Mayonnaiseabteilung müßten vielmehr den Nachtzuschlag für Nachtarbeit mit 50 % erhalten.

Die Klägerin hat beantragt,

festzustellen, daß nach den Vorschriften des § 4 Nr. 2 und Nr. 4 des zwischen den Parteien abgeschlossenen Manteltarifvertrages für die Fischindustrie die tarifgebundenen Arbeitnehmer dann den Nachtarbeitszuschlag in Höhe von 50 % auf ihren Stundenlohn zu erhalten haben, wenn sie zwischen 22 und 6 Uhr arbeiten, ohne daß sich die Belegschaft des Betriebes dabei in einem Schichtwechsel ablöst,

hilfsweise,

den Beklagten zu verurteilen, sein Mitglied, die Firma Ch. W., Hamburg, mit allen satzungs- oder gesetzmäßig zu Gebote stehenden

Zwangsmitteln, notfalls unter Vornahme des Ausschlusses, dazu anzuhalten, in Durchführung des zwischen den Parteien abgeschlossenen Manteltarifvertrages für die Fischindustrie in ihrem Betrieb denjenigen tarifgebundenen Arbeitnehmern, die in der Zeit zwischen 22 und 6 Uhr arbeiten, ohne daß sich die Belegschaft ihres Betriebes dabei in einem Schichtwechsel ablöst, einen Nachtarbeitszuschlag in Höhe von 50 % auf ihren Stundenlohn zu zahlen.

Das Arbeitsgericht H. hat nach dem Hauptantrag der Klägerin erkannt, das Landesarbeitsgericht hat die Klage abgewiesen. Es sieht den Hauptantrag für unzulässig, den Hilfsantrag zwar für zulässig, aber für unbegründet an.

Die Revision der Klägerin blieb erfolglos.

Aus den Gründen:

I. Das Landesarbeitsgericht sieht die Feststellungsklage, die die Klägerin mit ihrem Hauptantrag verfolgt, als unzulässig an. Es ist der Ansicht, Feststellungsklagen über die Tarifauslegung seien nur dann zulässig, wenn nicht nur Einzelarbeitsverträge durch Nichtanwendung oder unrichtige Anwendung einzelner Tarifnormen berührt würden, sondern auch die typische Ordnung des Tarifvertrages dadurch bestritten werde, zumindest es sich aber nicht nur um eine abstrakte theoretische Auslegungsfrage handele.

Dieser Ansicht des Landesarbeitsgerichts kann nicht gefolgt werden. Aus § 8 TVG ergibt sich, daß die Tarifvertragsparteien untereinander in der Form der Feststellungsklage Rechtsstreitigkeiten über den Inhalt und die Auslegung der von ihnen im Tarifvertrag vereinbarten normativen Bestimmungen führen können. Derartige Streitigkeiten gehören zu den „Rechtsstreitigkeiten" aus dem Tarifvertrag im Sinne des § 8 TVG. Das für jede Klage nach § 256 ZPO erforderliche rechtliche Interesse an der alsbaldigen Feststellung des streitigen Rechtsverhältnisses ergibt sich für die Tarifvertragsparteien aus ihrer Stellung im Gesamtgefüge der tariflichen Ordnung und der tariflichen Regelung. Die Frage, was nach den Normen des Tarifvertrages Rechtens ist, ist nicht nur im Hinblick auf die jeder Partei obliegende Durchführungspflicht von rechtlichem Interesse für die Tarifpartner, sondern auch im Hinblick auf die Frage, wie sich der Tarifpartner bei der ihm obliegenden Beratung seiner Mitglieder und auch bei künftigen Tarifvertragsverhandlungen verhalten soll. Aus diesen Gründen wird heute ganz überwiegend die Zulässigkeit von Feststellungsklagen zwischen Tarifvertragsparteien über die Auslegung des normativen Teils des Tarifvertrages bejaht (vgl. Hueck-Nipperdey, Lehrbuch des Arbeitsrechts, 6. Aufl., Bd. 2, S. 255; Hueck-Nipperdey-Tophoven, TVG, 3. Aufl., § 8 Anm. 6; Dietz-Nikisch, ArbGG 1954, § 2 Anm. 72).

Zu Unrecht führt das Landesarbeitsgericht demgegenüber an, die Klägerin wolle gar nicht den Rechtsgehalt der normativen Bestimmungen feststellen lassen, um den Inhalt ihrer Friedens- und Durchführungspflicht ermitteln zu können, sie wolle vielmehr ohne Bezugnahme auf das zwischen ihr und dem Beklagten bestehende obligatorische Rechtsverhältnis und losgelöst von jeder Beziehung zu einem greifbaren Tatbestand eine Auslegung herbeiführen, die einer Entscheidung über eine abstrakt gestellte rein theoretische Rechtsfrage gleichkomme. Die Klägerin will nicht ihre Durchführungs- und Friedenspflicht festgestellt sehen, sondern, wie sich insbesondere auch aus dem Hilfsantrag ergibt, die Friedens- und Durchführungspflicht des Beklagten. Daran hat sie aber ein rechtliches Interesse aus ihrer Stellung als Tarifvertragspartei. Es handelt sich auch nicht nur um eine rein theoretische Rechtsfrage; vielmehr wird in einem Mitgliedsbetrieb des Beklagten der normative Teil des Tarifvertrages in einer Weise ausgelegt und angewendet, die die Klägerin für unrichtig hält. Diese nach Ansicht der Klägerin unrichtige Auslegung macht sich der Beklagte, wie dies aus seiner Einlassung in diesem Rechtsstreit folgt, zu eigen. Es handelt sich also nicht um eine abstrakt gestellte theoretische Rechtsfrage.

Zu Unrecht führt das Landesarbeitsgericht aus, daß für die Klage das Rechtsschutzbedürfnis und das Feststellungsinteresse fehle. Es handelt sich nicht nur um Unklarheiten in der Anwendung der Normen auf das einzelne tarifunterworfene Arbeitsverhältnis oder um Unklarheiten, die nicht über die mit einem Arbeitgeber geschlossenen Arbeitsverhältnisse hinaus gehen. Denn aus dem Sachverhalt ergibt sich, daß die Firma W. und mit ihr, was entscheidend ist, der Beklagte selbst die Ansicht vertritt, alle Arbeitnehmer, deren regelmäßige Arbeitszeit um 5.30 Uhr beginne, hätten keinen Anspruch auf den Nachtzuschlag von 50 %. Einen solchen Anspruch hätten insbesondere auch nicht solche regelmäßig in der Nachtzeit arbeitenden Arbeitnehmer, die in einem Betrieb tätig seien, der nur in einer Schicht arbeite. Es liegt also nicht nur eine Unklarheit für ein einzelnes oder einige wenige Arbeitsverhältnisse vor, sondern eine Unklarheit über den Inhalt der auf alle Arbeitsverhältnisse zwischen den Tarifgebundenen anwendbaren Normen des Tarifvertrages. Diese Unklarheit kann zu Rückwirkungen auf die ganze Handhabung der Nacht- und Schichtzuschläge in allen Mitgliedsbetrieben des Beklagten führen. Dies wird schon dadurch deutlich, daß dann, wenn die eine oder andere Ansicht in diesem Rechtsstreit ihre Bestätigung findet, damit zu rechnen sein wird, daß in Zukunft allgemein nach dieser Auslegung verfahren wird. Die in diesem Rechtsstreit nach dem Hauptantrag ergehende Entscheidung würde nach § 8 TVG Rechtskraft für alle Streitigkeiten zwischen tarifgebundenen Parteien sowie zwischen diesen und Dritten schaffen.

Es trifft zwar zu, daß die streitige Frage auch in einem auf Zahlung gerichteten Musterprozeß eines einzelnen Arbeitnehmers oder in einem auf Einwirkung auf die Firma W. von der Klägerin gegen den Beklagten geführten Rechtsstreit entschieden werden könnte. Die in einem solchen Verfahren ergehende Entscheidung wäre aber nur der Rechtskraftwirkung unter den Parteien dieses Rechtsstreites fähig, während die in dem von der Klägerin angestrengten Verfahren ergehende Entscheidung Rechtskraftwirkung nach § 8 TVG hat (vgl. Hueck-Nipperdey-Tophoven, TVG, 3. Aufl., § 8, Anm. 6). Durch eine solche Entscheidung in einer Feststellungsklage zwischen der Klägerin und dem Beklagten ergibt sich die für alle Tarifunterworfenen, insbesondere auch für die Firma W. und die anderen Mitgliedsfirmen des Beklagten, bindende Feststellung, wie die tarifgebundenen Arbeitnehmer, deren regelmäßige Arbeitszeit vor 6.00 Uhr morgens beginnt, für die vor 6 Uhr geleisteten Stunden zu bezahlen sind. Gerade deshalb, weil die Klägerin in dem von ihr angestrengten Verfahren auf Feststellung des Inhalts der Tarifnorm eine mit derartig erweiterter Rechtskraftwirkung ausgestattete Entscheidung erstreiten kann, hat sie ein Rechtsschutzbedürfnis und ein Feststellungsinteresse für die Durchführung dieses Verfahrens. Das Landesarbeitsgericht verkennt, daß im Hinblick auf § 8 TVG der Feststellungsprozeß unter den Tarifvertragsparteien über die Auslegung der tariflichen Normen das geeignetere Mittel zur Klärung der Rechtslage ist, als der einzelne Musterprozeß zwischen einem Arbeitgeber und einem Arbeitnehmer auf Leistung oder der auf Durchführung der Tarifnormen gerichtete Rechtsstreit zwischen den Tarifpartnern. Diese Klagemöglichkeiten schließen sonach weder das Feststellungsinteresse noch das Rechtsschutzbedürfnis der Klägerin als einer Tarifvertragspartei für eine Klage über die Auslegung der tariflichen Normen aus.

II. Sonach ist der Hauptantrag im Gegensatz zur Auffassung des Landesarbeitsgerichts zulässig. Er ist jedoch unbegründet.

Die in Nr. 4 des MTV zwischen den Parteien getroffenen Regelungen über die Mehr-, Sontags-, Feiertags-, Nacht- und Schichtarbeit besagen, daß grundsätzlich die Nachtarbeit mit einem Zuschlag von 50 % zum Stundenlohn zu vergüten ist. Nachtarbeit ist dabei alle Arbeit, die in der Zeit zwischen 22 und 6 Uhr geleistet wird. Von diesem Grundsatz der Bezahlung dieser Arbeit mit einem Zuschlag von 50 % macht der Manteltarifvertrag vom 3. August 1953 die einzige Ausnahme dahin, daß in der Nacht geleistete Arbeit dann mit einem Zuschlag von nur 10 % zu bezahlen ist, wenn es sich bei dieser Arbeit um „Schichtarbeit" im Sinne des Tarifvertrages handelt. Aus der Tarifnorm ergibt sich sonach, daß grundsätzlich jede Nachtarbeit mit 50 % Zuschlag zu bezahlen ist und nur die Schichtarbeit in der Nacht mit dem geringeren Zuschlag von 10 % zu vergüten ist. Der geringere Zuschlag von 10 % für Schichtarbeit in der Nachtzeit ist also die Ausnahme von der sonst allgemein gültigen Regel, daß die Arbeit in der Zeit von 22 Uhr bis 6 Uhr mit einem Zuschlag von 50 % zu vergüten ist. Diese Bedeutung der für Schichtarbeit getroffenen Regelung als einer Ausnahmeregelung von der allgemeinen Regel über die Bezahlung in der Nacht geleisteter Arbeit ergibt sich eindeutig aus dem Vorläufer des Manteltarifvertrages, nämlich der Tarifordnung für Fischindustrie, Fischgroßhandel usw. vom 13. März 1937, Reichsarbeitsblatt Nr. 20 S. VI 671 vom 15. Juli 1937, Tarifregister Nr. 1998/1. Dort hieß es in § 3:

> „Sonn-, Feiertags- und Nachtarbeit ist im Rahmen der gesetzlichen Bestimmungen zulässig und zu leisten. Sie ist mit einem Zuschlag von 50 v. H. zu vergüten, es sei denn, daß Schichtarbeit vorliegt. Als Nachtarbeit gilt die Arbeitszeit zwischen 22 und 6 Uhr.
> Schichtarbeit ist auf Verlangen des Betriebsführers zu leisten. Schichtarbeit, die in die Nacht fällt, ist mit einem Zuschlag von 10 % zu vergüten."

Auch diese Entstehungsgeschichte der jetzt zwischen den Parteien geltenden tariflichen Regelung, die für die Auslegung herangezogen werden kann (vgl. Hueck-Nipperdey, Lehrbuch des Arbeitsrechts, 6. Aufl., Bd. 2 S. 270), läßt sonach erkennen, daß grundsätzlich für in der Nacht geleistete Arbeit ein Zuschlag von 50 % zu zahlen ist, der geringere Zuschlag von 10 % nur dann, wenn es sich um Schichtarbeit handelt.

Die Entscheidung des Rechtsstreits hängt sonach davon ab, wie der Begriff „Schichtarbeit" auszulegen ist.

Die Klägerin ist der Auffassung, daß Schichtarbeit im Sinne dieser tariflichen Norm nur dann vorliegt, wenn für jeden Arbeitsplatz mehrere Arbeitnehmer in der Weise eingesetzt sind, daß sich diese mehreren Arbeitnehmer bei durchlaufender Produktion oder einheitlichem Arbeitsvorgang in der Arbeitsleistung abwechseln. Die Klägerin ist sonach der Auffassung, daß Schichtarbeit im Sinne der tariflichen Regelung begrifflich niemals dann vorliegen könne, wenn in dem Betrieb überhaupt nur in einer Schicht gearbeitet werde.

Dieser Ansicht vermag sich der Senat nicht anzuschließen.

Bei der Auslegung des Inhalts einer tariflichen Norm ist zunächst von deren Wortlaut auszugehen. Denn die Regelungen des normativen Teils eines Tarifvertrags stellen Rechtsnormen dar, die nach den Grundsätzen über die Auslegung von Rechtsnormen auszulegen sind. Der Wortlaut der tariflichen Norm ermöglicht hier aber keine eindeutige Entscheidung. Der Schluß, schon sprachlich sei „Schichtarbeit" mit „Arbeit in mehreren Schichten" gleichzusetzen, ist nicht zwingend. Vielmehr kann rein sprachlich „Schichtarbeit" auch bedeuten „Arbeit in einer Schicht", nämlich der Schicht, die der betreffende Arbeitnehmer zu arbeiten hat.

Gesetzliche Normen können zur Auslegung des Begriffes „Schichtarbeit" nicht herangezogen werden, denn gesetzlich ist dieser Begriff nicht bestimmt. In der Arbeitszeitordnung, § 2 Abs. 2, wird der Begriff der Schichtzeit, nicht der der Schichtarbeit, verwendet und dabei die Schichtzeit der Arbeitszeit gleichgestellt. Diese Regelung der Arbeitszeitordnung über die Schichtzeit hat lediglich arbeitszeitrechtliche Bedeutung, besagt aber nichts eindeutiges über den Begriff der Schichtarbeit im Sinne der hier vorliegenden tariflichen Regelung.

Gibt sonach der Wortlaut der tariflichen Regelung keinen eindeutigen Aufschluß und fehlt es an einer gesetzlichen Bestimmung des Begriffs der Schichtarbeit, so muß für die Auslegung der getroffenen Regelung von dem Sinn und Zweck des Tarifvertrages und der in ihm enthaltenen Zuschlägeregelung ausgegangen werden. Dabei muß zur Grundlage der Entscheidung gemacht werden, welche wirtschaftlichen und sozialen Gründe offenbar dafür maßgebend waren, daß die Tarifvertragsparteien in einem Fall den höheren Zuschlag von 50 % für die Nachtarbeit ausgesetzt haben und im anderen Fall, wenn es sich um Schichtarbeit in der Nacht handelt, nur einen Zuschlag von 10 %. Denn bei der Auslegung von Tarifvertragsnormen ist der wirkliche Wille der Tarifpartner zu erforschen und insbesondere der wirtschaftliche und soziale Zweck der getroffenen Regelungen zu beachten. Es ist davon auszugehen, daß die Tarifpartner diesen wirtschaftlichen und sozialen Zweck mit den von ihnen getroffenen Regelungen verwirklichen wollten (vgl. Hueck-Nipperdey, Lehrbuch des Arbeitsrechts, 6. Aufl., Bd. 2 S. 270).

Der Senat konnte bei der Beurteilung dieser Fragen an die von den Parteien und auch vom Landesarbeitsgericht herangezogene Entscheidung des Reichsarbeitsgerichts vom 29. April 1939, ARS 36, S. 179, anknüpfen. Diese Entscheidung betrifft gerade die Tarifordnung für die Fischindustrie und den Fischgroßhandel vom 10. März 1937, die Vorläufer des hier streitigen Tarifvertrages ist. In dieser Entscheidung hat das Reichsarbeitsgericht zutreffend ausgeführt, daß zwar die Tarifordnung zunächst davon ausgehe, daß jede Nachtarbeit für den Beschäftigten die Erbringung einer belastenderen Tätigkeit als die Tagesarbeit bedeute, und daß sie daher in allen Fällen eine bessere Entlohnung erfordere. Das Reichsarbeitsgericht hat aber bereits ausgeführt, daß es für den Arbeitnehmer einen erheblichen Unterschied bedeute, ob die Nachtarbeit in seinem Beschäftigungsverhältnis als eine voraussehbare Erscheinung auftritt, auf die er sich einzurichten hat und deren Erledigung er sich mit den Arbeitskameraden gleichmäßig teilt und deren Zugehörigkeit zu den gewöhnlichen Pflichten der Arbeitnehmer vielleicht sogar einen Einfluß auf die allgemeine Höhe der Lohnfestsetzung ausgeübt hat, oder ob es sich bei der Arbeit in den Nachtstunden um Leistungen handelt, die in Abweichung von den Vorstellungen der Beteiligten bei Abschluß des Arbeitsvertrages verlangt werden.

Letztlich ist es also für die Frage, ob 50% oder nur 10% Zuschlag für vor 6.00 Uhr geleistete Arbeit zu zahlen ist, entscheidend, ob es sich bei der Arbeit in den Nachtstunden um eine *regelmäßige* Belastung des Arbeitnehmers handelt, die er bei Eingehung und Durchführung des Arbeitsverhältnisses voraussehen kann und voraussieht, oder ob es sich um ein *unregelmäßiges* Arbeiten in der Nacht handelt, mit dem der Arbeitnehmer als einer ihm regelmäßig obliegenden Pflicht weder rechnen konnte noch zu rechnen brauchte. Der Vorderrichter hat daher in Anwendung der Grundsätze, die das Reichsarbeitsgericht in der Entscheidung vom 29. April 1939 aufgestellt hat, mit Recht die Ansicht vertreten, auch bei der Auslegung des zwischen den Parteien geschlossenen Manteltarifvertrages vom 3. August 1953 sei eine Unterscheidung zu machen zwischen der regelmäßigen Arbeitszeit, mit der der Arbeitnehmer zu rechnen hatte, auf die er sich von vornherein eingestellt hatte, die Tag für Tag zu leisten war, und einer ausnahmsweise geforderten Nachtarbeit, die ebenso wie Sonntags- und Feiertagsarbeit eben nur ausnahmsweise gefordert wird. Dieser unterschiedlichen Belastung des Arbeitnehmers bei regelmäßiger Arbeit in der Nachtzeit und bei unregelmäßiger Arbeit in der gleichen Zeit entspricht es, daß nur die unregelmäßige Arbeit mit dem erhöhten Zuschlag von 50% vergütet wird. Schichtarbeit im Sinne der tariflichen Regelung des § 4 des Manteltarifvertrages der Parteien liegt sonach immer dann vor, wenn es sich um die Arbeit handelt, die der Arbeitnehmer in der Arbeitszeit zu leisten hat, die für die Arbeitnehmer, mit denen er zusammen arbeitet, in dem betreffenden

Betrieb oder der Betriebsabteilung, der der Arbeitnehmer angehört, als regelmäßige Arbeitszeit eingeführt ist. In diesem Sinne liegt eine Schichtarbeit auch dann vor, wenn in dem Betrieb überhaupt nur in einer Schicht gearbeitet wird, mehrfache Schichten und Wechselschichten also nicht eingeführt sind.

Die Arbeiter in der Mayonnaiseabteilung der Firma Christian W. beginnen täglich mit ihrer Arbeit um 5.30 Uhr morgens. Um diese Zeit beginnt regelmäßig ihre Arbeitszeit, ihre „Schicht". Dieser Arbeitsbeginn fällt zwar in die Nacht. Da es sich aber um Schichtarbeit im Sinne der nach ihrem wirtschaftlichen und sozialen Sinn auszulegenden tariflichen Regelung des Manteltarifvertrages handelt, ist auch die Zeit von 5.30 bis 6.00 Uhr nur mit dem Zuschlag von 10 % zu vergüten.

Das Landesarbeitsgericht hat sonach im Ergebnis zutreffend den als Hauptantrag gestellten Feststellungsantrag der Klägerin zurückgewiesen.

III. Auch nach dem Hilfsantrag der Klägerin konnte nicht erkannt werden. Dieser ist zwar, wie das Landesarbeitsgericht zutreffend ausführt, zulässig, er kann insbesondere neben dem Hauptantrag im Wege der Klagenhäufung wie aber auch als Hilfsantrag zum Hauptantrag gestellt werden. Da aber die Auslegung, die die Firma W. und der Beklagte der tariflichen Norm gibt, zutreffend ist, besteht keine Verpflichtung des Beklagten auf die Firma W. einzuwirken, daß er eine andere Bezahlung der Arbeitnehmer der Mayonnaiseabteilung vornimmt.

17.

1. Praktiziert ein Mitglied eines Arbeitgeberverbandes mit dessen Billigung die Anwendung eines von dem Arbeitgeberverband abgeschlossenen Tarifvertrages in einer Art, die der gewerkschaftliche Tarifvertragspartner für tarifwidrig ansieht, kann letzterer jedenfalls grundsätzlich nicht gegen den betreffenden Arbeitgeber auf Feststellung der Tarifwidrigkeit seines Verhaltens klagen. Einer solchen Klage ermangelt bei der Möglichkeit, mit einer Klage nach § 8 TVG zu einer normativ wirkenden Auslegung des Tarifvertrages zu kommen, zum mindesten im allgemeinen das Rechtsschutzinteresse.

2. Die Tarifvertragsparteien haben nicht die Möglichkeit, von sich aus im eigenen Namen die durch die Tarifnormen bestimmten Rechtspositionen der Tarifunterworfenen geltend zu machen.

ZPO § 256; TVG § 8; TVG § 1.

Erster Senat. Urteil vom 8. November 1957 i. S. I. M. (Kl.) w. I. H. Comp mbH. (Bekl.) 1 AZR 274/56.

I. Arbeitsgericht Düsseldorf — II. Landesarbeitsgericht Düsseldorf

Die Klägerin hat mit dem Verband metallindustrieller Arbeitgeberverbände Nordrhein-Westfalens e. V. den Tarifvertrag für die Angestellten in der Eisen-, Metall- und Elektroindustrie Nordrhein-Westfalens vom 2. April 1952 abgeschlossen, in dessen § 10 es u. a. heißt:

„1. Die Beschäftigungsgruppen und die Tarifgehälter sind in einem besonderen Abkommen festgelegt.

2. Die Angestellten werden entsprechend der Art ihrei Tätigkeit in die einzelnen Beschäftigungsgruppen eingestuft . . ."

Die Einteilung der Angestellten in Beschäftigungsgruppen ist nach wie vor nach Maßgabe der insoweit noch geltenden Tarifordnung für kaufmännische und technische Angestellte in der Eisen-, Metall- und Elektroindustrie im Wirtschaftsgebiet Westfalen/Niederrhein vom 1. Juli 1941 geregelt.

Die Beklagte ist Mitglied eines Arbeitgeberverbandes, der seinerseits dem auf der Arbeitgeberseite als Tarifpartner aufgetretenen Dachverband angehört.

Anfang 1955 teilte der Beklagte jedem einzelnen ihrer Angestellten schriftlich mit, sie sei seit einiger Zeit damit beschäftigt, für alle in ihrem Betrieb vorhandenen Angestellten-Arbeitsplätze eine Gruppierung nach einem einheitlichen Auswertungsverfahren einzuführen. In dem allen Angestellten einzeln, aber einheitlich zugeleiteten Schreiben heißt es dann weiter:

„Bekanntlich kennt der Tarif nur vier Gruppen, wodurch eine zweckmäßige und gerechte Einstufung erstrebt wird. Unser Plan sieht eine wesentlich größere Anzahl von Gruppen vor, doch ist es so, daß jede Gruppe unseres Plans zugleich einer bestimmten Tarifgruppe entspricht. Die Bewertung der Arbeitsplätze erfolgt:

1. im Verhältnis zu den anderen bei uns vorhandenen Arbeitsplätzen für Angestellte;
2. nach der Bedeutung, die der einzelne Arbeitsplatz für den Betrieb hat.

Für die einzelnen Gruppen unseres Planes wurden bestimmte Gehaltsspannen und damit die mögliche Gehaltsentwicklung festgelegt. Wir glauben, damit eine Entgeltbasis für Angestellte geschaffen zu haben, die eine gerechte Abgeltung der tatsächlichen Arbeitsanforderungen gestattet, selbstverständlich unter voller Berücksichtigung aller tariflichen Bestimmungen."

Zugleich wurde den Angestellten mitgeteilt, daß die Einstufung des von ihnen eingenommenen Arbeitsplatzes nach der Arbeitsplatzbewertung einer in dem Schreiben jeweils angegebenen Tarifgruppe entspreche.

Während der Verband metallindustrieller Arbeitgeberverbände Nordrhein-Westfalens das Verhalten der Beklagten für mit den Bestimmungen des Tarifvertrages vereinbar ansieht und billigt, hält die Klägerin das Arbeitsplatzbewertungsverfahren der Beklagten wie auch die von der Beklagten vorgenommenen Einstufungen einer Anzahl von Angestellten auf Grund dieses Verfahrens für tarifwidrig und hat hiergegen Klage erhoben. In der letzten Tatsachenverhandlung hat sie beantragt:

1. festzustellen, daß das bei der Beklagten angewandte Arbeitsplatzbewertungsverfahren für Angestellte tarifwidrig ist;
2. der Beklagten unter Androhung einer Geldstrafe bei jedem Fall der Zuwiderhandlung zu untersagen, dieses Verfahren anzuwenden;
3. hilfsweise festzustellen,
   a) die Klägerin ist nicht verpflichtet, dem Betriebsrat der Beklagten gemäß § 49 Abs. 1 BetrVG in Verb. mit § 54 Abs. 1 b BetrVG zu erklären, daß betriebliche Arbeitsbewertungsverfahren der Beklagten sei nach dem Tarifvertrag zulässig;
   b) die Klägerin ist nicht verpflichtet, aus ihrer tariflichen Einwirkungspflicht heraus auf ihre Mitglieder, die bei der Beklagten beschäftigt sind, einzuwirken, zu den Bedingungen des betrieblichen Arbeitsbewertungsverfahrens zu arbeiten;
   c) durch die Anwendung des betrieblichen Arbeitsbewertungsverfahrens entsteht eine Schadensersatzpflicht der Beklagten zugunsten der von dem Arbeitsbewertungsverfahren betroffenen Angestellten.

Die Beklagte hat Klageabweisung beantragt. Das Arbeitsgericht hat die Klage abgewiesen, das Landesarbeitsgericht hat die Berufung der Klägerin zurückgewiesen. Die Revision der Klägerin hatte keinen Erfolg.

Aus den Gründen:

I. Dem Hauptantrag Ziff. 1 der Klage fehlt es an dem Rechtsschutzinteresse.

Ein schlüssiger Vortrag der Klägerin, die Beklagte habe tarifnormwidrig gehandelt, ist erfolgt. Die Klägerin wäre insoweit ihrer Behauptungspflicht allerdings nicht schon dadurch nachgekommen, wenn sie einfach nur vorgetragen hätte, es seien Herabgruppierungen der Angestellten im Betrieb der Beklagten erfolgt. Der schlüssige Vortrag eines Tarifverstoßes liegt aber dann vor, wenn gleichzeitig behauptet wird, auf Grund dieser Herabgruppierungen sei — wenn auch nur in einem einzigen Fall — eine untertarifliche Bezahlung eingetreten. Eine sachgerechte Auslegung des Prozeßvortrags der Klägerin in den Tatsacheninstanzen ergibt nun, daß sie auch solch eine letztere Behauptung aufstellen wollte.

Es ist auch nicht zu verkennen, daß die Klägerin als Tarifvertragspartei ein Interesse daran besitzt, ob die tarifunterworfene Beklagte sich gemäß den Bestimmungen des von ihr, der Klägerin, abgeschlossenen Tarifvertrages verhält. Dem Begehren nach Ziff. 1 der Klage steht aber entgegen, daß die Klägerin die Bedeutung verkennt, die der Grundsatz der Prozeßökonomie für das Zivilprozeßrecht hat (Baumbach-Lauterbach, ZPO, 24. Aufl., Gr. 2 F vor § 128). Nach diesem Grundsatz kann derjenige, dem das Gesetz die Möglichkeit gibt, eine umfassende und mit dem Ergebnis völliger Rechtssicherheit verbundene Klärung einer streitigen Frage herbeizuführen, nicht diese Frage zum Anlaß für eine solche Feststellungsklage nehmen, durch die die Erzielung eines auch nur annähernd gleichen Erfolges nicht möglich ist (BAG 2, 142 [145/146]; BGHZ 2, 250 [253]; Stein-Jonas, ZPO, 18. Aufl., § 256 Anm. III 5 b). Ein Mittel zur umfassenden und allseits bindenden Klärung ist der Klägerin nun durch § 8 TVG auf jeden Fall deswegen an die Hand gegeben, weil ihr Tarifpartner das Vorgehen seines Mitgliedes anerkennt und billigt. Hiernach kann die Klägerin im Wege der Feststellungsklage gegen ihren Tarifvertragspartner sogar eine normative Regelung erreichen, also zu einem Ergebnis kommen, das auf dem bisher von ihr eingeschlagenen Wege niemals erreicht werden kann. Zwar verbietet das Gesetz nicht jede Klage zwischen einer Tarifvertragspartei und einem Dritten, wie sich aus § 2 Abs. 1 Ziff. 1 ArbGG ergibt. Eine solche Klage ist z. B. sicher dann zugelassen, wenn es sich um Fragen aus dem schuldrechtlichen Teil eines Tarifvertrags, etwa unter dem Gesichtspunkt des Vertrags zugunsten Dritter, handelt, oder wenn, etwa im Zusammenhang mit dem Rechtsgebiet der unerlaubten Handlungen, über die Haftung für durch Arbeitskampfmaßnahmen eines Verbandes entstandene Schäden zu entscheiden ist. Handelt es sich dagegen wie hier um die Auslegung normativer Bestimmungen eines Tarifvertrags und vertritt der Tarifvertragspartner selbst eine andere Auslegung, so läßt sich auf dem Wege über § 8 TVG eine absolute Sicherheit nicht nur für die Prozeßpartei, sondern darüber hinaus für alle Tarifgebundenen herbeiführen, wodurch von vornherein eine große Anzahl von Prozessen erspart wird. Bei einer Klage der angestrengten Art kann dagegen nicht einmal erreicht werden, daß die angeblich tarifwidrig behandelten Arbeitnehmer eine sichere Grundlage zur Durchsetzung ihrer etwaigen Ansprüche erhalten. Denn die Rechtskraft der auf eine solche Klage hin ergehenden Entscheidung beschränkt sich immer nur auf die Prozeßparteien, weil die Regelung des § 8 TVG den Rechtsstreit zwischen Tarifvertragsparteien voraussetzt. Die Rechtskraft der ersteren Entscheidung könnte die Beklagte nicht einmal ihrem Tarifvertragspartner entgegenhalten. Den hier in Rede stehenden Antrag der Klägerin gegenüber der Beklagten kann sie bei der ihr anderweit zur Verfügung stehenden Rechtsmöglichkeit also nicht verfolgen (RAG ARS 5, 398; Dersch-Volkmar, ArbGG, 6. Aufl., § 47 Anm. 78; Dietz-Nikisch, ArbGG, § 2 Anm. 81; Hueck-Nipperdey-Tophoven, TVG, 3. Aufl., § 1 Anm. 102; Stein-Jonas, ZPO, 18. Aufl., § 256 Anm. VI 1).

Entgegen der Ansicht der Revision ist die Zulässigkeit der Feststellungsklage auch nicht deshalb zu bejahen, weil die Klägerin eine Belehrung des Gerichts darüber für notwendig erachtet, welche Stellung sie zu beziehen habe, wenn es aus Anlaß der von der Beklagten eingeführten Regelung der Einstufung zu einem Streik im Betrieb der Beklagten kommen sollte. Wollte das Gericht diese im Verlauf des Rechtsstreits aufgeworfene Frage beantworten, so liefe das unmittelbar auf die Erteilung einer Rechtsauskunft hinaus, was nicht Sache der Rechtsprechung ist. Insbesondere würde hierbei gar nicht rechtskräftig darüber entschieden werden können, welche Rechtsfolgen etwa daraus entstehen würden, daß die Klägerin ihr zukünftiges Verhalten einer solchen Rechtsauskunft anpaßt. Eine solche Auslassung des Gerichtes in dem anhängigen Verfahren wäre also nicht geeignet, den Rechtsfrieden zu sichern, eine Aufgabe, die den Gerichten in besonderem Maße anvertraut ist und die die Rechtsprechung stets im Auge behalten muß. Die Auskunft kann weitere Rechtsstreitigkeiten hinsichtlich dieser Frage in keinem Fall und in keiner Hinsicht ausschalten und beseitigt ebenfalls nicht die Gefahr voneinander abweichender Urteile.

Besondere Umstände, die vielleicht ein Rechtsschutzbedürfnis für den Hauptantrag zu Ziff. 1 der Klage begründen könnten, liegen ebenfalls nicht vor. Es braucht nicht untersucht zu werden, ob das Bestehen einer Betriebsvereinbarung bei der Beklagten, derem Inhalt ihr Vorgehen entspräche, im Hinblick auf den Tarifvertrag die Klageerhebung rechtfertigen würde (RAG ARS 4, 80). Eine Betriebsvereinbarung über die streitige Einstufungsmethode existiert nämlich nicht. Auf eine etwaige Verletzung der Mitbestimmungsbefugnisse des Betriebsrats bei der Beklagten kann sich die Klägerin ebenfalls nicht berufen. Da der Betriebsrat nach der Gesamtkonzeption des Betriebsverfassungsgesetzes eine für sich bestehende und eigenständige, aus eigener Legitimation heraus handelnde Einrichtung ist und den Gewerkschaften und Arbeitgeberverbänden in der Ordnung der Betriebsverfassung nur eine Hilfsstellung zukommt (Dietz, BetrVG, 2. Aufl., § 49 Anm. 12; Galperin, BetrVG, 2. Aufl., § 2 Anm. 17, § 49 Anm. 11), die Koalitionen jedenfalls insoweit kein eigenständiges Recht haben, sich in das betriebliche Geschehen einzuschalten (Dietz, a. a. O.), ist eine Gewerkschaft nicht befugt, Geschäfte des Betriebsrats, die erkennbar nur deswegen erfolgen, um dessen Rechtskreis vor Beeinträchtigungen zu schützen, von sich aus wahrzunehmen. Fühlt sich der Betriebsrat in seinen Rechten verletzt, so hat er sich selbst dagegen zu wehren. Das geschieht gemäß § 2 Abs. 1 Ziff. 4 Buchst. i ArbGG im Wege des Beschlußverfahrens. Sofern eine im Betrieb vertretene Gewerkschaft deswegen, um ihre Hilfsstellung gegenüber dem Betriebsrat gemäß § 49 Abs. 1 BetrVG ordnungsgemäß ausüben zu können, eine Klarstellung zur Abgrenzung des Mitbestimmungsrechts des Betriebsrats erstrebt — das ist etwas anderes als ein Vorgehen wegen einer Verletzung dieses Rechtes —, so müßte sie sich, ohne daß hier Stellung zu ihrer diesbezüglichen Antragsberechtigung genommen sein soll, jedenfalls ebenso des Beschlußverfahrens nach § 2 Abs. 1 Ziff. 4 Buchst. i ArbGG bedienen. Die in diesem Verfahren ergehende Entscheidung schafft nämlich, ebenso wie die für einen anderen Bereich ergehende Entscheidung nach § 8 TVG, mit ihrer Wirkung für und gegen alle umfassende und endgültige Klarheit.

II. Ist hiernach der Hauptantrag zu Ziff. 1 der Klage schon wegen fehlenden Feststellungsinteresses abzuweisen, so muß der Unterlassungsanspruch der Klägerin daran scheitern, daß diese nicht berechtigt ist, im eigenen Namen die Interessen der Arbeitnehmer der Beklagten wahrzunehmen, und zwar auch nicht für den Fall, daß die Arbeitnehmer selbst keinen Anlaß dafür sähen, ihre eigenen Rechte selbst zu wahren. Die Klägerin verkennt die Funktion des Tarifvertrages. In dem Zusammenhang hier ist bedeutsam, daß der Tarifvertrag dadurch einen Schutz der Arbeitnehmer bezweckt, daß mit den tariflichen Normen für die Dauer des Bestehens des Tarifvertrages unabdingbare Mindestarbeitsbedingungen zugunsten der tarifgebundenen Arbeitnehmer geschaffen werden. Aus dieser Funktion des Tarifvertrags folgt aber nicht, daß die durch ihn für die Arbeitnehmer geschaffenen Rechte für die tarifschließende Gewerkschaft selbst in dem Sinn begründet werden, daß diese sie für ihre Mitglieder geltend machen könnte, wie allgemein keine Tarifvertragspartei die durch die Tarifnormen begründeten Rechtspositionen ihrer Mitglieder im eigenen Namen zu wahren vermag. Wenn die Klägerin die Beklagte unmittelbar auf Unterlassung in Anspruch nimmt, so übersieht sie also, daß sie dadurch lediglich Rechte der tarifgebundenen Arbeitnehmer geltend macht. Es ist aber mit der Persönlichkeit und der Entfaltungsfreiheit der Arbeitnehmer nicht vereinbar, wenn die tarifschließende Gewerkschaft in der Art eines gesetzlichen Vertreters der tarifgebundenen Arbeitnehmer auftreten wollte, wie solches umgekehrt auch den einen Tarif mittragenden Arbeitgeberverbänden hinsichtlich der Rechte der tarifgebundenen Arbeitgeber versagt ist. Die Rechtsordnung befähigt die Gewerkschaften, als Mitschöpfer und Mitträger der Tarifverträge, Rechtspositionen der Arbeitnehmer zu sichern, deren Geltendmachung ist aber Sache der Arbeitnehmer selbst. Der Stellung der Träger des Tarifvertrages entspricht es dagegen, mit einer Klage gemäß § 8 TVG zu einer bindenden Auslegung des Tarifvertrages zu kommen.

Die Klägerin kann auch die Rechte der tarifunterworfenen Arbeitnehmer bei der Beklagten nicht im Wege einer gewillkürten Prozeßstandschaft geltend machen. Voraussetzung für eine solche wäre auf jeden Fall, daß die Klägerin von den Arbeitnehmern der Beklagten zur vorliegenden Klage ermächtigt worden wäre (Rosenberg, Lehrbuch des deutschen Zivilprozeßrechts, 7. Aufl., S. 189). Das hat die Klägerin aber selbst nicht vorgetragen.

III. Ist hiernach auch der Unterlassungsanspruch abzuweisen, so können die Hilfsanträge zu Ziff. 3 a und Ziff. 3 b der Klage schon deshalb keinen Erfolg haben, weil die Beklagte niemals eine irgendwie geartete Einwirkung der Klägerin auf den Betriebsrat oder die Belegschaft der Beklagten auch nur angeregt hat. Es fehlt insoweit an jeder Berühmung seitens der Beklagten. Deshalb steht der Klägerin ein Rechtsschutzinteresse auch hier nicht zur Seite. Der Hilfsantrag zu Ziff. 3 c auf Feststellung einer Schadenersatzpflicht der Beklagten scheitert wiederum daran, daß die Klägerin nun einmal nicht die Rechte der Belegschaftsangehörigen bei der Beklagten von sich aus wahrnehmen kann, auch nicht, soweit diese bei der Klägerin organisiert sind, und daß, wie bereits ausgeführt, für eine gewillkürte Prozeßstandschaft jedenfalls die Voraussetzung der Ermächtigung nicht vorliegt.

18.

1. Die TO.A und ihre Anlage 1 gelten trotz der tarifvertraglichen Erhöhungen der Vergütungssätze nach wie vor als Normen staatlich gesetzten Rechts ohne Rücksicht auf die Gebundenheit an einen Tarifvertrag.

2. Außenseiter sind an die tarifvertragliche Schiedsgerichtsklausel, die die tarifvertragliche Vereinbarung vom 28. 2. 1951 für die Erledigung von Eingruppierungsstreitigkeiten enthält, nicht gebunden.

3. Die Ausschlußfrist nach § 6 der zu 2) genannten tariflichen Vereinbarung vom 28. 2. 1951 gilt nicht für Außenseiter.

TO.A § 3, Anlage 1 zur TO.A, tarifliche Vereinbarung vom 28. 2. 1951 (Eingruppierungsausschüsse)

I. Senat. Urteil vom 29. November 1957 i. S. K. (Kl.) w. Land B-W. (Bekl.) 1 AZR 59/55

I. Arbeitsgericht Karlsruhe — II. Landesarbeitsgericht Baden in Mannheim

Der gewerkschaftlich nicht organisierte Kläger, der Diplomvolkswirt ist, trat am 1. September 1952 als Aushilfsangestellter des beklagten Landes bei dem Regierungspräsidium Nordbaden unter Einreihung in die Vergütungsgruppe VII TO.A als Angestellter ein. Er wurde der Abteilung für Wirtschaft (Abteilung III) als Betriebsprüfer zugeteilt.

In dem Arbeitsvertrag heißt es:

„Das Dienstverhältnis unterliegt den Bestimmungen der Allgemeinen Tarifordnung (ATO), der Tarifordnung A für Angestellte im öffentlichen Dienst (TO.A), der Allgemeinen Dienstordnung zu diesen Tarifordnungen (ADO), der gemeinsamen Dienstordnung für die staatlichen Verwaltungen und Betriebe in Baden (Bad. GDO) und den Besonderen Dienstordnungen des Bad. Ministers des Innern (BDO. d. Bad. M. d. I.). Künftige Änderungen der ATO und TO.A oder der Dienstordnungen oder einer an ihre Stelle tretende Tarifordnung gelten vom Tage des Inkrafttretens der Änderungen auch für das vorstehend bezeichnete Vertragsverhältnis."

In der Folgezeit bat der Kläger wiederholt darum, daß seine Bezüge durch Höherstufung in eine andere Vergütungsgruppe verbessert würden. Mit Wirkung vom 1. Juni 1953 wurde der Kläger daraufhin in die Vergütungsgruppe VI b eingestuft. Eine weitere Höherstufung unterblieb.

Der Kläger wurde zunächst bis zum 31. August 1953 mit Betriebsprüfungen in der Abteilung III des Regierungspräsidiums beschäftigt, vom 1. September 1953 wurde er in die Abteilung IV für Heimatvertriebene und Kriegsgeschädigte versetzt. Am 31. Januar 1954 ist er auf eigenen Wunsch aus den Diensten des beklagten Landes ausgeschieden.

Der Kläger hält die Eingruppierung in die Vergütungsgruppe VII sowie die Eingruppierung ab 1. Juni 1953 in die Vergütungsgruppe VI b für unrichtig und hat zunächst die Ansicht vertreten, er müsse für die Zeit vom 1. Dezember 1952 bis zu seinem Ausscheiden am 31. Januar 1954 nach der Vergütungsgruppe IV TO.A bezahlt werden.

Das Arbeitsgericht hat durch Teilurteil dahin erkannt, daß der Kläger in der Zeit vom 1. Januar 1953 bis zum 31. August 1953 nach der Vergütungsgruppe V b zu bezahlen sei. Hinsichtlich des Monats Dezember 1952 hat es sich eine Entscheidung im Schlußurteil vorbehalten. Für die Zeit vom 1. September 1953 bis zum 31. Januar 1954 hat es die Klage abgewiesen.

Gegen dieses Urteil hat das beklagte Land Berufung und der Kläger Anschlußberufung eingelegt. Das Landesarbeitsgericht hat durch das angefochtene Urteil dem Kläger Bezahlung nach der Vergütungsgruppe V b nur für die Zeit vom 1. Juni bis 31. August 1953 zugebilligt und in den Entscheidungsgründen ausgeführt, daß das Verlangen auf Einstufung in eine höhere Vergütungsgruppe für die Zeit vom 1. Januar 1953 bis 31. Mai 1953 und für die Zeit vom 1. September 1953 bis zum 31. Januar 1954 unbegründet sei. Die Anschlußberufung hat das Landesarbeitsgericht zurückgewiesen.

Auf die Revision des Klägers ist die Sache an das Berufungsgericht zurückverwiesen worden, soweit die Berufung des beklagten Landes Erfolg hatte.

Aus den Gründen:

I. Das Landesarbeitsgericht ist zutreffend davon ausgegangen, daß der Kläger den Anspruch auf richtige Eingruppierung in die Vergütungsgruppe der TO.A hat, die den Tätigkeitsmerkmalen der von ihm geleisteten Arbeit entspricht. Dies ergibt sich daraus, daß das Arbeitsverhältnis des Klägers bei seiner Begründung durch die Arbeitsverträge vom 17. September 1952 und vom 28. November 1952 der TO.A unterstanden hat. Die TO.A als staatlich gesetztes Recht beherrschte normativ dieses Arbeitsverhältnis zur Zeit seiner Begründung und zur Zeit seiner Abwicklung. Es handelt sich um ein Arbeitsverhältnis, nach dem der Kläger als Angestellter im öffentlichen Dienst tätig sein soll. Die Regelungen der TO.A sind für ein solches Arbeitsverhältnis nach wie vor von Bestand, soweit sie nicht, insbesondere durch Tarifvertrag gemäß § 9 TVG, beseitigt sind. Eine vollständige Aufhebung oder Ersetzung der TO.A ist bisher nicht vorgenommen worden. Die Gesamtregelung der TO.A als einer normativen Ordnung der Arbeitsverhältnisse der Angestellten im öffentlichen Dienst ist insbesondere nicht durch die wiederholten tarifvertraglichen Änderungen der Gehaltssätze der Anlage 1 zur TO.A in der Zeit nach 1949 nach § 9 TVG außer Kraft gesetzt worden. Durch diese Tarifverträge sind nur die Gehaltssätze der Anlage 1 zur TO.A geändert, nicht aber ist die TO.A selbst, auch nicht ihre Anlage 1, durch diese tariflichen Regelungen in ihren tragenden Grundsätzen gemäß § 9 TVG beseitigt worden. Dies gilt insbesondere von dem Grundsatz, daß die Angestellten im öffentlichen Dienst nach Tätigkeitsmerkmalen besoldet werden, und zwar nach Tätigkeitsmerkmalen, wie sie sich aus der insoweit noch in Geltung befindlichen Anlage 1 zur TO.A ergeben. Daraus folgt, daß alle Angestellten im öffentlichen Dienst kraft der normativen Wirkung der TO.A in die nach Tätigkeitsmerkmalen bestimmte Vergütungsgruppe der Anlage 1 zur TO.A eingestuft werden müssen, in die sie nach der von ihnen geleisteten Tätigkeit gehören.

Diese Grundsätze gelten ohne Rücksicht auf Organisationszugehörigkeit, die nur für die Bindung an einen Tarifvertrag von Bedeutung ist. Für alle Angestellten des öffentlichen Dienstes gelten die Regelungen der TO.A einschließlich ihrer Anlage 1 als Normen staatlich gesetzten Rechts. Außenseiter haben zwar, da sie nicht tarifgebunden im Sinne des § 3 TVG sind, keinen normativ geregelten Anspruch auf die Erhöhungen, die in den Vergütungssätzen der einzelnen Vergütungsgruppen der Anlage 1 zur TO.A tarifvertraglich zwischen der Tarifgemeinschaft Deutscher Länder und der ÖTV/DAG nach der Währungsreform vereinbart worden sind. Denn die normative Wirkung dieser tariflichen Vereinbarungen erstreckt sich nicht auf die Außenseiter. Für Außenseiter ergibt sich daher hinsichtlich der Höhe der durch Tarifvertrag festgesetzten Vergütungen eine Lücke, weil sie an den normativen Erhöhungen der Vergütungssätze nicht kraft deren normativer Wirkung teilnehmen. Diese Lücke kann aber im einzelnen Arbeitsverhältnis dadurch geschlossen werden, daß mit dem Außenseiter arbeitsvertraglich vereinbart wird, er solle nach den Vergütungsgruppen der TO.A in der jeweiligen Höhe der Vergütungssätze bezahlt werden (vgl. Hueck-Nipperdey, Lehrbuch des Arbeitsrechts 1957, Bd. 2 S. 340; Hueck-Nipperdey-Tophoven, TVG 1955, § 3 Anm. 4). Eine solche arbeitsvertragliche Vereinbarung enthält der zwischen den Parteien abgeschlossene Arbeitsvertrag. Kraft dieser Vereinbarung, nach der künftige Änderungen der TO.A vom Tage des Inkrafttretens auch für das Arbeitsverhältnis des Klägers gelten sollten, hat der Kläger den Anspruch auf Teilnahme an tarifvertraglich vereinbarten Lohnerhöhungen der Vergütungssätze der Anlage 1 zur TO.A.

Der Senat verweist insoweit im übrigen, um Wiederholungen zu vermeiden, auf seine Entscheidung vom 4. Oktober 1957 — 1 AZR 31/56 —.

Der Kläger hat sonach den Anspruch auf Eingruppierung in die Vergütungsgruppe, die den Tätigkeitsmerkmalen der von ihm geleisteten Arbeit entspricht, auf Grund der auch sein Arbeitsverhältnis normativ beherrschenden TO.A. Den Anspruch auf die Vergütungssätze in ihrer jeweiligen Höhe hat der Kläger arbeitsvertraglich auf Grund des mit ihm geschlossenen Arbeitsvertrages.

II. Das Landesarbeitsgericht ist weiter zutreffend davon ausgegangen, daß im Arbeitsverhältnis des Klägers grundsätzlich auch die tarifvertragliche Vereinbarung vom 28. Februar 1951 anzuwenden ist.

Es heißt zwar in den Arbeitsverträgen des Klägers nur, daß künftige Änderungen der TO.A, der ATO und der sonst angezogenen Tarifordnungen und Dienstordnungen vom Tage des Inkrafttretens an auch für das Arbeitsverhältnis des Klägers gelten sollten. Das Landesarbeitsgericht legt diesen Arbeitsvertrag des Klägers dahin aus, daß auch bereits vor Abschluß des Arbeitsvertrages zustandegekommene tarifvertragliche Änderungen der TO.A für das Arbeitsverhältnis des Klägers gelten sollten. Die Revision stellt diese Auslegung des Landesarbeitsgerichts zur Nachprüfung. Der Senat vermag der Ausführung der Revisionsbeklagten nicht zu folgen, daß die Auslegung des Landesarbeitsgerichts vom Revisionsgericht nicht nachgeprüft werden könne. Denn es handelt sich bei dem Arbeitsvertrag des Klägers nicht um einen vereinzelten Vertrag, sondern um einen typischen Vertrag des öffentlichen Dienstes, wie er gleichartig in einer Vielzahl von Fällen mit den Arbeitnehmern im öffentlichen Dienst geschlossen wird. Die Auslegung derartiger typischer Vertragsabreden kann vom Revisionsgericht unbeschränkt nachgeprüft werden (vgl. Dietz-Nikisch, ArbGG 1954, § 73 Anm. 24, 25; Dersch-Volkmar, ArbGG 1955, § 73 Anm. 17). Davon abgesehen macht die Revision geltend, daß die vom Landesarbeitsgericht vorgenommene Auslegung gegen anerkannte Auslegungsgrundsätze und Erfahrungssätze verstoße. Auch im Hinblick hierauf ist der Senat berechtigt, die Auslegung des Landesarbeitsgerichts nachzuprüfen.

Bei dieser Nachprüfung ist der Senat im Gegensatz zu den Ausführungen der Revision zu dem Ergebnis gekommen, daß der Auslegung des Landesarbeitsgerichts beizutreten ist.

Wenn auch in den Arbeitsverträgen des Klägers ausdrücklich nur von künftigen Änderungen der TO.A und der sonstigen angezogenen Tarifordnungen und Dienstordnungen gesprochen ist, aber die bereits vor Abschluß des Arbeitsvertrags vorgenommenen Änderungen dieser Regelungen nicht ausdrücklich erwähnt sind, so ist doch aus dem Zusammenhang der Gesamtregelung klar erkennbar und im Grunde selbstverständlich, daß die Parteien dem Arbeitsverhältnis die Tarifordnungen usw. in der Fassung zugrundelegen wollten, in der sie zur Zeit der Begründung und Durchführung des Arbeitsverhältnisses bestanden. Daraus folgt, daß auch solche Änderungen der Tarifordnungen für das Arbeitsverhältnis des Klägers gelten sollten, die bereits vor dessen Begründung vorgenommen waren. Wenn die Tarifordnungen überhaupt einzelvertraglich zugrundegelegt wurden, so kann das nur bedeuten, daß sie in der Fassung zugrundegelegt wurden, in der sie zur Zeit des Abschlusses des Arbeitsvertrags galten. Hierfür spricht insbesondere folgendes: Die ursprüngliche Fassung einer durch Tarifvertrag umgestalteten Tarifordnung ist insoweit, wie eine Umgestaltung vorgenommen worden ist, nach § 9 des Tarifvertragsgesetzes mit dem Inkrafttreten des neuen gestaltenden Tarifvertrages auch für Außenseiter außer Kraft getreten (vgl. Hueck-Nipperdey, Lehrbuch II S. 281). Bei dieser Sachlage wäre es geradezu unverständlich, wenn der Arbeitgeber im öffentlichen Dienst, der aus Vereinfachungsgründen für die Arbeitsverhältnisse aller seiner Arbeitnehmer ohne Rücksicht darauf, ob diese gewerkschaftlich organisiert sind oder nicht, die im Arbeitsvertrag erwähnten Tarifordnungen zugrundelegen will, dabei wohl vereinbart, daß künftige Änderungen wirksam werden sollen, aber hinsichtlich der bereits vorgenommenen und zum Außerkrafttreten der ursprünglichen Regelungen führenden Änderungen einen Unterschied zwischen Organisierten und Außenseitern gemacht haben sollte. Denn das würde dann dazu führen, daß für die Außenseiter die TO.A in ihrer ursprünglichen, nicht durch Tarifverträge geänderten, normativ aber überhaupt nicht mehr geltenden Fassung anzuwenden wäre, nur für Organisierte aber die geänderte Fassung, und zwar kraft arbeitsvertraglicher Vereinbarung. Ein solcher Vertragswille ist vom Standpunkt des Arbeitgebers im öffentlichen Dienst nicht anzunehmen. Vielmehr ist der Vertragswille dahin, daß auch die bereits durch Tarifverträge vorgenommenen Änderungen der TO.A auf den Kläger als Außenseiter kraft arbeitsvertraglicher

Vereinbarung Anwendung finden sollten, so selbstverständlich, daß bei der Auslegung des Arbeitsvertrags von einem solchen auch für den Kläger erkennbaren und durch dessen Unterschrift gebilligten Vertragsinhalt auszugehen ist. Auch ist einleuchtend, daß der Kläger als Außenseiter das gleiche wollte.

Das Landesarbeitsgericht ist sonach zutreffend davon ausgegangen, daß auf das Arbeitsverhältnis des Klägers grundsätzlich auch die tarifvertragliche Vereinbarung vom 28. Februar 1951 anzuwenden ist.

III. Durch die tarifvertragliche Vereinbarung vom 28. Februar 1951 ist bestimmt worden, daß der § 3 der Tarifordnung für Angestellte (Einstufung des Angestellten durch den Arbeitgeber) nicht mehr anzuwenden ist. Die von dem Arbeitgeber vorgenommene Einstufung des Angestellten kann in einem Nachprüfungsverfahren vor besonderen Ausschüssen überprüft werden. Der Antrag auf Einleitung des Nachprüfungsverfahrens ist innerhalb einer Ausschlußfrist von 3 Monaten seit dem erfolglosen Ergebnis der zwischen dem Betriebsrat oder dem Angestellten und der Dienststelle geführten Eingruppierungsverhandlung zu stellen. Die Entscheidungen des erweiterten Ausschusses über die Eingruppierung des Angestellten sind endgültig. Für die von den Nachprüfungsausschüssen zu entscheidenden Streitigkeiten ist die Arbeitsgerichtsbarkeit ausgeschlossen.

Das Landesarbeitsgericht hat diese Regelungen auf den Kläger angewendet und ist für die Zeit vom 1. Januar 1953 bis zum 31. Mai 1953 zu dem Ergebnis gekommen, der Kläger könne insoweit keine bessere Einstufung verlangen, weil er die Fristen für die Anrufung des Eingruppierungsausschusses versäumt habe.

Diese Ansicht des Landesarbeitsgerichts ist rechtsirrtümlich.

Auszugehen ist davon, daß die Eingruppierungsausschüsse Schiedsgerichte sind. Das folgt nicht nur daraus, daß in § 10 der tarifvertraglichen Vereinbarung vom 28. Februar 1951 für das Verfahren vor den Ausschüssen die Bestimmungen der §§ 94—100 des ArbGG von 1926 und die entsprechenden Bestimmungen der Länder (hier des Württemberg-Badischen Arbeitsgerichtsgesetzes vom 15. Oktober 1947, Gesetz Nr. 77 RGBl. Nr. 20 S. 173) als anwendbar erklärt worden sind. Vor allem ergibt sich die Stellung der Eingruppierungsausschüsse als Schiedsgerichte aus der Art der den Ausschüssen übertragenen Aufgaben. Bei diesen Aufgaben handelt es sich um die verbindliche und endgültige Entscheidung von Rechtsfragen, nicht nur um die Beurteilung der für die richtige Einstufung maßgebenden Tatfragen. Denn es ist eine Rechtsfrage, in welche Vergütungsgruppe ein Angestellter kraft der normativen

Wirkung der TO.A und ihrer Anlage 1 nach den in der TO.A aufgestellten Tätigkeitsmerkmalen gehört (ebenso Borrmann, Die rechtliche Bedeutung der tariflichen Eingruppierungsklausel in RdA 1951 S. 250, insbesondere 253; Groß, Die tarifliche Eingruppierung im öffentlichen Dienst, RdA 1952 S. 376; Dersch-Volkmar, Arbeitsgerichtsgesetz 1955, Vorbem. zu § 101).

Die bis zum Inkrafttreten des Bundesarbeitsgerichtsgesetzes am 1. Oktober 1953 nach § 67 des im beklagten Land geltenden Arbeitsgerichtsgesetzes vom 15. Oktober 1947 (RegBl. Württemberg-Baden 1947 S. 173) noch mögliche Ausschließung der Arbeitsgerichtsbarkeit durch Tarifvertrag auch für bürgerliche Rechtsstreitigkeiten aus dem Arbeitsverhältnis wirkte aber als normative Regelung nur für die tarifgebundenen Arbeitsvertragsparteien, also nicht auch für den Kläger als einen Außenseiter. Das ergibt sich aus § 67 a. a. O. Wenn dort bestimmt ist, daß die Parteien des Tarifvertrages für bürgerliche Rechtsstreitigkeiten aus einem Arbeitsverhältnis, das sich nach einem Tarifvertrag bestimmt, die Arbeitsgerichtsbarkeit durch eine ausdrückliche Schiedsgerichtsvereinbarung ausschließen können, so liegt eine solche „Bestimmung nach einem Tarifvertrag" nur vor, wenn sie normativ gilt. Das folgt auch daraus, daß nach § 67 Abs. 1 Satz 2 die Wirkung einer Schiedsgerichtsklausel sich nicht auf solche Parteien eines Arbeits- oder Lehrverhältnisses erstreckt, die dem Tarifvertrag nur durch die Erklärung seiner allgemeinen Verbindlichkeit unterworfen sind. Die Schiedsgerichtsklausel ist vielmehr nur für solche Arbeitnehmer verbindlich, die kraft Organisationszugehörigkeit tarifgebunden sind. Da sich im Hinblick auf die fehlende Organisationszugehörigkeit des Klägers die normative Wirkung der tariflichen Vereinbarung nicht auf den Kläger erstreckt, ist der Kläger nicht an die Schiedsgerichtsklausel gebunden. Denn die anzunehmende einzelvertragliche Abrede zwischen den Parteien, daß das Arbeitsverhältnis des Klägers der TO.A in der geltenden tarifvertraglichen Fassung unterliegen sollte, rechtfertigt nicht die Anwendbarkeit der Schiedsgerichtsklausel auf das Arbeitsverhältnis des Klägers. Hierin könnte nur allgemein die Einführung einer Schiedsgerichtsvereinbarung für das streitige Rechtsverhältnis gesehen werden (§ 67 Abs. 2). (Vgl. jetzt auch § 101 Abs. 2 Satz 3 ArbGG 1953.) Eine solche einzelvertragliche Vereinbarung konnten aber die Parteien rechtswirksam nicht schließen. Es handelt sich bei dem Streit um die richtige Eingruppierung um einen Rechtsstreit nach § 2 Nr. 2 des Württemberg-Badischen ArbGG vom 15. Oktober 1947. Die Parteien eines Arbeitsverhältnisses konnten einzelvertraglich eine Schiedsgerichtsklausel nur vereinbaren, wenn es sich um einen Angestellten handelte, der der Versicherungspflicht nach dem Angestelltenversicherungsgesetz nicht unterliegt. Der Kläger fällt aber als Angestellter der Vergütungsgruppe VII TO.A unter die Versicherungspflicht nach dem Angestelltenversicherungsgesetz. Mit ihm konnte sonach einzelvertraglich rechtswirksam gar nicht eine die Zuständigkeit der Arbeitsgerichte ausschließende Schiedsgerichtsvereinbarung getroffen werden.

IV. Damit ergibt sich die Frage, ob die tarifliche Vereinbarung vom 28. Februar 1951 den Kläger insoweit kraft seines Arbeitsvertrages bindet, daß er, obwohl an die Schiedsgerichtsklausel nicht gebunden, doch die unrichtige Eingruppierung innerhalb der in § 6 dieser Vereinbarung gesetzten Dreimonatsfrist durch Anrufung des Arbeitsgerichts geltend machen mußte.

Der Senat hat diese Frage verneint. Zunächst ist davon auszugehen, daß in Tarifverträgen gesetzte Ausschlußfristen eng auszulegen sind. Eine Ausschlußfrist, die für die Anrufung einer im Tarifvertrag bestimmten schiedsgerichtlichen Stelle, die endgültig entscheidet, gesetzt ist, kann nicht ohne weiteres auf die Anrufung einer anderen Stelle übertragen werden. In § 6 der tarifvertraglichen Vereinbarung ist die Ausschlußfrist ausdrücklich dahin bestimmt, daß es sich um die Frist für die Stellung des Antrags auf Einleitung des Nachprüfungsverfahrens vor dem Eingruppierungsausschuß handelt. Kann aber, wie bereits ausgeführt, der als Schiedsgericht anzusehende Eingruppierungsausschuß gar nicht endgültig entscheiden, weil der Ausschluß der Arbeitsgerichtsbarkeit dem Kläger als Außenseiter gegenüber unwirksam ist, so kann das mit der Fristsetzung gewollte Ziel einer schnellen und endgültigen Erledigung durch den Eingruppierungsausschuß gar nicht erreicht werden. Selbst wenn der Kläger den Eingruppierungsausschuß angerufen hätte, hätte dieser für ihn eine bindende Entscheidung nicht treffen können. Der an die Schiedsgerichtsklausel nicht gebundene Kläger hätte vielmehr auch nach der Entscheidung des erweiterten Ausschusses noch die Arbeitsgerichte anrufen können. Im vorliegenden Fall hat aber der Kläger den Eingruppierungsausschuß überhaupt nicht angerufen. Es mag dahingestellt sein, ob der Kläger den Eingruppierungsausschuß hätte anrufen können. Verpflichtet hierzu war er jedenfalls nicht, denn eine Schiedsgerichtsvereinbarung war mit ihm wirksam nicht zustandegekommen. Da der Kläger den Eingruppierungsausschuß nicht angerufen hat, auch dazu nicht verpflichtet war, und die Frist ausdrücklich nur für die Anrufung dieses Ausschusses gegeben ist, kann sonach die tarifliche Vereinbarung vom 28. Februar 1951 in ihrem § 6 nicht dahin ausgelegt werden, daß der

Kläger dann die Arbeitsgerichte innerhalb von 3 Monaten hätte anrufen müssen. Dies würde nicht mehr eine Auslegung der in § 6 getroffenen Regelung bedeuten, sondern eine Ergänzung des mit dem Kläger geschlossenen Arbeitsvertrags über dessen Inhalt hinaus. Eine solche ergänzende Vertragsauslegung ist aber nur dann möglich, wenn sich die Notwendigkeit hierzu eindeutig im Hinblick auf den erkennbaren Vertragswillen der Parteien ergibt. Das ist hier nicht der Fall. Die Regelung über die Ausschlußfristen steht in so engem Zusammenhang mit der den Eingruppierungsausschüssen übertragenen Aufgabe einer endgültigen schiedsgerichtlichen Entscheidung unter Ausschluß der Arbeitsgerichte, daß sie auf den Kläger, der als an die Schiedsgerichtsvereinbarung nicht gebundener Außenseiter gleichwohl die Arbeitsgerichte anrufen konnte, nicht anwendbar ist.

V. Das Landesarbeitsgericht hat für die Zeitspanne vom 1. Januar 1953 bis zum 31. Mai 1953, für die der Kläger jetzt noch die Eingruppierung nach V b verlangt, im Hinblick auf seine nicht zutreffende Ansicht über die Bedeutung der Ausschlußfristregelung die Klage abgewiesen. Der Senat ist nicht in der Lage, ohne weitere Aufklärung des Sachverhalts in der Sache selbst zu entscheiden. Das Landesarbeitsgericht wird vielmehr zu prüfen haben, ob der Kläger nach den Tätigkeitsmerkmalen für die von ihm geleistete Tätigkeit auch für die Zeit vom 1. Januar bis zum 31. Mai 1953 Vergütung nach der Vergütungsgruppe V b verlangen kann. Daraus, daß das Landesarbeitsgericht diese Vergütungsgruppe für die Zeit vom 1. Juni 1953 bis zum 31. August 1953 zugebilligt hat, rechtfertigt sich der Anspruch des Klägers für die vorhergehende Zeit noch nicht ohne weiteres. Das beklagte Land hat in der Verhandlung vor dem Senat darauf hingewiesen, daß der Kläger in der Zeit vom 1. Januar bis 31. Mai 1953 nicht Arbeiten geleistet habe, die eine Bezahlung nach der Vergütungsgruppe V b rechtfertigen könnten.

19.

1. Tritt an die Stelle einer die Arbeitsverhältnisse normativ regelnden Rechtsnorm eine neue kollektive normative Regelung, so fällt die bisher geltende Rechtsnorm als Anspruchsgrundlage der bisher durch sie geregelten Ansprüche weg.

2. Wird auf Grund einer allgemeinen Verwaltungsanweisung der Inhalt der Arbeitsverhältnisse allgemein gleichmäßig und einheitlich einzelvertraglich vereinbart, so geben die so zustandegekommenen vertraglichen Arbeitsbedingungen für die Zukunft keine Ansprüche mehr,

wenn der in der Verwaltungsanweisung behandelte Fragenkreis zum Gegenstand einer neuen anderweiten kollektiven, normativ wirkenden Regelung gemacht wird.

3. In beiden Fällen besteht zugunsten des Arbeitnehmers kein Günstigkeitsprinzip des Inhalts, daß frühere günstigere Bestimmungen der normativen Regelung oder der auf der Verwaltungsanweisung beruhenden allgemeinen arbeitsvertraglichen Regelung weiter anzuwenden wären.

4. Der TV AL ist ein Tarifvertrag besonderer Art, auf den grundsätzlich die Vorschriften des Tarifvertragsgesetzes anzuwenden sind und der die Wirkungen eines Tarifvertrages hat, soweit sich nicht aus dem Truppenvertrag etwas anderes ergibt.

5. Die Bundesrepublik, die den TV AL abgeschlossen hat, der aus dem TV AL Pflichten gegenüber den Arbeitnehmern obliegen und die sich der gerichtlichen Inanspruchnahme vor den Arbeitsgerichten zu stellen hat, ist nicht Arbeitgeber der bei den alliierten Streitkräften beschäftigten Arbeitnehmer. Arbeitgeber sind vielmehr die Behörden der Streitkräfte.

6. Die Befugnis der Bundesrepublik zum Abschluß von Tarifverträgen für die Regelung der Arbeitsbedingungen der Arbeitnehmer bei den alliierten Streitkräften ergibt sich aus Art. 44 Abs. 5 des Truppenvertrages. Diese Vorschrift stellt eine Erweiterung des § 2 TVG dar.

7. Tarifbindung an den TV AL besteht auf Arbeitnehmerseite nur für die Mitglieder der abschließenden Gewerkschaften.

Truppenvertrag Art. 44; TVG, §§ 2, 3, 4, 5; Tarifvertrag für die bei Dienststellen, Unternehmen und sonstigen Einrichtungen der Alliierten Behörden und der Alliierten Streitkräfte im Gebiet der Bundesrepublik beschäftigten Arbeitnehmer (TV AL) vom 28. Januar 1955.

I. Senat. Urteil vom 20. Dezember 1957 i. S. H (Kl.) w. Bundesrepublik D (Bekl.) — 1 AZR 87/57 —

I. Arbeitsgericht Mainz — II. Landesarbeitsgericht Mainz.

Der Kläger war vom 1. März 1947 bis zum 31. Dezember 1955 als Angestellter bei einer Presse- und Informationsdienststelle, die eine Dienststelle der französischen Streitkräfte ist, tätig. Er erhielt auf Grund einer für alle Arbeitnehmer der französischen Streitkräfte gleichmäßig geltenden und auch auf ihn angewendeten Instruktion Nr. 1831 des Oberkommandos der französischen Streitkräfte in Deutschland von dem Zeitpunkt an, an dem die Dienststelle während des Laufes des Arbeitsverhältnisses des Klägers nach Mainz verlegt wurde, eine Trennungsentschädigung von täglich DM 4,80.

Am 1. Februar 1955 trat der zwischen der Bundesrepublik Deutschland und mehreren Gewerkschaften am 28. Januar 1955 mit Zustimmung der damals noch tätigen Alliierten Hohen Kommission abgeschlossene „Tarifvertrag für die bei Dienststellen, Unternehmen und sonstigen Einrichtungen der Alliierten Behörden und der Alliierten Streitkräfte im Gebiet der Bundesrepublik Deutschland beschäftigten Arbeitnehmer" (TV AL) in Kraft. Der Kläger erfüllt nicht die Voraussetzungen, unter denen nach dem TV AL Trennungsentschädigungen gezahlt werden. Mit einem vorläufigen Einstufungsschreiben vom 15. März 1955, das dem Kläger am 26. April 1955 zugegangen ist, teilte der Chef du service du travail dem Kläger mit, daß die Zahlung der Trennungsentschädigung am 30. April 1955 eingestellt werde.

Hiergegen wendet sich der Kläger, der der Ansicht ist, daß die Zahlung der Trennungsentschädigung erst zum 30. September 1955 hätte eingestellt werden dürfen.

Der Kläger hat deshalb beantragt, die Beklagte zur Zahlung von 734,40 DM zu verurteilen.

Während das Arbeitsgericht nach dem Klageantrag erkannt hat, hat das Landesarbeitsgericht die Klage abgewiesen. Die Revision des Klägers blieb erfolglos.

Aus den Gründen:

Die Vorinstanzen sind zutreffend davon ausgegangen, daß sich die Ansprüche des Klägers aus seiner Beschäftigung bei den französischen Streitkräften gegen die beklagte Bundesrepublik richten und der deutschen Arbeitsgerichtsbarkeit unterliegen. Dabei sind die für die deutschen Bundesbehörden maßgebenden Vorschriften mit Ausnahme der tariflichen Bestimmungen anzuwenden. Dies ergibt sich aus Art. 44 Abs. 3 und 8 des Vertrages über die Rechte und Pflichten ausländischer Streitkräfte und ihrer Mitglieder in der Bundesrepublik Deutschland vom 23. Oktober 1954 (BGBl. 1955 II S. 321 f.), dem sogenannten Truppenvertrag.

Der von dem Kläger verfolgte Anspruch auf Zahlung von Trennungsentschädigung gründet sich auf die Instruktion des Befehlshabers der französischen Streitkräfte in Deutschland vom 11. Dezember 1948 (Instruktion Nr. 1831). Es kann dahingestellt bleiben, ob diese „Instruktion" des Befehlshabers der französischen Streitkräfte eine die Arbeitsverhältnisse regelnde Bestimmung normativen Inhalts war. Dann wäre sie als solche nicht zum Inhalt der einzelnen Arbeitsverhältnisse geworden, würde vielmehr die Arbeitsverhältnisse normativ beherrschen.

Handelt es sich dagegen um eine Anweisung an die französischen Dienststellen, die in der Instruktion betroffene Regelung der Trennungsentschädigungen gleichmäßig für alle bei den französischen Streitkräften beschäftigten Arbeitnehmer zugrunde zu legen, so ist, da entsprechend verfahren wurde, die Regelung vertraglich bestimmter Inhalt der Arbeitsverhältnisse geworden. In beiden Fällen rechtfertigt die Instruktion Nr. 1831 den Antrag des Klägers aber nicht.

Handelt es sich bei dieser Instruktion um eine normative Vorschrift, so kann sie das Begehren des Klägers deshalb nicht mehr begründen, weil sie mit dem Inkrafttreten des Tarifvertrages vom 28. Januar 1955 (TV AL) in Wegfall gekommen ist. Dieser Wegfall ergibt sich daraus, daß an die Stelle einer normativen Ordnung eine andere normative Ordnung durch den Tarifvertrag gesetzt worden ist. Mit dem Inkrafttreten einer neuen, die Arbeitsverhältnisse normativ beherrschenden Ordnung richten sich die Rechte der Arbeitnehmer für die Zukunft nur nach dieser neuen normativen Ordnung, nicht aber noch nach der durch sie verdrängten früheren normativen Regelung. Insbesondere besteht für das Verhältnis zweier einander zeitlich ablösender normativer Ordnungen nicht zugunsten des Arbeitnehmers ein Günstigkeitsprinzip des Inhalts, daß solche Regelungen der früheren normativen Ordnung zugunsten des Arbeitnehmers auch über deren Wegfall hinaus weiter gelten, die günstiger sind als die der neuen normativen Regelung. Für die Annahme eines solchen Prinzips fehlt jede Rechtsgrundlage. § 4 Abs. 3 TVG kommt nicht in Frage. Handelt es sich also bei der Instruktion um eine normative und nicht zum vertraglichen Inhalt der Einzelarbeitsverhältnisse gewordene Regelung der Arbeitsverhältnisse der bei den französischen Streitkräften beschäftigten deutschen Arbeitnehmer, so hat diese normative Regelung mit dem durch das Inkrafttreten des Tarifvertrages vom 28. Januar 1955 eingetretenen Wegfall der Instruktion Nr. 1831 ihre Geltung verloren. Sie kann deshalb das Klagebegehren des Klägers, mit dem er Ansprüche für die Zeit nach dem Wegfall dieser Instruktion geltend macht, nicht mehr begründen (vgl. BAG, AP Nr. 2 zu § 52 Regelungsgesetz Bl. 4R, 5 mit Angaben).

Handelt es sich bei der Instruktion Nr. 1831 um eine Verwaltungsanweisung des Befehlshabers der französischen Streitkräfte dahin, daß die diesem Befehlshaber nachgeordneten Streitkräfte die Regelungen der Instruktion als Inhalt der Einzelarbeitsverhältnisse mit den bei ihnen beschäftigten deutschen Arbeitnehmern vereinbaren sollten, und haben daraufhin diese Stellen entsprechend verfahren, so geben die so begründeten vertraglichen Arbeitsbedingungen dem Kläger gleichfalls nicht mehr den Anspruch auf Fortzahlung der Trennungsentschädigung nach Maßgabe der Instruktion Nr. 1831. Ist die Regelung der Instruktion Nr. 1831 allgemein, einheitlich und gleichmäßig zum Inhalt der Einzelarbeitsverträge gemacht worden, so handelt es sich um allgemeine Arbeitsbedingungen, um eine für einen bestimmten größeren Bereich getroffene Ordnung, nicht aber um individuell wegen seiner Leistung oder seiner sozialen Bedürftigkeit für den Kläger begründete Ansprüche. Diese vertraglichen Ansprüche nach der Instruktion Nr. 1831 sind somit nicht gerade zugunsten des Klägers begründet worden und hoben nicht den Kläger aus dem Kreise derjenigen Arbeitnehmer heraus, die bei den französischen Streitkräften beschäftigt waren und für die die Instruktion Nr. 1831 gleichmäßig und einheitlich angewendet wurde. Dem Kläger ist lediglich ein Anspruch eingeräumt worden, der sich aus der allgemeinen Anwendung der Instruktion Nr. 1831 auf vertraglicher Grundlage ergab. Derartige auf allgemeiner Regelung beruhende und nur im Hinblick auf diese allgemeine Regelung zum Inhalt der Arbeitsverträge gemachte Arbeitsbedingungen erfahren dann eine Änderung, wenn statt einer solchen allgemeinen und gleichmäßigen Handhabung auf arbeitsvertraglicher Grundlage nunmehr die gleiche Frage ebenso gleichmäßig normativ durch einen Tarifvertrag anderweit geregelt wird. In einem solchen Fall ersetzen die nunmehr gleichmäßig normativ geltenden Regelungen des Tarifvertrags die bisher gleichmäßig allgemein auf Grund arbeitsvertraglicher Vereinbarung geltenden Arbeitsbedingungen (vgl. Nipperdey, Mindestbedingungen und günstigere Arbeitsbedingungen nach dem Arbeitsordnungsgesetz [Ordnungsprinzip und Leistungsprinzip] in Festschrift für Heinrich Lehmann, 1936, S. 257 ff.; Siebert in Nipperdey Festschrift, 1955, S. 126, 127; Hueck-Nipperdey, Lehrbuch des Arbeitsrechts, 6. Aufl., Bd. II 1957, S. 416 ff.). Aus dem Ordnungsprinzip, das zum Wesen des Tarifvertrages gehört, folgt, daß auch eine arbeitsvertraglich mit einer Vielheit von Arbeitnehmern begründete allgemeine Ordnung durch einen die Arbeitsverhältnisse ebenso gleichmäßig normativ beherrschenden Tarifvertrag ersetzt werden kann. Auch in einem solchen Fall gilt das Ordnungsprinzip des Tarifrechts mit der Folge, daß dieser neue Tarifvertrag nunmehr einheitlich die bisher arbeitsvertraglich bestimmten allgemeinen Arbeitsbedingungen normativ regelt und damit den allgemein arbeitsvertraglichen Inhalt verdrängt. Auch in diesem Fall ist ein Günstigkeitsprinzip des Inhalts, daß die günstigeren Bedingungen der früher gleichmäßig auf arbeitsvertraglicher Grundlage geltenden Regelung trotz des Inkrafttretens des normativ geltenden Tarifvertrages noch fortbeständen, nicht gegeben. Die Anerkennung eines so aufgefaßten

Günstigkeitsprinzips würde mit dem Ordnungsprinzip des Tarifvertrages unvereinbar sein. Sie würde einen nicht gerechtfertigten Einbruch in die anerkannte Tarifautonomie der Sozialpartner bedeuten, denn sie würde die Möglichkeit zur Schaffung einheitlicher Arbeitsbedingungen auf kollektiver Ebene erheblich erschweren oder gar ausschließen.

Zwar enthält auch der TV AL ebenso wie jeder andere Tarifvertrag nur Mindestbedingungen. Es können später für die Arbeitnehmer günstigere Bedingungen arbeitsvertraglich vereinbart werden. Aber auch bestehende günstigere Arbeitsbedingungen bleiben nach h. L. (vgl. Hueck-Nipperdey, 6. Aufl., Bd. II S. 414) unberührt (§ 4 Abs. 3 TVG). In dem letzteren Fall liegt aber eine günstigere Vereinbarung im Sinne des § 4 TVG nur dann vor, wenn eine für den einzelnen Arbeitnehmer günstigere individuelle Sonderabmachung, insbesondere auf der Grundlage des Leistungsprinzips oder seiner sozialen Bedürftigkeit getroffen war, so auch wenn der einzelne Arbeitnehmer unter der Geltung einer später durch eine andere Ordnung ersetzten allgemeinen Ordnung über den Inhalt dieser allgemeinen Ordnung hinaus Ansprüche erhalten hat mit dem Willen und dem Ziel, ihm die dadurch gewährten Vorteile auch für die Zukunft ohne Rücksicht auf den Bestand der allgemeinen Ordnung und deren Fortgeltung zu erhalten. Davon kann hier keine Rede sein. Der Kläger hat die Trennungsentschädigung nicht erhalten, weil gerade er oder einzelne weitere Arbeitnehmer anders als die anderen Arbeitnehmer behandelt und so bevorzugt werden sollten, sondern weil eine allgemeine Regelung vorlag, die für den Kläger ebenso wie für alle anderen Arbeitnehmer in gleicher Lage galt.

Die Entscheidung des Rechtsstreits hängt sonach davon ab, ob es sich bei dem Tarifvertrag vom 28. Januar 1955 für die bei Dienststellen, Unternehmen und sonstigen Einrichtungen der Alliierten Behörden und der Alliierten Streitkräfte im Gebiet der Bundesrepublik Deutschland beschäftigten Arbeitnehmer tatsächlich um einen Tarifvertrag im Sinne des Tarifvertragsgesetzes mit den Wirkungen eines Tarifvertrages handelt, ob also dieser Tarifvertrag eine solche allgemeine normative Ordnung beinhaltet.

Der Senat ist bei dieser Entscheidung zu dem Ergebnis gekommen, daß es sich bei dem genannten Tarifvertrag (TV AL) um einen Tarifvertrag besonderer Art handelt, der zwar namentlich im Hinblick auf die Gestaltung der Tariffähigkeit vom TVG abweicht, gleichwohl aber seinem Wesen und Gehalt nach als ein Tarifvertrag im Sinne des Tarifvertragsgesetzes zu werten ist und insbesondere die Rechtswirkungen eines solchen Tarifvertrages auslöst.

Nach Art. 44 Abs. 5 des Truppenvertrages, der am 5. Mai 1955, 12.00 Uhr, in Kraft getreten ist (Bekanntmachung vom 5. Mai 1955, BGBl. 1955 Teil II S. 628), obliegt den deutschen Behörden im Einvernehmen mit den Behörden der Streitkräfte, „die Festlegung der den einzelnen Arbeitsverhältnissen zugrundezulegenden Arbeitsbedingungen einschließlich der Löhne, der Gehälter und der Einordnung der einzelnen Tätigkeitsarten in Lohn- und Gehaltsgruppen, sowie gegebenenfalls der Abschluß von Tarifverträgen". Diese Vorschrift des Truppenvertrages, die Bestandteil des in der Bundesrepublik geltenden Gesetzesrechtes ist, erweitert den Rahmen der nach dem deutschen Tarifvertragsgesetz für den Abschluß von Tarifverträgen zuständigen Stellen. Nach § 2 TVG sind Tarifvertragsparteien nur Gewerkschaften, einzelne Arbeitgeber sowie Vereinigungen von Arbeitgebern. Anstelle des Arbeitgebers — Arbeitgeber sind die Behörden der Streitkräfte — hat den Tarifvertrag vom 28. Januar 1955 die Bundesrepublik abgeschlossen. Sie hat damit von der ihr in Art. 44 Abs. 5 des Truppenvertrages gegebenen gesetzlichen Befugnis zum Abschluß von Tarifverträgen, die die Arbeitsverhältnisse der bei den Dienststellen der Streitkräfte beschäftigten deutschen Arbeitnehmer regeln, Gebrauch gemacht. Die Bundesrepublik ist nicht Arbeitgeber der bei Streitkräften beschäftigten Arbeitnehmer. Dies folgt bereits daraus, daß die Behörden der Streitkräfte, also nicht die Bundesrepublik, nach Art. 44 Abs. 6 des Truppenvertrages den Arbeitskräften gegenüber die Befugnis zur Einstellung, Zuweisung des Arbeitsplatzes, Ausbildung, Versetzung, Kündigung und Entgegennahme von Kündigungen haben. Es ergibt sich weiter aus Art. 44 Abs. 3, 7 und 9 des Truppenvertrages. Damit liegen die Arbeitgeberfunktionen und mit ihnen auch die Arbeitgeberstellung bei den Behörden der Streitkräfte und nicht bei der Bundesrepublik. Die Bediensteten stehen zu den Behörden der Streitkräfte grundsätzlich in einem dem deutschen Arbeitsrecht unterliegenden Arbeitsverhältnis (Art. 44 Abs. 3). Auch die Arbeitgeberpflichten treffen an sich materiellrechtlich die Behörden der Streitkräfte (z. B. Vergütungspflicht, Fürsorgepflicht, Pflicht zur Urlaubsgewährung). Eine Arbeitgeberstellung der Bundesrepublik wird nicht dadurch begründet, daß Ansprüche der einzelnen Arbeitnehmer aus der Beschäftigung bei den Streitkräften sich gegen die Bundesrepublik richten, d. h. gegen die Bundesrepublik geltend zu machen sind und der deutschen Arbeitsgerichtsbarkeit unterliegen (Art. 44 Abs. 8 des Truppenvertrages). Es wird vielmehr der aus der Stationierung ausländischer Streitkräfte in der Bundesrepublik folgenden besonderen Lage dadurch Rechnung getragen, daß völkerrechtsvertraglich ex lege vorbehaltlich des Ausgleichs im Innenverhältnis ein befreiender Schuldübergang besonderer Art zu Lasten der Bundesrepublik und ihre Passivlegitimation für Prozesse eintritt (vgl. dazu auch Pretzsch-Schalthäuser-Rechenberg. Das Recht der Arbeitnehmer bei den Streitkräften 1955; vor allem Beitzke, RdA 1948, 86; ders. 1955, 84; ders., Die Betriebsverfassung 1957, 1; ders., Anmerkung zu BAG, AP Nr. 6 zu Art. 44 Truppenvertrag; vgl. weiter LAG Kiel in AP Nr. 1 zu § 44 Truppenvertrag; Reichel, BABl. 1956, 217, 648). Aus dieser Rechtslage folgt aber nicht, daß es sich bei dem TV AL nicht um einen Tarifvertrag (einen Tarifvertrag besonderer Art) handelt.

Wenn nach Art. 44 Abs. 5 den deutschen Behörden der Abschluß von Tarifverträgen für die Arbeitsverhältnisse der bei den Behörden der Streitkräfte tätigen zivilen Arbeitskräfte obliegt, so ist nur § 2 TVG dahin erweitert worden, daß auch der Bundesrepublik, obwohl sie nicht Arbeitgeber der bei den Behörden der Streitkräfte beschäftigten Arbeitnehmer ist, die Tariffähigkeit und Tarifzuständigkeit gegeben worden ist, die Arbeitsverhältnisse der bei diesen Dienststellen beschäftigten Arbeitnehmer durch Tarifverträge mit den zuständigen Gewerkschaften normativ zu regeln. Nicht aber folgt daraus, daß auch die sonstigen Vorschriften des Tarifvertragsgesetzes nicht oder nur in geänderter Fassung auf diesen Tarifvertrag anwendbar sind. Art. 44 Abs. 5 muß in engster Verbindung mit Art. 44 Abs. 3 gesehen werden, nach dem die deutschen arbeitsrechtlichen Vorschriften, also einschließlich des Tarifvertragsgesetzes gelten, soweit nicht Art. 44 selbst etwas anderes bestimmt.

Nach alledem ist der TV AL als ein Tarifvertrag besonderer Art aufzufassen, der aber die rechtlichen Wirkungen eines Tarifvertrages im Sinne des TVG entfaltet (vgl. hierzu z. T. abweichend Dietz, Das Arbeitsverhältnis der bei der Besatzungsmacht Beschäftigten, AR-Blattei D, Besatzungsmacht; Herschel in AP Nr. 24 zu § 1 KSchG; Reichel, BArbBl. 1956, 215, 648; Below, Arbeit und Recht 1955, 146; Hueck-Nipperdey, Lehrbuch, 6. Aufl., 1957, Bd. II, S. 341; Maurer, Bl. f. StR, SozVers. und ArbR 1955, 123).

Der Senat steht auf dem Standpunkt, daß die erwähnte Besonderheit hinsichtlich der Tariffähigkeit und Tarifzuständigkeit die einzige Änderung am deutschen Tarifvertragsrecht durch den Truppenvertrag darstellt. Im übrigen finden auf den Tarifvertrag vom 28. Januar 1955 alle Vorschriften des deutschen Tarifvertragsgesetzes Anwendung. Es gelten sonach die Regelungen des deutschen Tarifvertragsgesetzes für den Abschluß von Tarifverträgen, für die Tarifgebundenheit, für die Wirkungen der tariflichen Normen und für die Allgemeinverbindlicherklärung.

Daher ist auch die vielfach vertretene Auslegung des § 1 des Tarifvertrages vom 28. Januar 1955 nicht richtig, wenn sie annimmt, daß alle bei den Dienststellen, Unternehmen und sonstigen Einrichtungen der Alliierten Behörden und der Alliierten Streitkräfte beschäftigten Arbeitnehmer ohne Rücksicht auf ihre Organisationszugehörigkeit bei den tarifabschließenden Gewerkschaften an den TV AL gebunden und ihre Arbeitsverhältnisse normativ geregelt seien. Vielmehr bestimmt § 1 TV AL nur den betrieblichen, fachlichen und persönlichen Geltungsbereich des Tarifvertrages. Die Frage des Geltungsbereiches ist aber scharf zu scheiden von der Frage der Tarifgebundenheit im Sinne des § 3 TVG (vgl. Hueck-Nipperdey, Lehrbuch, 3. Aufl., 1957, Bd. II S. 335 f., 348). Der TV AL gilt normativ also nur für die Mitglieder der betreffenden Gewerkschaften, die diese Mitgliedschaft in einem Zeitraum besaßen, für den sie kraft Normenwirkung des TV AL Ansprüche aus ihren Arbeitsverhältnissen geltend machen. Dies ergibt sich daraus, daß Art. 44 Abs. 5 des Truppenvertrages die deutschen Behörden zum Abschluß von „Tarifverträgen" im Sinne des TVG deutschen Arbeitsrechts (Art. 44 Abs. 3) ermächtigt. Ein solcher Tarifvertrag bindet aber nur die Mitglieder der Tarifvertragsparteien. Um eine Tarifbindung auch für Außenseiter herbeizuführen, bedarf es nach dem auch auf den TV AL anwendbaren § 5 TVG einer Allgmeinverbindlicherklärung. Im übrigen könnte der Inhalt des Tarifvertrages besonders arbeitsvertraglich vereinbart sein, so daß er kraft Arbeitsvertrages und nur kraft Arbeitsvertrages gelten würde (Hueck-Nipperdey, Bd. II S. 339, 340).

Im vorliegenden Rechtsstreit hat es das Landesarbeitsgericht unterlassen, eindeutig festzustellen, ob der Kläger bereits in der Zeit vom 1. Februar 1955 an Mitglied der ÖTV gewesen ist. Der Kläger hat jedoch selbst ausgeführt, er sei bereits zu dieser Zeit Mitglied der ÖTV gewesen. Daraus folgt, daß der Kläger selbst vorträgt, der TV AL gelte normativ auch für sein Arbeitsverhältnis. Es lag daher keine Veranlassung vor, die Sache zur weiteren Aufklärung über die Organisationszugehörigkeit des Klägers im Anspruchszeitraum an das Landesarbeitsgericht zurückzuverweisen. Denn die Tatsache, daß der Kläger nach seiner eigenen Behauptung tarifgebunden an den TV AL ist, muß zur Abweisung der Klage führen, weil die Normenwirkung des TV AL auch für den Kläger zur Verdrängung der Rechte, die früher auf Grund des Bestehens und der Anwendung der Instruktion Nr. 1831 für den Kläger gegebenenfalls begründet waren, führt, wie bereits dargetan ist.

Auf den TV AL selbst, der ebenfalls eine Regelung über Trennungsentschädigungen enthält (vgl. § 11), kann der Kläger den von ihm geltend gemachten Anspruch nicht stützen, da er unstreitig die Voraussetzungen, unter denen nach dem TV AL Trennungsentschädigungen gewährt werden, nicht erfüllt.

Zu Unrecht macht der Kläger schließlich geltend, der TV AL selbst erhalte ihm seinen früheren Besitzstand hinsichtlich der Trennungsentschädigung. § 17 Ziff. 3 TV AL enthält eine Besitzstandsklausel nur für solche Arbeitnehmer, deren Arbeitsverdienst nach Neueingruppierung bei gleichbleibender Arbeitszeit und gleichen Tätigkeitsmerkmalen niedriger ist als ihre bisherigen Gesamtbezüge einschließlich Kinderzulage. Nur diese Arbeitnehmer erhalten den Unterschiedsbetrag zwischen den neuen und ihren bisherigen Bezügen weiter gezahlt. Diese Besitzstandsklausel bezieht sich also nur auf den Arbeitsverdienst, wie er sich aus der neuen Eingruppierung in die Vegütungsgruppen des TV AL ergibt. Sie erstreckt sich nicht auf bisher gezahlte Trennungsentschädigungen. Sie rechtfertigt also nicht den Anspruch des Klägers auf Fortzahlung der Trennungsentschädigung.

Auch aus dem Verhalten der Beschäftigungsbehörde des Klägers nach dem Inkrafttreten des TV AL folgt nicht, daß der Kläger weiter die Trennungsentschädigung so beziehen kann, wie er sie unter der Geltung der Instruktion Nr. 1831 bezog. Dadurch, daß die Dienststelle dem Kläger die Trennungsentschädigung bis zum 30. April 1955 weitergezahlt hat, ist weder ein vertraglicher Rechtsanspruch des Klägers anerkannt, also eine vor dem 1. Februar 1955 abgeschlossene Vereinbarung als fortgeltend bestätigt worden, noch aber gar die weitere Zahlung über den 30. April 1955 hinaus vertraglich zugesichert worden.

Im Hinblick hierauf bedurfte es zu der Einstellung der Trennungsentschädigung, so wie diese nach der Instruktion Nr. 1831 an den Kläger gezahlt wurde, nicht einer Änderungskündigung dem Kläger gegenüber. Der Anspruch auf Zahlung der Trennungsentschädigung nach dieser Instruktion ist vielmehr durch das Inkrafttreten des TV AL am 1. Februar 1955 weggefallen.

20.

1. Zur Begründung der sachlichen Zuständigkeit der Gerichte für Arbeitssachen ist nicht erforderlich, daß nach der wahren Rechtslage ein im Zuständigkeitskatalog des § 2 Abs. 1 ArbGG angeführter Anspruch begründet ist; es genügt, daß der Klagevortrag für einen arbeitsrechtlichen Anspruch wenigstens Raum gibt.

2. Der § 68 ArbGG schließt die Anwendung des § 538 Abs. 1 ZPO nicht aus.

ArbGG § 2 Abs. 1; § 68.

II. Senat. Urteil vom 6. Februar 1958 in S. (B.) w. Fa. Rh. GmbH (Bekl.)
2 AZR 493/57.

I. Arbeitsgericht Köln — II. Landesarbeitsgericht Düsseldorf (3. Kammer Köln).

Die Beklagte beschäftigte den Kläger seit Oktober 1952 zunächst als Tankwart in einer Tankstelle in W.; welchen Inhalt dieses Vertragsverhältnis hatte, stellt das Landesarbeitsgericht nicht fest.

Durch den schriftlichen Vertrag vom 23. Februar 1953 übertrug sie dem Kläger als „Agenten" die Verwaltung der Großtankstelle T.; in diesem Vertrage übernahm es der Kläger insbesondere, die monatliche Pacht von 650,– DM an den Grundstückseigentümer zu entrichten, auch noch andere Unkosten zu tragen und den gesamten Bedarf an Betriebsstoff, Öl und Schmiermitteln ausschließlich von der Beklagten zu beziehen und in deren Namen für deren Rechnung zu verkaufen; er erhielt eine bestimmte Provision. In einem besonderen Revers erkannte er an, selbständiger Gewerbetreibender zu sein. Auf eigene Rechnung durfte der Kläger die zwanzig zu der Tankstelle gehörigen Garagen vermieten, Wagen pflegen und waschen und Zubehörteile und Motorreifen verkaufen. Die Tankstelle trug die Bezeichnung der Beklagten, der Kläger und das gesamte Tankstellenpersonal trugen die Berufskleidung der Beklagten. Die Ehefrau des Klägers arbeitete nach seiner Behauptung mit.

Die Beklagte kündigte am 19. März 1956 das Vertragsverhältnis fristlos.

Der Kläger behauptet, in Wirklichkeit sei er nicht selbständiger Gewerbetreibender, sondern Arbeitnehmer gewesen. Er sei den Weisungen der Beklagten unterworfen gewesen. Dies gelte auch für seine Ehefrau; diese habe ihm ihre Ansprüche abgetreten. Er verlangt von der Beklagten auf Grund der einschlägigen Tarifverträge für sich und seine Ehefrau den restlichen Tariflohn in der angeblichen Höhe von 39 337,51 DM.

Die Einrede der sachlichen Unzuständigkeit haben beide Vorinstanzen für begründet angesehen und daher die Klage abgewiesen.

Die Revision des Klägers hatte Erfolg aus den folgenden

Gründen:

Das Landesarbeitsgericht prüft zunächst, ob der Kläger, wie er es darstellt, Arbeitnehmer oder ob er nach dem Vertrage vom 23. Februar

1953 und seiner tatsächlichen Handhabung selbständiger Handelsvertreter im Sinne des § 84 Abs. 1 Satz 1 HGB gewesen sei, und bejaht in längeren Ausführungen die zweite Möglichkeit. Es kommt deshalb zu dem Ergebnis, daß die Gerichte für Arbeitssachen nicht zuständig seien.

Dieser Ausgangspunkt des Landesarbeitsgerichts geht fehl. Für die ähnlich liegende Frage der Zulässigkeit des Rechtswegs haben das Reichsgericht (RGZ 145, 369 [374]; 157, 106 [115]) und der Bundesgerichtshof (BGHZ 5, 76 [82]) ausgesprochen, daß es genüge, daß der Kläger einen Sachverhalt vorträgt, der die Möglichkeit eines vor den ordentlichen Gerichten geltend zu machenden Anspruchs ergibt, der also für die Entstehung eines solchen Anspruchs überhaupt Raum läßt. In Einklang mit dieser Rechtsansicht hat der erkennende Senat in seinem Urteil vom 7. Oktober 1954 (BAG 1, 102[105]) ausgeführt, daß die materiellrechtliche Berechtigung der Ansprüche des Klägers nicht anläßlich der formellen Frage der Zuständigkeit des angegangenen Arbeitsgerichts vorweg, sondern eben nur von dem Gericht entschieden werden kann, dessen Zuständigkeit für eine solche Prüfung gegeben ist. Diese Rechtsauffassung hat allgemeine Zustimmung gefunden (Dietz in der Besprechung zu AP Nr. 3 zu § 2 ArbGG 53; Mendigo in Arbeit und Recht 55, 59). Der Senat hält an ihr fest. Die Entscheidung, ob die angegangenen Gerichte für Arbeitssachen sachlich zuständig sind oder nicht, hängt daher nicht, wie das Landesarbeitsgericht meint, davon ab, ob nach dem wahren Sachverhalt und seiner richtigen rechtlichen Würdigung einer der Fälle des Zuständigkeitskatalogs des § 2 Abs. 1 ArbGG vorliegt. Es muß genügen, daß der vom Kläger vorgetragene Sachverhalt für einen arbeitsrechtlichen Anspruch überhaupt Raum gibt. Dies ist aber hier der Fall.

Der Kläger hat vorgetragen, daß er und seine Ehefrau trotz der anders lautenden schriftlichen Abmachungen in Wirklichkeit nicht selbständige Gewerbetreibende gewesen, sondern ganz überwiegend an die bestimmten Weisungen der Beklagten gebunden und in Wahrheit jeder Selbständigkeit beraubt und daher Arbeitnehmer gewesen seien. Ein solcher Vortrag ergibt aber mindestens die Möglichkeit der tariflichen Ansprüche, die der Kläger zugleich als Rechtsnachfolger seiner Ehefrau einklagt. Ob der Kläger und seine Ehefrau in Wahrheit weisungsgebunden gewesen und daher rechtlich als Arbeitnehmer anzusehen sind, weiterhin im Falle der Bejahung dieser Frage, ob dem Kläger und seiner Ehefrau Tariflohn zustehen, kann nicht schon als Vorfrage bei der Prüfung der Zuständigkeit, sondern doch eben nur von den Gerichten materiell endgültig entschieden werden, denen unsere Rechtsordnung die Prüfung von Rechtsfragen dieser Art aufgibt.

Dieses Ergebnis rechtfertigt sich auch aus dem Bedürfnis einer wohlverstandenen Prozeßoekonomie. Der Kläger hat das Anliegen, daß er und seine Ehefrau — im Gegensatz zu dem Wortlaut der schriftlichen Verträge — als Arbeitnehmer anzusehen sind und tariflich entlohnt werden. Dieses Anliegen trägt er — natürlicherweise — an die hierfür zuständigen Gerichte für Arbeitssachen heran. Lehnen die Gerichte für Arbeitssachen, wie es die Vorinstanzen getan haben, die sachliche Entscheidung überhaupt ab, weil ihnen jede Zuständigkeit fehle, so bleibt das materielle Anliegen des Klägers in der Schwebe. Er kann es den ordentlichen Gerichten erneut zur Entscheidung unterbreiten. Das Bundesarbeitsgericht wäre nach § 81 Satz 1 BVerwGG sogar genötigt, von einer Abweisung der Klage abzusehen und von Amts wegen den Rechtsstreit an das zuständige ordentliche Gericht zur Entscheidung der materiellen Rechtslage zu verweisen. Das — sei es auf Grund einer neuen Klage, sei es auf Grund einer Überweisung nach § 81 Satz 1 BVerwGG — nunmehr mit der Sache befaßte ordentliche Gericht würde aber nach § 48 ArbGG in Verb. mit § 11 ZPO zwar an die Entscheidung der Gerichte für Arbeitssachen, nicht sie, sondern die ordentlichen Gerichte seien zuständig, keinesfalls aber an die materiell-rechtliche Rechtsauffassung der Gerichte für Arbeitssachen, daß der Kläger kein Arbeitnehmer, sondern selbständiger Gewerbetreibender gewesen sei, gebunden sein. Im Gegensatz zur Rechtsauffassung der Gerichte für Arbeitssachen könnten sie, — sei es auf Grund eine abweichenden tatsächlichen oder rechtlichen Beurteilung, sei es auf Grund von neuem eingeführten Prozeßstoff — das Vorliegen eines Arbeitsvertrages bejahen und hätten dann ihrerseits zu entscheiden, ob der von dem Kläger behauptete einschlägige Tarifvertrag anwendbar ist, und ob die Parteien tarifgebunden sind oder der Tarifvertrag allgemein verbindlich ist. Hierdurch würde aber nicht nur ein und dieselbe Frage zum Gegenstand verschiedener Verfahren, nämlich eines ersten vor den drei Rechtszügen der Gerichte für Arbeitssachen und eines zweiten vor den verschiedenen Rechtszügen der ordentlichen Gerichtsbarkeit gemacht werden; es würden weiterhin widersprechende Entscheidungen möglich sein; schließlich würde die Entscheidung der eigentlich arbeitsrechtlichen Frage, nämlich ob ein Arbeitsverhältnis vorliegt und ein bestimmter Tarifvertrag anzuwenden ist, der Entscheidung der ordentlichen Gerichte überwiesen werden. Daß ein solches Ergebnis nicht befriedigt, bedarf keiner Erörterung.

Unter diesen Umständen braucht auch nicht noch besonders geprüft zu werden, ob der Kläger nicht wenigstens einem Arbeitnehmer ähnlich im Sinne des § 5 Abs. 1 Satz 2 ArbGG ist und ob die gegenteilige Ansicht des Landesarbeitsgerichts, die sich auf Artikel 3 Abs. 1 des Gesetzes zur Änderung des Handelsgesetzbuchs (Recht der Handelsvertreter) vom 6. August 1953 (BGBl. 53 I Seite 771) stützt, trotz der besonderen Aufgaben, die der Kläger übernommen hatte und die möglicherweise über die einem eigentlichen Handelsvertreter obliegenden hinausgehen, zutrifft.

Da die materielle Entscheidung von einem nicht ganz einfachen, möglicherweise noch zu ergänzenden Prozeßstoff abhängt, ist es nicht angebracht, den Parteien eine Tatsacheninstanz zu nehmen und nach § 540 ZPO die Entscheidung dem Berufungsgericht zu übertragen.

Die Vorschrift des § 538 Abs. 1 Nr. 2 ZPO, nach der das Berufungsgericht, sofern eine weitere Verhandlung erforderlich ist, die Sache an das Gericht des ersten Rechtszuges grundsätzlich zu verweisen hat, wenn die dort bezeichneten Voraussetzungen vorliegen, gilt auch für das arbeitsgerichtliche Verfahren und ist nicht etwa durch § 68 ArbGG ausgeschlossen. Diese Vorschrift verbietet allerdings dem Berufungsgericht die Zurückverweisung „wegen eines Mangels im Verfahren des Arbeitsgerichts", erfaßt damit aber nur den Fall des § 539 ZPO, nicht auch den hier vorliegenden Fall einer Zurückverweisung nach § 538 Abs. 1 ZPO (Dersch-Volkmar, ArbGG, 6. Auflage, § 68 Erl. 3).

21

Der Rechtskraft eines Urteils kann aus § 826 BGB nur entgegengetreten werden, wenn das Urteil sachlich unrichtig ist, und nicht schon, wenn eine Prozeßpartei einen Rechtsbehelf irrtümlich zurückgenommen hat.

ZPO § 322; BGB § 826.

II. Senat. Urteil vom 10. Februar 1958 i. S. K. (Bekl.) w. Th. (Kl.) 2 AZR 264/55

I. Arbeitsgericht Bremen. — II. Landesarbeitsgericht Bremen.

Der Beklagte war bei dem inzwischen verstorbenen Ehemann der Klägerin als Vertreter tätig. Er erwirkte gegen den Ehemann der Klägerin das Versäumnisurteil des Arbeitsgerichts Bremen vom 14. Juli 1952 — I Ca 380/52 — auf Zahlung von Gehalt in Höhe von 1559,70 DM brutto und von 78,— DM netto. Dagegen legte der Ehemann der Klägerin rechtzeitig Einspruch ein.

Zu dieser Zeit betrieb die Klägerin vor dem Amtsgericht Bremen einen Mietstreit gegen den Beklagten, der in einem Hause der Klägerin wohnte. Beide Prozesse sollten, so nahmen die Beteiligten in Aussicht, durch einen außergerichtlichen Vergleich aus der Welt geschafft werden. Der Beklagte wollte auf seine beim Arbeitsgericht Bremen geltend gemachte Gehaltsforderung verzichten. Dafür sollte die Klägerin die Klage im Mietstreit zurücknehmen und der Beklagte außerdem beim Ehemann der Klägerin wieder als Vertreter tätig werden.

Am 6. September 1952 schrieb der Ehemann der Klägerin an das Arbeitsgericht Bremen:

„In Sachen K. bin ich zu einer Einigung gekommen und nehme meinen Einspruch zurück."

Die Klägerin betrieb den Mietstreit gegen den Beklagten weiter; auch zum Abschluß eines Vertretervertrages zwischen dem Beklagten und dem Ehemann der Klägerin kam es nicht.

Die Klägerin hat ihren Ehemann beerbt. Der Beklagte hat die Erteilung einer vollstreckbaren Ausfertigung des Versäumnisurteils gegen die Klägerin als Rechtsnachfolgerin beantragt.

Gegen die drohende Zwangsvollstreckung wendet sich die Klägerin in dem vorliegenden Rechtsstreit mit dem Antrage, die Zwangsvollstreckung aus dem anfangs bezeichneten Versäumnisurteil für unzulässig zu erklären. Die Klägerin ist der Meinung, der Beklagte handele gegen die vergleichsweise getroffenen Verabredungen und außerdem sittenwidrig, wenn er nunmehr aus dem Versäumnisurteil vollstrecke.

Beide Vorinstanzen haben der Klage stattgegeben. Die Revision des Beklagten führt zur Abweisung der Klage.

Aus den Gründen:

I. Die von der Klägerin mit der Vollstreckungsabwehrklage erhobenen Einwendungen sind nach § 767 Abs. 2 ZPO nur zulässig, wenn der Ehemann der Klägerin durch das Schreiben vom 6. September 1952 den von ihm eingelegten Einspruch gegen das Versäumnisurteil wirksam zurückgenommen hat. Denn andernfalls ist der Vorprozeß noch anhängig; die jetzige Klägerin kann dann als die Rechtsnachfolgerin des damaligen Beklagten den Vorprozeß aufnehmen und dort ihre Einwendungen vorbringen. Diese Einwendungen könnte sie dann also im Einspruchsverfahren, dürfte sie aber nach § 767 Abs. 2 ZPO nicht mit der Vollstreckungsabwehrklage geltend machen.

Ist das Versäumnisurteil nicht rechtskräftig geworden, so ist die Klage auch, soweit die Klägerin mit ihr das im Vorprozeß ergangene

Versäumnisurteil weiterhin aus dem Gesichtspunkt des § 826 BGB bekämpft, unbegründet; denn in diesem Falle ist nicht einzusehen, worin der Schaden der Klägerin bestehen soll.

Ob das Schreiben des Ehemannes der Klägerin vom 6. September 1952 eine gültige Rücknahme seines Einspruchs enthält, erörtert das Landesarbeitsgericht überhaupt nicht. Dies ist immerhin nicht zweifelsfrei. Das Schreiben ist an sich widerspruchsvoll. Wenn der damalige Beklagte, der Ehemann der jetzigen Klägerin, sich mit dem damaligen Kläger verglichen hatte, so ist eigentlich nicht recht einzusehen, daß nicht dieser Vergleich, sondern das Versäumnisurteil, dem er durch die Rücknahme des Einspruchs zur Rechtskraft verhalf, gelten sollte. Dem Sachverhalt hätte es also entsprochen zu erklären, daß die Parteien sich verglichen hätten und daß deshalb der Rechtsstreit erledigt sei. Dagegen war die Rücknahme des Einspruchs und das daraus folgende Rechtskräftigwerden des Versäumnisurteils mit dem angezeigten Vergleich doch schwer vereinbar; widerspruchsfrei war es nur für den hier gar nicht vorliegenden Fall, daß der Vergleich beinhaltete, daß die durch das Versäumnisurteil festgestellte Forderung erfüllt werden sollte; für diesen Fall war aber wiederum die Mitteilung des Vergleichsabschlusses entbehrlich.

Allerdings hat das Reichsgericht (RGZ 152, 324) in einem ähnlich liegenden Falle, daß eine unterlegene Partei mitteilt, sie habe sich verglichen, und deshalb gleichzeitig das eingelegte Rechtsmittel zurücknimmt, diese Rücknahme für gültig angesehen und daher — entgegen dem Inhalt des Vergleichs — die Rechtskraft des Urteils bejaht; es begründet seine Ansicht mit der Sicherstellung eines geordneten Prozeßganges. Diese Rechtsprechung des Reichsgerichts betrifft aber das Verfahren vor den ordentlichen Gerichten in höheren Instanzen und die Erklärung eines Rechtsanwalts, an deren Klarheit besondere Anforderungen gestellt werden müssen. In dem Vorprozeß dagegen handelt es sich um ein Verfahren vor den Arbeitsgerichten in erster Instanz und um eine Erklärung einer durch keinen rechtskundigen Prozeßbevollmächtigten vertretenen Partei; für diesen Fall erscheint es daher eher denkbar, daß das Arbeitsgericht der rechtlichen Unbeholfenheit einer Partei Rechnung trägt und zunächst den wahren Inhalt der möglicherweise widerspruchsvollen Erklärung der rechtlich ungewandten Partei, daß sie den Einspruch zurücknehme, aufhellt.

Indes kann im vorliegenden Verfahren rechtskräftig doch nicht entschieden werden, ob der verstorbene Ehemann der Klägerin den Einspruch wirksam zurückgenommen hat oder nicht. Hierauf kommt es für die Entscheidung des vorliegenden Rechtsstreits im Endergebnis aber auch nicht an. Denn auch wenn man — für den vorliegenden Rechtsstreit zugunsten der Klägerin — die Wirksamkeit der Rücknahme unterstellt, ist die Klage unbegründet.

II. Liegt nämlich im Schreiben vom 6. September 1952 eine wirksame Zurücknahme des Einspruchs, so ist die Klage aus § 767 ZPO unbegründet; denn, wie das Landesarbeitsgericht ohne Rechtsirrtum und daher für die Revision bindend tatsächlich feststellt, haben sich der Beklagte und der verstorbene Ehemann der Klägerin über die Beilegung der damals schwebenden Prozesse nicht endgültig geeinigt. Das zieht auch die Klägerin in der Revisionsinstanz nicht mehr in Zweifel.

III. Versagt hiermit, worüber die Parteien in der Revisionsinstanz auch nicht mehr streiten, die auf den Vergleich gestützte Vollstreckungsabwehrklage, so bleibt der in zweiter Linie von der Klägerin zur Begründung geltend gemachte Gesichtspunkt des Rechtsmißbrauchs nach § 826 BGB zu prüfen.

1. Im Ergebnis hat das Landesarbeitsgericht die von der Beklagten bestrittene Zuständigkeit der Gerichte für Arbeitssachen für die Prüfung auch dieses Rechtsgrundes mit Recht bejaht. Denn die Gerichte für Arbeitssachen sind für diese hier in der Form der Vollstreckungsgegenklage geltend gemachte Einwendung zuständig.

2. Das Landesarbeitsgericht führt aus, daß der Beklagte die Rechtskraft des Versäumnisurteils nicht etwa erschlichen habe. Eine solche Erschleichung macht auch die Klägerin in der Revisionsinstanz nicht mehr geltend.

Nach der Ansicht des Landesarbeitsgerichts ist es, um der Vollstreckung aus einem rechtskräftigen Urteil auf Grund der Vorschrift des § 826 BGB entgegenzutreten, auch nicht erforderlich, daß der Schädiger die Rechtskraft erschlichen habe oder auch nur, daß das rechtskräftige Urteil materiell rechtlich falsch sei; die materielle Richtigkeit des Versäumnisurteils läßt das Landesarbeitsgericht ausdrücklich dahingestellt.

3. Das Landesarbeitsgericht führt vielmehr rechtlich aus, daß nicht nur die Rechtssicherheit, sondern auch das „schutzwürdige Rechtsempfinden" berücksichtigt werden müsse. Jede mißbräuchliche Berufung auf rechtliche Vorschriften sei in Wahrheit ein rechtloses Handeln; das Recht ende dort, wo sein Mißbrauch beginne.

Der Versuch des Beklagten, die unter seiner Mitwirkung rechtsirrtümlich herbeigeführte Rechtskraft des Versäumnisurteils zur Vollsteckung gegen die Klägerin auszunutzen, sei mit Treu und Glauben nicht vereinbar. Der Beklagte nutze trotz des Scheiterns der Vergleichsverhandlungen die durch die Rücknahme des Einspruchs entstandene Rechtslage zu seinem Vorteil aus; er sei es selbst gewesen, der den verstorbenen Ehemann der Klägerin zur Rücknahme des Einspruchs angeregt habe. Der Beklagte habe durch das Rechtskräftigwerden des Versäumnisurteils einen ungerechtfertigten Vermögensvorteil erlangt, dessen Realisierung auf dem Wege der Zwangsvollstreckung gegen Treu und Glauben verstoße. Daher hält das Landesarbeitsgericht die Zwangsvollstreckung aus dem Versäumnisurteil für unzulässig.

Diese Ausführungen des Landesarbeitsgerichts verkennen die rechtlichen Voraussetzungen, unter denen ein rechtskräftiges Urteil auf dem Wege über § 826 BGB seiner Wirkung entkleidet werden kann.

Die Rechtskraft eines Urteils ist kein privatrechtlicher Vorgang, sondern eine dem Prozeßrecht angehörige öffentlich-rechtliche Einrichtung. Sie schließt die gerichtliche Nachprüfung des gleichen Sachverhalts aus und dient damit der Ordnung, der Rechtssicherheit und letztlich dem Rechtsfrieden.

Dieser Grundsatz muß freilich, wie das Landesarbeitsgericht richtig sieht, unter Umständen dem höheren Prinzip der materiellen Gerechtigkeit weichen (Enneccerus-Lehmann, Recht der Schuldverhältnisse, 14. Bearbeitung, S. 928). Indes ist die Rechtskraft ein so wesentlicher Grundsatz der Rechtsordnung, daß er nicht schon, wie das Landesarbeitsgericht meint, dann hinter das Prinzip der materiellen Gerechtigkeit zurücktreten muß, wenn die Rechtskraft lediglich durch eine rechtsirrtümliche Handlungsweise der einen Prozeßpartei und unter der gutgläubigen Mitwirkung der andern zustandegekommen ist. Es gehört eben zum Wesen der Rechtskraft, daß sie unter Umständen auch durch die mehr oder weniger sorgfältig abgewogenen Handlungen der Prozeßbeteiligten, z. B. durch das Unterlassen der zulässigen Rechtsbehelfe oder durch die Rücknahme von Rechtsbehelfen, eintritt. Wenn eine Prozeßpartei in einem solchen Fall prozeßrechtlich ungeschickt oder gar töricht handelt, so muß dies im Interesse eines geordneten Prozeßgangs eben in Kauf genommen werden. Die durch eine törichte Handlung der einen Prozeßpartei bevorzugte andere Prozeßpartei handelt nicht schon mißbräuchlich, wenn sie von der rechtskräftig gewordenen Entscheidung Gebrauch macht. Die vom Landesarbeitsgericht angenommene Einschränkung der Rechtskraftwirkung ist mit dem Grundsatz der Ordnung und der Rechtssicherheit nicht vereinbar und geht daher zu weit.

Nur wenn eine Prozeßpartei von der Rechtskraft eines Urteils in einem der Rechtsordnung widerstreitenden Sinn, also rechtswidrig, Gebrauch macht, kann die benachteiligte Prozeßpartei sich hiergegen auf Grund der Vorschrift des § 826 BGB wehren. Davon kann aber allenfalls dann die Rede sein, wenn das rechtskräftige Urteil materiell unrichtig ist. Dies ist gefestigte Rechtsprechung (RGZ 163, 287; 165, 26; 168, 1; BGHZ 13, 71; NJW 51, 759; LM Nr. 3 zu § 826 (Fa) BGB, LM Nr. 10 zu § 322 ZPO) und wird von der Rechtslehre (z. B. Enneccerus-Lehmann, Recht der Schuldverhältnisse, 14. Bearbeitung S. 929; Soergel, BGB, 8. Aufl., § 826 Erl. 14; Wieczorek, ZPO, § 322 Erl. C III b 2; Stein-Jonas, ZPO, 18. Aufl., § 322 Erl. X) gebilligt.

Gerade dieses Erfordernis fehlt aber im vorliegenden Fall; das Versäumnisurteil vom 14. Juli 1952 kann, wie auch das Landesarbeitsgericht annimmt, der wahren Sachlage durchaus entsprechen.

22

1. Bis zum Inkrafttreten des Arbeitsgerichtsgesetzes von 1953 konnten auch solche Personen zu Vorsitzenden beim Landesarbeitsgericht Berlin ernannt werden, die die Große Staatsprüfung nicht abgelegt hatten.

2. Ist eine solche Ernennung erfolgt, dann kann eine Nichtigkeitsklage nicht damit begründet werden, daß der Ernannte wahrheitswidrig behauptet hatte, die Große Staatsprüfung abgelegt zu haben.

ZPO § 579 Abs. 1 Nr. 1; Kontrollratsgesetz Nr. 2 Art. VI Abs. 1a; Anordnung der Berliner Alliierten Kommandantur vom 13. 4. 1946, Berliner VOBl. S. 141 Art. VI Abs. 1a.

III. Senat. Urteil vom 5. November 1957 i. S. K. (Kl.) w. L. B. (Bekl.) 3 AZR 18/57.

I. Arbeitsgericht Berlin — II. Landesarbeitsgericht Berlin

Der Kläger war Betriebsprüfer beim Berliner Preisamt. Ihm wurde am 28. September 1949 zum 30. Juni 1950 gekündigt. Er klagte auf Feststellung, daß diese Kündigung unwirksam sei und das Arbeitsverhältnis fortbestehe und machte außerdem Schadensersatzansprüche geltend. Durch Teilurteil vom 17. Mai 1951 wies das Arbeitsgericht die Feststellungsklage ab. Das Landesarbeitsgericht wies die Berufung des Klägers durch ein im September 1951 im Wege schriftlicher Entscheidung ergangenes Urteil (5 LAG 413/51) zurück.

Bei diesem Urteil hat als Vorsitzender der Landesarbeitsgerichtsrat Dr. K. mitgewirkt. Er war am 1. Juni 1950 auf drei Jahre zum Vorsitzenden beim Arbeitsgericht Berlin und am 1. Juli 1951 auf drei Jahre zum Vorsitzenden beim Landesarbeitsgericht Berlin berufen worden. Am 9. Januar 1954 wurde er zum Richter auf Lebenszeit ernannt und am 1. Februar 1954 zum Landesarbeitsgerichtsdirektor befördert. Danach stellte sich heraus, daß seine wiederholte Versicherung, er habe die Zweite Juristische Staatsprüfung abgelegt, unzutreffend war. Deswegen schied er im Juli 1955 auf seinen Antrag aus dem Amte aus.

Der Kläger hat hiervon angeblich erst durch eine Notiz in der Berliner Zeitung „Der Tagesspiegel“ Nr. 3221 vom 12. Arpil 1956 etwas erfahren. Er hat am 18. April 1956 beim Landesarbeitsgericht beantragt, ihm das Armenrecht für eine Nichtigkeitsklage gegen das Urteil vom September 1951 zu bewilligen. Nachdem ihm das Armenrecht durch Beschluß vom 2. Juli 1956 bewilligt worden war, hat er am 27. Juli 1956 die Nichtigkeitsklage erhoben und vorsorglich gebeten, ihm wegen etwaiger Versäumung der Monatsfrist des § 586 Abs. 1 ZPO Wiedereinsetzung in der vorigen Stand zu gewähren. Er hat seine Nichtigkeitsklage damit begründet, daß das Landesarbeitsgericht bei Erlaß des Berufungsurteils vom September 1951 nicht vorschriftsmäßig besetzt gewesen sei (§ 579 Abs. 1 Ziffer 1 ZPO).

Das Landesarbeitsgericht hat das Urteil vom September 1951 aufrechterhalten. Die Revision des Klägers blieb erfolglos.

Entscheidungsgründe:

1. Eine Nichtigkeitsklage muß vor Ablauf einer Notfrist von einem Monat erhoben werden (§ 586 Abs. 1 ZPO i. V. mit § 79 ArbGG). Die Frist beginnt mit dem Tage, an dem die Partei von dem Anfechtungsgrund Kenntnis erlangt hat (§ 586 Abs. 2 Satz 1 ZPO). Anfechtungsgrund ist hier die Tatsache, daß Dr. K. seine Bestellung zum Vorsitzenden beim Landesarbeitsgericht Berlin durch die unwahre Behauptung erwirkt hat, er habe die Große Juristische Staatsprüfung abgelegt. Das angefochtene Urteil hat angenommen, von dieser Tatsache habe der Kläger noch nicht durch die Zeitungsnotiz im „Tagesspiegel“ vom 12. April 1956, sondern erst später eine hinreichend zuverlässige Kenntnis erlangt. Es geht davon aus, dem Kläger sei eine solche Kenntnis frühestens dadurch zuteil geworden, daß das Landesarbeitsgericht ihm nach Prüfung der Sach- und Rechtslage durch Beschluß vom 2. Juli 1956 das Armenrecht für eine Nichtigkeitsklage bewilligt hat. Diese Auffassung ist rechtlich nicht zu beanstanden. Sie ist auch im Revisionsverfahren von der Beklagten nicht angegriffen worden. Da die am 25. Juli 1956 erhobene Nichtigkeitsklage mithin die Monatsfrist des § 586 Abs. 1, außerdem auch die Fünfjahresfrist des § 586 Abs. 2 Satz 2

wahrt, ist sie rechtzeitig. Auf die Hilfsbegründung des angefochtenen Urteils, notfalls sei dem Kläger auf seinen vorsorglichen Antrag wegen einer etwaigen Versäumung der Klagefrist Wiedereinsetzung in den vorigen Stand zu gewähren, braucht hiernach nicht mehr eingegangen zu werden.

2. Begründet ist die Nichtigkeitsklage nur dann, wenn der vom Kläger geltend gemachte Nichtigkeitsgrund durchgreift, das Landesarbeitsgericht sei bei Erlaß des Urteils vom September 1951 nicht vorschriftsmäßig besetzt gewesen (§ 579 Abs. 1 Nr. 1 ZPO i. V. mit § 79 ArbGG). Ein Gericht ist allgemein gesehen zunächst dann nicht vorschriftsmäßig besetzt, wenn die Mitwirkung eines Richters an der Entscheidung zwingenden Grundsätzen der Gerichtsverfassung oder des Prozeßrechts widerspricht. Ein solcher Fall, dessen mögliche weiteren Unterfälle neuerdings Siegert (NJW 57, 1622) nach der Rechtsprechung des Bundesgerichtshofs dargestellt hat, scheidet hier aus. Das Gericht ist aber auch dann nicht vorschriftsmäßig besetzt, wenn es an der Ernennung einer einzelnen bei der Entscheidung mitwirkenden Person zum Richter fehlt oder wenn die Ernennung zwar vorliegt, aber verwaltungsrechtlich nichtig ist, wenn also eine Person mitgewirkt hat, die in Wahrheit nicht Richter war. Dazu gehört auch der Fall, daß ein Richter nicht die vom Gesetz geforderte Befähigung zum Richteramt besitzt. Denn selbst wenn er in einem solchen Falle zum Richter ernannt ist, so hat doch der Verwaltungsakt einen gesetzlich unzulässigen Inhalt und ist daher schlechthin nichtig. Dagegen ist das Gericht nicht schon dann unvorschriftsmäßig besetzt, wenn die Ernennung aus irgendwelchen Gründen nur anfechtbar oder widerruflich ist. Die Nichtigkeitsklage ist in solchem Falle nicht begründet. Die Rechtssicherheit verlangt es, daß die Rechtskraft eines Urteils nur der schlechthin nichtigen Ernennung zum Richter weicht, weil sonst die Rechtskraft eines Gerichtsspruches abhängig wäre von einem — zum mindesten beschränkt — möglichen Ermessensakt der ernennenden Behörde, d. h. von deren Ermessen, ob sie den anfechtbaren oder widerrufbaren Verwaltungsakt der Ernennung anfechten oder widerrufen will. Eine solche Konsequenz ist mit dem Gebot der Rechtssicherheit, insbesondere im Hinblick auf die Rechtskraft eines Urteils, unvereinbar. Dem steht auch nicht entgegen, daß es in dem Belieben der Partei steht, die Nichtigkeitsklage zu erheben. Denn es handelt sich hier darum, daß die Nichtigkeitsklage selbst an gesetzlich festliegende Voraussetzungen gebunden und nicht erst von behördlich zu schaffenden Voraussetzungen abhängig bleiben muß. Die Entscheidung hängt daher da-

von ab, ob die Ernennung von Dr. K. am 1. Juli 1951 zum Vorsitzenden beim Landesarbeitsgericht Berlin nichtig war oder nicht.

3. Für die Richter der Berliner Arbeitsgerichte galt insoweit die Anordnung der Alliierten Kommandantur vom 13. April 1946 (BK/O/46/166), die im Berliner Verordnungsblatt 1946 S. 141 in deutscher Übersetzung veröffentlicht ist (im folgenden kurz Berliner Verordnung genannt). Sie beruhte formell auf der Anordnung in Artikel XI des für das übrige Deutschland in allen vier Besatzungszonen geltenden Kontrollratsgesetzes Nr. 21 und stimmt mit ihm inhaltlich überein. Artikel VI Absatz 1a der Berliner Verordnung, die bis zum Inkrafttreten des Arbeitsgerichtsgesetzes von 1953, also auch zur Zeit der Ernennung von Dr. K. galt, hat denselben Wortlaut wie Artikel VI Absatz 1a des Kontrollratsgesetzes Nr. 21:

> Der Vorsitzende und der stellvertretende Vorsitzende sollen besondere Befähigung in Arbeitsangelegenheiten haben, und auf Grund ihrer früheren Tätigkeit, ihrer Ausbildung oder der Obliegenheiten, die sie in Arbeitnehmer- oder Arbeitgeberverbänden ausgeübt haben, fähig sein, richterliche Aufgaben wahrzunehmen. Sie brauchen nicht Berufsrichter zu sein; die Vorsitzenden und stellvertretenden Vorsitzenden der Berufungsgerichte müssen jedoch entsprechende juristische Befähigung haben.

Danach ist sicher, daß ein Richter beim Arbeitsgericht erster Instanz kein sogenannter Volljurist zu sein brauchte. Er brauchte nicht die Fähigkeit zum Richteramt durch Ablegen zweier Prüfungen gemäß § 2 GVG erlangt zu haben oder ordentlicher Lehrer des Rechts an einer deutschen Universität zu sein (§ 4 GVG). Das ist auch nach § 18 Abs. 3 des Arbeitsgerichtsgesetzes von 1953 jetzt noch nicht unbedingt erforderlich. Ob jedoch damals bei einem Vorsitzenden beim Landesarbeitsgericht die Fähigkeit zum Richteramt in diesem strengen Sinne ebenfalls entbehrlich war, ist nach dem Text des Kontrollratsgesetzes Nr. 21 und der Berliner Verordnung zweifelhaft. Die Frage ist zu verneinen, wenn man unter „entsprechende juristische Befähigung" die eines Volljuristen versteht. Sie ist jedoch zu bejahen, wenn mit entsprechender juristischer Befähigung eine auf andere Art erworbene Befähigung gemacht war, wie sie etwa nach Auffassung der Besatzungsmächte ausreichte, um den Vorsitz auch in einer Kammer des Landesarbeitsgerichts zu führen. Beide Ansichten sind vertretbar, jede läßt sich bei der unklaren Fassung der Vorschrift mit sprachlichen, textkritischen, entwicklungsgeschichtlichen oder rechtspolitischen Gründen stützen. Für die zweite Ansicht, daß ein Vorsitzender bei einem Landesarbeitsgericht nicht Volljurist zu sein brauchte, spricht jedoch, daß das Wort „entsprechende" des deutschen Gesetzestextes im englischen Text des Kontrollratsgesetzes Nr. 21 „appropriate" und im französischen Text „approprié" lautet. Diese beiden Worte bedeuten nicht nur „entsprechend", sondern haben eher den Sinn von „angemessen". Da der fremdsprachliche Gesetzestext der maßgebende war (vgl. Direktive Nr. 11 des Kontrollratsgesetzes vom 22. 9. 1945), ist es möglich, daß die juristische Befähigung eines Vorsitzenden beim Landesarbeitsgericht nicht die eines Volljuristen zu sein brauchte, sondern nur seinem Amte angemessen sein mußte.

Es ist nicht notwendig, diesen Zweifeln weiter nachzugehen und zu entscheiden, welche von beiden Auffassungen den Vorzug verdient. Während nämlich im übrigen Bundesgebiet allgemein nur Volljuristen im Sinne von § 2 GVG zu Vorsitzenden bei den Landesarbeitsgerichten bestellt wurden, wie es jetzt § 36 Abs. 1 Satz 2 ArbGG 1953 entspricht, also von Anfang an von der strengeren Auffassung ausgegangen wurde, war das in Berlin nicht der Fall. Beim Landesarbeitsgericht Berlin sind, abgesehen von Dr. K., bei dem dies irrtümlich geschehen ist, wiederholt Vorsitzende ernannt worden, welche die Fähigkeit zum Richteramt im Sinne von §§ 2 ff. GVG nicht hatten (vgl. Rohlfing-Rewolle, ArbGG 1956, Anm. 2 zu § 115). Der Senat trägt keine Bedenken, diese örtlich beschränkte tatsächliche Übung, welche die örtlich beschränkt geltende Berliner Verordnung zur Grundlage hat, als rechtsbeständig gelten zu lassen, weil diese Übung nach dort allgemeiner Überzeugung als Rechtens angesehen wurde. Das angefochtene Urteil weist übrigens zutreffend darauf hin, daß die Übergangsvorschrift in § 115 Abs. 2 ArbGG von 1953 die Weiterverwendung solcher Richter und ihre Übernahme auf Lebenszeit gestattet hat, was auf eine gesetzliche Billigung der Berliner Übung hinausläuft.

Die Ernennung des Dr. K. war hiernach nicht schon deswegen ohne weiteres nichtig, weil er kein Volljurist war.

4. Ihre Nichtigkeit kann ferner nicht damit begründet werden, daß Dr. K. nicht einmal den gegenüber §§ 2 ff. GVG minderen Anforderungen der Berliner Verordnung an die Fähigkeit zum Richteramt bei einem Landesarbeitsgericht entsprochen habe. Etwas derartiges hat die Revision auch nicht geltend gemacht. Was seine „entsprechende" oder „angemessene" juristische Befähigung anlangt, so konnte es durchaus genügen, daß er die Erste Juristische Staatsprüfung (das Referendarexamen) bestanden und außerdem zum Dr. jur. promoviert hatte. Eine derartige Annahme der Anstellungsbehörde hätte jedenfalls die Grenzen einer sachgemäßen Beurteilung nicht überschritten und wäre daher rechtlich

unangreifbar gewesen. Dasselbe gilt von den weiteren Anforderungen, die Artikel VI Absatz 1a der Berliner Verordnung stellt: besondere Fähigkeiten in Arbeitsangelegenheiten, Fähigkeit zur Wahrnehmung richterlicher Aufgaben auf Grund früherer Tätigkeit, Ausbildung oder der Obliegenheiten in Arbeitnehmer- oder Arbeitgeberverbänden. Bei der Unbestimmtheit dieser Vorschriften könnte von einer Nichtigkeit der Ernennung des Dr. K. selbst dann nicht die Rede sein, wenn es sich entgegen dem Wortlaut der Berliner Verordnung nicht um Sollvorschriften, sondern um Mußvorschriften handeln würde. Höchstens in dem äußersten Fall, daß eine Person zum Vorsitzenden beim Landesarbeitsgericht ernannt worden wäre, die offensichtlich überhaupt keine Vorbildung, Fachkenntnisse und Erfahrungen für dieses Amt besitzt, könnte man zur absoluten Nichtigkeit des Anstellungsaktes gelangen. Eine solche Beurteilung wird aber hier schon dadurch ausgeschlossen, daß Dr. K. mit Erfolg Rechtswissenschaft studiert hatte und vor seiner Berufung ans Landesarbeitsgericht bereits etwa ein Jahr unbeanstandet beim Arbeitsgericht tätig gewesen war. Es kann also in keiner Weise gesagt werden, daß Dr. K. nicht zum Vorsitzenden beim Landesarbeitsgericht Berlin hätte ernannt werden dürfen, wenn bekannt gewesen wäre, daß er kein Volljurist war.

5. Seine Ernennung war auch, wie das angefochtene Urteil mit Recht annimmt, nicht etwa deshalb nichtig, weil die Anstellungsbehörde Dr. K. infolge der von ihm verübten Täuschung irrtümlich für einen Volljuristen gehalten hat. Die Revision meint in diesem Zusammenhang, die von der Anstellungsbehörde angenommene Art der Befähigung zum Richteramt, nämlich die Eigenschaft als Volljurist, sei in Wirklichkeit nicht vorhanden gewesen; in eine Prüfung, ob Dr. K. in anderer Weise der Berliner Verordnung genügte, sei die Anstellungsbehörde gar nicht eingetreten; eine solche Prüfung sei aber für die Ernennung unerläßlich gewesen, und sie könne jetzt nicht mehr nachgeholt werden. Die über die Nichtigkeitsklage entscheidenden Gerichte seien nicht befugt, die von der Anstellungsbehörde unterlassenen Ermessenserwägungen durch eigene Erwägungen zu ersetzen.

Diesen Ausführungen kann nicht gefolgt werden. Sie verkennen zunächst, daß die Nichtigkeitsklage nur dann Erfolg haben kann, wenn die Ernennung des Dr. K. nichtig war. Schlechthin nichtig ist ein Verwaltungsakt aber nur dann, wenn er an einem besonders schweren Mangel leidet, der seine Nichtigkeit auf den ersten Blick erkennen läßt (vgl. OVG Münster vom 9. 3. 1956, Deutsches Verwaltungsblatt 57 Heft 1 Seite 21 mit Literaturangaben). Bei der Ernennung von Beamten beschränken die in der Bundesrepublik seit 1945 erlassenen Beamtengesetze in wesentlicher Übereinstimmung mit § 32 Abs. 1 des Deutschen Beamtengesetzes vom 26. Januar 1937 (RGBl. S. 39) die Nichtigkeit auf wenige einzeln aufgezählte Fälle, wie sachliche Unzuständigkeit der ernennenden Behörde, Fehlen der Staatsangehörigkeit, Entmündigung, mangelnde Fähigkeit zur Bekleidung eines öffentlichen Amtes (vgl. z. B. Bundesbeamtengesetz vom 14. 7. 1953, BGBl. S. 551, § 11; Bayerisches Beamtengesetz vom 28. 10. 1946, GVBl. S. 349, Art. 51; Hess. Beamtengesetz i. d. F. vom 11. 11. 1954, GVBl. S. 239, § 8 Abs. 1). Dasselbe bestimmten auch § 10 des Berliner Landesbeamtengesetzes vom 24. 7. 1952, GVBl. S. 603, sowie § 8 Abs. 1 des Berliner Gesetzes über die Rechtsstellung der Richter und Staatsanwälte vom 9. Januar 1951, VOBl. S. 235. Diese Gesetze sind zwar durchweg auf die Ernennung des Dr. K. nicht unmittelbar anzuwenden. Auch das Berliner Richtergesetz ist nicht anwendbar, weil es nach seinem § 1 nur für die Richter der ordentlichen Gerichtsbarkeit und der Verwaltungsgerichtsbarkeit gilt. Die in all diesen Gesetzen enthaltenen Vorschriften über die Nichtigkeit einer Ernennung gehören aber zum festen Bestand des Beamtenrechts und auch des Richterrechts, zumal sie mit der herrschenden Verwaltungsrechtslehre übereinstimmen. Danach bleibt kein Raum für die Annahme, daß auch geringere Mängel die Nichtigkeit der Ernennung herbeiführen können.

Zu dem vom Kläger gewünschten Ergebnis könnte man nur in der Weise gelangen, daß man in der Ernennung eines Volljuristen einen andersartigen Verwaltungsakt erblickt als in der Bestellung einer Person zum Richter, der die Zweite Juristische Staatsprüfung nicht abgelegt hat, so daß der erstgenannte Verwaltungsakt nichtig, der zweite dagegen gar nicht vorgenommen wäre. Für eine solche Trennung gibt die Berliner Verordnung aber keine Grundlage her. Die Ernennung einer bestimmten Person zum Beamten oder Richter ist ein einheitlicher unteilbarer Verwaltungsakt, dessen Gültigkeit losgelöst von den ihm zu Grunde liegenden Erwägungen beurteilt werden muß. Es gibt rechtlich gesehen keine zwei Arten von Vorsitzenden beim Landesarbeitsgericht Berlin, solche mit und solche ohne Zweite Juristische Staatsprüfung. Ist jemand zum Vorsitzenden ernannt, dann hat er alle Rechte und Pflichten aus seinem Amt, ohne daß die möglichen Grundlagen seiner Ernennung noch eine Rolle spielen können. An der Wirksamkeit der Ernennung ändert sich auch dann nichts, wenn nachträglich eine andere Begründung für sie unterstellt oder ausdrücklich nachgeschoben würde (vgl. BVerwG 1, 311 [313]).

23

1. Der Senat hält an seiner bisherigen Rechtsprechung (BAG 4, 114 = AP Nr. 1 zu § 20 MieterSchG) fest, daß bei einem Streit, ob ein gesetzlich begründeter Anlaß zur Auflösung des Arbeitsverhältnisses i. S. des § 20 MieterSchG vorgelegen hat, die Arbeitsgerichte auch dann zuständig sind, wenn ein Verfahren vor den Arbeitsgerichten noch nicht anhängig ist.

2. Das gilt auch dann, wenn das Arbeitsverhältnis durch beiderseitige übereinstimmende Erklärungen der Parteien beendet worden ist.

3. Ein „gesetzlich begründeter Anlaß" i. S. von § 20 MieterSchG liegt dann vor, wenn der Mieter auf Grund schuldhaften, rechtswidrigen Verhaltens des Vermieters einen allgemeinen gesetzlichen oder wichtigen Kündigungsgrund hatte und dieses Verhalten für die Auflösung des Arbeitsverhältnisses ursächlich war.

MieterSchG § 20 Abs. 1 Satz 3; ArbGG § 2; ZPO § 256.

II. Senat. Urteil vom 28. November 1957 i. S. N. (Kl.) w. S. W. GmbH (Bekl). 2 AZR 408/56.

I. Arbeitsgericht Stuttgart — II. Landesarbeitsgericht Baden-Württemberg

Der Kläger war von März 1950 bis Februar 1955 als Hausmeister bei der Beklagten beschäftigt. Er bewohnt eine ihm zur Ausübung seiner Tätigkeit überlassene Wohnung der Beklagten. Zu seinen Obliegenheiten gehörte die Bedienung der Zentralheizungsanlagen mehrerer Gebäude. Im Jahre 1951 erkrankte er an einer Rauchvergiftung, 1954 an einem Magenleiden. Im Anschluß an diese Krankheit hat er seine Arbeit nicht wieder aufgenommen. Ihre arbeitsrechtlichen Beziehungen haben die Parteien mit Wirkung vom 15. Februar 1955 vereinbarungsgemäß als beendigt angesehen.

Vor dem Amtsgericht in St. ist zwischen den Parteien ein Räumungsprozeß anhängig. Das Gericht hat diesen Rechtsstreit ausgesetzt und den Parteien aufgegeben, durch ein Urteil des Arbeitsgerichts nachprüfen zu lassen, ob die Beklagte dem Kläger gesetzlich begründeten Anlaß zur Auflösung des Arbeitsverhältnisses gegeben hat. Der Kläger hat darauf Klage erhoben mit dem Antrage festzustellen, daß er insoweit begründeten Anlaß zur Auflösung hatte.

Beide Vorinstanzen haben zu Ungunsten des Klägers entschieden. Die Revision des Klägers führte zur Zurückverweisung an das Landesarbeitsgericht.

Aus den Gründen:

1. Das Landesarbeitsgericht hat die Zulässigkeit der Klage bejaht, da im Rahmen der Anlaßklage des § 20 MieterSchG die ausschließliche Zuständigkeit der Arbeitsgerichte gegeben sei, wenn innerhalb einer Mietaufhebungsklage arbeitsrechtliche Vorfragen im Sinne des § 20 Satz 3 MieterSchG zu entscheiden seien. Einer derartigen Regelung könne mit Rücksicht auf die ausschließliche Zuständigkeit der Arbeitsgerichte für arbeitsrechtliche Streitigkeiten die Zweckmäßigkeit nicht abgesprochen werden.

a) Diese Rechtsauffassung steht in Übereinstimmung mit der Entscheidung des erkennenden Senats vom 20. Mai 1957 (BAG 4, 114), in der die absolute Vorfragenkompetenz der Arbeitsgerichte bei Streitigkeiten im Rahmen des § 20 MieterSchG ausdrücklich anerkannt worden ist, und zwar auch für die Fälle, in denen ein Verfahren vor den Arbeitsgerichten unmittelbar hinsichtlich des begründeten Anlasses zur Auflösung des Dienst- oder Arbeitsverhältnisses noch nicht anhängig ist oder dieses Kündigungsrecht wegen einer zweifellos eingetretenen Beendigung des Arbeitsverhältnisses der Vergangenheit angehört. Der Senat sieht auch keine Veranlassung, seine bisherige Rechtsprechung aufzugeben, denn die Einwendungen, die gegen das Urteil des Senats vom 20. Mai 1957 erhoben worden sind, vermögen nicht zu überzeugen.

In seiner in AP Nr. 1 zu § 20 MieterSchG veröffentlichten kritischen Besprechung des o. a. Urteils bestreitet Pohle zunächst die vom erkennenden Senat bejahte Vorfragenkompetenz der Arbeitsgerichte im Rahmen des § 20 MieterSchG. In erster Linie sollen, wie Pohle meint, prozeßökonomische Gesichtspunkte gegen die Vorfragenkompetenz sprechen. Gerade mit diesem Problem hat sich aber der Senat in dem genannten Urteil eingehend auseinandergesetzt, in dem er entgegen Böttcher (JZ 1955 S. 335) auf die rechtspolitische Notwendigkeit einer Klärung durch mehrere Verfahren bei verschiedenen Gerichtsbarkeiten hingewiesen hat. In seiner Besprechung zum o. a. Urteil des Senats vermag auch Böttcher (JZ 1957 S. 670/71) keine neuen Gesichtspunkte vorzubringen, die zur Aufgabe der bisherigen Rechtsprechung des Senats hätten Veranlassung geben können. Allein der Hinweis, der Gesetzgeber hätte eine ausschließliche Zuständigkeit der Arbeitsgerichte mit eindeutigen Worten zum Ausdruck bringen müssen, vermag nicht zu überzeugen, denn es darf nicht verkannt werden, daß die ausschließlich durch die Arbeitsgerichte erfolgende Entscheidung über eine in der Praxis zentral wichtige Frage des Arbeitsrechts in seinem rechtspolitischen Ergebnis die Verwirklichung eines allgemeinen und übergeordneten rechtsökonomischen Gedankens darstellt. Wenn Pohle bemerkt, es könnten auch noch andere Gerichte als die Arbeitsgerichte bei der Vorfragenkompetenz in Frage kommen, so übersieht er, daß das Bundesarbeitsgericht von der ausschließlichen Zuständigkeit der Arbeitsgerichte nur für den Fall des Vorliegens eines Arbeitsverhältnisses gesprochen hat. Damit hat das Bundesarbeitsgericht den Gedanken des „sachnahen Gerichts", der dem § 20 MieterSchG innewohnt und der seine Entscheidung trägt, Rechnung getragen. Dieser Gedanke besagt, worauf Bettermann (Kommentar zum Mieterschutzgesetz, § 20 Anm. 163, 164) und auch Pohle selbst mit Recht hinweisen, daß gegebenenfalls auch andere Gerichte als die Arbeitsgerichte als „andere Stelle" im Sinne des § 20 MieterSchG in Betracht kommen können, so etwa die Dienststrafgerichte bei Beamten oder gegebenenfalls auch die ordentlichen Gerichte. In allen diesen Fällen ist aber der Gedanke des sachnahen Gerichts gewahrt, das ausschließliche Ziel, das § 20 MieterSchG zu erreichen trachtet. Wenn der Senat diesem gesetzgeberischen Gedanken in seiner Entscheidung vom 20. Mai 1957 Ausdruck verliehen hat und ihn nunmehr nochmals ausrücklich bestätigt, so ist darin keineswegs, wie Bötticher in seiner Anmerkung zu dem genannten Urteil (JZ 1957 S. 670/71) meint, ein Mißtrauen gegen das Sachverständnis des ordentlichen Gerichts herauszulesen; die Systematik unseres Gerichtsaufbaues hat jedem Gerichtszweig seinen bestimmten und durch das Gesetz umrissenen Aufgabenbereich zugewiesen. Wenn der Gesetzgeber die Formulierung „andere Stelle" gewählt hat, so hat er damit bewußt einen weiten Spielraum gelassen, um dem jeweils sachnächsten Gericht die Zuständigkeit zu eröffnen. Unter diesen Gesichtspunkten können auch die Einwendungen von Pohle und Bötticher nicht überzeugen, daß es Arbeitsgerichte bei Schaffung des Mieterschutzgesetzes überhaupt noch nicht gegeben habe. Beide übersehen dabei im übrigen auch, daß das jetzt in Kraft befindliche Mieterschutzgesetz vom 15. Dezember 1942 datiert und zu dieser Zeit die Einrichtung der Arbeitsgerichte bereits seit über 15 Jahren gesetzlich bindend bestimmt war. Der Gesetzgeber wäre in der Lage gewesen — hätten ihn andere Vorstellungen, als die jetzt vom Bundesarbeitsgericht dargelegten, beherrscht — eine Neufassung des § 20 MieterSchG vorzunehmen. Daß dies nicht geschehen ist, spricht ebenfalls für die Rechtsprechung des Bundesarbeitsgerichts. Auf die Frage, ob diese Vorfragenkompetenz auch in den Fällen zu bejahen sein wird, wenn die Parteien sich vor dem Arbeitsgericht verglichen haben oder wenn sie sich darüber einig waren, daß ein „Anlaß" im Sinne des § 20 MieterSchG bestand oder nicht bestand oder schließlich auch in dem Falle, daß Vermieter und Arbeitgeber nicht personengleich sind, brauchte der Senat entgegen Böttícher (a. a. O.) weder in seiner Entscheidung vom 20. Mai 1957 noch in dem hier entschiedenen Rechtsstreit einzugehen, da es auf diesen Fragen damals nicht ankam und auch jetzt nicht ankommt.

b) Eine andere rechtliche Beurteilung kann auch nicht etwa Platz greifen, weil das Arbeitsverhältnis der Parteien anders — als es in dem durch Urteil des Senats vom 20. Mai 1957 entschiedenen Rechtsstreit der Fall war — nicht durch Kündigung, sondern durch beiderseitige übereinstimmende Einigung der Parteien beendet worden ist. § 20 MieterSchG stellt ausschließlich auf die Auflösung des Dienst- oder Arbeitsverhältnisses ab, ohne auszusprechen, auf welche Weise diese Auflösung erfolgt ist. Diese kann auch im Wege der vertraglichen Vereinbarung erfolgt sein (so auch Bettermann, Kommentar zum Mieterschutzgesetz, § 20 Anm. 115). Die Tätigkeit des sachnahen Gerichtes zur Beurteilung der Frage, ob ein gesetzlich begründeter Anlaß zur Auflösung vorlag, ist zur Wahrung des Aufgabenbereiches der einzelnen Gerichtsbarkeiten auch hier erforderlich.

c) Es liegt auch ein Rechtsverhältnis im Sinne des § 256 ZPO vor. Es wird insoweit verwiesen auf die einschlägigen Ausführungen im Urteil des erkennenden Senats vom 20. Mai 1957. Der Senat vermag sich allerdings nicht der vom Landesarbeitsgericht Mainz (AP Nr. 2 zu § 20 MieterSchG) vertretenen Rechtsauffassung anzuschließen, daß sich die Zulässigkeit unabhängig vom Vorliegen eines Rechtsverhältnisses im Sinne von § 256 ZPO unmittelbar aus § 20 MieterSchG ergäbe. § 256 ZPO stellt sich in unserer Prozeßsystematik als eine allgemeine Grundvorschrift dar. Dieser Charakter muß auch hier anerkannt werden, weil, anders als zur Regelung der Vorfragenkompetenz, § 20 MieterSchG dieserhalb nicht erkennbar deutlich eine Sonderregelung setzen will. § 20 Satz 3 MieterSchG ist in diesem Zusammenhang lediglich insoweit heranzuziehen, als aus Wortlaut und Sinn dieser Vorschrift das von § 256 ZPO geforderte Vorliegen des rechtlichen Interesses zu folgern ist.

2. Bei der Frage nach dem „gesetzlich begründeten Anlaß" im Sinne von § 20 MieterSchG ist das Landesarbeitsgericht davon ausgegangen, daß dieser Anlaß nicht identisch damit sei, ob der Kläger einen wichtigen oder gesetzlichen Grund zur Kündigung des Arbeitsverhältnisses hatte. Der Senat vermag dieser Ansicht in ihrer allgemeinen Fassung nicht zu folgen. Vielmehr liegt ein „gesetzlich begründeter Anlaß" dann vor, wenn der Mieter auf Grund schuldhaften, rechtswidrigen Verhaltens des Vermieters einen gesetzlichen oder wichtigen Kündigungsgrund hatte und dieses Verhalten ferner für die Auflösung des Arbeitsverhältnisses kausal

war (vgl. Bettermann, Kommentar zum Mieterschutzgesetz, § 20 Anm. 104, 90, 106, 105, 100, 101). Nur bei einer derartig einengenden Auslegung wird man der Tendenz und dem Sinn des Gesetzes gerecht werden können, die darauf gerichtet sind, dem Mieter bei vorwerfbarem Verhalten des Vermieters Schutz zu gewähren. Diese Vorwerfbarkeit ist weder bei den allgemeinen gesetzlichen Kündigungsgründen noch auch immer bei den wichtigen Kündigungsgründen notwendige Voraussetzung. Das Landesarbeitsgericht hätte daher das Verhalten der Beklagten einmal unter dem Gesichtspunkt des Vorliegens des Kündigungsgrundes und zum anderen unter dem Gesichtspunkt des vorwerfbaren Verhaltens der Beklagten prüfen müssen.

3. (Die Erwägungen des Landesarbeitsgerichtes werden als mangelhaft bezeichnet).

24

1. Auch beim Arbeitsverhältnis gibt es eine Anfechtung nach dem BGB, jedoch nur mit einer ex-nunc-Wirkung.

2. Auch beim Arbeitsverhältnis einer Schwangeren kann der Arbeitgeber seine bei der Einstellung abgegebene Willenserklärung nach §§ 119, 123 BGB anfechten.

3. Nicht jede unwahre Beantwortung einer in einem Einstellungsfragebogen gestellten Frage ist ein arglistige Täuschung im Sinne des § 123 BGB, sondern nur eine falsche Antwort auf eine zulässigerweise gestellte Frage.

4. Nach Vorstrafen darf der Arbeitsplatzbewerber bei der Einstellung nur gefragt werden, wenn und soweit die Art des zu besetzenden Arbeitsplatzes dies erfordert.

BGB § 123.

I. Senat. Urteil vom 5. Dezember 1957 i. S. Bausparkasse G. d. F. W. (Bekl.). w. J. (Kl.) 1 AZR 594/56.

I. Arbeitsgericht Ludwigsburg — II. Landesarbeitsgericht Stuttgart

Die Klägerin war vom 12. April 1955 in der Kreditschutzabteilung der Beklagten als Stenotypistin mit einem Monatsgehalt von 330,— DM tätig. Bei ihrer Einstellung hatte sie die im Personalbogen gestellte Frage nach Vorstrafen verneint. Sie war aber durch Urteil der Großen Strafkammer I des Landgerichts Hamburg vom 24. März 1955 zusammen mit ihrem Vater und Bruder wegen Zugehörigkeit zu einer verbotenen Vereinigung (FDJ) nach § 129 a StGB unter Zubilligung einer Bewährungsfrist zu einer Gefängnisstrafe von zwei Monaten verurteilt worden. Sie hatte zwar gegen dieses Urteil Revision einlegen, aber nicht begründen lassen, so daß ihre Revision durch Beschluß vom 9. Juni 1955 als unzulässig verworfen wurde. Als die Gerichtskasse in Hamburg wegen einer Kostenschuld in Höhe von 94,73 DM bei der Beklagten den Lohn der Klägerin pfändete, zog diese Erkundigungen nach dem Grunde dieser Schuld ein und erfuhr am 3. März 1956, einem Sonnabend, von der Bestrafung der Klägerin. Sie erklärte daraufhin am folgenden Montag, dem 5. März 1956, die Anfechtung des Arbeitsvertrages mit folgendem Schreiben:

> „... Wie wir erfahren, sind Sie am 24. März 1955 vom Landgericht Hamburg zu einer Gefängnisstrafe von zwei Monaten verurteilt worden. Trotzdem haben Sie bei Ihrem Arbeitsantritt am 12. April 1955 auf die in dem von Ihnen ausgefüllten Fragebogen ausdrücklich gestellte Frage nach einer Vorstrafe mit „nein" geantwortet. Sie haben uns damit arglistig getäuscht; die arglistige Täuschung hat uns zum Abschluß des Arbeitsverhältnisses mit Ihnen bestimmt. Bei Kenntnis Ihrer Vorstrafe wären Sie niemals eingestellt worden.
>
> Wir fechten deshalb hiermit den mit Ihnen geschlossenen Arbeitsvertrag wegen Irrtums und arglistiger Täuschung an; das Vertragsverhältnis ist dadurch mit sofortiger Wirkung aufgelöst. Die Ihnen noch zustehenden Leistungen werden Ihnen bei Empfang dieses Schreibens ausgehändigt; in Ihrem Besitz befindliche Gegenstände unseres Hauses sind sofort zurückzugeben.
>
> Das Betreten unseres Hauses ist für Sie künftig verboten."

Die Klägerin war, als sie dieses Schreiben erhielt, schwanger, was sie bereits im November 1955 der Beklagten mitgeteilt hatte und worauf sie diese nach Erhalt des Schreibens nochmals hinwies.

Eine Genehmigung des in Baden-Württemberg durch Delegation gemäß § 9 II MSchG zuständigen Gewerbeaufsichtsamtes zu dieser Lösung vom Arbeitsvertrage hat die Beklagte nicht eingeholt.

Die Klägerin hat die Feststellung verlangt, daß ihr Arbeitsverhältnis fortbestehe.

Ihre Klage hatte in allen Instanzen Erfolg.

Aus den Gründen:

I. Entgegen den Ausführungen des angefochtenen Urteils hat der Senat die erste Frage des Rechtsstreits, ob es neben der Kündigung des

Arbeitsverhältnisses noch eine Anfechtung der das Arbeitsverhältnis begründenden Willenserklärungen gibt, bejaht.

Grundsätzlich gelten alle Vorschriften des Allgemeinen Teils des BGB auch für das Arbeitsverhältnis; nur soweit sie mit dem Wesen und dem Inhalt des Arbeitsverhältnisses als eines Rechtsverhältnisses besonderer Art unvereinbar sind, sind sie unanwendbar.

Unanwendbar auf das Arbeitsverhältnis ist, wie der Senat bereits in seinem zur Veröffentlichung bestimmten Urteil vom 15. November 1957 in 1 AZR 189/57 entschieden hat, die rückwirkende Beseitigung eines (wegen Formverstoßes) nichtigen, aber bereits zur Ausführung gelangten Arbeitsverhältnisses. Aus dem gleichen Grunde gilt auch für das durch Anfechtung nichtig gewordene Arbeitsverhältnis der in § 142 BGB angeordnete rückwirkende Wegfall der angefochtenen Willenserklärung, der seinerseits wieder die zum Vertragsschluß erforderliche Willensübereinstimmung beseitigt, nicht (so Hueck-Nipperdey, Lehrbuch des Arbeitsrechts, 6. Aufl., Bd. I, § 32 III S. 171; Nipperdey bei Staudinger, Kommentar zum BGB, 10. Aufl., § 611 Anm. 96 und 97; Nikisch, Arbeitsrecht, 2. Aufl., Bd. I, S. 192 ff.; Herschel, Die Anfechtung von Arbeitsverhältnissen, BB 53, S. 1069; Hueck, Die Auflösung eines fehlerhaften Arbeitsverhältnisses, BB 52, S. 263, derselbe in AP 54 Nr. 85; LAG Hamm, AP 51 Nr. 1; LAG Frankfurt, RdA 49, 469; LAG Mannheim, RdA 52, 80; a.A. Schlegelberger-Schröder, HGB, § 66 Anm. 1).

Aber nur diese Rückwirkung gilt nicht. Im übrigen bleibt das Institut der Anfechtung neben der Kündigung bestehen. Wenn auch beide Rechtsbehelfe im Ergebnis zu einer Auflösung des Vertrages führen, so haben sie doch durchaus verschiedene juristische Funktionen und sind in ihren Voraussetzungen und Wirkungen durchaus voneinander verschieden. Die Kündigung ergreift das Rechtsverhältnis im ganzen, die Anfechtung betrifft die Willenserklärung eines Teils, und nur, weil, wenn eine Willenserklärung fehlt, damit auch das gesamte Vertragsverhältnis entfällt, wirkt sie auf das Vertragsverhältnis ein. Die Anfechtung dient dazu, den Anfechtenden von den Folgen einer Willenserklärung zu befreien, die auf einem Willensmangel beruht; hingegen hat die Kündigung die Aufgabe, ein nachträglich krank oder sinnlos gewordenes Rechtsverhältnis für die Zukunft zu beseitigen (so Herschel, a. a. O.). Die Anfechtung setzt einen Grund voraus, der vor oder bei Abschluß des Vertrages vorlag, die außerordentliche Kündigung einen im Laufe des Arbeitsverhältnisses entstandenen Grund. Ein und derselbe Grund kann nur dann sowohl für Anfechtung wie für Kündigung in

Frage kommen, wenn ein bei Eingehung des Arbeitsverhältnisses vorhandener Grund auch noch für die Dauer des Arbeitsverhältnisses wirkt (z. B. Unehrlichkeit, der Fall des § 123 Ziff. 1 GewO). Es liegt hier ein ähnlicher Unterschied vor, wie er bei der Auflösung der Ehe zwischen Aufhebungs- und Scheidungsgründen besteht.

Die Wirknug der Anfechtung besteht in der Vernichtung der Willenserklärung. Diese Wirkung hat sie auch beim Arbeitsverhältnis. Die Beschränkung, die für das Arbeitsverhältnis die ex-tunc-Wirkung ausschließt, ist keine Beschränkung der die Willenserklärung vernichtenden Wirkung der Anfechtung. Vielmehr ist es die durch die Anfechtung herbeigeführte Nichtigkeit, die sich nur in Richtung auf die Zukunft entfaltet (so Herschel, a. a. O.). Auch bei dem von vornherein nichtigen, aber bereits verwirklichten Arbeitsverhältnis hat regelmäßig die Berufung auf die Nichtigkeit nur Wirkungen für die Zukunft (vgl. das oben zitierte, zur Veröffentlichung bestimmte Urteil des Senats vom 15. November 1957). Ist die Nichtigkeit durch eine Anfechtung ausgelöst, so kann es nicht anders sein. Wenn beim Arbeitsverhältnis die Anfechtung der Willenserklärung des einen Vertragspartners nur für die Zukunft Bedeutung hat, so handelt es sich dabei nicht um eine Besonderheit der Anfechtung, sondern ergibt sich allgemein aus den Folgen, die in der Regel ein nichtiges bereits verwirklichtes Arbeitsverhältnis hat. Wie die auf Gesetz beruhende von Anfang an bestehende Nichtigkeit von einer durch Kündigung herbeizuführenden Beendigung begrifflich zu scheiden ist, so muß auch die durch Anfechtung herbeigeführte Nichtigkeit begrifflich von der durch Kündigung für die Zukunft herbeizuführenden Beendigung geschieden werden. Allein schon diese Erkenntnis verbietet es, die Anfechtung beim Arbeitsverhältnis als Kündigung zu betrachten oder auch nur zu bezeichnen (vgl. Herschel, a. a. O.).

Nicht einmal in ihren äußeren praktischen Folgen decken sich Anfechtung und Kündigung. So hat der Anfechtende nach Maßgabe des § 122 BGB seinem Partner den Vertrauensschaden zu ersetzen, während es eine ähnliche Bestimmung für die Kündigung nicht gibt (vgl. Herschel, a. a. O.).

Angesichts dieser in Voraussetzung und Wirkung erheblichen Unterschiede, die hiernach zwischen der Anfechtung eines der beiden das Arbeitsverhältnis begründenden Willenserklärungen einerseits und der Kündigung des Arbeitsverhältnisses andererseits bestehen, ist es nicht gerechtfertigt, mit dem Landesarbeitsgericht aus einer die fristloe Kündigung regelnden Bestimmung der GewO (§ 123 Ziff. 1) den Schluß zu ziehen, daß durch diese für das Arbeitsverhältnis der gewerblichen Arbeiter und darüber hinaus noch aller übrigen der GewO gar nicht unterstehenden Arbeitnehmer die Anfechtung wegen Willensmängel nach Maßgabe der §§ 119 ff. BGB ausgeschlossen sei. Dem steht auch entgegen, daß die GewO aus der Zeit vor dem BGB stammt und durch ihre Regelung nicht in das Anfechtungsrecht des — des spätesteren — BGB eingreifen wollte und konnte.

II. Ist aber beim Arbeitsverhältnis neben der Kündigung eine Anfechtung nicht ausgeschlossen, dann ist für die Auflösung des Arbeitsverhältnisses einer Schwangeren durch Anfechtung keine Zustimmung nach § 9 MuSchG erforderlich. Denn wie der Senat bereits entschieden hat (BAG 3, 309), gibt es Mutterschutz nur für einen wirksam zustandegekommenen Vertrag. Wie es keinen Zwang zum Abschluß eines Arbeitsvertrages mit einer Schwangeren gibt, so können die Bestimmungen des MuSchG auch nicht dafür herangezogen werden, daß ein von Anbeginn an fehlerhafter Vertrag zugunsten der Schwangeren rechtlich als gültig zu betrachten wäre. Der Sinn des MuSchG ist es, der werdenden Mutter den Arbeitsplatz und ihre wirtschaftliche Versorgung zu gewährleisten, nicht dagegen die Eingehung eines Arbeitsvertrages selbst, d. h. den Erwerb des Arbeitsplatzes unter allen Umständen und unter Inkaufnahme aller Vertragsmängel zu sichern (vgl. das oben zitierte Urteil; Bulla, MuSchG, § 9 Anm. 32 und LAG Hamburg, ARSt., Bd. VI, Nr. 332). Die Anfechtung wird also durch das MuSchG nicht ausgeschlossen, wie übrigens auch — entgegen den insoweit unrichtigen Ausführungen des angefochtenen Urteils — es Mieterschutz nur bei einem rechtmäßig zustandegekommenen, d. h. nicht bei einem wirksam angefochtenen Mietvertrag gibt (vgl. Bettermann, Kommentar zum MieterschutzGes., § 1 Anm. 8—10).

III. Aber nicht jede falsche Angabe in einem dem Arbeitnehmer bei der Einstellung vorgelegten Fragebogen stellt eine arglistige Täuschung im Sinne des § 123 BGB dar, sondern nur eine falsche Antwort auf eine zulässigerweise gestellte Frage. Indiskrete Befragungen z. B. könnten als ein Einbruch in die rechtlich zu schützende Individualsphäre des Arbeitnehmers unzulässig und daher ihre wahrheitswidrige Beantwortung nicht arglistig sein.

Nach Vorstrafen des Bewerbers darf in Personalbogen nicht einschränkungslos gefragt werden (a. A. Endemann, BB 53, 266), schon um die Resozialisierung der Gestrauchelten nicht unnötig zu erschweren und den sich redlich um einen Arbeitsplatz bemühenden Vorbestraften nicht in unnötige Gewissenskonflikte zu bringen, die übrigens der Gewissenlose weniger als der Anständige haben wird. Nicht für jede Tätigkeit ist die Vorstrafe eines Bewerbers ein beachtliches Hindernis. Sicherlich wird man nicht denjenigen zum Bankkassierer machen, der schon mehrfach wegen Unterschlagung bestraft worden ist, und eine wegen kommunistischer Betätigung vorbestrafte Stenotypistin wird man nicht im Verfassungsschutzamt, den aus § 175 StGB Bestraften nicht als Jugendpfleger, den wegen Trunkenheit am Steuer Bestraften nicht als Chauffeur einstellen. Aber es gibt eine Anzahl von Tätigkeiten, die ein Vorbestrafter durchaus ausüben kann. Es kommt stets auf den zu besetzenden Arbeitsplatz an (vgl. hierzu auch RAG in ARS 36, 147; LAG in ARS 29, 190; 33, 98 und den Beschluß des Zweiten Senats in 2 AZR 317/55 vom 20. September 1955). Je nach Art des zu besetzenden Arbeitsplatzes darf entweder nach Vorstrafen auf vermögensrechtlichem Gebiet (so etwa beim Bankkassierer) oder nach Vorstrafen auf politischem Gebiet (bei Angestellten des Verfassungsschutzamts), nach verkehrsrechtlichen Vorstrafen (beim Chauffeur) usw. gefragt oder auch nicht gefragt werden. Es darf jedenfalls nicht schlechthin ohne sinnvolle Beschränkung auf das für den zu besetzenden Arbeitsplatz wichtige Strafrechtsgebiet gefragt werden. Bei der Fragestellung muß auch zum Ausdruck kommen, daß Strafen, die der Tilgung oder der beschränkten Auskunft unterliegen, nicht mitgenannt zu werden brauchen. Wenn der Bewerber eine ihm sonach unzulässigerweise gestellte Frage nach Vorstrafen wahrheitswidrig verneint, so stellt das keine Arglist dar.

Aus diesem Grunde war hier eine arglistige Täuschung der Klägerin zu verneinen. Für den Posten einer Stenotypistin in einer Bausparkasse mit einem Monatsgehalt von 330,— DM war die Erforschung des gesamten Vorlebens der Bewerberin in strafrechtlicher Hinsicht nicht erforderlich. Die Beklagte hat nicht vorgetragen, daß die Klägerin eine über die normale Tätigkeit einer Stenotypistin hinausgehende Beschäftigung, etwa eigene Entscheidungsbefugnis, gehabt hätte. Es konnte sonach die durchaus zweifelhafte Frage offen bleiben, ob die Klägerin überhaupt dadurch, daß sie die Frage nach den Vorstrafen verneint hat, eine wahrheitswidrige Angabe gemacht hat, da ja im Zeitpunkt ihrer Befragung ihre Verurteilung noch nicht rechtskräftig war.

Daß sie die Beklagte nach Rechtskraft nicht unterrichtet hat, ist ohne Bedeutung für den Rechtsstreit, da in der Unterlassung einer solchen Mitteilung, die ja dann nach Vertragsschluß hätte erfolgen müssen, höchstens ein Kündigungsgrund, aber kein bei Vertragsschluß vorhanden gewesener Anfechtungsgrund liegen würde.

Scheidet aber hiernach eine Anfechtung wegen arglistiger Täuschung aus, so kommt auch eine Anfechtung aus § 119 BGB nicht in Betracht. Denn daß die Klägerin in eine Strafsache verwickelt war, stellt für den hier in Rede stehenden Arbeitsplatz noch keine verkehrswesentliche Eigenschaft dar.

25

Bei der Feststellung der Grundvergütung ist ein früheres Dienstverhältnis gemäß § 5 Abs. 5 TO.A auch dann zu berücksichtigen, wenn für dieses Dienstverhältnis die TO.A nicht unmittelbar, sondern auf Grund einer gemäß § 16 AOGÖ erlassenen Dienstordnung galt.

TO.A § 5 Abs. 5.

IV. Senat. Urteil vom 11. Dezember 1957 i. S. M. (Bekl.) w. N. (Kl.) 4 AZR 448/55.

I. Arbeitsgericht Bonn – II. Landesarbeitsgericht Düsseldorf (2. Kammer Köln)

Der Kläger war vom 12. Juni 1935 bis 16. Juli 1936 bei der Wirtschaftlichen Vereinigung der Roggen- und Weizenmühlen, anschließend bis 31. Dezember 1938 bei der Hauptvereinigung der deutschen Getreide- und Futtermittelwirtschaft in Berlin und dann bis 1945 beim Getreidewirtschaftsverband Ostmark in Wien als Fachkraft für Mühlenstatistik angestellt. Für diese Dienstverhältnisse galt auf Grund der Gemeinsamen Dienstordnung vom 1. November 1939 für die Gefolgschaftsmitglieder der Zusammenschlüsse, die auf Grund des § 2 der Vierten Verordnung über den vorläufigen Aufbau des Reichsnährstandes vom 4. Februar 1935 (RGBl. I, S. 170) der Dienstaufsicht des Reichsnährstandes unterstanden, die TO.A. Der Kläger war in die Verg.Gr. VI b TO.A eingestuft.

Am 1. Juni 1951 wurde der Kläger von der Beklagten als Fachkraft für Mühlenstatistik angestellt und mit Wirkung vom 1. September 1951 in die Verg.Gr. VI b TO.A eingereiht; bei der Berechnung der Grundvergütung wurden ihm 10 Vordienstjahre beim Reichsnährstand angerechnet. Am 4. Dezember 1954 teilte die Beklagte dem Kläger mit, daß sie auf Weisung ihrer Aufsichtsbehörde ihm bei der Berechnung der Grundvergütung diese Vordienstzeit nicht mehr anrechnen dürfe; sie zahlte ihm seitdem entsprechend geringere Bezüge.

Der Kläger begehrt die Feststellung, daß ihm seine bei den Zusammmenschlüssen des Reichsnährstands abgeleistete Dienstzeit gemäß § 5 Abs. 5 TO.A bei der Berechnung der Grundvergütung anzurechnen sei. Die Beklagte meint dagegen, daß die Vordienstjahre des Klägers nicht zu berücksichtigen seien, weil er seine Beschäftigungsstelle nicht innerhalb der in § 1 Abs. 1 TO.A aufgezählten Verwaltungen oder Betriebe gewechselt habe.

Die Klage hatte in allen Instanzen Erfolg.

Aus den Gründen:

Die Festsetzung der Grundvergütung eines Angestellten richtet sich gemäß § 5 Abs. 1 und 4 TO.A nach seinem Lebensalter und der Zahl der bei der Beschäftigungsbehörde zurückgelegten Dienstjahre. Über die Anrechnung von Vordienstzeiten bei der Berechnung der Grundvergütung bestimmt § 5 Abs. 5 TO.A:

> Scheiden Angestellte nach dem Inkrafttreten dieser Tarifordnung aus einem von ihnen nicht zu vertretenden Grunde aus und werden sie in einer Verwaltung oder in einem Betriebe, der von dieser Tarifordnung erfaßt wird, wieder in der gleichen Vergütungsgruppe eingestellt, so erhalten sie die zuletzt bezogene Grundvergütung (sofern diese höher ist als die nach Abs. 4 berechnete).

Mit Recht verlangt hiernach der Kläger von der Beklagten bei der Berechnung seiner Grundvergütung die Berücksichtigung seiner Beschäftigung bei den Zusammenschlüssen des Reichsnährstandes.

Voraussetzung hierfür ist einmal, daß der Kläger in seinem jetzigen Dienstverhältnis bei der Beklagten Anspruch darauf hat, nach den Bestimmung der TO.A behandelt zu werden. Das ist nicht nur der Fall, wenn das jetzige Beschäftigungsverhältnis unmittelbar von dieser Tarifordnung erfaßt wird, sondern auch dann, wenn es den Bestimmungen dieser Tarifordnung aus anderen Gründen unterworfen ist, sei es, daß dies auf gesetzlicher Anordnung beruht, oder daß die Vertragsparteien sich selbst durch einzelvertragliche Abrede den Bestimmungen der Tarifordnung unterworfen und sie damit zum Vertragsinhalt gemacht haben. Die Beklagte ist, wie sich aus § 5 des Getreidegesetzes vom 4. November 1950 (BGBl. I, S. 721) in Verbindung mit § 1 ihrer durch die Vierte Durchführungsverordnung zum Getreidegesetz vom 17. Dezember 1951 (BGBl. I S. 972) erlassenen Satzung ergibt, eine bundesunmittelbare Anstalt des öffentlichen Rechts mit eigener Rechtspersönlichkeit (vgl. Artikel 86, 87 Abs. 3 GG). Sie fällt daher nicht unmittelbar unter den in § 1 Abs. 1 TO.A abgegrenzten Geltungsbereich dieser Tarifordnung. Jedoch ist in § 6 des Bundespersonalgesetzes vom 17. Mai 1950 (BGBl. I, S. 207) für die im Dienst bundesunmittelbarer Anstalten stehenden Personen bestimmt, daß auf ihre Dienstverträge bis zum Abschluß neuer Tarifvereinbarungen die TO.A sinngemäß anzuwenden ist. Diese Vorschrift ist durch § 191 des Bundesbeamtengesetzes bis zur grundlegenden tarifvertraglichen Neuregelung ausdrücklich aufrecht erhalten worden. Dasselbe bestimmt auch § 23 Abs. 3 der Satzung der Beklagten. Somit hat der Kläger gegenüber der Beklagten Anspruch darauf, bei der Berechnung der Grundvergütung ebenso behandelt zu werden, als wenn die TO.A auf sein Dienstverhältnis zur Beklagten unmittelbar Anwendung fände.

Hinsichtlich der früheren Dienstverhältnisse des Klägers sind nach dem unstreitigen Sachverhalt die Voraussetzungen des § 5 Abs. 5 TO.A insofern erfüllt, als der Kläger dort aus einem von ihm nicht zu vertretenden Grunde ausgeschieden ist und in dieselbe Vergütungsgruppe der TO.A eingestuft war, in der er bei der Beklagten eingestellt wurde. Streitig ist dagegen zwischen den Parteien, ob diese Dienstverhältnisse zu berücksichtigen sind, obwohl auch sie nicht unmittelbar unter den Geltungsbereich des § 1 Abs. 1 TO.A fielen, sondern den Bestimmungen dieser Tarifordnung nur durch die auf Grund des § 16 Abs. 2 AOGÖ erlassene Gemeinsame Dienstordnung für die der Dienstaufsicht des Reichsnährstandes unterstehenden Zusammenschlüsse unterworfen waren.

Wenn § 5 Abs. 5 TO.A von einem Ausscheiden des Angestellten nach dem Inkrafttreten dieser Tarifordnung spricht, so kann es sich sinngemäß nur um ein Ausscheiden aus einem Dienstverhältnis handeln, auf das die TO.A Anwendung fand. Das ergibt sich schon daraus, daß die frühere Beschäftigung des Angestellten in derselben Vergütungsgruppe der TO.A erfolgt sein muß, in der er anderweit wieder eingestellt wird. Es kann also entgegen der Ansicht des Klägers durchaus der Fall eintreten, daß eine im öffentlichen Dienst verbrachte Vordienstzeit zwar für die Fortzahlung der Bezüge im Krankheitsfall (§ 12 TO.A) und für die Kündigungsfrist (§ 16 TO.A), nicht aber für die Berechnung der Grundvergütung zu berücksichtigen ist. Denn die §§ 12, 16 TO.A verweisen für die Dienstzeitberechnung ausdrücklich auf § 7 ATO und schließen damit die Dienstzeiten bei allen öffentlichen Verwaltungen und Betrieben im Sinne des AOGÖ ein, während § 5 Abs. 5 TO.A die Anwendung der TO.A im früheren Dienstverhältnis voraussetzt.

Es kann aber auch dem angefochtenen Urteil nicht uneingeschränkt in der Auffassung beigetreten werden, es ergebe sich aus der mittelbaren Anwendung der TO.A auf das alte wie auf das neue Dienstverhältnis des Klägers, daß auch § 5 Abs. 5 TO.A mittelbar mit der Maßgabe Anwendung finde, daß der Stellenwechsel sich innerhalb des öffentlichen Dienstes schlechthin vollzogen haben müsse; anderenfalls könne § 5 Abs. 5 TO.A auf die Dienstverhältnisse bei der Beklagten in keinem

Falle Anwendung finden. Die mittelbare Anwendung der TO.A auf das jetzige Dienstverhältnis des Klägers hat vielmehr zur Folge, daß ihm die gleiche, aber auch keine bessere Rechtsstellung eingeräumt ist, als wenn die Beklagte unmittelbar unter den Geltungsbereich der TO.A fiele. Es könnten ihm daher nur mittelbar unter die TO.A fallende Vordienstverhältnisse nicht angerechnet werden, wenn schon bei einem unmittelbar von der TO.A erfaßten neuen Dienstverhältnis die Anwendung des § 5 Abs. 5 TO.A voraussetzen würde, daß der Stellenwechsel ausschließlich aus den in § 1 Abs. 1 TO.A genannten Verwaltungen oder Betrieben erfolgt ist.

Ob überhaupt und unter welchen Voraussetzungen eine mittelbare Anwendung der TO.A auf das frühere Dienstverhältnis für dessen Berücksichtigung bei der Berechnung der Grundvergütung genügt, ist durch Auslegung der Bestimmung des § 5 Abs. 5 TO.A nach ihrem Sinn und Zweck zu ermitteln; dabei ist es also ohne Belang, aus welchem Rechtsgrunde die TO.A auf das neue Dienstverhältnis Anwendung findet. Unzutreffend ist die von der Beklagten vertretene Auffassung, daß die Bestimmung des § 5 Abs. 5 TO.A, wenn man sie nicht auf einen Stellenwechsel innerhalb der von § 1 Abs. 1 TO.A unmittelbar erfaßten Verwaltungen und Betriebe beschränke, auch auf Angestellte bezogen werden müsse, die in der Privatwirtschaft mit Bezügen nach der TO.A beschäftigt gewesen und später bei einer von der TO.A erfaßten Verwaltung in der gleichen Vergütungsgruppe eingestellt worden seien. Eine Beschäftigung in der Privatwirtschaft hat schlechthin außer Betracht zu bleiben. Denn es kann nicht der Sinn der nur auf Dienstverhältnisse des öffentlichen Dienstes bezogenen Tarifordnung sein, einem Angestellten bei der Übernahme in den öffentlichen Dienst in der Bemessung der Vergütung eine frühere Beschäftigung in der privaten Wirtschaft anzurechnen. Ebensowenig kann es genügen, wenn auf ein früheres Dienstverhältnis im öffentlichen Dienst die TO.A nur auf Grund einzelvertraglicher Abrede Anwendung fand; denn es kann wiederum nicht im Sinn der Tarifordnung liegen, den Dienstherrn eines später begründeten Dienstverhältnisses an einzelvertragliche Abreden eines früheren zu binden. Diese Frage ist hier allerdings nicht zu entscheiden. Jedenfalls aber nötigt eine Auslegung, die den § 5 Abs. 5 TO.A auch auf nur kraft Dienstordnung der TO.A unterworfene Vordienstverhältnisse anwendet, entgegen der Ansicht der Beklagten nicht auch zu einer Anwendung auf solche Vordienstverhältnisse, in denen die TO.A nur auf Grund einzelvertraglicher Abrede galt. Denn es gibt nicht nur diese beiden Auslegungsmöglichkeiten: die eine, daß das Vordienstverhältnis unmittelbar unter den Geltungsbereich der TOA. fallen müsse, und die andere, daß es genüge, wenn auf das Vordienstverhältnis aus irgendeinem Grunde, also auch auf Grund einzelvertraglicher Abrede, die TO.A anzuwenden gewesen sei. Vielmehr sind einer besonderen Betrachtung diejenigen Fälle zu unterziehen, in denen die TO.A im Vordienstverhältnis mit normativer Wirkung galt. Dabei können hier die Fälle außer Betracht bleiben, in denen das Vordienstverhältnis den Bestimmungen der TO.A durch gesetzliche Vorschrift (vgl. § 6 BPG) oder durch Tarifvertrag unterworfen war. Zu entscheiden ist hier nur die Frage, ob es für die Anwendung des § 5 Abs. 5 TO.A genügt, wenn für das frühere Dienstverhältnis die TO.A auf Grund einer gemäß § 16 Abs. 2 AOGÖ erlassenen Dienstordnung eingeführt war. Das ist zu bejahen.

Zwar darf nicht verkannt werden, daß die Dienstordnung die TO.A nicht mit Tarifordnungswirkung einführen konnte; es liegt nur eine mit der Tarifordnung gleichlautende Dienstordnung vor. Der Führer einer Verwaltung konnte auch nicht durch eine von ihm erlassene Dienstordnung den künftigen Dienstherrn seiner Angestellten in dem Bereich einer anderen Verwaltung binden. Wohl aber ist diese Bindung aus der Auslegung des § 5 Abs. 5 TO.A selbst herzuleiten. Die TO.A erfaßt unmittelbar nur einen Teil der Angestelltenverhältnisse bei öffentlichen Verwaltungen und Betrieben. Offenbar beruht die Beschränkung darauf, daß im übrigen für eine freiere Gestaltung der Dienstverhältnisse bei den in § 1 Abs. 1 TO.A nicht aufgeführten Verwaltungen und Betrieben je nach deren Eigenart Raum bleiben sollte. Von einer Regelung für diese Verwaltungen und Betriebe durch Tarifordnung konnte um so mehr abgesehen werden, als dort die TO.A durch Dienstordnung gemäß § 16 AOGÖ eingeführt werden konnte, wenn das der Eigenart der Verwaltung oder des Betriebes entsprach. Geschah das, so war die grundsätzlich angestrebte einheitliche Regelung auch für diese Verwaltungen und Betriebe hergestellt. Es bestand dann auch kein Anlaß für den Reichstreuhänder, den Geltungsbereich der Tarifordnung auf diese Verwaltungen und Betriebe auszudehnen. In einzelnen Fällen sah die TO.A selbst ihre Einführung durch Dienstordnung ausdrücklich vor. So bestimmte § 1 Abs. 5 TO.A, daß Gruppen von Arbeitnehmern, die der Invalidenversicherung unterlagen, aber bisher einer Tarifordnung für Angestellte unterstellt waren, durch Dienstordnung der TO.A unterstellt werden konnten. Und in § 1 Abs. 3 i war sogar angeordnet, daß für die dort von dem Geltungsbereich der TO.A ausgenommenen Verwaltungs- und Betriebsstellen die TO.A durch Dienstordnung eingeführt werden sollte, soweit die Betriebsverhältnisse dies zuließen. War das geschehen, so könnten nach der von der Beklagten vertretenen engen Auslegung Dienstzeiten bei einer solchen Verwaltung nicht gemäß § 5 Abs. 5 TO.A berücksichtigt werden, obwohl die TO.A selbst ihre Einführung dort nicht nur vorgesehen, sondern sogar gefordert hatte; denn auch eine solche Verwaltung wurde nicht unmittelbar von der TO.A erfaßt. Mit dem Sinngehalt dieser Tarifordnung stände dieses Ergebnis nicht in Einklang. Im Hinblick auf die damals gegebene und bei der Abgrenzung des Geltungsbereichs der TO.A berücksichtigte Möglichkeit, die Dienstverhältnisse im öffentlichen Dienst auch durch Dienstordnung normativ zu regeln, fordert vielmehr eine sinngemäße Auslegung des § 5 Abs. 5 TO.A die Berücksichtigung früherer Dienstverhältnisse auch dann, wenn für diese die TO.A nicht unmittelbar galt, sondern durch eine gemäß § 16 AOGÖ erlassene Dienstordnung eingeführt war. Die Wortfassung der Tarifnorm steht dieser Auslegung nicht entgegen.

26

1. Das Landesarbeitsgericht ist nicht vorschriftsmäßig besetzt, wenn einer der mitwirkenden Richter während fortdauernder Verhandlung auch nur kurzfristig den Sitzungssaal verläßt.

2. Der Nachweis, daß die Verhandlung trotz zeitweiliger Abwesenheit eines der beisitzenden Richter fortgesetzt worden ist, kann nicht nur gemäß § 164 ZPO geführt werden.

3. Die zeitweilige Abwesenheit eines der beisitzenden Richter in der Verhandlung vor der Urteilsfindung schließt die Mitwirkung dieses Richters bei der Urteilsfindung aus.

4. Die zeitweilige Abwesenheit eines beisitzenden Richters in der Verhandlung und seine Mitwirkung bei der Urteilsfindung stellen einen absoluten Revisionsgrund dar, der zur Aufhebung des Urteils nötigt, ohne daß zu prüfen ist, ob die Entscheidung auf diesem Verstoß beruht.

ZPO §§ 551 Abs. 1 Ziff. 1; 309, 128, 164; ArbGG § 35.

I. Senat. Urteil vom 31. Januar 1958 i. S. L. (Kl.) w. Land H. (Bekl.).
1 AZR 477/57.

I. Arbeitsgericht Kassel — II. Landesarbeitsgericht Frankfurt/Main

Die Parteien streiten darüber, ob das Dienstverhältnis des Klägers zu dem beklagten Land durch die Verhaftung des Klägers im Dezember 1947, durch nachträgliche Erklärungen des beklagten Landes oder die später erfolgte Freigabe der Betriebe aus der Überführung in das Gemeineigentum rechtswirksam beendet ist oder aber noch heute von Bestand ist.

Der Kläger hat vor dem Arbeitsgericht beantragt, festzustellen, daß das Angestelltenverhältnis zwischen dem Land Hessen und dem Kläger nicht erloschen ist und die gegebenenfalls ausgesprochenen Kündigungen in den Schreiben vom 23. April und 12. Mai 1948 unwirksam sind.

Beide Vorinstanzen haben die Klage abgewiesen.

Die Revision des Klägers führte zur Zurückverweisung an das Landesarbeitsgericht.

Aus den Gründen:

Mit der Revision rügt der Kläger, daß das Landesarbeitsgericht in der der Urteilsfindung unmittelbar vorausgehenden mündlichen Verhandlung vom 14. Juni 1956 nicht vorschriftsmäßig besetzt gewesen sei; einer der Landesarbeitsrichter habe während der Verhandlung zeitweilig den Sitzungssaal verlassen.

Diese Revisionsrüge erweist sich als begründet und muß zur Aufhebung des angefochtenen Urteils ohne weitere Sachprüfung führen.

Aus den vom Senat angestellten Ermittlungen (dienstliche Äußerung der an der Urteilsfindung beteiligten Richter des Landesarbeitsgerichts und Vernehmung der Zeugen Rechtsanwalt M.-B. und Oberbergamtsdirektor Dr. F. K.) ergibt sich, daß während der ununterbrochenen fortgesetzten letzten mündlichen Verhandlung vor dem Landesarbeitsgericht vom 14. Juni 1956 der Landesarbeitsrichter Sch. den Sitzungssaal kurzfristig verlassen hat, um ein Ferngespräch zu erledigen. Aus der Sitzungsniederschrift über die Verhandlung vom 14. Juni 1956 ergibt sich zwar nicht, daß einer der im Protokoll namentlich erwähnten Landesarbeitsrichter während der Verhandlung den Sitzungssaal verlassen hat; daher ist aus dem Protokoll auch nicht zu ersehen, ob die Verhandlung wegen einer solchen zeitweisen Verhinderung einer der mitwirkenden Richter unterbrochen worden ist, oder aber ob die Verhandlung ohne Unterbrechung trotz der Abwesenheit einer der Richter fortgesetzt worden ist. Im Gegensatz zu den Ausführungen der Revisionsbeantwortung reichen die von dem Senat auf die Revisionsrüge hin angestellten Ermittlungen aber auch diesem Protokoll gegenüber aus, um die zeitweise Abwesenheit einer der beisitzenden Landesarbeitsrichter und die Fortsetzung der Verhandlung unter Anwesenheit des Vorsitzenden und des anderen beisitzenden Richters, aber Abwesenheit des dritten Richters als festgestellt anzusehen.

Dieser Feststellung auf Grund des Ergebnisses der von dem Senat durchgeführten Beweisaufnahme steht die Vorschrift des § 164 ZPO nicht entgegen. Diese Vorschrift, nach der die Beobachtung der für die mündliche Verhandlung vorgeschriebenen Förmlichkeiten nur durch das Protokoll bewiesen werden kann und nach der gegen den die Förmlichkeiten betreffenden Inhalt des Protokolls nur der Nachweis der Fälschung zulässig ist, trifft nicht den hier zur Entscheidung stehenden Fall der zeitweiligen Abwesenheit eines Richters während einer fortdauernden, nicht wegen dieser Abwesenheit unterbrochenen Verhandlung. Zu den Förmlichkeiten des Protokolls gehört zwar die nach § 159 Abs. 2 Nr. 2 ZPO erforderliche Angabe des Namens der an der Verhandlung mitwirkenden Richter (vgl. Baumbach-Lauterbach, ZPO 1956, § 164 Anm. 1). Die nach § 159 Abs. 2 Nr. 2 ZPO erforderlichen und hier auch in das Protokoll aufgenommenen Angaben über die Namen der mitwirkenden Richter stellen keinen nur nach § 164 Satz 2 ZPO widerlegbaren Beweis dafür dar, daß diese Richter auch während der ganzen Dauer der Verhandlung ununterbrochen an dieser teilgenommen haben. Diese Angaben über die Besetzung des Gerichts begründen zwar den nur nach § 164 Satz 2 ZPO zu widerlegenden Beweis, daß die in dem Protokoll genannten Richter überhaupt an der Verhandlung teilgenommen, nicht aber auch den Nachweis, daß sie während der ganzen Dauer der Verhandlung an dieser teilgenommen haben und insbesondere auch nicht kurzfristig während fortdauernder Verhandlung den Sitzungssaal verlassen haben. Zwar ist in aller Regel davon auszugehen, daß die als mitwirkende Richter in dem Protokoll benannten Personen auch während der ganzen Dauer der Verhandlung an dieser ohne jede Unterbrechung teilgenommen haben, das Gegenteil kann aber auch auf andere Weise als nach § 164 ZPO durch die dort genannten Nachweise bewiesen werden.

Denn das Protokoll über den äußeren Hergang der Verhandlung braucht diesen Hergang nur im „allgemeinen" anzugeben (§ 160 Abs. 1 ZPO). Insbesondere hätte eine nur kurzfristige Unterbrechung der Verhandlung, die sich aus besonderen Gründen, etwa wegen einer nur kurze Zeit andauernden anderweiten Inanspruchnahme eines der mitwirkenden Richter als erforderlich erwies, nicht im Protokoll erwähnt zu werden brauchen. Es handelt sich insoweit nicht um für die mündliche Verhandlung vorgeschriebene Förmlichkeiten im Sinne des § 164 ZPO. Ist aber in einem solchen Fall die Erwähnung der erforderlich gewordenen Unterbrechung im Protokoll nicht kraft Gesetzes vorgeschrieben oder nach der gerichtlichen Praxis auch nur üblich, so kann weder der Nachweis, daß eine solche Unterbrechung wegen einer zeitweisen Behinderung eines Richters tatsächlich stattgefunden hat, noch aber der, daß sie nicht stattgefunden hat, aus dem Protokoll, das insoweit keine Angaben enthält und auch nicht zu enthalten braucht, geführt werden. Dann kann deshalb, weil das Protokoll insoweit keinen Aufschluß zu geben braucht und auch nicht gibt, nicht nur mit der Beweisführung nach § 164 Satz 2 ZPO, sondern auch durch dienstliche Äußerungen der an der Verhandlung beteiligt gewesenen Richter und durch die Benennung und Vernehmung sonstiger Teilnehmer an der Verhandlung als Zeugen oder durch sonstige Beweismittel bewiesen werden, daß einer der mitwirkenden Richter zeitweilig den Sitzungssaal verlassen hat und daß die Verhandlung gleichwohl ununterbrochen fortgesetzt worden ist.

Der Senat kann und muß also bei seiner Entscheidung von der in der Beweisaufnahme gewonnenen Fesstellung ausgehen, daß der Landesarbeitsrichter Sch. kurzfristig den Sitzungsaal während der Verhandlung verlassen hat, um ein Ferngespräch zu erledigen. Weiter muß der Senat davon ausgehen, daß dies dem Vorsitzenden keinen Anlaß gegeben hat, die Verhandlung für die Dauer der Abwesenheit des Landesarbeitsrichters zu unterbrechen, daß im Gegenteil auch während der Abwesenheit des Landesarbeitsrichters die Verhandlung fortgesetzt wordenist.

Nach § 35 Abs. 2 ArbGG wird jede Kammer des Landesarbeitsgerichts in der Besetzung mit einem Vorsitzenden und je einem Landesarbeitsrichter aus den Kreisen der Arbeitnehmer und der Arbeitgeber tätig. Nur in dieser durch das Gesetz vorgeschriebenen Besetzung kann die Kammer des Landesarbeitsgerichts während der ganzen Dauer der Verhandlung tätig sein. Entfernt sich einer dieser Richter während der Verhandlung aus dem Sitzungssaal, so muß die Verhandlung sofort unterbrochen werden. Wird weiter verhandelt, so ist das Gericht nicht mehr vorschriftsmäßig besetzt. Die Verhandlung muß aber vor dem vorschriftsmäßig besetzten Gericht stattfinden. Dies ergibt sich aus § 128 ZPO. Danach ist die Verhandlung der Parteien über den Rechtsstreit vor dem erkennenden Gericht eine mündliche. Das erkennende Gericht muß bei dieser mündlichen Verhandlung in der vollen gesetzmäßigen Besetzung anwesend sein. Auch eine nur kurzfristige Abwesenheit eines Richters während der der Urteilsfindung unmittelbar vorausgehenden mündlichen Verhandlung macht das erkennende Gericht zu einem nicht vorschriftsmäßig besetzten Gericht. Hieran wird nichts dadurch geändert, daß der kurzfristig abwesend gewesene Richter sich später über den Gang der Verhandlung während seiner Abwesenheit unterrichtet haben mag. Der Richter muß vielmehr während der ganzen Dauer der Verhandlung an dieser selbst teilnehmen und sich sein Urteil auf Grund der Verhandlung unmittelbar bilden. Dies folgt aus dem Grundsatz der Mündlichkeit und Unmittelbarkeit der Verhandlung, der das deutsche Zivilprozeßrecht beherrscht. Dem entspricht auch § 309 ZPO: Das Urteil darf nur von den Richtern gefällt werden, die der dem Urteil zugrunde liegenden Verhandlung beigewohnt haben. Hat ein Richter der Verhandlung nicht ununterbrochen beigewohnt, so darf er an dem Urteil nicht mitwirken. Wirkt er gleichwohl mit, so ist das Urteil von einem nicht vorschriftsmäßig besetzten Gericht erlassen (vgl. Baumbach-Lauterbach, ZPO 1956, § 309 Anm. 1; Stein-Jonas, ZPO 1953, § 128 Anm. IV 2).

Es hat sich zwar nicht feststellen lassen, worüber während der Zeitspanne, in der der Landesarbeitsrichter Sch. nicht im Sitzungssaal anwesend war, mit den Parteien verhandelt worden ist. Es mag zutreffen, daß in diesem Zeitraum lediglich über den Abschluß eines Vergleichs gesprochen worden ist. Aber auch derartige Vergleichsverhandlungen im Rahmen einer mündlichen Verhandlung vor dem erkennenden Gericht sind Bestandteil der Verhandlung selbst. Auch bei ihnen muß deshalb, wenn nicht ausnahmsweise durch besonderen Beschluß ein Mitglied der Kammer mit der Führung der Vergleichsverhandlungen beauftragt ist, das Landesarbeitsgericht in seiner vollen Besetzung tätig sein. Ist dies nicht möglich, weil einer der Richter aus dem Sitzungssaal abgerufen wird, so muß die Verhandlung bis zu der Rückkehr des Richters unterbrochen werden.

Das Landesarbeitsgericht ist also dadurch, daß in der der Urteilsfällung vorausgehenden letzten mündlichen Verhandlung vom 14. Juni 1956 der Landesarbeitsrichter Sch., der an dem Urteil mitgewirkt hat, kurzfristig den Sitzungssaal verlassen hat, ohne daß die Verhandlung unterbrochen worden ist, in dieser Verhandlung und bei der Urteilsfällung nicht vorschriftsmäßig besetzt gewesen. Dies nötigt gemäß § 551 Abs. 1 ZPO zur Aufhebung der angefochtenen Entscheidung, denn in einem solchen Fall ist die getroffene Entscheidung stets als auf einer Verletzung des Gesetzes beruhend anzusehen (so auch für die Kammern der Arbeitsgerichte Dietz-Nikisch, ArbGG 1954, § 16 Anm. 17 und Dersch-Volkmar, ArbGG 1955, § 16 Anm. 3).

Es bedarf im Gegensatz zur Ansicht der Revisionsbeantwortung nicht der Prüfung, ob die zeitweilige Abwesenheit des Landesarbeitsrichters Sch. die von dem Landesarbeitsgericht unter Mitwirkung dieses Richters getroffene Entscheidung beeinflußt hat. Es mag dahingestellt bleiben, ob dann, wenn ein in der Verhandlung anwesender Richter infolge physischer Gebrechen verhindert war, die ihm obliegenden Funktionen ordnungsgemäß wahrzunehmen, das ergehende Urteil in jedem Falle nur unter den Voraussetzungen des § 549 ZPO mit der Revision anfechtbar ist (vgl. dazu Stein-Jonas, ZPO, 18. Aufl., § 551 II 1 Abs. 4; Baumbacher-Lauterbach, ZPO 1956, § 551 Anm. 2; RGZ 124, 153; BGH St 4, 191; 5, 354). Dieser Fall ist von dem hier zur Entscheidung stehenden wesensverschieden. Hier ist während eines Teiles der Verhandlung einer der Richter überhaupt nicht anwesend gewesen, das Gericht hat also in einer Besetzung verhandelt und entschieden, die mit den gesetzlichen Vorschriften über die Besetzung der Kammern der Landesarbeitsgerichte schlechterdings unvereinbar ist. Dies bedeutet einen so schweren Verstoß auch gegen den Grundsatz der Mündlichkeit und Unmittelbarkeit der Verhandlung, daß nicht mehr zu prüfen ist, ob das Urteil auf diesem Verstoß beruht. In einem solchen Fall ist daher nicht § 549 ZPO anzuwenden, sondern § 551 Ziff. 1 ZPO.

27

Nach dem HATGes. von Niedersachsen hat die Heimarbeiterin keinen Anspruch auf einen Hausarbeitstag.

HATGes. Niedersachsen § 1.

I. Senat. Urteil vom 17. Januar 1958 i. S. D. (Kl.) w. Fa. N. (Bekl.).
1 AZR 170/57.

I. Arbeitsgericht Verden — II. Landesarbeitsgericht Hannover

Die Klägerin hat für Februar und März die Abgeltung für je einen Hausarbeitstag gefordert.

Das Arbeitsgericht hat der Klage für Februar 1956 stattgegeben. Für März 1956 hat es sie dagegen abgewiesen, weil es hier den Nachweis, daß die Klägerin die Gewährung eines Hausarbeitstages beantragt habe, nicht als geführt angesehen hat.

Das Landesarbeitsgericht hat auf die Berufung der Beklagten die Klage abgewiesen. Die Revision der Klägerin blieb erfolglos aus folgenden

Gründen:

Der Klägerin, die für den in Niedersachsen gelegenen Betrieb der Beklagten Heimarbeit leistet, steht nach dem niedersächsischen Gesetz betreffend hauswirtschaftliche Freizeit für Frauen vom 9. Mai 1949

(GVBl. 49, 104) ein Anspruch auf einen bezahlten arbeitsfreien Wochentag im Monat nicht zu. Dieses Gesetz stellt in § 1 Abs. 1 ausdrücklich bei der Regelung der Anspruchsvoraussetzungen auf Frauen ab, die in abhängiger Tätigkeit beruflich beschäftigt sind. Das Erfordernis der abhängigen Tätigkeit ist entgegen der von Bulla, Mutterschutz u. Frauenarbeitsrecht, 1954 (Hausarbeitstag S. 576, Anm. 32) geäußerten Rechtsansicht im Sinne der persönlichen weisungsgebundenen Abhängigkeit zu verstehen, wie sie für den Arbeitnehmerbegriff charakteristisch ist. Wenn das Gesetz nicht, wie es in der ursprünglichen Initiativvorlage im Niedersächsischen Landtag vorgesehen war, auf das Arbeitnehmerverhältnis der Frauen abstellt, so beruht das darauf, daß die endgültige Fassung des Gesetzes auch die Beamtinnen einbeziehen wollte, für die gleichfalls das Merkmal der persönlichen Abhängigkeit kennzeichnend ist. Für die auf Grund eines privatrechtlichen Arbeitsvertrages tätigen Frauen ist somit mit dem Begriff der abhängigen Tätigkeit vorausgesetzt, daß es sich um Arbeitnehmerinnen handelt. Es ist allgemein anerkannt, daß Heimarbeiter keine Arbeitnehmer im Sinne der arbeitsrechtlichen Gesetzgebung sind (vgl. Hueck-Nipperdey, Lehrbuch des Arbeitsrechts, 6. Aufl., § 10), es sei denn, daß sie nach ausdrücklicher gesetzlicher Bestimmung Als Arbeitnehmer gelten oder aus Gründen der Schutzbedürftigkeit wie Arbeitnehmer behandelt werden.

Eine solche Bestimmung fehlt in dem Hausarbeitstagsgesetz Niedersachsens. Dem niedersächsischen Gesetzgeber war bei Erlaß des niedersächsischen Hausarbeitstagsgesetzes vom 9. Mai 1949 bekannt, daß die Freizeitanordnung vom 22. Oktober 1943 die Heimarbeiterin offenbar nicht in ihre Regelung einbezogen hat, wie sich aus § 1 Satz 1 dieser Anordnung ergibt. Es waren ihm weiter die vorher ergangenen Hausarbeitstagsgesetze von Hamburg (17. Februar 1949) und Bremen (29. Juni 1948) bekannt, die ihrerseits durch ausdrückliche Vorschrift die Heimarbeiterinnen in ihren Geltungsbereich einbezogen haben, was ihnen frei stand. Wenn der niedersächsische Gesetzgeber, obwohl diese Gesetze bestanden, dennoch die Heimarbeiter in seinem Hausarbeitstagsgesetz nicht erwähnt, während er sie andererseits in dem zeitlich früheren niedersächsischen Urlaubsgesetz vom 10. Dezember 1948 in § 1 Abs. 2 ausdrücklich einbezogen hat, so muß angenommen werden, daß er den Hausarbeitstag den Heimarbeiterinnen nicht gewähren wollte. Hinzu kommt, daß die Bestimmungen des niedersächsischen Hausarbeitstagsgesetzes, insbesondere die wichtigen § 1 Abs. 1 Satz 2, § 1 Abs. 2 in keiner Weise für die Heimarbeiterinnen passen. Das Hausarbeitstagsgesetz von Niedersachsen spricht von „Lohn", während diese Bezeichnung bei Heimarbeiterinnen in der Gesetzessprache nicht erwähnt zu werden pflegt. § 3 spricht von „unentschuldigtem Fehlen" und von einer „Arbeitsbefreiung", gebraucht also Begriffe, die nur für die Betriebsarbeiterin passen. § 4 spricht von „Arbeitnehmern" und „Arbeitgebern", benutzt also Begriffe, die gleichfalls im Heimarbeitsrecht nicht verwendet werden. Alles das spricht dafür, daß das Gesetz die Heimarbeiterinnen nicht in seinen Geltungsbereich einbeziehen wollte.

Eine solche Beschränkung des Hausarbeitstages auf die Arbeitnehmerinnen und Beamtinnen ist im allgemeinen deshalb gerechtfertigt, weil die Heimarbeiterinnen nicht im gleichen Umfang wie diese durch ihre Berufsarbeit und die Tätigkeit im Betrieb doppelt belastet sind. Die Heimarbeiterinnen sind hinsichtlich der Arbeitszeit nicht gebunden. Sie können bis zu einem gewissen Grad die Berufsarbeit mit der Hausarbeit verbinden und zum Teil sogar beide gleichzeitig erledigen. Auch können sie — wie das im vorliegenden Fall unstreitig geschehen ist — die Familienmitglieder zur Mitarbeit heranziehen und sich dadurch freie Zeit zur Erledigung der Hausarbeit verschaffen.

Wenn in verschiedenen Bundesgesetzen, wie dem Gesetz über Lohnzahlung an Feiertagen und dem Mutterschutzgesetz, die Heimarbeiterin in den Kreis der Berechtigten einbezogen ist, so spricht das nicht für die Rechtsansicht der Klägerin. Es bedarf eben immer noch einer besonderen gesetzlichen Bestimmung, um sie den Betriebsarbeitern gleichzustellen, falls sich das nicht schon aus Sinn und Zweck der Regelung ergibt.

Nicht berufen kann sich die Klägerin auch auf die Entscheidung des Senats vom 20. April 1956 (BAG 3, 23), in der auch beim Fehlen einer besonderen gesetzlichen Bestimmung der Urlaubsanspruch jedem Arbeitnehmer und ebenfalls dem Heimarbeiter zugesprochen worden ist. Der Senat hat diesen Rechtsgrundsatz aus der allgemeinen Fürsorgepflicht und aus den Erfordernissen des sozialen Rechtsstaats gefolgert, nach denen jeder Arbeitnehmer und arbeitnehmerähnlich Beschäftigte einmal im Jahr die Möglichkeit haben soll, sich eine bestimmte Zeit zu erholen, ohne dabei seine Lebenshaltung einschränken zu müssen. Der Senat hat diesen Grundsatz ausdrücklich auf den Erholungsurlaub beschränkt. Eine ausdehnende Auslegung verträgt er nicht. So hat der Senat bereits entschieden, daß sich der Ruhegeldanspruch im Gegensatz zum Urlaubsanspruch ohne besondere Rechtsgrundlage nicht allein aus der Fürsorgepflicht herleiten läßt (BAG 4, 360). Das muß auch für den Anspruch auf den Hausarbeitstag gelten. Dieser Anspruch kann nur aus besonderen Rechtsvorschriften hergeleitet werden. Als eine solche Vorschrift kommt nur das Hausarbeitstagsgesetz von Niedersachsen in Frage, das, wie oben dargelegt, die Heimarbeiterin nicht mitumfaßt.

Der Ähnlichkeit, die zwischen dem Betriebs- und Heimarbeiter besteht und dazu geführt hat, beiden in gleicher Weise einen Urlaubsanspruch zu gewähren, steht eine Verschiedenheit beider Gruppen gegenüber, die eine absolute Gleichbehandlung verbietet, wie schon der Zweite Senat (BAG 4, 262) entschieden hat. Es kommt stets auf den besonderen Sachverhalt an. Was die Doppelbelastung der berufstätigen Hausfrau anlangt, so ist diese — wie dargelegt — bei der Betriebsarbeiterin fühlbarer als bei der Heimarbeiterin, da die Betriebsarbeiterin nicht nur doppelte Arbeit zu leisten, sondern auch getrennte Arbeitsplätze und somit nicht die Möglichkeit hat, beide Arbeiten Hand in Hand gehen zu lassen. Wegen dieser sich gerade hier entscheidend auswirkenden Verschiedenheit zwischen Betriebsarbeiterin und Heimarbeiterin ist die die Heimarbeiterin auslassende Regelung des niedersächsischen Hausarbeitstagsgesetzes sinnvoll, und es besteht keine Veranlassung, das Gesetz über seinen Wortlaut hinaus auszulegen.

28

1. Ein Urteil, das eine prozeßhindernde Einrede verwirft, ist auch im arbeitsgerichtlichen Verfahren selbständig anfechtbar.

2. Die Zustellung einer Urteilsausfertigung, die eine falsche Rechtsmittelbelehrung enthält, setzt die Rechtsmittelfrist nicht in Lauf.

3. Für die Frage der sachlichen Zuständigkeit der Gerichte für Arbeitssachen kommt es, soweit die die Zuständigkeit begründenden Tatsachen mit den die Klage begründenden identisch sind, allein auf die vom Kläger behaupteten Tatsachen, nicht aber auf den wahren Sachverhalt an.

4. Ist ein Klagebegehren doppelt begründet, nämlich als eine im Zuständigkeitskatalog des § 2 Abs. 1 Nr. 1 bis 3 ArbGG bezeichnete bürgerliche Rechtsstreitigkeit und außerdem als ein zur Zuständigkeit der ordentlichen Gerichte gehöriger Anspruch, so entscheiden die Gerichte für Arbeitssachen im Rahmen des § 3 Abs. 1 ArbGG auch über den zweiten Klagegrund.

ZPO § 275 Abs. 2; ArbGG § 2, § 3 Abs. 1 Halbsatz 1; § 9 Abs. 5.

II. Senat. Urteil vom 1. März 1958 i. S. v. Sch. (Bekl.) w. K. (Kl.).
2 AZR 200/57.

I. Arbeitsgericht Göttingen — II. Landesarbeitsgericht Hannover

Die Klägerin war bei dem im Jahre 1954 verstorbenen Rittergutsbesitzer Sch. als Hausdame beschäftigt. Nach einem Erbvertrag aus dem Jahre 1939 ist der Beklagte sein Erbe. In einem Testament im Jahre 1948 hatte Sch. der Klägerin eine lebenslängliche Rente von monatlich 125,— RM als Vermächtnis ausgesetzt. Nach seinem Tode zahlte der Beklagte der Klägerin bis zum 31. März 1956 monatlich 125,— DM; von da an zahlte er ihr jedoch monatlich nur noch 70,— DM mit der Begründung, eine höhere Rente beeinträchtige seine Rechte aus dem Erbvertrag.

Die Klägerin verlangt von dem Beklagten die Zahlung des Unterschiedsbetrages seit dem 1. April 1956. Sie stützt sich dabei auf den Inhalt des Testaments und hat außerdem behauptet, der Verstorbene habe ihr unabhängig von dem Testament bereits zu seinen Lebzeiten eine lebenslängliche Rente zugesagt, deren Höhe im Testament mit 125,— DM monatlich festgesetzt worden sei.

Der Beklagte hat im ersten Rechtszuge die Einrede der sachlichen Unzuständigkeit der Gerichte für Arbeitssachen erhoben.

Das Arbeitsgericht hat in den Gründen diese Einrede für unbegründet erachtet und der Klage sachlich stattgegeben. Auf die Berufung des Beklagten, mit der er weiterhin die Einrede der sachlichen Unzuständigkeit geltend machte, hat das Landesarbeitsgericht durch ein Zwischenurteil diese Einrede verworfen.

Die Revision des Beklagten hatten keinen Erfolg.

Aus den Gründen:

I. Die Revision des Beklagten ist rechtzeitig eingelegt. Zwar ist das angefochtene Urteil dem Beklagten bereits am 1. November 1956 zugestellt; die Revisionsschrift ist aber erst am 9. April 1957 beim Bundesarbeitsgericht eingegangen. Die Zustellung vom 1. November 1956 war jedoch nicht geeignet, die Revisionsfrist in Lauf zu setzen. Das dem Beklagten zugestellte Urteil enthielt den Zusatz: „Das Zwischenurteil ist nicht selbständig anfechtbar". Diese Rechtsmittelbelehrung ist falsch. Denn das Zwischenurteil, durch das die prozeßhindernde Einrede verworfen wird, ist in Betreff der Rechtsmittel als Endurteil anzusehen (§ 275 Abs. 2 ZPO). Dies gilt auch für das arbeitsgerichtliche Verfahren (Dersch-Volkmar, ArbGG, 6. Aufl., § 61 Erl. 114; Stein-Jonas, ZPO, 18. Aufl., § 275 Erl. V).

Nach § 9 Abs. 5 Satz 1 ArbGG beginnt die Frist für ein Rechtsmittel nur dann zu laufen, wenn die Partei nach § 9 Abs. 4 ArbGG belehrt worden ist. Damit ist klar zum Ausdruck gebracht, daß, wenn eine Rechtsmittelbelehrung überhaupt fehlt, die Frist nicht zu laufen beginnt. Das gleiche gilt aber auch, wenn die zugestellte Urteilsausfertigung zwar eine Rechtsmittelbelehrung enthält, diese aber unvollständig oder falsch ist (Dersch-Volkmar, ArbGG, 6. Aufl., § 9 Erl. 15; Dietz-Nikisch, ArbGG, § 9 Erl. 42; BVerwGE 1, 273). So erfordert es der Sinn und Zweck der Vorschrift des § 9 Abs. 5 Satz 1 ArbGG: nur wenn der Zustellungsempfänger über die Statthaftigkeit, die Form und Frist eines möglichen Rechtsmittels aufgeklärt ist, kann die Rechtsmittelfrist zu laufen beginnen. Diese Aufklärung fehlt bei einer unvollständigen oder falschen Belehrung genau so wie bei dem völligen Unterbleiben einer Belehrung.

Dieses Ergebnis wird auch nicht dadurch in Frage gestellt, daß andere Verfahrensordnungen, so § 66 Abs. 2 SGG und § 246 Abs. 3 RAO, den Fall der unrichtigen Rechtsmittelbelehrung dem Fall, daß die Rechtsmittelbelehrung überhaupt unterblieben ist, ausdrücklich gleichstellen. Denn diese Verfahrensordnungen drücken sich offenbar nur genauer aus, wollen aber durch ihre genauere Ausdrucksweise nicht die Folgen der mangelhaften Rechtsmittelbelehrung gegenüber der weniger genau formulierten Bestimmung des ArbGG erweitern. Der Unwirksamkeit einer mit einer falschen Rechtsmittelbelehrung versehenen Zustellung steht schließlich auch nicht die vom I. Senat (AP Nr. 1 zu § 236 ZPO) geäußerte Rechtsansicht entgegen, daß eine Rechtsmittelbelehrung die Prozeßpartei und ihren Bevollmächtigten nicht von einer eigenen Prüfungspflicht entbindet. Denn diese Ansicht des I. Senats betrifft die Voraussetzungen für die Wiedereinsetzung in den vorigen Stand; die Wirksamkeit der Zustellung selbst stand in dem vom I. Senat entschiedenen Falle nicht in Zweifel; denn die Zustellung war unter der Geltung des Arbeitsgerichtsgesetzes 1926 erfolgt, das eine dem § 9 Abs. 5 ArbGG 53 entsprechende Vorschrift nicht kannte.

Für den Beklagten begann daher die Revisionsfrist erst zu laufen, als ihm am 15. März 1957 eine richtige Rechtsmittelbelehrung zugestellt wurde. Daher ist die am 9. April 1957 beim Bundesarbeitsgericht eingegangene Revision rechtzeitig.

II. Soweit die Klägerin die Klage auf die besondere ihr gegebene Zusage des verstorbenen Rittergutsbesitzers Sch. stützt, sind, wie das Landesarbeitsgericht richtig ausführt, die Gerichte für Arbeitssachen schon nach § 2 Abs. 1 Nr. 2 ArbGG zuständig. Für die Frage der sachlichen Zuständigkeit kommt es, was die Revision übersieht, nach der Rechtsprechung des erkennenden Senats (AP Nr. 23 zu § 2 ArbGG 1953) nicht auf den wahren, sondern auf den von dem Kläger behaupteten Sachverhalt an, wenigstens, soweit die die Zuständigkeit des Arbeitsgerichts begründenden Tatsachen mit den die Klage begründenden Tatsachen identisch sind. Das Ergebnis der Beweisaufnahme, das die Revision heranzieht, scheidet daher für die Frage der Zuständigkeit aus.

III. Aber auch soweit die Klägerin ihren Anspruch auf das Testament des Jahres 1948 stützt, haben die Gerichte für Arbeitssachen zu entscheiden. Ihre Zuständigkeit folgt, wie das Landesarbeitsgericht richtig ausführt, aus § 3 ArbGG. Danach können bei den Arbeitsgerichten auch nicht unter § 2 ArbGG fallende Klagen gegen Arbeitnehmer oder Arbeitgeber oder Tarifvertragsparteien oder tariffähige Parteien sowie von solchen gegen Dritte erhoben werden, wenn der Anspruch mit einem bei einem Arbeitsgericht anhängigen oder gleichzeitig anhängig werdenden bürgerlichen Rechtsstreit der in § 2 Abs. 1 Nr. 1 bis 3 ArbGG bezeichneten Art in einem rechtlichen oder unmittelbaren wirtschaftlichen Zusammenhang steht und für seine Geltendmachung nicht eine ausschließliche Zuständigkeit eines anderen Gerichts gegeben ist. Allerdings setzt der Wortlaut dieser Bestimmung zwei Rechtsstreitigkeiten, mindestens aber eine Parteienhäufung nach § 59 ZPO voraus; einer Klage, für die die Gerichte für Arbeitssachen nach § 2 Abs. 1 Nr. 1 bis 3 ArbGG zuständig sind, muß eine zweite zur Seite treten, bei der lediglich auf einer Seite ein Arbeitnehmer oder Arbeitgeber oder eine Tarifvertragspartei beteiligt sind und der im Gesetz bezeichnete nähere Zusammenhang mit der ersteren Rechtsstreitigkeit besteht. Im vorliegenden Fall dagegen handelt es sich um eine einheitliche Rechtsstreitigkeit zwischen den gleichen Parteien mit einem einheitlichen Antrag, der lediglich doppelt begründet ist. Die Vorschrift des § 3 ArbGG paßt also unmittelbar nicht.

Wenn aber die erweiterte Zuständigkeit des § 3 Abs. 1 Halbsatz 1 ArbGG schon gilt, wenn ein Dritter, der weder Arbeitgeber noch Arbeitnehmer noch Tarifvertragspartei ist, der Kläger oder der Beklagte ist sofern nur der dort bezeichnete Zusammenhang besteht, so muß sie erst recht für den Fall Platz greifen, daß der Kläger sein einheitliches Klagebegehren doppelt begründet, nämlich erstens auf einen Klagegrund, der im Zuständigkeitskatalog des § 2 Abs. 1 Nr. 1 bis 3 ArbGG aufgeführt ist, und zweitens auf einen Klagegrund stützt, für dessen Entscheidung die ordentlichen Gerichte zuständig sind (RAG ARS 12, 193; Dersch-Volkmar, ArbGG, 6. Aufl., § 3 Erl. 18).

So liegt der Fall hier. Das einheitliche Begehren der Klägerin auf Zahlung der vollen monatlichen Rente von 125,– DM hat sie erstens auf den behaupteten arbeitsrechtlichen Vertrag, für den nach dem zu II

Gesagten die Gerichte für Arbeitssachen nach § 2 Abs. 1 Nr. 2 ArbGG zuständig sind, und zweitens auf das Testament aus dem Jahre 1948 gestützt; für diesen letzteren Anspruch sind allerdings an sich die ordentlichen Gerichte zuständig. Diese Zuständigkeit der ordentlichen Gerichte, und zwar auch als Gerichtsstand der Erbschaft nach § 27 ZPO, ist kein ausschließlicher.

Mit Recht bejaht das Landesarbeitsgericht auch den unmittelbaren wirtschaftlichen Zusammenhang zwischen beiden Rechtsgründen. Denn in beiden Fällen handelt es sich um eine nachträgliche wirtschaftliche Sicherstellung der Klägerin mit Rücksicht auf ihre dem verstorbenen Rittergutsbesitzer Sch. geleisteten Dienste.

29

1. Der Arbeitgeber braucht den künftigen Arbeitnehmer bei den Einstellungsverhandlungen nicht über solche Umstände zu unterrichten, die sich aus der Sachlage von selbst ergeben. Dies gilt insbesondere auch hinsichtlich der an ihn zu stellenden Anforderungen, soweit sich diese im Rahmen des Üblichen halten.

2. Wer sich von seinem bisherigen Arbeitsplatz abwerben läßt und mit dem abwerbenden Arbeitgeber nicht vereinbart, daß die Kündigung eine Zeitlang ausgeschlossen ist, übernimmt das Wagnis, daß der neue Arbeitgeber ihm vor dem Ablauf der in § 1 Abs. 1 KSchG bestimmten Frist von sechs Monaten mit der gesetzlichen Frist kündigt.

BGB §§ 611, 276 (Verschulden bei Vertragsschluß).

II. Senat. Urteil vom 12. Dezember 1957 i. S. Fa. K. (Bekl.) w. Sch. (Kl.) 2 AZR 574/55.

I. Arbeitsgericht Freiburg — II. Landesarbeitsgericht Freiburg

Die Klägerin war vom 1. August 1948 bis zum 31. März 1955 bei der Firma G. in F. beschäftigt, wo sie die Aussteuerabteilung führte und das Tarifgehalt der Gruppe K 2 des dortigen Einzelhandelstarifs mit zuletzt DM 296,— erhielt. Diese Stelle kündigte sie, um am 1. April 1955 als Verkäuferin für die Aussteuer- und Weißwarenabteilung bei der Beklagten in F. einzutreten, die die Erweiterung dieser Abteilung zu einer besonderen Etage plante. Auf Grund der zwischen den Parteien geführten Einstellungsverhandlungen hatte die Beklagte der Klägerin am 26. Januar 1955 folgendes mitgeteilt:

„Aufgrund Ihrer Bewerbung vom Dezember und unseren späteren Unterhaltungen sind wir bereit, Ihnen die besprochene Stelle in unserem Haus zu übertragen.

Sie werden als Verkäuferin an unserem Aussteuer- und Weißwarenlager beschäftigt werden, wie wir das bereits besprochen haben.

Ihr Gehalt beträgt DM 340,— (Dreihundertvierzig) brutto. Da dieser Betrag außerhalb des Tarifes liegt, sind Sie aufgrund einer freien Vereinbarung bei uns eingestellt. Alles übrige wird durch die gesetzlichen Bestimmungen geregelt.

Sofern Sie mit diesem Vertrag einverstanden sind, bitten wir Sie, den beigefügten Durchschlag zu unterschreiben und uns wieder zurückzugeben.

Als Eintrittstermin ist der 1. April 1955 genannt. Wenn Sie früher eintreten können, ist es uns recht."

Einen Durchschlag dieses Schreibens gab die Klägerin an die Beklagte mit ihrer Unterschrift versehen zurück.

In den letzten Tagen des April 1955 kündigte die Beklagte der Klägerin mündlich, unter dem 14. Mai 1955 nochmals schriftlich, mit der Begründung, daß sie die Klägerin auf Grund der Leistungen, die sie bisher gezeigt habe, nicht als die von ihr benötigte erfahrene Fachkraft für Aussteuer- und Weißwarenverkauf ansehen könnte. Ab 23. Mai 1955 beurlaubte sie die Klägerin bis zum 30. Juni 1955 unter Fortzahlung ihrer Bezüge.

Bis zu ihrer am 22. Juni 1955 eingetretenen Arbeitsunfähigkeit, die bis zum 31. Juli 1955 fortdauerte und während der sie in der Zeit vom 1. bis zum 31. Juli 1955 täglich DM 5,50 Krankengeld erhielt, konnte sie keine andere Stelle finden.

Die Klägerin hat von der Beklagten die Zahlung eines Betrages von DM 340,— als Schadenersatz für den Monat Juli 1955 verlangt mit der Behauptung, sie habe in den Anstellungsverhandlungen die Beklagte darauf hingewiesen, daß sie nur dann ihren Arbeitsplatz zu wechseln bereit sei, wenn ihr eine Dauerstellung übertragen werde und sie nicht damit rechnen müsse, bei etwaigen Kündigungen als zuletzt Eingetretene zuerst gekündigt zu werden. Die Beklagte habe ihren Bedenken entgegengewirkt und unter Bezugnahme darauf, daß die Klägerin die einzige ihr für die zu erweiternde Aussteuer- und Weißwarenabteilung zur Verfügung stehende Kraft sei, aufgefordert, zu ihr zu kommen und ihre bisherige Stelle zu kündigen.

Das Arbeitsgericht hat dem Antrag der Klägerin voll entsprochen; das Landesarbeitsgericht dagegen hat die Beklagte nur zur Zahlung von 125,50 DM verurteilt und im übrigen die Klage abgewiesen.

Auf die Revision der Beklagten hat das Bundesarbeitsgericht die Klage in vollem Umfang abgewiesen.

Aus den Gründen:

1. Das Landesarbeitsgericht kommt zu dem Ergebnis, daß das Arbeitsverhältnis der Klägerin zum 30. Juni 1955 wirksam beendet worden sei. Der Arbeitsvertrag zwischen den Parteien sei auf unbestimmte Zeit abgeschlossen. Die Kündigung sei nicht vertraglich ausgeschlossen gewesen. Ein Kündigungsausschluß folge insbesondere nicht daraus, daß die Parteien in den Vorbesprechungen darüber einig waren, daß der Klägerin eine sogenannte Dauerstellung übertragen werden sollte.

Diese Auslegung des Vertrags läßt einen Rechtsirrtum nicht erkennen und verstößt nicht gegen die Denkgesetze oder Erfahrungssätze. Sie ist daher für die Revision bindend. Freilich konnten die Parteien die Kündigung für eine bestimmte Zeit durch Vertrag ausschließen. Eine solche Vereinbarung brauchte auch nicht ausdrücklich, sondern konnte auch stillschweigend geschehen. Hier aber hat die Beklagte der Klägerin den Inhalt der mündlichen Vereinbarung schriftlich bestätigt und in dieser schriftlichen Bestätigung ganz allgemein erklärt, daß die „gesetzlichen Bestimmungen" gelten sollten. Damit hatte sie genügend deutlich zum Ausdruck gebracht und klargestellt, daß sie den Hinweis in den Vorbesprechungen, es handele sich um eine Dauerstellung, nicht als zeitweisen Ausschluß der Kündigung auffasse, sondern die gesetzlichen Kündigungsfristen vereinbaren wolle.

Auch die Klägerin selbst hat ihre Klage von vornherein nicht etwa auf einen solchen Kündigungsausschluß gestützt; denn dann wäre die von der Beklagten zum 30. Juni ausgesprochene Kündigung jedenfalls zu diesem Zeitpunkte gar nicht gültig gewesen und die Klägerin hätte nach § 63 HGB die Weiterzahlung ihres vollen Gehalts und nicht, wie sie es getan hat, Ersatz des ihr angeblich entstandenen Schadens verlangt. Sie hat auch nicht etwa ihrerseits gegen das Urteil des Landesarbeitsgerichts, soweit es die Klage abweist, Revision eingelegt. Ihr Verhalten zeigt also, daß sie selbst einen solchen stillschweigenden Kündigungsausschluß ernstlich nicht behauptet.

2. Das Landesarbeitsgericht gewährt der Klägerin trotz der am 30. Juni 1955 eingetretenen Beendigung des Arbeitsverhältnisses für den Monat Juli 1955 einen Anspruch auf Schadenersatz, weil die Beklagte

anläßlich der Vertragsverhandlungen ihre Fürsorgepflicht gegenüber der Klägerin schuldhaft verletzt habe. Sie habe es fahrlässig unterlassen, die Klägerin auf die besonderen Anforderungen ihres Geschäfts und darauf, daß bei Nichtbewährung der baldige Verlust des Arbeitsplatzes wahrscheinlich sein würde, hinzuweisen. Die Beklagte hätte sich nicht darauf beschränken dürfen, der Klägerin das schriftliche Angebot vom 26. Januar 1955 mit dem Hinweis auf die gesetzlichen Bestimmungen zu übersenden, um sich mit dessen Annahme von jeglicher gesetzlichen Verpflichtung freizustellen. Die Klägerin könne demnach verlangen, so gestellt zu werden, wie sie gestanden hätte, wenn sie den Arbeitsvertrag mit der Beklagten nicht abgeschlossen hätte. Dann hätte sie bei der Firma G. für den Monat Juli 1955 ein Bruttogehalt von 269,— DM erhalten. Unter Anrechnung des Krankengeldes von 170,50 DM betrage ihr Schaden für den Monat Juli noch 125,50 DM.

Die Revision rügt demgegenüber Verletzung der §§ 242 und 276 BGB bzw. unrichtige Anwendung des aus diesen Vorschriften entwickelten Begriffs des Verschuldens bei Vertragsabschluß. Diese Rügen sind begründet.

Allerdings kann der Revision nicht darin gefolgt werden, wenn sie meint, der Gedanke der Fürsorgepflicht beziehe sich nur auf bestehende Arbeitsverhältnisse. Nach der Entscheidung des erkennenden Senats vom 10. November 1955 (BAG 2, 217 ff.), auf die insoweit Bezug genommen wird, obliegt dem Arbeitgeber auch schon bei den Verhandlungen über den Abschluß eines Arbeitsvertrages eine Fürsorgepflicht gegenüber dem zukünftigen Arbeitnehmer; er muß schon zu diesem Zeitpunkt auf die besonderen Interessen des späteren Arbeitnehmers Rücksicht nehmen und ihn insbesondere über die künftigen Verhältnisse aufklären, wenn er erkennt, daß der Arbeitnehmer besondere Wünsche und Erwartungen hat. Von dieser Rechtsauffassung abzugehen, die auch im Schrifttum Zustimmung gefunden hat (vgl. die Anmerkung von Larenz zu der Entscheidung in AP Nr. 1 zu § 276 BGB Verschulden bei Vertragsabschluß), besteht kein Anlaß. Die Verletzungg einer solchen Fürsorgepflicht bei Verhandlungen über den Abschluß eines Arbeitsvertrages stellt nämlich letzten Endes nichts anderes als einen besonderen Fall des Verschuldens bei Vertragsabschluß dar.

Eine solche Aufklärungspflicht kann den Arbeitgeber aber nur insoweit treffen, als es sich nicht um Umstände handelt, die sich aus der Sachlage von selbst ergeben (vgl. RAG ARS 34, 200, Nikisch, Arbeitsrecht, 2. Aufl., S. 406). Daß der Arbeitnehmer den Anforderungen genügt, die die ihm zu übertragende Tätigkeit in dem Betrieb des Arbeitgebers ihrer Art nach üblicherweise mit sich bringt, ist eine selbstverständliche Voraussetzung, auf die der Arbeitgeber nicht besonders hinzuweisen braucht. Anders würde es nur dann sein, wenn seitens des Arbeitgebers an die Tätigkeit des Arbeitnehmers ganz besondere aus dem Rahmen fallende Anforderungen gestellt werden, mit denen dieser nicht rechnen konnte.

Wenn das Landesarbeitsgericht ausführt, die Beklagte hätte die Klägerin auf die besonderen Anforderungen ihres Geschäftes und darauf, daß bei Nichtbewährung der baldige Verlust des Arbeitsplatzes wahrscheinlich sein würde, hinweisen müssen, so überspannt es damit den Gedanken der Fürsorgepflicht. Das Geschäft der Beklagten ist nach den Feststellungen des Berufungsgerichts das größte Stoffspezialhaus in F. Die Klägerin mußte daher von vornherein damit rechnen, daß an sie in dem Geschäft der Beklagten größere Anforderungen als in ihrem bisherigen Betrieb gestellt werden würden. Daß sie dies auch tat, ergibt sich schon daraus, daß sie von der Beklagten ein erheblich höheres Gehalt, als sie bisher erhalten hatte, verlangte. Sie mußte sich daher auch von vornherein sagen, daß sie ein gewisses Risiko einging, wenn sie ihre bisherige Tätigkeit aufgab und in den Dienst der Beklagten eintrat. Auch wenn die Klägerin davon ausging, daß sie bei guter Führung in absehbarer Zeit nicht mit einer Kündigung rechnen müsse, und wenn die Beklagte dies erkannt hat, wie das Landesarbeitsgericht meint, kann daraus für letztere keine Verpflichtung gefolgert werden, die Klägerin noch ausdrücklich darauf hinzuweisen, ihr könne gekündigt werden, falls sie den gestellten Erwartungen nicht entspräche. Mit einer solchen Möglichkeit mußte die Klägerin in jedem Falle rechnen. Wer sich von seiner bisherigen Arbeitsstelle abwerben läßt, trägt grundsätzlich das mit der Übernahme der neuen Tätigkeit zwangsläufig verbundene Risiko. Anders als dem durch soziale Gesetze in der Kündigung beschränkten Arbeitgeber läßt unsere Rechtsordnung dem Arbeitnehmer die Freiheit der Kündigung. Ihm steht es frei, nach ordnungsmäßiger Kündigung seines bisherigen Arbeitsverhältnisses in einen anderen Betrieb einzutreten. Damit bürdet ihm unsere Rechtsordnung aber auch zugleich das sich daraus ergebende Wagnis auf. Macht der Arbeitnehmer von seinem Kündigungsrecht Gebrauch und nimmt er eine besser bezahlte Stellung in einem neuen Betrieb an, so geht er das Wagnis ein, daß der neue Arbeitgeber den Arbeitsvertrag bald wieder kündigt, weil der Arbeitnehmer den möglicherweise höheren Anforderungen der neuen Stellung nicht gewachsen ist oder der Arbeitgeber aus anderen Gründen nicht mit ihm zufrieden ist. Scheut der Arbeitnehmer dieses Risiko, so muß er entweder in seiner bisherigen weniger gut bezahlten Stellung verbleiben oder er muß sich gegen eine baldige Kündigung durch den neuen Arbeitgeber dadurch sichern, daß die Kündigung für einen längeren Zeitraum vertraglich ausgeschlossen wird. Läßt sich, wie im vorliegenden Fall, der Arbeitgeber auf die Vereinbarung, daß die Kündigung für längere Zeit ausgeschlossen sein solle, nicht ein, sondern verweist er auf die gesetzlichen Bestimmungen, so muß der Arbeitnehmer das von ihm eingegangene Wagnis eben in vollem Umfange tragen und kann es grundsätzlich nicht auf dem Umwege über einen Schadenersatz aus Verschulden bei Vertragsabschluß auf den neuen Arbeitgeber abwälzen.

3. Der geltend gemachte Anspruch kann auch nicht aus dem Gesichtspunkt der positiven Vertragsverletzung begründet werden, wie die Klägerin meint. Der Grundsatz der positiven Vertragsverletzung betrifft seinem Wesen nach nur Zuwiderhandlungen des anderen Teils gegen die Vertragspflichten, die den Vertragszweck derart gefährden, daß dem vertragstreuen Teil bei Berücksichtigung der Umstände des Falles nach Treu und Glauben die Fortsetzung des Vertrages nicht zugemutet werden kann (RGR-Kommentar, 10. Aufl., 1953, § 323 BGB, Anm. 4 mit zahlreichen Entscheidungen). Davon kann aber im vorliegenden Fall keine Rede sein, denn die Klägerin hat nicht etwa wegen vertragswidrigen Verhaltens der Beklagten ihre Tätigkeit aufgegeben, vielmehr hat die Beklagte ihr auf Grund des Vertrages ordnungsmäßig gekündigt. Die Kündigung war auch rechtlich zulässig, da der Arbeitsvertrag im Hinblick auf die kurze Beschäftigungszeit der Klägerin bei der Beklagten noch nicht den Bestimmungen des Kündigungsschutzgesetzes unterlag. Eine Kündigungsschutzklage hat die Klägerin im übrigen auch selbst nicht erhoben. Daß die Kündigung des Arbeitsverhältnisses etwa wegen Verstoßes gegen die guten Sitten oder aus anderen Gründen nichtig gewesen sei, hat das Landesarbeitsgericht ohne Rechtsirrtum verneint.

30

1. Das Hausarbeitstagsgesetz des Landes Nordrhein-Westfalen verstößt nicht gegen das Grundgesetz und ist daher rechtswirksam (Bestätigung des Urteils vom 14. Juli 1954, BAG 1, 51).

2. Nach § 1 des Hausarbeitstagsgesetz des Landes Nordrhein-Westfalen ist es nicht erforderlich, daß die Arbeitnehmerinnen an allen sechs Werktagen der Woche im Betrieb beschäftigt werden. Arbeitsfreie Werktage, die durch eine andere Verteilung der Arbeitszeit oder durch Ar-

beitszeitverkürzung erreicht werden, lassen daher den Anspruch auf den Hausarbeitstag so lange nicht wegfallen, als mindestens 40 Stunden im Durchschnitt wöchentlich von den Arbeitnehmerinnen gearbeitet wird.

Hausarbeitstagsgesetz Nordrhein-Westfalen, § 1.

I. Senat. Urteil vom 17. Januar 1958 i. S. T. (Kl.) w. Fa. S.-Sch. (Bekl.) 1 AZR 256/57.

I. Arbeitsgericht Köln — II. Landesarbeitsgericht Düsseldorf (Köln).

Die Klägerin, die als Kriegerwitwe mit einem Kind einen eigenen Hausstand führt, ist seit 1950 als Küchenhilfe in einem im Land Nordrhein-Westfalen gelegenen Betrieb der Beklagten beschäftigt. Bis zum 30. September 1956 hat sie einen bezahlten arbeitsfreien Wochentag im Monat (Hausarbeitstag) von der Beklagten erhalten. Seit dem 1. Oktober 1956 gewährt die Beklagte der Klägerin diesen Tag nicht mehr. Ab 1. Oktober 1956 ist bei der Beklagten die Arbeitszeit verkürzt worden. Sie beträgt nicht mehr wie bis dahin 48 Stunden wöchentlich, sondern durchschnittlich 45 Stunden in der Woche, wobei jeder zweite Samstag frei ist.

Die Klägerin hat auf Feststellung geklagt, daß die Beklagte verpflichtet sei, ihr einen Hausarbeitstag zu gewähren.

Die Klage hatte erst in der Revision Erfolg.

Aus den Gründen:

Nach § 1 des nordrhein-westfälischen Gesetzes über Freizeitgewährung für Frauen mit eigenem Hausstand vom 27. Juli 1948 (GVBl. 1949 S. 6) haben Frauen mit eigenem Hausstand, die im Durchschnitt wöchentlich mindestens 40 Stunden arbeiten, Anspruch auf einen bezahlten arbeitsfreien Wochentag (Hausarbeitstag) in jedem Monat. Die Arbeitszeit der Klägerin liegt über dem in diesem Gesetz als Belastungsgrenze aufgestellten Mindestsatz von 40 Stunden wöchentlich. Eine weitere Voraussetzung für den Anspruch auf einen Hausarbeitstag ist nach dem nordrhein-westfälischen Hausarbeitstagsgesetz für die Gewährung eines Hausarbeitstages nicht zu erfüllen.

Die verfassungsrechtliche Wirksamkeit dieses Gesetzes hat der Senat bereits im Urteil vom 14. Juli 1954 (BAG 1, 51 = AP Nr. 1 zu Art. 3 GG) bejaht. An dieser Entscheidung hält der Senat auch nach erneuter Prüfung und Berücksichtigung der von ihm für allein zutreffend gehaltenen Auslegung des § 1 fest.

Das Landesarbeitsgericht irrt, wenn es annimmt, daß der Arbeitnehmerin ein Anspruch auf den Hausarbeitstag nur dann zustehe, wenn sie an allen sechs Werktagen in jeder Woche des Monats arbeite. Eine solche Voraussetzung hat das nordrhein-westfälische Hausarbeitstagsgesetz nicht aufgestellt. Insofern unterscheidet es sich von dem Hausarbeitstagsgesetz von Niedersachsen, das fordert, daß die Frau an keinem Werktag arbeitsfrei ist und von den entsprechenden Gesetzen der Länder Bremen und Hamburg, die außer einer — jeweils festgesetzten — Mindestarbeitszeit weiterhin verlangen, daß die den Hausarbeitstag in Anspruch nehmenden Frauen an allen sechs Werktagen jeder Woche beschäftigt werden.

Wie der Senat bereits in seiner Entscheidung vom 2. November 1956 (BAG 3, 163 = AP Nr. 4 zu § 1 HausarbeitsTagsG Niedersachsen) ausgesprochen hat, ist jedes der vier im Gebiete der Bundesrepublik erlassenen Landesgesetze über den Hausarbeitstag grundsätzlich aus sich selbst heraus auszulegen und anzuwenden. Denn die genannten Gesetze haben zwar die gleiche Zielsetzung, nämlich der berufstätigen Hausfrau durch Gewährung eines bezahlten freien Tages im Monat die Vornahme der großen Hausarbeit zu ermöglichen und die Doppelbelastung durch Berufsarbeit und Hausarbeit etwas auszugleichen; aber sie haben vielfach im einzelnen einen verschiedenen Inhalt. Namentlich haben die Gesetze die Anspruchsvoraussetzungen nicht einheitlich geregelt. Es lag im Ermessen der Länder, ob sie überhaupt den Arbeitnehmerinnen mit eigenem Hausstand einen bezahlten freien Wochentag gewähren wollten. Eine Reihe von Ländern hat das nicht getan. Ebenso stand es den Ländern frei, die Voraussetzungen, an die sie die Gewährung eines Hausarbeitstages knüpfen wollten, verschieden zu regeln. Es ist daher nicht möglich, die speziellen Rechtsregeln hinsichtlich der Anspruchsvoraussetzungen des einen Hausarbeitstagsgesetzes auf das Hausarbeitstagsrecht eines anderen Landes zu übertragen.

Da die vom Vorderrichter aufgestellte Voraussetzung, daß die Frauen an allen sechs Werktagen im Betrieb beschäftigt sein müssen, im nordrhein-westfälischen Hausarbeitstagsgesetz fehlt, so ergibt zunächst der klare Wortlaut dieses Gesetzes, daß auch arbeitsfreie Werktage, die durch eine andere Verteilung der Arbeitszeit oder durch Arbeitszeitverkürzung erreicht werden, den Anspruch auf den Hausarbeitstag so lange nicht wegfallen lassen, als im Durchschnitt mindestens 40 Stunden wöchentlich von den Arbeitnehmerinnen gearbeitet wird. Über die Art und Weise oder gar die Notwendigkeit einer bestimmten Verteilung dieser Mindestarbeitszeit sagt das Hausarbeitstagsgesetz von Nordrhein-Westfalen gar nichts.

Nun ist es durchaus richtig, wenn die angefochtene Entscheidung sowie andere Urteile der Landesarbeitsgerichte und Arbeitsgerichte in Nordrhein-Westfalen und Äußerungen des Schrifttums zu dieser Frage betonen, daß Gesetze nicht nur nach ihrem Wortlaut auszulegen sind. Sie sind vielmehr gemäß dem in § 133 BGB zum Ausdruck gekommenen auch für Gesetze geltenden Rechtsgrundsatz nach dem Willen des Gesetzgebers, nach dem vom Gesetz verfolgten Sinn und Zweck der Regelung auszulegen. Voraussetzung dieser auf den Willen des Gesetzgebers und den Sinn der Regelung ausgerichteten Auslegung ist jedoch, daß ein solcher Wille des Gesetzgebers, ein solcher Sinn und Zweck der Regelung wirklich feststeht und im Text des Gesetzes einen wenn auch noch so unvollkommenen Ausdruck gefunden hat (vgl. Enneccerus-Nipperdey, Allg. Teil, 14. Aufl., § 54).

Die angefochtene Entscheidung und die überwiegende bisherige Praxis der Landesarbeitsgerichte und Arbeitsgerichte in Nordrhein-Westfalen Arbeitsgericht Rheine vom 10. Juni 1949, BB 1949 S. 468; Landesarbeitsgericht Düsseldorf vom 6. September 1949, RdA 1950 S. 111 = BB 1949 S. 556 = AP 50 Nr. 100; Landesarbeitsgericht Hamm vom 29. September 1949, RdA 1950 S. 113 = BB 1949 S. 617 = AP 50 Nr. 101; Arbeitsgericht Solingen vom 6. April 1951, RdA 1951 S. 319; Landesarbeitsgericht Düsseldorf vom 13. Mai 1952, SAE 1952 S. 145 = AP 52 Nr. 144; vom 16. Mai 1952, AP 52 Nr. 145; vom 19. August 1952, BB 1952 S.859; vom 3. Juni 1955, BB 1955 S. 898; Arbeitsgericht Paderborn vom 26. Juli 1957, SAE 1957 S. 161 = BB 1957 S. 859, sowie ein großer Teil des Schrifttums (Bulla, Mutterschutzgesetz und Frauenarbeitsrecht, 1954, HAT Bem. 172 ff.; derselbe, Anm. zum Arbeitsgerichtsurteil Solingen, RdA 1951 S. 320; derselbe, Anm. zum Landesarbeitsgerichtsurteil Düsseldoef; RdA 1950 S. 112 ff.; derselbe, Anm. zu AP 52 Nr. 144 — 145 S. 126; derselbe, Anm. zum Arbeitsgerichtsurteil Paderborn, SAE 1957 S. 162; derselbe, BB 1957 S. 1076 ff.; Butz, Betrieb 1953 S. 189, 190; derselbe, Betrieb 1955, Beilage Nr. 21 D II; derselbe, Betrieb 1957, Beilage Nr. 13 IV 3; Dietz, BB 1952 S. 33, 36; derselbe, RdA 1957 S. 441 ff.; Grüll, Das Sonderarbeitsrecht der weiblichen Arbeitnehmer, S. 113 f.; Hunn, AuR 1953 S. 340, 341; Nikisch, Arbeitsrecht, 2. Aufl., S. 470 f.; Riedel, Betrieb 1951 S. 366; derselbe, Anm. zum Landesarbeitsgerichtsurteil Düsseldorf, SAE 1952 S. 147.) sind nun der Auffassung, der Wille des Gesetzgebers gehe dahin und der Sinn und Zweck der Regelung erfordere für die Bejahung des Hausarbeitstagsanspruchs in

Nordrhein-Westfalen, daß die Arbeitnehmerin an allen sechs Werktagen jeder Woche im Betrieb gearbeitet haben müsse, daß dagegen der Anspruch entfalle, wenn auch nur an einem Werktag im Monat aus besonderen Gründen, sei es insbesondere infolge anderer Arbeitszeitverteilung oder infolge Arbeitszeitverkürzung und entsprechender Arbeitszeitverteilung, arbeitsfrei sei. (Gegen diese Auffassung, wie hier: Neumann bei Staudinger-Nipperdey, 1. Aufl.. § 611 Anm. 288; Helene Röseler, ArbuSozPol. 1949 S. 16ff.; Arbeitsgericht Arnsberg vom 24. September 1957 — 1 Ca 335/57 —, Arbeitgeber 1957 S. 854; Arbeitsgericht Köln vom 19. Juni 1957 — 2 Ca 427/57 —; offenbar auch Monjau, Betrieb 1957 S. 1225, 1227 ff. Weiteres Schrifttum bei Bulla, BB 1957 S. 1076 Anm. 3.)

Daß diese Ansicht im Hinblick auf die bisherige überwiegende, aber nicht einhellige Rechtsprechung der Arbeitsgerichte und Landesarbeitsgerichte Gewohnheitsrecht geworden sei, ist rechtsirrig; denn von einem allgemeinen auf Gerichtsgebrauch beruhenden Rechtsgeltungswillen kann schon mangels einer ständigen Rechtsprechung des höchsten deutschen Arbeitsgerichts in dieser Frage keine Rede sein. Außerdem ist die Frage vornehmlich erst durch die in der letzten Zeit erfolgenden Arbeitszeitverkürzungen aktuell geworden, so daß sich für diesen Fall noch kein einheitlicher Rechtsgeltungswille bilden konnte und auch in den beteiligten Volkskreisen nicht gebildet hat (ebenso Bulla, BB 1957 S. 1076, 1077).

Was die erstere Ansicht betrifft, daß nämlich bei anderweitiger Verteilung der 48-stündigen (96-stündigen) regelmäßigen gesetzlichen Höchstarbeitszeit auf 5 Tage in der Woche (11 Tage in der Doppelwoche) der Hausarbeitstag nicht gewährt zu werden brauche, so könnte ihr selbst dann nicht zugestimmt werden, wenn die angeblich anzunehmende Voraussetzung einer Arbeit an allen sechs Wochentagen für den Hausarbeitstag im Gesetz enthalten wäre. Das hat der Senat in der erwähnten Entscheidung vom 14. Juni 1957 für das niedersächsische Hausarbeitstagsgesetz ausgesprochen. Es braucht, wie gesagt, nicht entschieden zu werden, ob an diesem Urteil gegenüber den Kritiken von Bulla, Dietz und der nicht rechtskräftigen Entscheidung des Landesarbeitsgerichts Hannover vom 21. November 1957 — 3 Sa 446/57 — festzuhalten ist. Das Ergebnis der Entscheidung wird auch von Neumann-Duesberg (Anm. zu AP Nr. 5 zu § 1 HausarbTagsG Niedersachsen) und von Neumann bei Staudinger-Nipperdey (§ 611 Anm. 288) für richtig gehalten.

Aber auch soweit für das nordrhein-westfälische Gesetz die Auffassung vertreten wird, daß ein oder mehrere arbeitsfreie Wochentage jedenfalls dann den Hausarbeitstagsanspruch ausschließen, wenn dieser Tag oder diese Tage durch eine entsprechende Arbeitszeitverkürzung (gegenüber den gesetzlichen regelmäßigen Höchstarbeitszeiten der AZO) in Verbindung mit entsprechender Arbeitszeitverteilung erzielt werden, kann der Senat ihr nicht folgen.

Ein solcher Wille des Gesetzgebers auf Ausschluß des Hausarbeitstages bei einem oder mehreren arbeitsfreien Wochentagen, die durch Arbeitszeitverkürzung erreicht sind, läßt sich ebensowenig feststellen wie die Notwendigkeit der Arbeit an allen Werktagen als Voraussetzung des Hausarbeitstagsanspruchs. Namentlich kann ein solcher Wille nicht aus den Äußerungen einzelner Abgeordneter bei der Beratung des Hausarbeitstagsgesetzes im Landtag entnommen werden. Diese Äußerungen sind allgemeiner und unbestimmter Art und sind nicht Gegenstand irgendeiner Beschlußfassung gewesen. Sie haben für die Ermittlung des gesetzgeberischen Willens keine Bedeutung. Es muß im Gegenteil angenommen werden, daß der Gesetzgeber den bezahlten Hausarbeitstag nur dann nicht gewähren wollte, wenn die Frauen weniger als durchschnittlich 40 Stunden wöchentlich arbeiten. Die Mindestarbeitszeit von 40 Stunden sollte die Belastungsgrenze sein. Wird sie erreicht, so ist der Hausarbeitstag gegeben. Es fehlt jeder Anhaltspunkt, daß der Gesetzgeber den Hausarbeitstag nur gewähren wollte, wenn diese mindestens 40 Stunden auf durchschnittlich sechs Arbeitstage in der Woche verteilt würden. Das würde — von besonders gestalteter Arbeitszeitverteilung und von Fällen teilweise halbtägiger Arbeit abgesehen — bedeuten, daß dem Gesetzgeber im Durchschnitt eine tägliche Arbeitszeit von 6 Stunden und 40 Minuten an den sechs Wochentagen (die Arbeitstage sein müßten) vorgeschwebt habe, also eine unübliche und unwahrscheinliche tägliche Arbeitszeit. Vielmehr liegt die Annahme sehr nahe, daß der Gesetzgeber bei der Belastungsgrenze der 40stündigen Arbeitswoche gerade auch an die spätere Möglichkeit der Fünftagewoche zu 8 Stunden am Tage gedacht hat. Wenn der Gesetzgeber nur eine durchschnittliche 40stündige Arbeitswoche zur Voraussetzung des Hausarbeitstages machte, so hat er damit rechnen können und müssen, daß im Zuge allgemeiner Arbeitszeitverkürzung schließlich einmal eines Tages allen Arbeitnehmern ein freier Tag in der Woche zustehen werde. Trotzdem hat er den Arbeitnehmerinnen mit eigenem Hausstand einmal im Monat den bezahlten Hausarbeitstag zugebilligt.

Es ist zuzugeben, daß die Belastungsgrenze mit 40 Stunden in der Woche besonders niedrig ist. Jedoch muß beachtet werden, daß das nordrhein-westfälische Hausarbeitstagsgesetz in einer Zeit eingebracht wurde und entstanden ist, in der außerordentlich weitgehende Anträge in sozialer Hinsicht im Landtag von Nordrhein-Westfalen gestellt wurden, die aber in diesem Falle trotzdem die einmütige Zustimmung aller Fraktionen des Landtages gefunden haben (vgl. Landtag Nordrhein-Westfalen, 1. Wahlperiode, stenographische Berichte, S. 179 f., 761 f.).

Demgegenüber kann man nicht darauf abstellen, daß das Hausarbeitstagsgesetz von Nordrhein-Westfalen schlecht redigiert und daß es daher nicht anders als die anderen Ländergesetze und die Freizeitanordnung auszulegen sei. Sinn und Zweck der Regelung sei nur, daß die Arbeitnehmerin einmal im Monat einen freien Tag habe. Habe sie ebenso wie alle anderen Arbeitnehmer einen solchen arbeitsfreien Tag, so widerspreche es dem Sinn und Zweck dieses Hausarbeitstagsgesetzes, ihr noch zusätzlich einen bezahlten Hausarbeitstag zu geben. Hier wird eine sozialpolitisch für gerecht und wünschenswert gehaltene Gestaltung des Hausarbeitstagsrechts zu Unrecht in das geltende Hausarbeitstagsgesetz von Nordrhein-Westfalen hineingelegt. Das Erfordernis der Gesetzestreue bei der Rechtsanwendung wird verkannt.

Es ist in diesem Zusammenhang von erheblicher Bedeutung, daß innerhalb der gesetzgebenden Körperschaft selbst, nämlich des Landtags von Nordrhein-Westfalen, auch nach Erlaß des Gesetzes davon ausgegangen wurde, daß nach § 1 der Hausarbeitstag zu gewähren sei, auch wenn nicht an allen sechs Werktagen in der Woche gearbeitet werde, vorausgesetzt nur, daß die durchschnittliche wöchentlich 40stündige Arbeitszeit nicht unterschritten würde. Ein vom Arbeitsausschuß für Arbeitsrechtsfragen des Landtags eingesetzter Unterausschuß befaßte sich mit der beabsichtigten Änderung des Hausarbeitstagsgesetzes und wollte durch Neugestaltung der Bestimmungen nur den Arbeitnehmerinnen den Hausarbeitstag geben, die „wöchentlich an sechs Tagen mindestens 40 Stunden oder an fünf Tagen mehr als 40 Stunden beschäftigt werden."

In dem Kurzprotokoll über die 17. Sitzung des Arbeitsausschusses für Arbeitsrechtsfragen am 12. Juli 1949 (Nr. 414/49 Mm/He.) heißt es dann über die Verhandlungen des Unterausschusses:

> „der Ausschuß habe sich auf den Standpunkt gestellt, auch bei einer 40stündigen Arbeitswoche, die sich auf sechs Tage verteilt, den Hausfrauentag zu gewähren, verteile sich jedoch die Arbeitszeit

auf fünf Tage, so soll er nicht gewährt werden. Werde jedoch mehr als 40 Stunden bei fünftägiger Arbeitszeit gearbeitet, so ist auch dann der Hausfrauentag zu gewähren. Man habe damit verhindern wollen, daß die Arbeitszeit auf fünf Tage zusammengedrängt werde, um so den freien Hausfrauentag zu umgehen. ..."

Dieser Entwurf ist nicht Gesetz geworden und konnte nicht Gesetz des Landes Nordrhein-Westfalen werden, weil die Hausarbeitstagsgesetze der Länder gemäß Art. 125 Nr. 2 GG Bundesrecht geworden sind, so daß nur der Bundesgesetzgeber zu ihrer Änderung befugt ist. Der Entwurf ist aber ein sicheres Anzeichen dafür, daß das gesetzgebende Organ der Überzeugung war, im § 1 seines Gesetzes vom 27. Juli 1948 nicht das Erfordernis einer Beschäftigung an allen Werktagen des Monats aufgestellt zu haben. Erst durch ein den Entwurf entsprechendes Gesetz sollte die Gewährung des Hausarbeitstages von weiteren und anderen Voraussetzungen abhängig gemacht werden, als sie sich aus § 1 des Geestzes ergeben. Der Gesetzentwurf kann auch nicht etwa im Sinne einer bloßen authentischen Interpretation des geltenden Gesetzes verstanden werden, da die Vorarbeiten eindeutig auf eine Änderung der bisherigen („mit Rücksicht auf die vielen Eingaben gegen die als unzulänglich empfundene Regelung", so Bulla, BB 1957 S. 1077) gezielt haben. Im übrigen würde — was wichtig ist — nicht einmal nach der damals beabsichtigten Änderung des Hausarbeitstagsgesetzes der Anspruch der Klägerin entfallen, da sie 45 Stunden in der Woche arbeitet. Diese Rechtslage wird von Bulla (BB 1957 S. 1077) verkannt.

Gegen die Auffassung des Senats kann auch nichts aus § 2 Abs. 1 a der Freizeitanordnung hergeleitet werden, in dem bestimmt ist, daß der Anspruch auf eine zusammenhängende Freizeit von mindestens 4 Stunden in der Woche entfällt, wenn die Frau an keinem Vor- oder Nachmittag eines Werktages arbeitsfrei ist. Der Senat hat bereits in seiner Entscheidung vom 14. Juni 1957 die Berechtigung eines für § 2 Abs. 1 b (Fall des vollen Hausarbeitstages) zu ziehenden Analogieschlusses aus § 2 Abs. 1 a gegenüber der — unverbindlichen — Interpretation des Reichsarbeitsministers vom 4. Mai 1944 verneint. Entscheidend ist aber, daß die Freizeitanordnung nur insoweit überhaupt noch Geltung beanspruchen kann, als sie nicht durch entgegenstehende Bestimmungen außer Kraft gesetzt ist, wie § 3 Abs. 2 Hausarbeitstagsgesetz Nordrhein-Westfalen ausdrücklich sagt. Als entgegenstehende Bestimmung im Sinne des § 3 ist aber jedenfalls die Vorschrift des § 1 des Hausarbeitstagsgesetzes von Nordrhein-Westfalen anzusehen, durch die die Anspruchsvoraussetzungen für die Gewährung eines Hausarbeitstages neu und abweichend von der Freizeitanordnung und nach der Auffassung des Senats auch abschließend festgelegt worden sind.

Immerhin ist es von Bedeutung, daß mindestens die in § 2 Abs. 1 a der Freizeitanordnung festgelegte Bestimmung, nach der der Anspruch auf eine Halbtagsfreizeit bei einer ohnehin eine solche Freizeit gewährenden anderweiten Arbeitszeitverteilung entfällt, und wohl auch die weitergehende Voraussetzung des vorher erlassenen Bremer Hausarbeitstagsgesetzes, daß die Arbeitnehmerin an allen sechs Werktagen arbeitet, dem nordrhein-westfälischen Gesetzgeber bekannt war, so daß er die Voraussetzung einer Arbeit an allen sechs Wochentagen in sein Gesetz hätte aufnehmen können, wenn er das gewollt hätte. Er hat das aber nicht getan.

Selbst wenn man aber einen gesetzgeberischen Willen im Sinne der Behauptung des angefochtenen Urteils unterstellen wollte, so muß seine Berücksichtigung daran scheitern, daß ein solcher Wille im Gesetz keinerlei wenn auch noch so unvollkommenen Ausdruck gefunden hat. Es würde gegen den für die Auslegung von Gesetzen geltenden § 133 BGB verstoßen, einen etwaigen inneren Willen der gesetzgebenden Faktoren zu berücksichtigen, der schlechterdings nicht einmal andeutungsweise im Gesetzeswort verlautbar ist.

Zwar kann, wie der Senat auch seinerseits anerkannt hat (AP Nr. 3 zu § 96 ArbGG 1953), unter ganz besonderen Umständen eine abändernde Rechtsfindung (Restriktion) erfolgen, sofern eine Vorschrift Fälle umfaßt oder Folgen herbeiführt, die vom Gesetzgeber nicht erkannt oder bedacht sind und sonst, d. h. wenn er sie erkannt oder bedacht hätte, vernünftigerweise nicht so geordnet worden wären. Dann ist der Richter berechtigt, das Gesetz nach dessen eigenen Grundgedanken und unter Berücksichtigung der Bedürfnisse und Erfahrungen des Lebens fortzuentwickeln. Diese Voraussetzungen liegen hier jedoch nicht vor. Der Gesetzgeber hat, wie bereits dargelegt, durch die Festsetzung der Belastungsgrenze auf 40 Stunden erkannt und damit gerechnet, daß eines späteren Tages die 40-Stundenwoche mit 5 Arbeitstagen sich durchsetzen könnte, und selbst für diesen Fall hat er den Hausarbeitstag gewährt.

Aus dem gleichen Grunde kann auch nicht gesagt werden, daß etwa das Motiv oder die Veranlassung, die zur Aufstellung des Rechtssatzes des § 1 Hausarbeitstagsgesetz Nordrhein-Westfalen führten, nachträglich weggefallen seien, ganz abgesehen davon, daß der Wegfall des Motivs, das zum Erlaß eines Gesetzes bewog, nur einen Grund zur

Gesetzesänderung oder Gesetzesaufhebung gibt, aber keineswegs dazu führt, daß das Gesetz von selbst entfällt oder sich ändert.

Etwas anderes würde nur dann gelten, wenn das Gesetz als solches zeitbedingten Charakter gehabt hätte, so daß eine spätere Änderung der Verhältnisse es offensichtlich sinn- und zwecklos werden ließe. Das ist aber für das nordrhein-westfälische Hausarbeitstagsgesetz zu verneinen, da die Doppelbelastung der Frau durch Hausarbeit und Beruf auch dann bestehen bleibt, wenn sie, wie die anderen Arbeitnehmer, an einem oder zwei Tagen im Monat ohnehin nicht arbeitet.

Der Anspruch der Klägerin ist auch nicht durch Erfüllung oder durch Leistung an Erfüllung Statt untergegangen. Die Beklagte hat keinen der durch Arbeitszeitverkürzung frei gewordenen Samstage der Klägerin als Hausarbeitstag angeboten und auch nicht als solchen bezahlt. Es erübrigte sich daher, auf die zweifelhafte Frage einzugehen, ob der Samstag überhaupt als Hausarbeitstag allgemein geeignet ist. Im übrigen fehlt es an der Annahme durch die Klägerin.

31

1. Für Ansprüche aus Handlungen der bei den Stationierungsmächten beschäftigten Dienstgruppenangehörigen ist die deutsche Gerichtsbarkeit gegeben.

2. Für die Folgen von Handlungen in Erfüllung dienstlicher Verpflichtungen haftet der Dienstgruppenangehörige nicht.

3. Ansprüche aus Handlungen außerhalb der Erfüllung dienstlicher Verpflichtungen können gegen den Dienstgruppenangehörigen geltend gemacht werden.

4. Die Entscheidung, ob es sich um Handlungen in Erfüllung dienstlicher Verpflichtungen handelt, ist den Behörden der Streitkräfte vorbehalten.

GVG § 13, § 18; Art. 44 Truppenvertrag, Art. 8 Finanzvertrag.

I. Senat. Urteil vom 24. Januar 1958 i. S. M. (Bekl.) w. B. (Kl.)
1 AZR 407/57

I. Arbeitsgericht Hannover — II. Landesarbeitsgericht Hannover

Der Kläger und der Beklagte waren im Sommer 1955 als Dienstgruppenangehörige in einer Transporteinheit der britischen Stationierungsmacht tätig. Der Kläger arbeitete am 7. Juli 1955 an der hinteren

Tür eines zu dieser Einheit gehörenden Sanitätskraftwagens, als der Beklagte einen anderen Kraftwagen der gleichen Einheit rückwärts fuhr. Dabei stieß der Beklagte mit dem von ihm geführten Fahrzeug gegen die Tür des Kraftwagens, an dem der Kläger arbeitete. Die Tür schlug zurück und verletzte den Kläger schwer. Wegen der Folgen dieses Unfalls, unter anderem des Verdienstausfalls, nimmt der Kläger den Beklagten in Anspruch.

Der Beklagte hat vorgetragen, für die geltend gemachten Ansprüche sei die Gerichtsbarkeit der deutschen Gerichte nicht gegeben, auch müßten derartige Ansprüche gegen die Bundesrepublik geltend gemacht werden und schließlich seien die Ansprüche nach der Art des Unfallherganges nicht gerechtfertigt.

Nachdem das Arbeitsgericht zunächst die von dem Kläger verfolgten Ansprüche dem Grunde nach für gerechtfertigt erklärt hat, hat es durch ein Teilurteil dem Kläger den Verdienstausfall zugebilligt.

Die von dem Beklagten gegen dieses Urteil eingelegte Berufung blieb erfolglos. Das Landesarbeitsgericht hat vielmehr in dem angefochtenen Urteil ausgeführt, die deutsche Gerichtsbarkeit sei gegeben und der Anspruch gegen den Beklagten sei sachlich gerechtfertigt.

Die Revision des Beklagten führte zur Zurückverweisung an das Landesarbeitsgericht aus den folgenden

Gründen:

I. Die Vorinstanzen sind zutreffend davon ausgegangen, daß die deutsche Gerichtsbarkeit für den geltend gemachten Anspruch gegeben ist. Bei dem Unfall, der den Kläger getroffen hat, handelt es sich um einen Unfall, der sich auf deutschem Staatsgebiet zugetragen hat und für den der Kläger einen deutschen Staatsangehörigen als verantwortlichen Schädiger in Anspruch nimmt. Für einen solchen Rechtsstreit ist die deutsche Gerichtsbarkeit gegeben; insbesondere greift ein Ausschluß der deutschen Gerichtsbarkeit nach § 18 GVG nicht Platz. Der Beklagte gehört nicht zu den Personen, die nach allgemein anerkannten Regeln des Völkerrechts oder nach einem Staatsvertrag von der deutschen Gerichtsbarkeit befreit sind. Vielmehr ist nach Artikel 9 des Vertrages über die Rechte und Pflichten ausländischer Streitkräfte und ihrer Mitglieder in der Bundesrepublik Deutschland (Truppenvertrag) vom 23. Oktober 1954 die deutsche Gerichtsbarkeit in nicht strafrechtlichen Angelegenheiten sogar über die Mitglieder der Streitkräfte der Stationierungsmächte gegeben. Die Angehörigen der Dienstgruppen, die bei den Stationierungsmächten gebildet sind, sind zwar nicht Mitglieder der Streitkräfte im Sinne des Truppenvertrages. Dies ergibt sich aus Art. 1 Abs. 5, 7 sowie aus Art. 44 des Truppenvertrages selbst und auch aus der Gegenüberstellung in Art. 8 Abs. 2a des sogenannten Finanzvertrages zwischen der Bundesrepublik, den Vereinigten Staaten, Großbritannien und Frankreich (Fassung vom 23. Oktober 1954). Wenn aber sogar gegen die Mitglieder der Streitkräfte selbst in nicht strafrechtlichen Angelegenheiten nach Art. 9 des Truppenvertrages die deutsche Gerichtsbarkeit begründet worden ist, so ist daraus zwingend zu entnehmen, daß jedenfalls gegenüber den Dienstgruppenangehörigen, die nicht zu den Mitgliedern der Streitkräfte gehören, ein Ausschluß der deutschen Gerichtsbarkeit nicht gegeben ist.

II. Die Vorinstanzen sind davon ausgegangen, daß der Anspruch des Klägers sich gegen den Beklagten selbst richtet. Bevor die Vorinstanzen zu dieser Feststellung kommen konnten, mußten sie jedoch prüfen, ob der Unfall sich ereignet hat, als der Beklagte in Erfüllung dienstlicher Verpflichtungen handelte.

Die Inanspruchnahme wegen Handlungen oder Unterlassungen der Streitkräfte richtet sich nach Art. 8 des sogenannten Finanzvertrages vom 26. Mai 1952. Nach Art. 8 Abs. 1 sind vorbehaltlich der Vorschriften des Art. 9 des Finanzvertrages Ansprüche wegen Verlusten oder Schäden, die nach Inkrafttreten des Vertrages im Bundesgebiet infolge von Handlungen oder Unterlassungen der Streitkräfte entstehen, gemäß den Vorschriften dieses Artikels 8 zu behandeln und dürfen nur gemäß diesen Vorschriften geltend gemacht werden. Als Handlungen oder Unterlassungen der Streitkräfte sind auch Handlungen oder Unterlassungen von Bediensteten der Streitkräfte oder von Personen, die bei den Streitkräften gemäß Art. 44 oder 45 des Truppenvertrages beschäftigt sind, bei der Erfüllung ihrer dienstlichen Verpflichtungen anzusehen (Art. 8 Abs. 2 [a] des Finanzvertrages). Handelte sonach der Beklagte, als er das zu der Transporteinheit gehörende Kraftfahrzeug rückwärts fuhr und dabei den Kläger verletzte, in Erfüllung seiner dienstlichen Verpflichtungen, so liegt eine Handlung der Streitkräfte im Sinne des Art. 8 des Truppenvertrages vor. Derartige Ansprüche sind nach Art. 8 Abs. 7 bei der zuständigen deutschen Behörde geltend zu machen. Nimmt der Anspruchsberechtigte den angebotenen Entschädigungsbetrag nicht an, oder ist er mit der Abweisung seines Anspruchs nicht einverstanden, so kann er bei den ordentlichen deutschen Gerichten gegen die Bundesrepublik wegen seines Anspruchs innerhalb von zwei Monaten nach Mitteilung der Entscheidung Klage erheben (Art. 8 Abs. 10 des Finanzvertrages). Aus dieser Regelung folgt, daß dann, wenn es sich um eine Handlung oder Unterlassung eines Bediensteten der Streitkräfte handelt, der dabei in Erfüllung seiner dienstlichen Verpflichtungen gehandelt hat, der Anspruch nur gegen die Bundesrepublik gegeben ist, nicht aber auch gegen den Schädiger persönlich. Die Rechtslage ist insoweit keine andere, als sie es wäre, wenn im Gebiet der Bundesrepublik jemand in Ausübung eines ihm anvertrauten öffentlichen Amtes die ihm einem Dritten gegenüber obliegende Amtspflicht verletzt. In einem solchen Fall trifft die Verantwortlichkeit grundsätzlich den Staat oder die Körperschaft, in deren Dienst der Schädiger steht (Art. 34 GG).

Handelt es sich hingegen um eine Handlung, die außerhalb der Erfüllung dienstlicher Verpflichtungen für die Streitkräfte steht, so hat der Geschädigte die normalen Rechtsbehelfe gegen die Person, die den Verlust oder Schaden verursacht hat. Dies ergibt sich aus Art. 8 Abs. 16 des Finanzvertrages. Wenn dort auch gegen die Mitglieder der Streitkräfte selbst und solche Bediensteten der Streitkräfte, die Staatsangehörige der beteiligten Macht sind, für Ansprüche von Bewohnern des Bundesgebietes, die aus Handlungen oder Unterlassungen außerhalb der Erfüllung dienstlicher Verpflichtungen für die Streitkräfte entstehen, die normalen Rechtsbehelfe zugelassen werden, so gilt dies in um so stärkerem Maße für Ansprüche eines Dienstgruppenangehörigen gegen einen anderen Dienstgruppenangehörigen, wenn es sich bei beiden, wie es hier der Fall ist, um deutsche Staatsangehörige handelt.

III. Nach alledem hängt die Entscheidung des Rechtsstreites davon ab, ob der Beklagte den Kläger in Erfüllung dienstlicher Verpflichtungen geschädigt hat. Diese Entscheidung kann nach Art. 8 Abs. 17 des Finanzvertrages nicht von den deutschen Gerichten getroffen werden. Aus Artikel 8 Abs. 17 des Finanzvertrages ergibt sich vielmehr, daß dann, wenn in einem Zivilprozeß vor einem deutschen Gericht über einen unter Art. 8 fallenden Anspruch über die Frage, ob eine Handlung oder Unterlassung bei der Erfüllung dienstlicher Verpflichtungen erfolgt ist, eine Bescheinigung über diese Frage von der zuständigen Dienststelle der Streitkräfte einzuholen ist (vgl. auch § 3 Anhang A zum Finanzvertrag). Eine solche Bescheinigung ist in bezug auf die betreffende Frage endgültig.

Das Landesarbeitsgericht wird sonach eine Entscheidung der Stationierungsmacht über die Frage einzuholen haben, ob der Kläger von dem Beklagten in Erfüllung dienstlicher Verpflichtungen geschädigt worden ist. Sofern die Stationierungsmacht diese Frage bejaht, ist der Anspruch nicht gegen den Beklagten gegeben, sondern muß der Bundesrepublik gegenüber nach Art. 8 Abs. 10 geltend gemacht werden. Insoweit sind dann die Gerichte für Arbeitssachen zuständig, wie sich aus § 2 Abs. 1 Nr. 3 in Verbindung mit § 2 Abs. 4 ArbGG ergibt. Sollte hingegen die britische Stationierungsmacht zu der Ansicht kommen, es handele sich bei dem schädigenden Ereignis um eine Handlung außerhalb der Erfüllung dienstlicher Verpflichtungen, so könnte der Kläger seinen Anspruch gegen den Beklagten selbst vor den Arbeitsgerichten geltend machen. Dabei sind jedoch die Grundsätze zu beachten, die der Große Senat des Bundesarbeitsgerichts in seinem Beschluß vom 25. September 1957 (GS 4/56 entwickelt hat: Ein Arbeitnehmer, der fahrlässig den Arbeitsunfall eines anderen Arbeitnehmers desselben Betriebes oder Unternehmers verursacht hat, haftet danach dem Geschädigten nicht, wenn und soweit ihm eine Belastung mit solchen Schadenersatzansprüchen deshalb nicht zugemutet werden kann, weil seine Schuld im Hinblick auf die besondere Gefahr der ihm übertragenen Arbeit nach den Umständen des Falles nicht schwer ist. Sollte es sonach hierauf ankommen, wird das Landesarbeitsgericht durch eine eingehende Beweisaufnahme den Hergang des Unfalles und das Maß des Verschuldens des Beklagten aufzuklären haben.

32

Sieht ein Beschluß einer Zentralbehörde eine Stellenverminderung auch für das Personal der nachgeordneten Dienststellen vor, ohne daß die Kündigung bestimmter Arbeitnehmer angeordnet wird, vielmehr die Auswahl der Arbeitnehmer, denen aus Gründen der Personalverminderung zu kündigen ist, dem Leiter der nachgeordneten Dienststellen überlassen bleibt, so ist für die Mitwirkung bei der Kündigung eines Arbeitnehmers der Personalrat der Dienststelle zuständig, die die Kündigung ausspricht.

Nur die den Arbeitnehmern treffende konkrete Maßnahme und Entscheidung ist daraufhin zu prüfen, ob sie dem Mitwirkungsrecht der Personalvertretung unterliegt und ob die Bestimmungen über Formen und Durchführung der Mitwirkung hierbei ordnungsgemäß beachtet worden sind. Darauf, ob der Beschluß einer Zentralbehörde über die Verminderung der Planstellen auch der nachgeordneten Dienststellen dem Mitwirkungsrecht der bei der Zentralbehörde bestehenden Personalvertretung unterliegt, kommt es hierbei nicht an.

PersVG §§ 61, 70, 73.

I. Senat. Urteil vom 7. Februar 1958 i. S. D. (Kl.)
w. Bundesanstalt f. A. u. A. (Bekl.) 1 AZR 576/56.

I. Arbeitsgericht Bayreuth — II. Landesarbeitsgericht Bayern in Nürnberg

Die Klägerin war vom 1. September 1940 bis zum 15. März 1945 und dann wieder vom 9. Juni 1952 an innerhalb der Arbeitsverwaltung tätig und zuletzt als Angestellte in Vergütungsgruppe VIII bei dem Arbeitsamt M. beschäftigt.

Im März 1956 beschloß der bei der Beklagten gebildete Verwaltungsausschuß, die Zahl der Planstellen (Beamte und Dauerangestellte) für Landesarbeitsämter, Arbeitsämter und ZAV (Kapitel 6, Titel 101 und 104, Unterteil a) im Haushalt 1956 im Hinblick auf die eingetretenen Veränderungen in der Arbeitsbelastung gegenüber der Zahl der für 1955 genehmigten Stellen um 5 % zu verringern.

Bei der Beschlußfassung des Verwaltungsausschusses hat der bei der Beklagten gebildete Hauptpersonalrat nicht mitgewirkt.

Der Klägerin wurde mit Schreiben des Direktors des Arbeitsamtes in M. vom 29. Juni 1956 unter Bezugnahme auf diesen Beschluß zum 31. Dezember 1956 gekündigt. Vor der Kündigung hatte der Direktor des Arbeitsamtes mit dem Personalrat bei dem Arbeitsamt M. verhandelt und dann im Einvernehmen mit diesem Personalrat die Kündigung ausgesprochen. Der Einspruch der Klägerin hiergegen blieb erfolglos. Der Personalrat stimmte vielmehr der Kündigung erneut zu.

Die Klägerin wendet sich gegen die Rechtswidrigkeit dieser Kündigung. Sie ist der Auffassung, daß die Kündigung auf dem Beschluß des Verwaltungsrats über die Verringerung der Planstellen beruhe. Dieser Beschluß sei aber deshalb rechtsunwirksam, weil er ohne die gebotene Mitwirkung des Hauptpersonalrats zustande gekommen sei. Auch habe die Zustimmung zu ihrer Entlassung nicht von dem Personalrat bei dem Arbeitsamt M. abgegeben werden können. Denn im Hinblick auf den ihn bindenden Beschluß des Verwaltungsausschusses sei der Direktor des Arbeitsamtes nicht zur Entscheidung befugt gewesen; deshalb habe anstelle des Personalrats beim Arbeitsamt M. bei der Kündigung der Hauptpersonalrat mitwirken müssen. Die Klägerin hat beantragt festzustellen, daß die Kündigung nichtig sei.

Die Klage hatte in keiner Instanz Erfolg.

Aus den Gründen:

Die Klage richtet sich gegen die Rechtswirksamkeit der von dem Direktor des Arbeitsamtes M. am 29. Juni 1950 ausgesprochenen Kündigung. Diese Kündigung soll nach Ansicht der Klägerin deshalb rechtsunwirksam sein, weil sie auf dem Beschluß des Verwaltungsausschusses der Beklagten über die Verminderung der Planstellen bei den Landesarbeitsämtern und den Arbeitsämtern beruhe, dieser Beschluß aber keine geeignete Rechtsgrundlage für die Kündigung abgeben könne, weil er ohne die gebotene Mitwirkung des Hauptpersonalrats zustande gekommen sei. Weiter sieht die Klägerin die ihr gegenüber ausgesprochene Kündigung deshalb als rechtsunwirksam an, weil nicht der bei dem Arbeitsamt M. bestehende Personalrat für die Erteilung der Zustimmung zuständig gewesen sei, sondern lediglich der Hauptpersonalrat bei der Beklagten. Diese Zuständigkeit des Hauptpersonalrats ergebe sich daraus, daß der Leiter des Arbeitsamtes M. im Hinblick auf den ihn bindenden Beschluß des Verwaltungsausschusses zu einer Rücknahme der Kündigung nicht befugt gewesen sei.

Es kann dahingestellt bleiben, ob der Hauptpersonalrat der Beklagten bei dem Beschluß über die Stellenverminderung nach § 73 PersVG hätte mitwirken müssen. Auch wenn man dieses unterstellt, ist die der Klägerin gegenüber ausgesprochene Kündigung nicht unwirksam.

Der Beschluß des Verwaltungsausschusses bedeutete nämlich nicht, daß in jedem Fall Entlassungen von Arbeitnehmern bei den Landesarbeitsämtern und den Arbeitsämtern vorgenommen werden mußten. Die erstrebte Verminderung des Personals hätte auch dann erreicht werden können, wenn aus sonstigen Gründen freiwerdende Planstellen nicht wieder besetzt worden wären. Wäre es also möglich gewesen, die erstrebte Planstellenverminderung dadurch zu erreichen, daß solche Arbeitsplätze die durch Ausscheiden ihres bisherigen Inhabers, z. B. wegen Tod, Versetzung in den Ruhestand oder anderer Gründe frei wurden, nicht wieder besetzt wurden, so hätte es einer Kündigung von Arbeitnehmern durch die Dienststellenleiter in Ausführung des Beschlusses des Verwaltungsausschusses überhaupt nicht bedurft. Insbesondere sieht aber der Beschluß des Verwaltungsausschusses nicht vor, daß gerade bei dem Arbeitsamt Kündigungen vorgenommen werden mußten. Jedenfalls sieht der Beschluß nicht vor, daß gerade die Klägerin entlassen werden mußte.

Vielmehr ist, sofern die Ausführung des Beschlusses des Verwaltungsausschusses auch Personaleinsparungen beim Arbeitsamt M. erforderlich machte, die Durchführung dem Direktor des Arbeitsamtes in eigener Zuständigkeit übertragen worden. Das ist entscheidend. Denn er hatte die entsprechenden Maßnahmen nunmehr zu treffen. Wenn er dabei eine Kündigung der Klägerin gegenüber für angebracht und erforderlich hielt, so war es zwar notwendig, aber auch genügend, das Mitwirkungsrecht des Personalrats beim Arbeitsamt M. (§ 70 Abs. 1 b) Ziff. 5 PersVG) so zubeachten, wie es § 61 PersVG vorschreibt. Nur die die Klägerin treffende konkrete Maßnahme und Entscheidung, nämlich die Kündigung ihres Arbeitsverhältnisses ist hier daraufhin zu prüfen, ob hierbei das

Mitwirkungsrecht der zuständigen Arbeitnehmervertretung, das ist der Personalrat des Arbeitsamtes M., durch die zuständige Dienststelle der Beklagten, nämlich das Arbeitsamt M. ordnungsgemäß beachtet worden ist. Das ist aber unstreitig der Fall gewesen. Der zuständige Personalrat hat also gemäß §§ 70, 61 PersVG mitgewirkt und hat sogar seine Zustimmung zu der beabsichtigten Maßnahme, nämlich der Kündigung gegenüber der Klägerin, erteilt.

33

1. Die Mitwirkung des Personalrates bei der Kündigung eines Angestellten ist Voraussetzung für die Wirksamkeit der ordentlichen Kündigung.

2. Beantragt der Personalrat einer Dienststelle bei einer Kündigung die Entscheidung der nächsthöheren Dienststelle, bei der eine Stufenvertretung besteht, so darf diese Dienststelle erst nach Verhandlung mit der Stufenvertretung entscheiden.

3. Wird die Verhandlung mündlich geführt, so muß sie von dem Leiter der Dienststelle oder seinem ständigen Vertreter geführt werden.

4. Ständiger Vertreter ist nur derjenige, der den Leiter der Dienststelle nach dem Organisationsplan laufend vertritt und in der Regel die Befugnis hat, „in Vertretung" zu zeichnen.

PersVG §§ 70, 61, 8.

I. Senat. Urteil vom 7. Februar 1958 i. S. Bundesanstalt f. A.u. A. (Bekl.) w. E. (Kl.) 1 AZR 190/57.

I. Arbeitsgericht Passau — II. Landesarbeitsgericht Bayern in München

Der Kläger trat am 16. Juli 1951 in den Dienst der Arbeitsverwaltung ein. Im März 1956 sollte bei dem Arbeitsamt D., bei dem der Kläger beschäftigt war, wegen des Rückgangs der Arbeitslosigkeit das Personal vermindert werden. Der Direktor dieses Arbeitsamtes wollte deshalb neben anderen Angestellten auch den Kläger entlassen. Er verhandelte am 14. März 1956 mit dem Personalrat beim Arbeitsamt D. Dieser lehnte jedoch die in Aussicht genommene Kündigung als nicht betriebsbedingt ab und beantragte, als der Direktor des Arbeitsamtes gleichwohl auf Durchführung der Entlassung des Klägers bestand und dies auch dem Personalrat schriftlich mitgeteilt hatte, am 17. März 1956 die Entscheidung des Präsidenten des Landesarbeitsamtes. In der Sitzung des Bezirkspersonalrats beim Landesarbeitsamt vom 23. März 1956, an der für den Präsidenten des Landesarbeitsamtes der Bundesverwaltungsoberrat Dr. J. (Leiter der Personal- und Verwaltungsabteilung des Landesarbeitsamtes) teilnahm, beschloß der Bezirkspersonalrat einstimmig, sich gegen die Kündigung des Klägers auszusprechen. Gleichwohl stimmte der Präsident des Landesarbeitsamtes am 27. März 1956 der beabsichtigten Kündigung des Klägers zu und beauftragte den Direktor des Arbeitsamtes D, den Personalrat dieses Arbeitsamtes zu unterrichten.

Darauf sprach der Direktor des Arbeitesamtes D. am 29. März 1956 dem Kläger gegenüber die Kündigung zum 30. September 1956 aus.

Gegen die Rechtswirksamkeit dieser Kündigung richtet sich die Klage.

Beim Landesarbeitsamt war zu dieser Zeit die Stelle des Präsidenten und die des Vizepräsidenten nicht planmäßig besetzt. Mit der Wahrnehmung der Geschäfte des Präsidenten war Dr. R. betraut, der auch die Entscheidung über die Entlassung des Klägers unterzeichnet hatte. Im Falle der Behinderung von Dr. R. waren dessen allgemeine Vertreter die Verwaltungsoberräte Dr. H. und M. als Abwesenheitsvertreter.

Der Präsident der Bundesanstalt hat die Vertretung der Dienststellen nach dem Personalvertretungsgesetz in verschiedenen Erlassen geregelt. In einem Erlaß vom 24. Februar 1956 hatte er darauf hingewiesen, daß die Präsidenten der Landesarbeitsämter sich nach § 8 Satz 1 PersVG durch ihre ständigen Stellvertreter vertreten lassen könnten. Für die Direktoren der Arbeitsämter, für die ständige Stellvertreter nicht vorgesehen waren, hatte er bestimmt, daß die Leiter der Verwaltungsabteilung der Dienststelle ständige Stellvertreter des Dienststellenleiters „im Sinne des Personalvertretungsgesetzes" seien. Mit einem ergänzenden Erlaß vom 7. Juli 1956 hatte der Präsident der Bundesanstalt weiter für den Bereich des hier zuständigen Landesarbeitsamtes bestimmt, daß in sinngemäßer Auslegung des Erlasses vom 24. Februar 1956 der Bundesverwaltungsoberrat Dr. J. in Ermangelung eines ständigen Stellvertreters des Präsidenten die Rechte und Pflichten aus dem Personalvertretungsgesetz gegenüber dem Personalrat und dem Bezirkspersonalrat wahrnehmen solle.

Der Kläger hat vorgetragen, die Kündigungserklärung sei ihm gegenüber nicht rechtswirksam abgegeben, da in dem Verfahren vor dem Bezirkspersonalrat der Präsident des Landesarbeitsamtes nicht ordnungsgemäß vertreten gewesen sei. Dr. J. habe den Präsidenten nicht vertreten können, da er nicht dessen ständiger allgemeiner Vertreter sei.

Auch sei die Kündigung nach der Entscheidung des Präsidenten des Landesarbeitsamtes durch den Direktor des Arbeitsamtes ausgesprochen worden, bevor die Entscheidung des Präsidenten des Landesarbeitsamtes dem Kläger und dem Personalrat bei dem Arbeitsamt D. mitgeteilt worden sei.

Die Kündigungsschutzklage hatte in allen Instanzen Erfolg.

Aus den Gründen:

Nach § 70 Abs. 1 Buchst. b Nr. 5 PersVG wirkt der Personalrat bei der Kündigung von Angestellten mit. Diese Mitwirkung hat sich in den Formen des § 61 PersVG zu vollziehen. Das bedeutet, daß eine beabsichtigte Kündigung in einem besonderen Verfahren vor ihrem Ausspruch mit dem Personalrat rechtzeitig und eingehend mit dem Ziel einer Verständigung zu erörtern ist (§ 61 Abs. 1 PersVG). Der für die Kündigung des Klägers zuständige Direktor des Arbeitsamtes D. hat nun zwar als Leiter der Dienststelle, wie sich aus dem unstreitigen Sachverhalt ergibt, die beabsichtigte Maßnahme, nämlich die Kündigung, mit dem Personalrat vorschriftsmäßig erörtert, ohne aber eine Einigung zu erzielen. Er hat sodann sein Vorhaben, die Kündigung gleichwohl durchzuführen, dem Personalrat schriftlich mitgeteilt, wie es § 61 Abs. 3 PersVG vorschreibt. Dieser hat sodann von der ihm gegebenen Befugnis, die Entscheidung der nächsthöheren Dienststelle, nämlich des Landesarbeitsamtes, bei dem eine Stufenvertretung, nämlich der Bezirkspersonalrat besteht, anzurufen, gemäß § 61 Abs. 4 Satz 1 PersVG Gebrauch gemacht. Damit war die Zuständigkeit zur Entscheidung, ob das Arbeitsverhältnis des Klägers gekündigt werden sollte, ordnungsgemäß auf das Landesarbeitsamt übergegangen.

Nach § 61 Abs. 4 Satz 2 PersVG konnte das Landesarbeitsamt aber erst „nach Verhandlung mit der Stufenvertretung" endgültig entscheiden, ob die beabsichtigte Kündigung ausgesprochen werden sollte oder nicht. Eine der gesetzlichen Vorschrift entsprechende Verhandlung zwischen dem Landesarbeitsamt und dem bei ihm als Stufenvertretung gebildeten Bezirkspersonalrat hat aber nicht stattgefunden.

Es kann hier dahingestellt bleiben, ob die in § 61 Abs. 4 Satz 2 PersVG vorgeschriebene Verhandlung zwischen der Dienststelle und der Stufenvertretung stets mündlich geführt werden muß, oder ob im Rahmen dieser Bestimmung auch eine schriftliche Verhandlung, in der die Dienststelle der Stufenvertretung Rede und Antwort zu stehen hat, denkbar ist. Eine schriftliche Verhandlung hat hier jedenfalls nicht stattgefunden. Vielmehr ist davon auszugehen, daß die Verhandlung vom 23. März 1956 mit dem Bezirkspersonalrat beim Landesarbeitsamt die in § 61 Abs. 4 PersVG erwähnte Verhandlung sein sollte und als solche mündlich geführt worden ist. Dies ergibt sich aus den tatsächlichen Feststellungen des Landesarbeitsgerichts, so wie diese in dem Tatbestand und in den Entscheidungsgründen des angefochtenen Urteils zusammengefaßt sind.

Das Landesarbeitsamt war aber bei der Verhandlung mit dem Bezirkspersonalrat über die Kündigung, die gegenüber dem Kläger ausgesprochen werden sollte, nicht ordnungsgemäß vertreten.

Nach § 8 PersVG handelt nämlich für die Dienststelle ihr Leiter. Dieser kann sich nur durch seinen ständigen Vertreter, nicht aber durch einen sonstigen Beauftragten vertreten lassen. Ständiger Vertreter ist aber nur derjenige, der den Leiter der Dienststelle nach dem Organisationsplan der Verwaltung laufend vertritt und in der Regel die Befugnis hat, „in Vertretung" zu zeichnen (vgl. Dietz, PersVG 1956, § 8, Anm. 16 f; Fitting-Heyer, PersVG 1955, § 8 Vorbemerkung; Grabendorff-Windscheid, PersVG 1955, § 8, Anm. 1; Bochalli, PersVG 1955, § 8, Anm. 1; Selge, PersVG 1955, § 8, Anm. 2, 4).

Die Regelung des § 8 PersVG bezieht sich auf alle Fälle, in denen der Leiter der Dienststelle gegenüber dem Personalrat oder einer Stufenvertretung als Vertreter der Dienststelle für diese im Rahmen des Personalvertretungsgesetzes zu handeln hat. Sie erstreckt sich damit auch auf die Verhandlung nach § 61 Abs. 4 Satz 2 PersVG mit der Folge, daß sich der Leiter der Dienststelle bei der Verhandlung auch nur gemäß § 8 PersVG vertreten lassen kann.

Nach § 61 Abs. 4 Satz 2 PersVG hatte die nächsthöhere Dienststelle, hier also das Landesarbeitsamt, zu verhandeln und dann, ohne allerdings an das Verhandlungsergebnis gebunden zu sein, zu entscheiden (Selge, aaO, § 61, Anm. 2, 4). Da ein „Verhandeln" der Dienststelle notwendigerweise ein „Handeln" bedingt, das nicht mit dem engeren Begriff des „Entscheidens" verwechselt werden darf, konnte diese Verhandlung nur durch den Präsidenten des Landesarbeitsamtes oder einen seiner ständigen Vertreter wahrgenommen werden.

Der Bundesverwaltungsoberrat Dr. J., der an der in Frage stehenden Verhandlung teilnahm, war aber nicht ständiger Vertreter des Präsidenten des Landesarbeitsamtes im Sinne des § 8 PersVG; er war lediglich Leiter der Abteilung III/IV des Landesarbeitsamtes und als solcher beauftragt, die Verhandlung wahrzunehmen. Eine Vertretungsmacht für die Verhandlung mit dem Bezirkspersonalrat konnte dem Bundesverwaltungsoberrat Dr. J. auch nicht nachträglich durch den erst nach der Verhandlung vom 23. März 1956 am 7. Juli 1956 ergangenen Erlaß über die Vertretung des Präsidenten bei dem hier zuständigen Landesarbeitsamt übertragen werden. Denn nach diesem Erlaß ist dem Bundesverwaltungsoberrat Dr. J. lediglich aufgegeben worden, die Rechte und Pflichten aus dem Personalvertretungsgesetz gegenüber dem Personalrat des Landesarbeitsamtes und dem Bezirkspersonalrat wahrzunehmen; er ist damit nicht ständiger Vertreter des Präsidenten des Landesarbeitsamtes im Sinne des § 8 PersVG geworden, ganz abgesehen davon, daß dem Erlaß keine rückwirkende Kraft beigemessen werden kann.

Er liegt hier also keine ordnungsmäßige, den Erfordernissen der §§ 8, 61 Abs. 4 PersVG entsprechende Verhandlung vor, wobei hier dahingestellt bleiben kann, ob der Dienststellenleiter mit der Vorbereitung der Entscheidung oder mit Vorverhandlungen hierfür auch einen anderen als seinen ständigen Vertreter beauftragen kann (vgl. dazu Dietz, aaO, § 8, Anm. 21; Fitting-Heyer, aaO, § 81, Anm. 1).

Das Fehlen der für Form und Durchführung der Mitwirkung wesentlichen ordnungsgemäßen Verhandlung zwischen dem Landesarbeitsamt und seinem Bezirkspersonalrat führt zur Unwirksamkeit der dennoch gegenüber dem Kläger ausgesprochenen Kündigung. Der Senat hat zwar in den Fällen der Anhörung des Betriebsrats nach § 66 Abs. 1 BetrVG in ständiger Rechtsprechung die Ansicht vertreten, daß dann, wenn der Arbeitgeber vor einer Kündigung eines Arbeitnehmers den Betriebsrat nicht angehört hat, die Kündigung nicht aus diesem Grunde zivilrechtlich unwirksam sei (BAG 1, 69; 1, 80; 2, 87; 3, 63; 3, 142). Die zu § 66 Abs. 1 BetrVG entwickelten Rechtsprechungsgrundsätze können aber nicht für die Kündigung gegenüber einem Arbeitnehmer im öffentlichen Dienst unter der Herrschaft des Personalvertretungsgesetzes gelten. Denn während nach § 66 Abs. 1 BetrVG nur eine Anhörung des Betriebsrats erforderlich ist, ist in § 70 PersVG eine Mitwirkung des Personalrats vorgeschrieben. Bewußt hat der Gesetzgeber als Form der Beteiligung nicht die „Anhörung", sondern die stärkere der „Mitwirkung" des Personalrats gesetzlich verankert (vgl. Selge, aaO, § 61 Anm. 1). Diese Mitwirkung ist gesetzliche Wirksamkeitsvoraussetzung jeder Maßnahme des Dienstherrn, die der Mitwirkung unterliegt. Das Rechtsgeschäft der Kündigung ist also ohne diese gesetzliche Wirksamkeitsvoraussetzung, von der Vorschrift des § 70 Abs. 3 PersVG abgesehen, unwirksam. Ob die erforderliche Mitwirkung vorliegt, entscheidet sich aber danach, ob u. a. von Seiten des Dienstherrn das Mitwirkungsverfahren nach § 61 PersVG so beachtet worden ist, daß das

Mitwirkungsrecht der Personalvertretung voll zum Zuge gekommen ist. Das ist jedenfalls dann nicht der Fall, wenn, wie hier, eine ordnungsmäßige Verhandlung nach § 61 Abs. 4 Satz 2 PersVG nicht stattgefunden hat. Denn gerade diese Verhandlung ist von entscheidender Bedeutung, weil ihr die endgültige einseitige Entscheidung der in § 61 Abs. 4 PersVG angesprochenen Dienststelle folgt. Diese Verhandlung bildet für die Stufenvertretung die wesentliche gesetzliche Möglichkeit, ihre Argumente für oder gegen die beabsichtigte Maßnahme der Dienststelle in Rede und Gegenrede zur Kenntnis zu bringen. Um so wichtiger ist es daher, daß derjenige auf Seiten der Dienststelle verhandelt, der nach § 8 PersVG für sie handeln kann und schließlich auch, weil eben kein Fall der Mitbestimmung (§ 62 PersVG) gegeben ist, zur alleinigen Entscheidung im Endergebnis befugt ist. Fehlt es also bei der Verhandlung mit der Stufenvertretung an einer Vertretung der Dienststelle, wie sie § 8 PersVG vorschreibt, dann ist die Mitwirkung der Personalvertretung nicht in der vorgeschriebenen Form durchgeführt worden. Die Nichtbeachtung gesetzlich zwingend vorgeschriebener Formen bei der Durchführung der Mitwirkung ist aber der Nichtbeachtung der Mitwirkung grundsätzlich gleichzustellen. In diesen Fällen kommt der gleichwohl vom Dienstherrn ohne Billigung der zuständigen Personalvertretung getroffenen Maßnahme keine Wirksamkeit zu. Eine wie hier gegenüber dem Kläger dennoch ausgesprochene ordentliche Kündigung ist unwirksam. Auf die Unwirksamkeit der Kündigung wegen Nichtbeachtung oder Verletzung des § 61 PersVG kann sich der betroffene Arbeitnehmer im Arbeitsgerichtsprozeß berufen (vgl. hierzu Dietz, aaO, § 61, Anm. 49 ff.; Fitting-Heyer, aaO, § 61, Anm. 12, 21; § 70, Anm. 41; Distel, Personalvertretung bei den Behörden 1957, S. 158; Molitor, PersVG 1956, § 70, Anm. 14; Rewolle-Lorentz, PersVG 1956, § 70, Anm. 20).

34

1. Die Schwerbeschädigteneigenschaft wird nach dem SchwBeschG 1953 durch den Anerkennungsbescheid nicht begründet, sondern nur bewiesen.

2. Gibt der Arbeitgeber zu, daß die Erwerbsfähigkeit des Arbeitnehmers durch einen Arbeitsunfall um wenigstens 50 v.H. dauernd gemindert ist, so steht dem Arbeitnehmer der Schutz des § 14 SchwBeschG zu, ohne daß es des Anerkennungsbescheides bedarf.

3. Gegenüber einem dauernd arbeitsunfähigen Schwerbeschädigten versagt der Kündigungsschutz des § 14 SchwBeschG.

SchwBeschG 1953, § 1 Abs. 1; § 14; § 39 Abs. 1 Buchst. a.

II. Senat. Urteil vom 13. Februar 1958 i. S. Fa. R. (Bekl.) w. B. (Kl.) 2 AZR 467/55.

I. Arbeitsgericht Duisburg — II. Landesarbeitsgericht Düsseldorf

Der jetzt 36 Jahre alte Kläger war seit dem 2. Januar 1953 bei der Beklagten als Vorarbeiter beschäftigt und hatte im Durchschnitt einen Wochenverdienst von 95,— bis 100,— DM. Am 17. Juli 1953 erlitt er im Betrieb der Beklagten einen schweren Arbeitsunfall, wobei er mehrere Knochenbrüche und Quetschungen an Leber und Niere davontrug. In der Folgezeit war er zehn Monate im Krankenhaus und anschließend in ambulanter ärztlicher Behandlung. Infolge des Unfalls ist er um mehr als 50% erwerbsgemindert, jedoch ist sein Rentenverfahren noch nicht abgeschlossen.

Am 9. November 1954 wurde er bei der Beklagten vorstellig und teilte ihr mit, daß er voraussichtlich ab 15. November 1954 wieder arbeitsfähig sein werde, allerdings nur für leichtere Arbeiten verwendbar sei. Die Beklagte kündigte ihm hierauf an demselben Tage das Arbeitsverhältnis zum 23. November 1954. Gegenüber dieser Kündigung beruft sich der Kläger auf den Kündigungsschutz für Schwerbeschädigte. Die vorsorglich von der Beklagten beantragte Zustimmung zur Kündigung ist durch rechtskräftigen Bescheid der Hauptfürsorgestelle versagt worden.

Der Kläger hat beantragt, festzustellen, daß durch die am 9. zum 23. November 1954 erfolgte Kündigung das Arbeitsverhältnis nicht gelöst worden sei.

Das Arbeitsgericht hat der Klage stattgegeben, das Landesarbeitsgericht hat die Berufung der Beklagten zurückgewiesen. Die Revision der Beklagten wurde zurückgewiesen aus folgenden

Gründen:

Die Kündigung des Klägers seitens der Beklagten ist unwirksam, wenn er Schwerbeschädigter im Sinne des Schwerbeschädigtengesetzes 1953 ist und die Hauptfürsorgestelle die Zustimmung zur Kündigung rechtskräftig versagt hat.

Gemäß § 1 Abs. 1 Buchst. d ist Schwerbeschädigter, wer infolge einer gesundheitlichen Schädigung durch Arbeitsunfall oder Berufskrankheit im Sinne der deutschen gesetzlichen Unfallversicherung nicht nur vorübergehend um wenigstens 50 v.H. in seiner Erwerbsfähigkeit gemindert ist. Die Eigenschaft als Schwerbeschädigter ist also nicht davon abhängig, daß ein eine mindestens 50%ige Erwerbsminderung feststellender Rentenanspruch vorliegt. Im Gegensatz zu § 3 SchwBeschG 1923, auf Grund dessen der Schwerbeschädigtenschutz dem Schwerbeschädigten nur zustand, wenn ein entsprechender rechtskräftiger Rentenbescheid vorlag, reicht nach § 1 SchwBeschG 1953 bereits das Vorliegen einer entsprechenden Minderung der Erwerbsfähigkeit durch die gesundheitliche Schädigung als Voraussetzung für die Anwendung des Gesetzes aus (vgl. Becker, SchwBeschG 1953, § 1 Anm. 1; ders., BB 1954, 197; Monjau, SchwBeschG 1953, § 1 Anm. 2; Sellmann, SchwBeschG 1953, § 1 Anm. 1; Wilrodt-Gotzen, SchwBeschG 1953, § 1 Anm. 1; Zigan, SchwBeschG 1953, § 1 Anm. 3). Durch diese Regelung soll, wie sich aus der amtlichen Begründung zum Gesetz (Bundestags-Drucks. 1. Wahlperiode, Nr. 3430, S. 28) ergibt, die Möglichkeit eröffnet werden, Beschädigten, bei denen auf Grund der Beschädigung feststeht, daß sie in ihrer Erwerbsfähigkeit um wenigstens 50% beeinträchtigt sind, vor Abschluß des Rentenverfahrens den Schutz des Gesetzes in vollem Umfang zukommen zu lassen.

Nun ermächtigt allerdings § 39 Abs. 1 Buchst. a SchwBeschG 1953 die Bundesregierung, im Wege der Rechtsverordnnug mit Zustimmung des Bundesrats Vorschriften über die Voraussetzungen der „Anerkennung der Schwerbeschädigteneigenschaft" und das Verfahren zu erlassen. Von dieser Möglichkeit hat die Bundesregierung durch die Erste Verordnung zur Durchführung des SchwBeschG vom 18. März 1954 (BGBl. I, S. 40) Gebrauch gemacht. Nach § 1 Abs. 1 dieser Verordnung genügt im Falle des § 1 Abs. 1 Buchst. d SchwBeschG 1953, falls keine ausdrückliche Feststellung der Minderung der Erwerbsfähigkeit um wenigstens 50 v.H. vorliegt, als Voraussetzung für die Anerkennung der Schwerbeschädigteneigenschaft, daß den betreffenden Personen durch unanfechtbar gewordene Verwaltungs- oder Gerichtsentscheidung Rente gemäß einer Minderung der Erwerbsfähigkeit um wenigstens 50 v.H. zuerkannt ist. Nach § 2 genügt, falls ein Rentenverfahren eingeleitet, eine unanfechtbar gewordene Entscheidung jedoch noch nicht getroffen ist, bis zu dieser Entscheidung als Voraussetzung für die Anerkennung der Schwerbeschädigteneigenschaft eine Bescheinigung der für die Rentenfestsetzung zuständigen Dienststelle, daß die gesundheitliche Schädigung auf derartige Ereignisse und Umstände zurückzuführen und daß mit der Anerkennung einer nicht nur vorübergehenden Minderung der Erwerbsfähigkeit um wenigstens 50 v.H. zu rechnen ist.

Aus dieser rechtlichen Regelung wird nun zum Teil die Auffassung hergeleitet, daß eine derartige „Anerkennung" notwendig sei, um die Eigenschaft als Schwerbeschädigter zu begründen, und daß ein solcher behördlicher Akt konstitutive Wirkung habe. Zur Begründung wird insbesondere darauf hingewiesen, daß eine solche Anerkennung aus Gründen der Rechtssicherheit erforderlich sei und daß sich ihre rechtliche Notwendigkeit auch aus der gesetzlichen Ermächtigung zum Erlaß einer entsprechenden Durchführungsverordnung gemäß § 39 Abs. 1 Buchst. a SchwBeschG in Verbindung mit der Tatsache des Erlasses dieser Durchführungsverordnung ergäbe. Ferner wird auf die Entstehungsgeschichte des Schwerbeschädigtenschutzes in Verbindung mit der Rechtsprechung des Reichsarbeitsgerichts Bezug genommen. Auch die Bestimmung des § 24 SchwBeschG über das Erlöschen des Schwerbeschädigtenschutzes wird von dieser Auffassung ins Feld geführt (vgl. u. a. Rohwer-Kahlmann, SchwBeschG, § 1 Anm. 3; ders., Arbeit und Recht 1954, S. 144 ff.; Zigan, SchwBeschG, § 1 Anm. 8; siehe auch LAG Bremen, BB 1956, 724).

Dieser Auffassung vermag sich der Senat jedoch nicht anzuschließen. Wortlaut und Entstehungsgeschichte der Vorschrift des § 1 SchwBeschG 1953 sprechen vielmehr eindeutig dagegen, daß zu den die Schwerbeschädigteneigenschaft begründenden, in § 1 aufgeführten Tatsachen noch eine ausdrückliche Anerkennung hinzutreten, daß also „das Vorliegen des gesetzlichen Tatbestandes durch einen Akt der Verwaltung festgestellt werden muß" (so Rohwer-Kahlmann, SchwBeschG, § 1 Anm. 3). Der Gesetzgeber ist vielmehr, wie die oben wiedergegebene Begründung zum Gesetzentwurf eindeutig ergibt, bewußt von der früheren gesetzlichen Regelung abgewichen.

Der Wortlaut des § 39 Abs. 1 Buchst. a SchwBeschG spricht nur von den „Voraussetzungen der A n e r k e n n u n g der Schwerbeschädigteneigenschaft" und läßt nicht erkennen, daß der Gesetzgeber die Bundesregierung hat ermächtigen wollen, durch eine Rechtsverordnung den § 1 SchwBeschG abzuändern oder zu ergänzen und den dort für die Begründung der Schwerbeschädigteneigenschaft aufgeführten materiellen Voraussetzungen beliebig weitere hinzuzufügen. Demnach braucht auch nicht geprüft zu werden, ob eine so weitgehende allgemeine Ermächtigung, wenn sie erteilt wäre, überhaupt nach Inhalt, Zweck und Ausmaß gemäß Art. 80 Abs. 1 Satz 2 GG genügend bestimmt wäre. Die Bestimmung des § 24 SchwBeschG, die das Erlöschen des Schwerbeschädigtenschutzes von einem rechtskräftigen Festsetzungsbescheid über die Minderung der Erwerbsfähigkeit abhängig macht, kann nicht ohne weiteres entsprechend auf den Beginn der Schwerbeschädigteneigenschaft angewandt werden, zumal es sich dort entsprechend dem früheren Rechtszustand sogar um einen Renten- oder Versorgungsbescheid und nicht um eine „Anerkennung" handelt (so mit Recht Wilrodt-Gotzen, aaO). Schließlich macht die Erste Durchführungsverordnung auch selbst ebenso wie § 1 SchwBeschG 1953 den Beginn des Schwerbeschädigtenschutzes gar nicht von einer Anerkennung abhängig (vgl. Becker, SchwBeschG, § 1 Anm. 21 und BB 1954, S. 197; Sellmann, aaO; Wilrodt-Gotzen, aaO). Die Schwerbeschädigteneigenschaft ist somit gegeben, wenn einer der Tatbestände des § 1 SchwBeschG vorliegt, ohne daß es einer besonderen Anerkennung bedarf.

Der unanfechtbare Anerkennungsbescheid hat daher lediglich die Bedeutung eines Beweismittels; er begründet nicht — konstitutiv — die Schwerbeschädigteneigenschaft, sondern beweist sie nur, wirkt also deklaratorisch (Sellmann, aaO; Wilrodt-Gotzen, aaO). Ob diese Beweisfunktion des unanfechtbaren Anerkennungsbescheides andere Beweismöglichkeiten rechtlich ausschließt — etwa ähnlich wie § 901 RVO die ordentlichen Gerichte und die Gerichte für Arbeitssachen (Urteil des erkennenden Senats vom 25. März 1957 — 2 AZR 290/56 —) an die dort bezeichneten Entscheidungen der nach der RVO zuständigen Stellen bindet und ihr Verfahren bis zum Vorliegen der Entscheidung dieser Stellen auszusetzen verpflichtet —, ob also der § 39 Abs. 1 Buchst. a SchwBeschG 1953 in Verbindung mit § 1 der Ersten Durchführungsverordnung den für den Anerkennungsbescheid zuständigen Verwaltungsstellen und Gerichten eine Monopolstellung zuweist, die andere Stellen, insbesondere die Gerichte für Arbeitssachen an der selbständigen Beurteilung der Minderung der Erwerbsfähigkeit hindert, braucht hier nicht geprüft zu werden. Denn im vorliegenden Fall ist unter den Parteien unstreitig, daß der Kläger auf Grund einer gesundheitlichen Schädigung durch einen Arbeitsunfall nicht nur vorübergehend um wenigstens 50 v.H. in seiner Erwerbsfähigkeit gemindert ist. Unbestrittene Tatsachen bedürfen aber keines Beweises (§ 288 Abs. 1 ZPO). Für die Beweisfunktion des unanfechtbaren Anerkennungsbescheides besteht hier also gar kein Raum.

Dieses Ergebnis erschwert auch nicht etwa die Lage des Arbeitgebers unbillig. Allerdings würde der Arbeitgeber in eine untragbare Lage geraten, wenn für den Arbeitsvertrag ein bestimmter Arbeitnehmer als Schwerbeschädigter gelten und den Kündigungsschutz des § 14 SchwBeschG genießen, für das öffentlich-rechtliche Verhältnis aber die

Hauptfürsorgestelle denselben Arbeitnehmer nicht als Schwerbeschädigten behandeln, ihn auf die Beschäftigungspflicht des § 3 SchwBeschG nicht anrechnen und auch bei einer Kündigung durch den Arbeitgeber nicht nach § 14 SchwBeschG tätig werden würde. Indes bleibt es dem Arbeitgeber, wenn er Zweifel an dem Umfang der Erwerbsminderung eines Arbeitnehmers hat, stets überlassen, im Rechtsstreit vor dem Arbeitsgericht in Zweifel zu ziehen, ob der Arbeitnehmer in seiner Erwerbsfähigkeit um wenigstens 50 v.H. dauernd gemindert ist. Gesteht er aber im Rechtsstreit die Erwerbsminderung in diesem Umfange zu, so muß er auch die sich daraus ergebenden Folgen tragen.

Der Revision kann auch nicht darin gefolgt werden, daß der Kläger deshalb nicht als Schwerbeschädigter angesehen werden könne, weil er zur Zeit der Kündigung 100%ig krank gewesen sei und infolgedessen nicht unter das Schwerbeschädigtengesetz falle. Zwar ist richtig, daß der Kläger im Zeitpunkt der Kündigung noch voll arbeitsunfähig war. Es ist aber nicht festgestellt, daß er a u f d i e D a u e r nicht mehr arbeitsfähig sein würde. Nur wenn dies festgestellt worden wäre, würde der Kläger, wie auch das Landesarbeitsgericht mit Recht ausführt, nicht dem Schwerbeschädigtengesetz unterliegen, da die Schutzbestimmungen des Gesetzes nur bei einem Beschädigten Sinn haben, der noch arbeitseinsatzfähig ist. Nun hat aber der Kläger bereits in der Klageschrift unwidersprochen behauptet, er habe der Beklagten bereits am 9. November 1954 mitgeteilt, daß er demnächst für leichtere Arbeiten arbeitsfähig geschrieben würde. Die Beklagte hat demgegenüber nur eingewandt, der Kläger sei a m T a g e d e r K ü n d i g u n g nicht arbeitsfähig gewesen, nicht aber hat sie behauptet, der Kläger sei a u f d i e D a u e r arbeitsunfähig. Vielmehr hat sie in zweiter Instanz selbst vorgetragen, daß bei dem Kläger, wie sich aus den Akten der Großhandels- und Lagereiberufsgenossenschaft Mainz ergäbe, bis einschließlich 14. November 1954 eine völlige Arbeitsunfähigkeit vorgelegen habe. Infolgedessen bedurfte es auch einer Beiziehung der Akten der Großhandels- und Berufsgenossenschaft seitens des Landesarbeitsgerichts nicht, so daß auch kein Verstoß gegen die §§ 139, 286 ZPO, den die Beklagte offenbar rügen will, vorliegt.

Da nach der Feststellung des Landesarbeitsgerichts die gemäß § 14 SchwBeschG 1953 zur Kündigung eines Schwerbeschädigten erforderliche Zustimmung der Hauptfürsorgestelle rechtskräftig versagt worden ist, ist die von der Beklagten ausgesprochene Kündigung rechtsunwirksam.

35

Einem Mitglied des Betriebsrats darf grundsätzlich auch nicht zum Zwecke der Änderung seines Arbeitsverhältnisses gekündigt werden. Dies gilt jedenfalls dann, wenn es sich um eine einzelne Kündigung handelt, die nur das Betriebsratsmitglied trifft.

KSchG § 13 Abs. 1.

III. Senat. Urteil vom 25. Februar 1958 i. S. Deutsche Bundespost (Bekl.) w. H. (Kl.). 3 AZR 184/55.

I. Arbeitsgericht Ulm — II. Landesarbeitsgericht Stuttgart

Der Kläger steht seit 1929 im Postdienst und wurde als Zeichner im Angestelltenverhältnis seit Inkrafttreten der TO.A im Jahre 1938 nach der Vergütungsgruppe VII bezahlt. Er ist Mitglied der Betriebsvertretung. Im April 1952 wurde beim Fernmeldebauamt in U., bei dem der Kläger beschäftigt war, eine Aushilfskraft des mittleren Dienstes bewilligt (Beamtendienststelle nach Besoldungsgruppe A 8 a). Vom 8. Mai 1953 an wurde der Kläger auf dieser Stelle beschäftigt. Bis zum 31. Mai 1953 arbeitete er sich ein. Mit Wirkung vom 1. September 1953 wurde die Aushilfsstelle in eine Dauerstelle (A 5 b = Obersekretär) umgewandelt. Der Kläger beantragte deswegen am 31. März 1954 auf Grund der Tarifvereinbarung Nr. 15 vom 21. November 1950 zur TO.A und des sie ergänzenden Tarifvertrages Nr. 57 vom 20. Mai 1953, ihn von TO.A VII nach TO.A VI b heraufzugruppieren. Die Beklagte zögerte, diesem Antrag zu entsprechen, weil sie die Oberpostsekretärin G., deren bisheriger Dienstposten abgewertet worden war, auf die Stelle des Klägers setzen wollte, damit sie nicht unterwertig beschäftigt wurde. Am 13. Juli 1954 verfügte der Amtsvorsteher des Fernmeldebauamts U. zunächst, daß die Oberpostsekretärin, die bereits mit Wirkung vom 1. April 1954 formell in die vom Kläger verwaltete Stelle eingewiesen worden war, ihren Dienst dort aber wegen Erkrankung noch nicht hatte antreten können, in der Zeit vom 15. Juli bis 15. August 1954 durch den Kläger in ihre neue Tätigkeit eingearbeitet werde. In dieser Verfügung, die auch dem Kläger dienstlich zur Kenntnis gebracht worden ist, heißt es, die Rückkehr des Klägers in den Zeichnerdienst werde zu gegebener Zeit angeordnet werden. Mit Schreiben vom 11. August 1954 ließ die Oberpostdirektion dem Kläger die von ihm gewünschte Höhergruppierung nach VI b anbieten, aber nur mit Wirkung vom 1. März bis einschließlich 15. August 1954. Da der Kläger mit der zeitlichen Begrenzung seiner Heraufgruppierung nicht einverstanden war, kündigte die Beklagte ihm sein Arbeitsverhältnis mit Schreiben vom 17. September 1954 vorsorglich zum 31. März 1955 zum Zwecke der Herabstufung nach Gruppe VII.

Der Kläger hat beantragt, die Beklagte zu verurteilen, ihm mit Wirkung vom 1. März 1954 die Höhergruppierung zu bewilligen und festzustellen, daß die Änderungskündigung unwirksam sei.

Das Arbeitsgericht hat dem ersten Klageantrag stattgegeben und die Feststellungklage abgewiesen. Das Landesarbeitsgericht hat der Berufung des Klägers, mit der er seine Feststellungsklage weiterverfolgte, stattgegeben. Die Anschlußberufung der Beklagten, die auf Abweisung des ersten Klageantrages gerichtet war, hat es zurückgewiesen.

Die Revision der Beklagten hat keinen Erfolg.

Aus den Gründen:

I. Auf das Dienstverhältnis des Klägers finden die ATO, die TO.A, die Tarifvereinbarung Nr. 15 vom 21. November 1950 und der Tarifvertrag Nr. 57 vom 20. Mai 1953 Anwendung.

Dem ersten Klageantrag, der dahin geht, die Beklagte solle in die — unbefristete — Höhergruppierung des Klägers nach TO.A VI b einwilligen hat das Landesarbeitsgericht stattgegeben mit der Begründung, es könne unentschieden bleiben, ob das Angebot der Beklagten vom 11. August 1954, den Kläger nur für die Zeit bis zum 15. August 1954 höherzugruppieren, und die Ablehnung seines Verlangens nach unbefristeter Höhergruppierung tarifrechtlich überhaupt zulässig gewesen seien. Denn nach Treu und Glauben habe die Beklagte das Verlangen des Klägers nach unbefristeter Höhergruppierung jedenfalls nur innerhalb einer angemessenen Frist ablehnen können und damit nicht 5½ Monate warten dürfen, nachdem die tarifvertraglichen Voraussetzungen für die Höhergruppierung bereits am 1. März 1954 erfüllt waren.

Ob die Angriffe der Revision gegen diese allein auf Treu und Glauben abgestellte Begründung durchgreifen, kann dahingestellt bleiben. Denn der Kläger hatte auch ohnedies seit dem 1. März 1954 einen Anspruch auf Bezahlung nach Gruppe VI b und brauchte sich auf eine bis zum 15. August 1954 befristete Einstufung in diese Gruppe nicht einzulassen, (wird näher ausgeführt).

II. Die Weigerung des Klägers, in die zeitliche Begrenzung seiner Höhergruppierung einzuwilligen, hat die Beklagte mit der vorsorglichen Änderungskündigung vom 17. September 1954 zum 31. März 1955 beantwortet. Mit ihr will sie erreichen, daß der Kläger wenigstens zu dem zuletzt genannten Zeitpunkt nach Gruppe VII zurückgestuft wird, nachdem er bereits am 16. August 1954 in den Zeichnerdienst zurückversetzt worden war. Gegenüber dieser Änderungskündigung hat der Kläger die Kündigungsschutzklage erhoben. Er hat beantragt, festzustellen, daß die vorsorgliche Änderungskündigung rechtsunwirksam sei. Das angefochtene Urteil hat diesem Antrag stattgegeben mit der Begründung, die Kündigung gegenüber einem Betriebsratsmitglied sei nach § 13 KSchG — von den hier nicht vorliegenden Fällen der fristlosen Kündigung oder der Betriebsstillegung abgesehen — unzulässig, und dies gelte auch für bloße Änderungskündigungen.

Diese Ansicht ist rechtlich nicht zu beanstanden. Das Bundesarbeitsgericht hat bereits in mehreren Entscheidungen in Übereinstimmung mit der herrschenden Rechtslehre und Rechtsprechung erkannt, daß auch gegenüber einer bloßen Änderungskündigung die Kündigungsschutzklage gegeben ist (vgl. BAG 4, 1 und 4, 22 mit Nachweisungen). Denn die Änderungskündigung ist keine — im Arbeitsrecht nach herrschender Ansicht im allgemeinen unzulässige — Teilkündigung, sondern ihrem Wesen nach eine wirkliche Kündigung, weil sie für den Fall, daß der Arbeitnehmer wie auch hier mit dem ihm angebotenen geänderten Arbeitsverhältnis nicht einverstanden ist, das Arbeitsverhältnis ganz beendigen soll. Hieraus ergibt sich, daß der Arbeitnehmer, wenn er Mitglied der Betriebsvertretung ist, auch den besonderen Kündigungsschutz des § 13 Abs. 1 KSchG bei einer Änderungskündigung für sich in Anspruch nehmen kann.

Eindeutig gegenteiliger Ansicht sind, soweit ersichtlich, nur Erdmann-Müller (KSchG 2. Aufl., Anm. II 4 zu § 13, abweichend von der 1. Aufl. S. 63). Sie meinen, eine Änderungskündigung sei einer unbedingten Kündigung nicht gleichzusetzen, und ein Betriebsratsmitglied könne sich einer betriebsbedingten Änderungskündigung nicht durch Berufung auf § 13 KSchG entziehen, weil dies auf eine vom Betriebsverfassungsgesetz verbotene Besserstellung der Betriebsratsmitglieder gegenüber den anderen Arbeitnehmern hinauslaufe. Dieser Begründung vermag der Senat nicht zu folgen. Denn § 53 Abs. 2 BetrVG (vgl. auch § 59 Abs. 1 PersVG), wonach Mitglieder des Betriebsrats nicht um ihrer Tätigkeit willen benachteiligt und begünstigt werden dürfen, kann nicht eine Schutzbestimmung in Frage stellen, die sich aus dem Gesetz selbst ergibt, wie dies bei dem Kündigungsverbot des § 13 KSchG der Fall ist, zumal diese Vorschrift als eine lex specialis den Vorrang vor der allgemeineren Bestimmung des § 53 Abs. 2 BetrVG hat. § 13 KSchG verbietet aber, von begründeten fristlosen Entlassungen abgesehen, Kündigungen gegenüber Betriebsratsmitgliedern schlechthin, also grundsätzlich auch betriebsbedingte Änderungskündigungen. Eine Durchbrechung des absoluten Kündigungsschutzes des § 13 wäre auch nicht vereinbar mit seinem Zweck, den Mitgliedern des Betriebsrats ein ungestörtes Arbeiten zu sichern. Sie kann selbst bei Berücksichtigung der Interessen des Arbeitgebers an sinnvoller und sparsamer Verwendung der ihm zur Verfügung stehenden Arbeitskräfte nicht gebilligt werden.

Diese Erwägungen treffen jedenfalls bei dem vorliegenden Sachverhalt zu, wo eine Änderungskündigungen aus betrieblichen Gründen einzig und allein gegenüber einem Mitglied der Betriebsvertretung ausgesprochen worden ist. Ob sie auch dann durchschlagen, wenn eine Reihe von Arbeitnehmern, darunter einem Betriebsratsmitglied, auf tariflicher Grundlage zum Zwecke der Änderung von Arbeitsbedingungen gleichmäßig gekündigt wird (vgl. hierzu Nikisch in Festschrift für Sitzler S. 284 f., derselbe in Betrieb 56, S. 1133, Dietz, BetrVG § 37 Anm. 3 und § 53 Anmerk. 17 sowie Rohlfing-Rewolle, KSchG § 13 Anm. 9), braucht hier nicht entschieden zu werden.

36

Im Falle des § 9 KSchG ist der anderweitige Arbeitsverdienst grundsätzlich auf die vertragsmäßige Vergütung für die ganze Dauer des Annahmeverzuges und nicht nur für denjenigen Zeitabschnitt anzurechnen, in dem der anderweitige Arbeitsverdienst erzielt worden ist.

BGB § 615 Satz 2; KSchG § 9.

II. Senat. Urteil vom 1. März 1958 i. S. Fa. Papierfabrik N. (Bekl.) w. B. (Kl.) 2 AZR 533/55.

I. Arbeitsgericht Neuwied — II. Landesarbeitsgericht Mainz

Der Kläger, der bei der Beklagten als Hilfsarbeiter mit einem Stundenlohn von 0,90 DM beschäftigt war, wurde am 14. Dezember 1953 fristlos entlassen. In dem anschließenden Rechtsstreit hat das Landesarbeitsgericht Mainz rechtskräftig festgestellt, daß das Rechtsverhältnis zwischen den Parteien durch diese Kündigung nicht aufgelöst worden ist. Seit dem 29. Dezember 1954 ist der Kläger wieder unter den alten Bedingungen bei der Beklagten tätig.

Die Parteien streiten darüber, in welchem Umfang die Beklagte zur Fortzahlung des Lohnes für den Zeitraum zwischen der Entlassung des Klägers und seiner Wiedereinstellung verpflichtet ist. Unstreitig ist zwischen den Parteien, daß der Kläger in diesem Zeitraum einen Betrag von brutto DM 2487,59 verdient hat, während er bei der Beklagten nur brutto DM 2354,— verdient hätte. Der Kläger macht aber geltend, daß er in der Zeit vom 14. Dezember 1953 bis zum 30. März 1954 und vom 2. November 1954 bis zum 28. Dezember 1954 arbeitslos gewesen sei und während dieser Zeit kein Einkommen gehabt habe. Er meint, die Beklagte müsse ihm noch den Betrag zahlen, den er während dieser Zeit bei ihr verdient haben würde, und hat beantragt, die Beklagte zur Zahlung von brutto DM 907,20 zu verurteilen.

Das Arbeitsgericht hat die Klage abgewiesen, das Landesarbeitsgericht hat die Beklagte antragsgemäß verurteilt.

Die Revision der Beklagten führte zur Wiederherstellung des die Klage abweisenden Urteils des Arbeitsgerichts.

Aus den Gründen:

Durch die unberechtigte Entlassung des Klägers ist die Beklagte mit der Annahme der Dienste des Klägers in Verzug gekommen. Dieser kann daher gemäß § 615 Satz 1 BGB für die infolge dieses Annahmeverzuges nicht geleisteten Dienste die vereinbarte Vergütung verlangen, ohne zur Nachleistung verpflichtet zu sein. Er muß sich aber gemäß § 9 KSchG auf das Arbeitsentgelt, das ihm die Beklagte für die Zeit nach der unberechtigten Entlassung schuldet, u. a. anrechnen lassen, was er durch anderweitige Arbeit verdient hat. Diese Bestimmung, die insoweit inhaltlich mit § 615 Satz 2 BGB übereinstimmt, kann nur dahin verstanden werden, daß die *ganze Zeit*, für die Arbeit noch zu leisten war und nicht angenommen worden ist, in Betracht gezogen werden muß und daß dem Anspruch des Arbeitnehmers auf die vereinbarte Vergütung für diese Zeit gegenüberzustellen ist, was er *in dieser Zeit* durch anderweitige Verwendung seiner Arbeitskraft erworben hat. Eine Anrechnung nach einzelnen Zeitabschnitten sieht das Gesetz nicht vor (so auch für § 9 KSchG: *Erdmann-Müller*, Kündigungsschutzgesetz § 9, Anm. 2; *Herschel - Steinmann*, Kündigungsschutzgesetz, 3. Aufl., § 9, Anm. 3; *Hueck*, Kündigungsschutzgesetz, 3. Aufl., § 9, Anm. 5; *Hueck-Nipperdey*; Arbeitsrecht, 6. Aufl., Bd. 1, S. 300; ferner zu § 615 BGB, RG 58, 402; *Palandt*, Kommentar zum BGB, 15. Aufl., § 615, Anm. 4; *Denecke*, Der Dienstvertrag (RGR-Kommentar, 10. Aufl.), § 615 Anm. 3; *Staudinger-Nipperdey*, Kommentar zum BGB, 10. Aufl.,

§ 615, Anm. 38; Nikisch, Arbeitsrecht, 2. Aufl., S. 248 u. a.; abweichend Monjau-Heimeier, Kündigungsschutzgesetz, § 9 Anm. 2 jedoch ohne Begründung).

Für diese Auslegung spricht zunächst der Wortlaut des Gesetzes; die Bestimmung kann ihrem Wortsinn nach nur dahin verstanden werden, daß die ganze Zeit, für die noch Arbeit zu leisten war und nicht angenommen ist, in Betracht zu ziehen und daß dem Anspruch des Verpflichteten auf die vereinbarte Vergütung für diese Zeit gegenüberzustellen ist, was in dieser Zeit anderweitig erworben worden ist. Der Grund dieser Regelung besteht, worauf das Reichsgericht aaO mit Recht hingewiesen hat, darin, daß der zur Leistung der Arbeit Verpflichtete nicht mehr, als ihm nach dem Vertrag gebührt, erhalten und nicht auf Kosten des Arbeitgebers einen Gewinn machen soll. Dem Arbeitgeber soll aus Gründen der Billigkeit gestattet sein, die Anrechnung vorzunehmen. Diese Gesichtspunkte, auf die das Reichsgericht aaO bei der Auslegung des § 615 Satz 2 BGB unter Hinweis auf die Motive zum BGB, Bd. 2, S. 400 (zum Entw. I § 518), S. 108 und S. 463 hingewiesen hat, müssen in gleicher Weise auch für § 9 KSchG gelten. Der Gesetzgeber hat diese Auffassung bei Erlaß des Kündigungsschutzgesetzes offenbar auch geteilt; denn andernfalls hätte er im Hinblick auf die einhellige von Schrifttum und Rechtsprechung zu § 615 BGB vertretene Ansicht, die ihm sicherlich nicht verborgen geblieben ist, dem § 9 KSchG eine andere Fassung gegeben. Das ergibt sich auch aus dem Hinweis in der amtlichen Begründung zu § 9 (Recht der Arbeit 1951 S. 64), die Vorschrift wiederhole nur, was nach § 615 Satz 2 BGB ohnedies Rechtens sei; die Aufnahme scheine jedoch angezeigt, um Arbeitgebern und Arbeitnehmern die Unterrichtung über die Rechtslage zu erleichtern. Daraus, daß § 615 Satz 2 BGB von anderweitiger Verwendung der Dienste, § 9 KSchG hingegen von anderweitiger Arbeit spricht, können irgendwelche Folgerungen im Sinne der Auffassung des Klägers nicht gezogen werden; die verschiedene Terminologie ergibt sich vielmehr zwangsläufig daraus, daß § 615 BGB seine Stellung im Rahmen des Dienstvertragsrechts des Bürgerlichen Gesetzbuches hat, während § 9 KSchG die Folgen einer unberechtigten Auflösung des Arbeitsverhältnisses behandelt.

Allerdings braucht sich der Verpflichtete nicht alles anrechnen zu lassen, was er in der Zwischenzeit überhaupt mittels seiner Arbeitskraft erwirbt, sondern nur das, was er durch anderweitige Verwendung desjenigen Teils seiner Arbeitskraft erwirbt, die er dem Arbeitgeber zur Verfügung zu stellen verpflichtet war. Der Kläger, der bei der Beklagten voll beschäftigt war, hat aber selbst nicht behauptet, daß sein höheres Einkommen auf derartige besondere Umstände, z. B. auf Überstunden zurückzuführen sei. Es kann auch daher dahingestellt bleiben, ob die Rechtslage anders wäre, wenn der Kläger eine anstrengendere oder eine gesundheitsschädliche Arbeit verichtet hätte, da er in dieser Richtung nichts vorgetragen hat. Wenn das Landesarbeitsgericht meint, der Kläger habe während seiner anderweitigen Beschäftigung seine Arbeitskraft in erhöhtem Maße einsetzen müssen, „weil höher dotierte Stellungen eine größere Arbeitskraft verlangten", so kann dieser Auffassung nicht gefolgt werden. Die Höhe des Lohnes ist vielmehr nicht ohne weiteres von der Schwere der Arbeit, sondern von den verschiedensten Umständen abhängig, z. B. von tariflichen Regelungen oder — soweit solche nicht vorliegen — von Angebot und Nachfrage. Die vom Landesarbeitsgericht vertretene Auffassung widerspricht daher in ihrer Allgemeinheit den Erfahrungen des täglichen Lebens.

Nicht zu überzeugen vermag auch die Auffassung des Landesarbeitsgerichts, der Arbeitgeber könne, wenn man der herrschenden Meinung folge, durch Hinausschieben des Prozesses erreichen, daß der gekündigte Arbeitnehmer ungewollt seine Forderung selbst zum Erlöschen bringe. Jeder vernünftige Arbeitgeber — und hiervon muß bei der rechtlichen Wertung der Vorschrift ausgegangen werden — wird vielmehr schon wegen der nicht voraussehbaren Folgen eines etwaigen Annahmeverzuges ein Interesse daran haben, daß Kündigungsstreitigkeiten so rasch wie möglich entschieden werden.

Auch aus § 112 AVAVG in Verbindung mit § 87 AVAVG, auf die sich das Landesarbeitsgericht beruft, kann nichts im Sinne der Auffassung des Klägers gefolgert werden. § 112 AVAVG bestimmt lediglich, daß die Beiträge zur Krankenversicherung der Arbeitslosen von der Bundesanstalt getragen werden, § 87 begrenzt die Dauer des Arbeitslosengeldes. Diese Bestimmung besagt nichts im Sinne der Auffassung des Landesarbeitsgerichts; im übrigen ist sie auch rein öffentlich-rechtlicher Natur und könnte nicht ohne weiteres auf zivilrechtliche Ansprüche übertragen werden.

Die Anrechnung des während des Annahmeverzuges von dem Kläger verdienten Lohnes hat daher auf den ganzen Lohn zu erfolgen, den er für die Zeit des Annahmeverzuges zu fordern hat, nicht etwa nur auf den Teil des Lohnes, der gerade auf die Zeit der anderweitigen Verwendung der Arbeitskraft entfällt. Die Klage ist somit unbegründet.

37

1. Haben die Parteien des Einzelarbeitsvertrages nichts über die Behandlung einer außertariflichen Zulage für den Fall einer Erhöhung des Tariflohnes vereinbart, so hat das Gericht im Wege der ergänzenden Vertragsauslegung gemäß § 157 BGB den vermutlichen Willen der Parteien zu ermitteln.

2. Auch die ergänzende Auslegung des Einzelarbeitsvertrages ist Sache der Tatsacheninstanzen. Das Revisionsgericht kann, soweit es sich nicht um sogenannte typische Verträge handelt, nur nachprüfen, ob die Auslegung durch die Tatsacheninstanz rechtlich möglich ist oder ob sie gegen Erfahrungssätze oder gegen die Denkgesetze verstößt oder wesentliche Umstände unbeachtet läßt.

3. Das Berufungsurteil braucht die Beweisaufnahme der ersten Instanz nicht wiederzugeben.

4. Die in § 286 Abs. 1 Satz 2 ZPO dem Gericht auferlegte Pflicht, in dem Urteil die Gründe anzugeben, die für seine Überzeugung leitend gewesen sind, erfordert nicht, daß das Gericht auch alles offenbar seiner Ansicht nach Unerhebliche ausdrücklich erörtert und sich mit jeder Behauptung und Zeugenaussage auseinandersetzt.

TVG § 4 Abs. 3; BGB § 157; ZPO § 313 Abs. 1 Nr. 3 und 4, § 286.

II. Senat. Urteil vom 6. März 1958 i. S. Z. (Kl.) w. Fa. N. (Bekl.).
2 AZR 457/55.

I. Arbeitsgericht Offenbach — II. Landesarbeitsgericht Frankfurt am Main

Der Kläger ist Chemiefacharbeiter und Betriebsratsvorsitzender bei der Beklagten. Bis zum 30. September 1954 erhielt er einen Stundenlohn von DM 2,—, und zwar auf Grund folgenden Schreibens der Beklagten vom 12. März 1954:

„Bei der Neueinteilung der Lohngruppen nach dem Manteltarifvertrag vom 2. 2. 1953 wurden Sie in die Lohngruppe IV eingestuft.

Ihr derzeitiger Stundenlohn beträgt

DM 2,—

Der den Tariflohn übersteigende Betrag von

DM —,49

teilt sich in

DM —,24 Leistungszulage und
DM —,25 freiwillige außertarifl. Zulage."

Ab 1. Oktober 1954 erhöhte sich auf Grund der Lohntafel zum Tarifvertrag für die gewerblichen Arbeitnehmer in der chemischen Industrie des Landes Hessen vom 8. Oktober 1954 der tarifliche Stundenlohn von DM 1,51 auf DM 1,59. Im Zusammenhang mit dieser Tariflohnerhöhung schrieb die Beklagte dem Kläger am 26. Oktober 1954 folgenden Brief:

„Mit Wirkung vom 1. 10. 1954 wurde zwischen den Tarifpartnern ein neuer Tarifvertrag vereinbart. Es ergibt sich demzufolge für Sie folgende Änderung:

Lohngruppe IV

Tariflohn	DM 1,59
Leistungszulage	DM 0,24
Freiwillige außertarifliche Zulage	DM 0,21
Bruttolohn ab 1. 10. 1954	2,04“

Der Kläger ist der Auffassung, daß die Beklagte aus Anlaß der Erhöhung des Tariflohnes um 8 Pfennige von DM 1,51 auf DM 1,59 die freiwillige außertarifliche Zulage nicht kürzen durfte. Er hat daher die Weiterzahlung der Zulage in der ursprünglichen Höhe von DM —,25 je Stunde bis zum 19. November 1954 verlangt.

Die Klage hatte in keiner Instanz Erfolg.

Gründe:

Mit Recht geht das Landesarbeitsgericht davon aus, daß als Rechtsgrundlage für den vom Kläger geltend gemachten Anspruch nur eine einzelvertragliche Vereinbarung in Betracht kommen kann. Da Tarifverträge gemäß § 4 Abs. 3 TVG nur Mindestbedingungen enthalten, ist es zulässig, daß Arbeitgeber und Arbeitnehmer im Wege des Einzelvertrages zu dem tariflich geregelten Lohn Zulagen vereinbaren, die der Tarifvertrag nicht vorsieht. Insoweit befinden sich die Parteien des Einzelarbeitsvertrages in einem tariffreien Raum, in dem sie ihre vertraglichen Beziehungen grundsätzlich nach Belieben gestalten können. Andererseits tragen sie damit auch die volle eigene Verantwortung für den näheren Inhalt derartiger vertraglicher Vereinbarungen.

Nach dem Inhalt der einzelvertraglichen Vereinbarung richtet sich auch die Frage, ob eine Änderung der Situation, unter der eine Zulage vereinbart worden ist, insbesondere eine Erhöhung des Tariflohnes auf die Verpflichtung zur Gewährung der außertariflichen Zulage von Einfluß sein soll. Die Parteien des Einzelarbeitsvertrages können vereinbaren, daß die Zulage unabhängig von der jeweiligen Höhe des Tariflohnes sein, also auf den jeweiligen Tariflohn aufgestockt werden soll. Sie können aber auch vereinbaren, daß die Zulage auf eine spätere Erhöhung des Tariflohnes angerechnet, also von dieser Erhöhung „aufgesogen" werden soll. Die Frage, welchen Einfluß eine Erhöhung des Tariflohnes auf eine außertarifliche Zulage hat, ist also grundsätzlich vom Einzelvertrag und nicht etwa vom Tarifvertrag her zu entscheiden.

Haben Arbeitgeber und Arbeitnehmer bei der Vereinbarung einer außertariflichen Zulage an die Frage, welches Schicksal die Zulage bei einer etwaigen späteren Erhöhung des Tariflohnes haben soll, nicht gedacht und sie daher nicht ausdrücklich geregelt, so muß das Gericht im Wege der ergänzenden Vertragsauslegung gemäß § 157 BGB ermitteln, was die Parteien für diesen Fall vereinbart hätten, wenn sie an ihn gedacht hätten (Enneccerus-Nipperdey, Allgemeiner Teil des bürgerlichen Rechts, 14. Aufl., § 205 II). Anhaltspunkte für eine solche ergänzende Vertragsauslegung können insbesondere sein, ob die Zulage lediglich z. B. wegen Erhöhung der Lebenshaltungskosten eine künftige Tariferhöhung hat vorwegnehmen wollen oder ob sie die besonderen Leistungen, die besonderen Fähigkeiten oder die besonderen Arbeitserschwernisse eines Arbeitnehmers oder einer Gruppe von Arbeitnehmern hat abgelten wollen. Ein weiteres Kennzeichen kann sein, ob der Arbeitgeber bei der Lohnabrechnung die Zulage besonders ausgewiesen hat oder nicht.

Diese Auslegung und Ergänzung des Einzelarbeitsvertrages, die jeweils nur nach den besonderen Verhältnissen des einzelnen Falles getroffen werden kann, ist Sache der Tatsacheninstanzen. Das Revisionsgericht kann solche Einzelarbeitsverträge selbständig nur auslegen, soweit es sich um typische Verträge handelt. Dafür wird aber regelmäßig in derartigen Fällen kein Anhalt vorliegen, denn die Voraussetzungen, unter denen ein Arbeitgeber mit seinen Arbeitnehmern übertarifliche Zulagen vereinbart, sind im allgemeinen von Betrieb zu Betrieb so verschieden, daß der Fall eines typischen Vertrages praktisch kaum vorkommen dürfte. In aller Regel kann das Revisionsgericht also nur nachprüfen, ob die ergänzende Auslegung, die das Landesarbeitsgericht hinsichtlich des Einzelarbeitsvertrages vornimmt, rechtlich möglich ist, ob sie gegen Erfahrungssätze oder gegen die Denkgesetze verstößt oder wesentliche Umstände unbeachtet läßt (vgl. u. a. BAG 1 AZR 492/54 vom 13. 7. 1956, AP Nr. 15 zu § 242 BGB Ruhegehalt).

Im vorliegenden Fall enthält das Schreiben der Beklagten vom 12. März 1954, durch das dem Kläger eine freiwillige außertarifliche Zulage von DM —,25 gewährt wurde, keine Bestimmung über die Behandlung dieser Zulage im Falle einer Tariferhöhung. Der Kläger hat auch nicht behauptet, oder gar bewiesen, daß die Aufstockung der Zulage im Falle einer Erhöhung des Tariflohnes ausdrücklich vereinbart worden sei (vgl. Hueck-Nipperdey, Lehrbuch des Arbeitsrechts, 6. Aufl. Zweiter Band, S. 425 Anm. 64). Das Landesarbeitsgericht hat die Vereinbarung dahin ausgelegt, daß nur die Leistungszulage bei der Lohnerhöhung konstant bleiben sollte, nicht aber die freiwillige außertarifliche Zulage. Es folgert dies insbesondere aus der eigenen Aussage des als Partei vernommenen Klägers, wonach zwischen den Verhandlungspartnern Einigkeit bestanden habe, daß bei Änderung der Geschäftslage die freiwillige Zulage gegebenenfalls geändert werden müsse und daß es ihm, dem Kläger, darauf angekommen sei, durch Aufnahme einer Leistungszulage in der Lohnabrechnung deren Fortbestand auch bei Lohnerhöhungen unbedingt zu sichern. Wenn das Landesarbeitsgericht daraus die Schlußfolgerung zieht, daß bei einer Lohnerhöhung wohl die Leistungszulage, nicht aber die freiwillige außertarifliche Zulage konstant bleiben, letztere vielmehr durch den neuen Tariflohn zum Teil aufgesogen werden sollte, so ist diese Auslegung durchaus möglich und läßt keinen Verstoß gegen die Denkgesetze oder gegen Erfahrungssätze erkennen.

Zu Unrecht rügt die Revision in diesem Zusammenhang einen Verstoß des Landesarbeitsgerichts gegen § 313 Abs. 1 Ziff. 3 und 4 und § 286 ZPO. Wenn die Revision beanstandet, das angefochtene Urteil habe nur einen Teil der Beweisaufnahme in den Tatbestand aufgenommen, so ist dem entgegenzuhalten, daß eine Wiedergabe der Beweisaufnahme im Tatbestand überhaupt nicht erforderlich ist. Vielmehr genügt eine Bezugnahme auf das Beweisprotokoll, die im vorliegenden Fall auch ausdrücklich erfolgt ist (Stein-Jonas, ZPO, 18. Aufl., § 313 Anm. IV 2 und 4). Auch ein Verstoß gegen § 286 ZPO liegt nicht vor. Gemäß dieser Bestimmung hat das Gericht unter Berücksichtigung des gesamten Inhalts der Verhandlungen und des Ergebnisses einer etwaigen Beweisaufnahme nach freier Überzeugung zu entscheiden, ob eine tatsächliche Behauptung für wahr oder nicht wahr zu erachten ist, und im Urteil die Gründe anzugeben, die für die richterliche Überzeugung leitend gewesen sind. Hierbei braucht das Gericht nicht auch alles, was es für unerheblich hält, ausdrücklich zu erörtern und sich nicht mit jeder Behauptung und Zeugenaussage ausführlich auseinanderzusetzen, wenn sich nur ergibt, daß eine sachentsprechende Beurteilung überhaupt stattgefunden hat (RG 156, 315; BGH 3, 175). Eine solche Prüfung und Enscheidung ist im vorliegenden Falle erfolgt. Dafür, daß das Landesarbeitsgericht die Grenzen und Voraussetzungen der richterlichen Überzeugung nicht gewahrt habe, worauf sich die Nachprüfungsmöglichkeit der Revisionsinstanz beschränkt (Stein-Jonas, a. a. O., § 286 Anm. II 2), ergibt sich keinerlei Anhalt. Insbesondere können keine Schlüsse im Sinne der Auffassung des Klägers gezogen werden aus der Nichtberücksichtigung des in seiner Aussage enthaltenen Satzes, auf seine Frage, ob die außertarifliche Zulage „wegen seiner Nase oder wegen seines Arbeitsplatzes" gewährt werde, habe der geschäftsführende Gesellschafter der Beklagten geantwortet: „Selbstverständlich hängt das mit dem Arbeitsplatz zusammen". Auch wenn der geschäftsführende Gesellschafter der Beklagten eine solche Äußerung getan hat, so schließt dies eine Aufsaugung dieser Zulage im Falle der Lohnerhöhung in keiner Weise aus. Aus der Aussage des Klägers, durch die Aufnahme der Leistungszulage in die Lohnberechnung hätte deren Fortbestand auch bei Lohnerhöhungen unbedingt gesichert werden sollen, kann vielmehr nur der Schluß gezogen werden, daß eine solche Sicherung hinsichtlich der freiwilligen Zulage nicht beabsichtigt war. Das hätte auch dem Charakter dieser Zulage, die ausdrücklich als „freiwillige" bezeichnet wurde, widersprochen.

Schließlich ist auch die Rüge der Revision unbegründet, daß die Minderung der freiwilligen Zulage nicht durch Erklärung vom 26. Oktober rückwirkend zum 1. Oktober 1954 hätte erfolgen dürfen. Die Revision übersieht hierbei, daß die Vereinbarung zwischen den Parteien über den Lohntarifvertrag, der mit Wirkung vom 1. Oktober 1954 in Kraft trat, überhaupt erst am 8. Oktober 1954 getroffen worden ist, sich also selbst rückwirkende Kraft beigelegt hat. Es kann dahingestellt bleiben, ob nicht die freiwillige Zulage automatisch mit Inkrafttreten des neuen Lohnabkommens von der tariflichen Lohnerhöhung voll aufgesogen wurde und das Schreiben der Beklagten vom 26. Oktober 1954 somit ein Angebot auf Gewährung einer neuen freiwilligen übertariflichen Zulage von 4 Pfennig ab 1. Oktober 1954 darstellt. Jedenfalls kann der Beklagten unter Berücksichtigung der Tatsache, daß erfahrungsgemäß eine Reihe von Tagen vergeht, bis die Tarifparteien ihre Mitglieder von der Vereinbarung einer neuen tariflichen Regelung in Kenntnis gesetzt haben und daß die Durchführung der Neuberechnung der Löhne beim Arbeitgeber wiederum einige Tage in Anspruch nimmt, kein Vorwurf daraus gemacht werden, wenn sie erst am 26. Oktober — also noch innerhalb desselben Monats, zu dessen Beginn die Tariferhöhung in Kraft getreten ist — dem Kläger von der Neuberechnung der freiwilligen außertariflichen Zulage ab 1. Oktober 1954 Kenntnis gab.

38

1. Die Bestimmung eines Tarifvertrages „Außertarifliche Zulagen werden in ihrer Höhe durch den Abschluß des TV nicht berührt" stellt lediglich klar, daß der TV in derartige außertarifliche Abmachungen nicht eingreifen will.

2. In der Metallindustrie ist es üblich, die Arbeitsentgelte durch TV zu regeln. Das schließt nach § 59 BetrVG eine zusätzliche Regelung — etwa von Lohnzulagen — durch Betriebsvereinbarung in der Regel aus.

3. Ein Tarifvertrag läßt den Abschluß ergänzender Betriebsvereinbarungen nur dann ausdrücklich im Sinne des § 59 BetrVG zu, wenn er das durch eine klare, eindeutige Bestimmung erkennen läßt, und nicht schon dann, wenn er in allgemeinen Redewendungen eine individuelle Entlohnung und ihre Nachprüfung und Neuregelung unter Hinzuziehung eines sachverständigen Mitglieds des Betriebs oder einer Lohnkommission empfiehlt.

BetrVG § 59; Manteltarifvertrag für die Metallindustrie vom 12. Januar 1952, Ergänzungsvertrag vom 5. Dezember 1952 § 6a.

II. Senat. Urteil vom 6. März 1958 i. S. K. u. a. (Kl.) w. Fa. I.H.C. mbH. (Bekl.) 2 AZR 230/57.

I. Arbeitsgericht Düsseldorf — II. Landesarbeitsgericht Düsseldorf

Die Kläger sind bei der Beklagten beschäftigt. Bis zum 10. August 1954 entlohnte die Beklagte sie nach einem betriebseigenen Lohnsystem, das sich aus einem Grundlohn und einem Zuschlag zusammensetzte. Der Zuschlag wurde im Laufe der Jahre geändert und stieg von ursprünglich 10 % auf 60 % an. Da diese Entlohnungsform zu Unstimmigkeiten führte, kam es zwischen der Beklagten und dem Betriebsrat zu Verhandlungen mit dem Ziel, die Löhne der Zeitarbeiter entsprechend den Tätigkeitsmerkmalen des Tarifvertrages für die Eisen-, Metall- und Elektro-Industrie zu regeln und sie in diese Lohngruppe einzugruppieren. Diese Verhandlungen fanden mit folgendem schriftlich niedergelegten Abkommen vom 12. August 1954 ihren Abschluß:

„1.) Alle Zeitlohnarbeiter (Stunden-Wochen-Löhner) werden entsprechend den geführten Verhandlungen nach den Tätigkeitsmerkmalen im Sinne des bestehenden Tarifvertrages eingestuft (Gruppen 1—6).

2.) Die für Ende Juli 1954 vorgesehene und mit dem Betriebsrat noch abzustimmende Eingruppierung und Lohnkorrektur, welche auf der Grundlage jetziger Tarif plus 25 % — eine jährliche Mehraufwendung der Firma von ca. DM 105 000,— (Brutto) für die betreffenden Zeitlohnarbeiter ergeben, können infolge der zwischenzeitlich erfolgten Tarifkündigung nicht sofort wirksam werden. Dennoch erklärt sich die Firma bereit, ungeachtet der noch schwebenden Tarifverhandlungen, die Einstufung in den Lohngruppen nach Abschluß des neuen Tarifvertrages in Kraft zu setzen und rückwirkend vom 1. August 1954 wirksam werden zu lassen."

Nach den Feststellungen des Landesarbeitsgerichts „erfolgte" sodann „eine Eingruppierung und Neufestsetzung der Löhne, die auf einem tariflichen Stundenlohn und einem Zuschlag basierte, bei dem auch der bisherige Besitzstand berücksichtigt und gewahrt wurde". Am 1. November 1955 wurden die Löhne in der Metallindustrie für das Land Nordrhein-Westfalen durch Schiedsspruch um 14 Pfennige erhöht. § 1 Ziff. 2 des Schiedsspruchs bestimmt: „Außertarifliche Zulagen werden in ihrer Höhe durch den Abschluß dieses Abkommens nicht berührt". Die Beklagte hat die Löhne nicht um 14 Pfennige zuzüglich des prozentualen Zuschlages erhöht. Der Lohn wurde in Gesamthöhe — wie bisher ohne Aufgliederung nach Tariflohn und Zuschlag — gezahlt.

Die Kläger sind der Auffassung, daß der Lohn entsprechend dem Schiedsspruch zu erhöhen sei; durch das Abkommen vom 12. August 1954 sei der Lohn in der Weise geregelt worden, daß der tarifliche Stundenlohn zuzüglich einer Leistungszulage, die im Durchschnitt der einzelnen Abteilungen 25 % betragen sollte, für alle Zeiten zu zahlen sei. Sie verlangen daher die Zahlung des Unterschiedsbetrages für die Monate November und Dezember 1955.

Das Arbeitsgericht hat die Beklagte antragsgemäß verurteilt, das Landesarbeitsgericht hat die Klage abgewiesen.

Die Revision des Klägers führte zur Aufhebung und zur Zurückverweisung an das Landesarbeitsgericht.

Aus den Gründen:

1. In der Bestimmung des § 1 Ziff. 2 des vom 1. November 1955 ab geltenden Lohnabkommens „Außertarifliche Zulagen werden in ihrer Höhe durch den Abschluß dieses Abkommens nicht berührt" kann die Klage ihre Rechtsgrundlage nicht finden. Diese Bestimmung stellt lediglich eine sogenannte „Bestandsklausel" dar; sie enthält nur den Ausspruch der Rechtsfolge, die sich ohnehin aus § 4 Absatz 3 TVG ergibt. Eine solche „neutrale" Bestimmung bedeutet in der Regel also nicht, daß etwa außertariflich gewährte höhere Löhne für die betreffenden Arbeitsverhältnisse zum unabdingbaren Tariflohn erhoben werden sollen (vgl. Hueck, BB 1954, 776; Hueck-Nipperdey, Lehrbuch des Arbeitsrechts, 6. Aufl., 2. Band, S. 433; Hueck-Nipperdey-Tophoven, TVG,

3. Aufl., § 4 Anm. 86). Sie stellt vielmehr lediglich klar, daß der Tarifvertrag in derartige außertarifliche Abmachungen nicht eingreifen will. Ein weitergehender Sinn kann auch im vorliegenden Fall der im Schlichtungsspruch enthaltenen Klausel nicht beigelegt werden.

2. Auch auf das zwischen dem Betriebsrat und der Beklagten abgeschlossene Abkommen vom 12. August 1954 kann der Anspruch nicht gestützt werden. Dieses Abkommen ist offenbar als Betriebsvereinbarung im Sinne des Betriebsverfassungsgesetzes gedacht. Die Zulässigkeit einer solchen Betriebsvereinbarung scheitert aber an der Bestimmung des § 59 BetrVG. Danach sind Betriebsvereinbarungen nicht zulässig, soweit Arbeitsentgelte und sonstige Arbeitsbedingungen üblicherweise durch Tarifvertrag geregelt werden. Sinn dieser Bestimmung ist, den überbetrieblichen Sozialpartnern eine weitgehende Monopolstellung einzuräumen, um eine einheitliche Gestaltung der Arbeitsentgelte und der Arbeitsbedingungen sicherzustellen (Dietz, BetrVG, 2. Aufl., § 59 Anm. 1; Erdmann, BetrVG, 2. Aufl., § 59 Anm. 2; Fitting-Kraegeloh, BetrVG, 3. Aufl., § 59 Anm. 1; Galperin, BetrVG, 2. Aufl., § 59 Anm. 2). Im Interesse einer klaren Scheidung zwischen den Zuständigkeiten der Gewerkschaften und denen der Betriebsräte sollen die Normen über tarifliche Arbeitsentgelte und sonstige Arbeitsbedingungen grundsätzlich der Feststellung durch Betriebsvereinbarung entzogen werden (vgl. Begründung zu § 65 Entw. eines Betriebsverfassungsgesetzes vom 31. Oktober 1950, Drucksache Nr. 1546 des Deutschen Bundestages; 1. Wahlperiode 1949, S. 55, vgl. auch Ausschußbericht des Bundestages (20. Ausschuß) vom 8. Juli 1952, Drucksache Nr. 3585 des Deutschen Bundestages, 1. Wahlperiode 1949, S. 11).

Dieser Grundsatz wird allerdings durch zwei Ausnahmen durchbrochen: er gilt einmal nicht, soweit die Arbeitsentgelte und sonstigen Arbeitsbedingungen nicht üblicherweise durch Tarifvertrag geregelt werden, und ferner nicht, soweit ein Tarifvertrag den Abschluß ergänzender Betriebsvereinbarungen ausdrücklich zuläßt. Keine dieser beiden Ausnahmen ist jedoch im vorliegenden Fall gegeben.

Die erste der beiden Ausnahmen kommt nicht in Betracht, weil es in der Metallindustrie üblich ist, die Arbeitsentgelte durch Tarifverträge zu regeln. Das ist ein allgemeiner Erfahrungssatz, der auf den zahlreichen seit Jahrzehnten in diesem Industriezweig abgeschlossenen Tarifverträgen beruht. Infolgedessen ist für eine Betriebsvereinbarung auf dem Gebiete der Arbeitsentgelte hier kein Raum, und zwar auch nicht, soweit es sich um die Gewährung übertariflicher Zulagen handelt. § 59

BetrVG will nämlich, wie sich auch aus der oben wiedergegebenen Begründung der Regierungsvorlage und dem Ausschußbericht des Bundestages ergibt, die üblicherweise durch Tarifvertrag geregelten Arbeitsbedingungen schlechthin aus dem Bereich herausnehmen, der durch Betriebsvereinbarungen geregelt werden kann (übereinstimmend Dietz, aaO Anm. 2; Erdmann, aaO Anm. 2; Fitting-Kraegeloh, aaO Anm. 5, anderer Ansicht Galperin, aaO Anm. 5).

Der genannte Tarifvertrag läßt aber auch den Abschluß ergänzender Betriebsvereinbarungen nicht ausdrücklich zu, was an sich nach § 59 BetrVG möglich wäre. § 6a der am 5. Dezember 1952 zwischen dem Verband metallindustrieller Arbeitgeberverbände NRW e. V. und bestimmten anderen Werken der Eisen- und Stahlindustrie einerseits und der Industriegewerkschaft Metall für die Bundesrepublik Deutschland, Bezirksleitungen Essen, Hagen, Köln und Münster andererseits abgeschlossenen Ergänzung zum Rahmentarifvertrag für die Arbeit vom 12. Januar 1952 bestimmt hinsichtlich der Zeitlöhne, daß sie Mindestlöhne sind und daß ihre Höhe, die der während eines längeren Zeitraums hindurch erbrachten individuellen Leistung Rechnung tragen soll, in betrieblich zu bestimmenden regelmäßigen Zeitabständen unter Hinzuziehung eines sachverständigen Mitglieds des Betriebsrats oder einer Lohnkommission zu überprüfen und gegebenenfalls anderweitig zu regeln sind. Er sieht ferner vor, daß, soweit nicht einzelvertraglich etwas anderes vereinbart ist, die danach festgelegte Lohnhöhe als vereinbart gilt. Der Sinn dieser Bestimmung kann nur sein, den Arbeitgeber von Fall zu Fall zu einer Lohnregelung über den Mindestlohn hinaus zu veranlassen, die der individuellen Leistung Rechnung trägt, wobei er sich des Rates eines sachverständigen Mitglieds des Betriebsrats oder einer Lohnkommission bedienen soll. Keinesfalls kann diese Bestimmung aber dahin verstanden werden, daß sie den Abschluß ergänzender Betriebsvereinbarungen ausdrücklich im Sinne des § 59 BetrVG zuläßt. Mit dem Wort „ausdrücklich" will das Gesetz offenbar der Möglichkeit vorbeugen, daß in einen nicht ganz eindeutigen Tarifvertrag hinterher — vielleicht gegen den wirklichen Willen der Sozialpartner — eine stillschweigende Zulassung hineininterpretiert wird, und die Sozialpartner veranlassen, falls sie ergänzende Betriebsvereinbarungen zulassen wollen, dies klipp und klar zu sagen. Im Hinblick auf diesen Sinn und Zweck der Bestimmung des § 59 BetrVG muß der Begriff „ausdrücklich" eng ausgelegt werden. Ein stillschweigender Wille genügt nicht, vielmehr muß durch eine eindeutige positive Bestimmung klargestellt werden, daß die Regelung von Arbeitsentgelten nud sonstigen Arbeitsbedingungen im Wege einer den Tarifvertrag ergänzenden Betriebsvereinbarung zulässig sein soll.

Die zwischen der Beklagten und dem Betriebsrat getroffene Abmachung vom 12. August 1954 ist somit, soweit sie eine übertarifliche Regelung der Löhne vorsieht, als Betriebsvereinbarung nichtig, da sie gegen ein gesetzliches Verbot verstößt. Sie kann daher keine Rechtswirkungen zwischen der Beklagten und dem Betriebsrat, aber auch keine Normenwirkungen gegenüber den Einzelarbeitsverhältnissen der Kläger erzeugen (Erdmann, aaO Anm. 2). Sie kann aber auch keine schuldrechtlichen Wirkungen etwa im Sinne eines Vertrages zugunsten Dritter äußern, aus denen die Kläger einen unmittelbaren Anspruch herleiten könnten. Eine solche Umdeutung einer nichtigen Betriebsvereinbarung in einen Vertrag zugunsten Dritter, nämlich der einzelnen Arbeitnehmer, würde in der Regel gerade zu dem wirtschaftlichen Ergebnis führen, daß § 59 BetrVG vermeiden will, und daher dem Sinn des § 59 BetrVG nicht gerecht werden. Die rechtliche Unwirksamkeit der Abmachung vom 12. August 1954 macht es auch entbehrlich, darüber hinaus noch zu prüfen, ob die Abmachung, falls sie rechtsgültig wäre, überhaupt bestimmt genug ist, um die Einzelarbeitsverträge zu normieren.

Der Anspruch der Kläger könnte sich daher nur aus dem Gesichtspunkt der einzelvertraglichen Abmachung rechtfertigen. Insoweit lassen aber die Entscheidungsgründe des Urteils des Landesarbeitsgerichts eine hinreichende Prüfung und Wertung des Sachverhalts vermissen. Das Landesarbeitsgericht stellt eindeutig darauf ab, ob es sich bei der strittigen Zulage um eine Leistungszulage handele, und stützt seine Entscheidung darauf, daß die Kläger den ihnen obliegenden Nachweis einer echten Leistungszulage nicht erbracht hätten. Wie der erkennende Senat in der zur Veröffentlichung in der „Amtlichen Sammlung" vorgesehenen Entscheidung vom gleichen Tage 2 AZR 457/55 des näheren ausgeführt hat, kommt es in erster Linie darauf an, was die Parteien hinsichtlich des Schicksals einer außertariflichen Zulage im Falle einer Erhöhung der Tariflöhne vereinbart haben. Haben sie bei der Vereinbarung einer außertariflichen Zulage hieran nicht gedacht und deshalb darüber keine ausdrückliche Vereinbarung geschlossen, so muß das Gericht im Wege der ergänzenden Vertragsauslegung gemäß § 157 BGB ermitteln, was die Parteien für diesen Fall vereinbart hätten, wenn sie an ihn gedacht hätten. Es muß ermitteln, wie die Parteien bei vernünftiger und billiger Berücksichtigung aller Umstände und der beiderseitigen Interessen den ungeregelten Punkt geregelt haben würden, was also im konkreten Fall unter Berücksichtigung von Treu und Glauben zweckmäßig, billig und gerecht ist (Enneccerus-Nipperdey, Allgemeiner Teil des bürgerlichen Rechts, 14. Aufl., § 205 II Anm. 28). Diese Auslegung, die der Tatsacheninstanz obliegt, hat das Landesarbeitsgericht nicht oder jedenfalls nicht in hinreichendem Umfang vorgenommen. Es ist daher möglich, daß es wesentliche Umstände unbeachtet gelassen hat, die für die Entscheidung Bedeutung haben könnten. Das Revisionsgericht kann mangels genügender tatsächlicher Anhaltspunkte die Auslegung nicht selbst vornehmen; daher muß die Entscheidung des Landesarbeitsgerichts aufgehoben und die Sache zur anderweiten Verhandlung und Entscheidung an das Landesarbeitsgericht zurückverwiesen werden. Bei der erneuten Prüfung wird das Landesarbeitsgericht alle wesentlichen Umstände zu berücksichtigen haben, die für die zu entscheidende Frage von Bedeutung sein können. Bei der Ermittlung des mutmaßlichen Willens der Parteien braucht das Landesarbeitsgericht dem Abkommen vom 12. August 1954 nicht deshalb, weil es rechtlich nichtig ist, jede tatsächliche Bedeutung abzusprechen. Offenbar wollten die Parteien durch die Einzelabrede einer übertariflichen Zulage dieses Abkommen irgendwie ausführen. Dann ist es aber nicht ausgeschlossen, daß der tatsächliche Inhalt des Abkommens vom 12. August 1954 einen Schluß auf den Inhalt der rechtlich gültig getroffenen Einzelabrede zuläßt.

39

1. Dienstunfähigkeit im Sinne des § 18 Abs. 3 ATO ist weder mit Berufsunfähigkeit im Sinne der Angestelltenversicherung noch mit Dienstunfähigkeit im Sinne des Beamtenrechts gleichzusetzen. Sie bedeutet vielmehr Arbeitsunfähigkeit im allgemeinen arbeitsrechtlichen Sinne, d. h. die auf Erkrankung u. ä. beruhende Unfähigkeit, die vertraglich geschuldeten Dienste zu erbringen.

2. „Dauernde" im Gegensatz zu „vorübergehender" Dienstunfähigkeit liegt vor, wenn ihre Behebung nach verständiger, sachkundiger Beurteilung voraussichtlich in absehbarer und angemessener Zeit nicht zu erwarten ist, wobei lebenslängliche Dienstunfähigkeit nicht zu besorgen sein muß.

3. In dem Zeitpunkt, in dem dauernde Dienstunfähigkeit und die in § 18 Abs. 3 ATO weiter vorausgesetzte Sicherstellung der Versorgung des Angestellten zusammentreffen, endet sein Arbeitsverhältnis

von selbst. Dabei ist für die Frage, wann eine Sicherstellung der Versorgung vorliegt, der Zeitpunkt der Erteilung eines Versorgungsbescheides maßgebend, soweit ein solcher in Frage kommt.

ATO § 18 Abs. 3.

IV. Senat. Urteil vom 11. Dezember 1957 i. S. Freie Hansestadt B. (Bekl.) w. G. (Kl.) 4 AZR 332/55.

I. Arbeitsgericht Bremerhaven — II. Landesarbeitsgericht Bremen

Der Kläger kehrte im Jahre 1948 aus russischer Kriegsgefangenschaft zurück. Auf Grund eines Lungenabszesses und eines Asthmaleidens wurde mit Bescheid der Landesversicherungsanstalt O.-B. vom 9. Februar 1950 eine Minderung seiner Erwerbsfähigkeit um 100 % wegen Kriegsbeschädigung anerkannt. Am 17. März 1950 wurde er als Schwerbeschädigter beim Amtsgericht B. eingestellt und nach VergGr. IX TO.A besoldet. Wegen einer inzwischen aufgetretenen Lungentuberkulose erfolgte am 25. Oktober 1950 seine Einweisung in eine Heilstätte, an die sich eine mehrjährige Behandlung anschloß. Am 11. März 1952 stellte der Kläger Antrag auf Zuerkennung von Ruhegeld wegen Berufsunfähigkeit, dem die Landesversicherungsanstalt durch Bescheid vom 6. September 1952 mit Wirkung ab 1. April 1952 stattgab. Hiervon erhielt das Amtsgericht B. Mitteilung, das den Vorgang am 20. September 1952 dem Personalamt der beklagten Freien Hansestadt zuleitete. Am 3. Oktober 1952 richtete dieses folgendes Schreiben an den Kläger:

„Ihre Beschäftigungsbehörde hat uns mitgeteilt, daß Sie seit dem 11. November 1950 dienstunfähig erkrankt sind und seit dem 1. April 1952 Rentenbezüge in Höhe von 79,30 DM monatlich erhalten.

Bei dieser Sachlage wird Ihr Dienstverhältnis nach den Bestimmungen des § 18 Abs. 3 ATO mit Ablauf des 30. September 1952 beendet.

Auf eine zwischenzeitliche Anfrage des Amtsgericht vom 25. September 1952 teilte die Heilstätte, in der sich der Kläger damals befand, mit, dieser solle im November d. Js. entlassen werden, eine längere Schonung sei jedoch erforderlich. Mit der Wiederaufnahme der Arbeit könne im Frühjahr 1953 gerechnet werden. Dieses Schreiben wurde dem Personalamt der Beklagten am 6. Oktober 1952 vorgelegt. Trotz Gegenvorstellungen des Klägers blieb die Beklagte bei ihrer Entscheidung vom 3. Oktober 1952. Seine Heilbehandlung fand erst im März 1954 ihren Abschluß. Dabei wurde der Kläger vom behandelnden Arzt als versuchsweise tauglich für leichte Büroarbeit bezeichnet. Die Minderung seiner Erwerbsfähigkeit um 100 % wegen Kriegsbeschädigung blieb weiterhin anerkannt.

Der Kläger begehrt die Feststellung, daß das Arbeitsverhältnis der Parteien auf Grund der Mitteilung der Beklagten vom 3. Oktober 1952 nicht am 30. September 1952 erloschen sei. Die Klage hatte in allen Instanzen Erfolg.

Aus den Gründen:

... Sachlich konnte die Revision keinen Erfolg haben. Nach § 18 Abs. 3 ATO erlischt das Arbeitsverhältnis eines Angestellten im öffentlichen Dienst ohne Kündigung, wenn einerseits seine dauernde Dienstunfähigkeit gegeben ist und andererseits gleichzeitig, spätestens im Zeitpunkt seines Ausscheidens, feststeht, daß er eine Versorgung seitens des Dienstherrn oder durch eine Versorgungseinrichtung erhält, zu der der Dienstherr Mittel beigesteuert hat. Die Revision rügt, daß das Landesarbeitsgericht bei Anwendung dieser Bestimmung rechtsfehlerhaft verfahren sei.

„Dauernde Dienstunfähigkeit" ist ein unbestimmter Rechtsbegriff, dessen Verkennung eine Verletzung materiellen Rechts bedeutet und daher der Nachprüfung durch das Revisionsgericht unterliegt (vgl. RGZ 130, 284 f.; BAG 2, 175 [179]). Die Revision meint nun, Dienstunfähigkeit im Sinne des § 18 Abs. 3 ATO sei stets dann anzunehmen, wenn die Versicherungsbehörde, wie hier die Landesversicherungsanstalt durch Bescheid vom 6. September 1952, eine solche feststelle und dementsprechend Versorgungsbezüge zahle. Sie setzt damit Berufsunfähigkeit, die gemäß §§ 26, 27 des hier noch anzuwendenden Angestelltenversicherungsgesetzes (AVG) Voraussetzung eines derartigen Ruhegeldbescheides ist, mit Dienstunfähigkeit im Sinne des § 18 Abs. 3 ATO gleich. Dem kann nicht zugestimmt werden.

Berufsunfähigkeit ist ein ausschließlich für die Angestelltenversicherung geltender Begriff (vgl. Brackmann, Handbuch der Sozialversicherung, Bd. II, S. 764). Nach der Legaldefinition des § 27 AVG ist schon derjenige Versicherte als berufsunfähig anzusehen, dessen Arbeitsfähigkeit infolge Erkrankung oder sonstiger Gebrechen auf weniger als die Hälfte derjenigen eines gesunden Versicherten mit ähnlicher Ausbildung und gleichwertigen Kenntnissen und Fähigkeiten herabgesunken ist (ebenso jetzt: § 23 Abs. 2 AnVG). Demgegenüber bedeutet der in der ATO verwandte Begriff der Dienstunfähigkeit, der auch nicht mit der Dienstunfähigkeit des Beamtenrechts (§ 73 Abs. 1 DBG; § 42 Abs. 1

BBG) gleichzusetzen ist, nichts anderes als Arbeitsunfähigkeit im allgemeinen arbeitsrechtlichen Sinne, nämlich die auf Erkrankung, Unfall oder sonstigen Umständen beruhende Unfähigkeit, die vertraglich geschuldeten Dienste zu leisten (vgl. Landmann-Rohmer, GewO, 11. Aufl., § 123 Anm. 11; Geßler-Hefermehl, HGB, 2. Aufl., § 71 Anm. 2). Je nach Sachlage kann aber die Fähigkeit zu einer solchen Leistung noch gegeben sein, auch wenn die Verminderung der allgemeinen Arbeitsfähigkeit einen Grad erreicht hat, daß versicherungsrechtlich schon Berufsunfähigkeit anzunehmen ist. Bei entsprechenden tatsächlichen Umständen kann zwar beides, Berufs- und Arbeitsunfähigkeit (Dienstunfähigkeit) zugleich, vorliegen; das muß aber nicht der Fall sein.

Daß Berufsunfähigkeit nicht ohne weiteres gleichbedeutend mit Dienstunfähigkeit im Sinne des § 18 Abs. 3 ATO ist, ergibt sich im übrigen schon aus dieser Vorschrift selbst. Hätten nämlich beide Begriffe stets dieselben tatsächlichen Voraussetzungen und denselben Inhalt, dann hätte es sich erübrigt, neben der Gewährung einer Versorgung, die durch die Angestelltenversicherung erfolgen kann, dort aber gerade von dem Bestehen einer Berufsunfähigkeit abhängt, zusätzlich noch das Vorliegen dauernder Dienstunfähigkeit für die Anwendbarkeit des § 18 Abs. 3 ATO zu fordern. Auch § 16 Abs. 5 TO.A geht offenbar davon aus, daß die in Rede stehenden Begriffe nicht denselben Inhalt haben. Diese Bestimmung spricht von einer Verminderung der Dienstfähigkeit in einem Grade, daß die Voraussetzungen für die Zuerkennung eines Angestelltenruhegeldes gegeben sind. Danach kann also schon verminderte Dienstfähigkeit, nicht erst Dienstunfähigkeit, Berufsunfähigkeit nach § 27 AVG bedeuten.

„Dauernd" im Gegensatz zu „vorübergehend" ist die Dienstunfähigkeit in dem erörterten Sinne dann, wenn ihre Behebung nach verständiger, sachkundiger Beurteilung voraussichtlich in absehbarer und angemessener Zeit nicht zu erwarten steht, wobei eine lebenslängliche Dienstunfähigkeit nicht zu besorgen sein muß. Darüber, bis zu welchem Zeitraum eine Dienstunfähigkeit noch als vorübergehend angesehen werden kann, läßt sich eine allgemeine Regel nicht aufstellen. Vielmehr ist dies unter Berücksichtigung der Umstände des Einzelfalles zu entscheiden.

Als weitere Voraussetzung seiner Anwendbarkeit fordert § 18 Abs. 3 ATO die Sicherstellung der Versorgung des Angestellten in der in dieser Vorschrift näher bezeichneten Weise. Von welchem Zeitpunkt ab diese Sicherstellung vorliegt, bestimmt sich nicht nach dem im Ruhegeldbescheid festgelegten Beginn der Versorgungszahlungen. Denn ergeht der Bescheid z. B. erst nach dem Ausscheiden des Angestellten, wenn auch mit Rückwirkung auf einen Zeitpunkt vorher, so lag seine Versorgung b e i m Ausscheiden noch nicht fest. Maßgeblich kann demnach allein der Zeitpunkt der Erteilung des Versorgungsbescheides sein, der erst die Sicherstellung des Angestellten herbeiführt. Darauf deutet auch § 18 Abs. 3 ATO hin, wenn er verlangt, daß der Angestellte eine Versorgung beim Ausscheiden (tatsächlich) „erhält".

In dem Zeitpunkt, in dem b e i d e Voraussetzungen dieser Vorschrift zusammen gegeben sind, endet das Arbeitsverhältnis kraft positiver Bestimmung der ATO von selbst. Zur Herbeiführung dieser Wirkung bedarf es daher einer Erklärung des Dienstherrn nicht. Wollte man sie in der einen oder anderen Form für nötig halten, so würde sie kaum von einer Kündigung zu unterscheiden sein, die aber gerade § 18 Abs. 3 ATO entbehrlich machen will. Zwar mag je nach den Umständen eine Erklärung zur Beseitigung von Unklarheiten über den genauen Zeitpunkt des Ausscheidens zweckmäßig oder möglicherweise auch durch die Fürsorgepflicht geboten sein, in jedem Falle kommt ihr aber nur deklaratorische Bedeutung zu.

Von diesen Grundsätzen ausgehend ist zunächst nicht festzustellen, daß das Berufungsgericht den Begriff der dauernden Dienstunfähigkeit i. S. des § 18 Abs. 3 ATO verkannt hat. Ebensowenig läßt das angefochtene Urteil bei der Subsumtion des festgestellten Tatbestandes unter diesen Begriff einen Verstoß gegen Denkgesetze, allgemeine Erfahrungssätze oder etwa eine offensichtlich fehlerhafte Bewertung des Sachverhalts erkennen (BAG 2, 175).

Zwar mag in der Regel eine tatsächliche Vermutung für das Bestehen einer dauernden Dienstunfähigkeit sprechen, wenn, wie hier, ein Bescheid der zuständigen Versorgungseinrichtung vorliegt, die dem Angestellten wegen Berufsunfähigkeit ein Ruhegeld zubilligt. Der Nachweis des Gegenteils ist aber dem Angestellten stets unbenommen. Im vorliegenden Fall steht auf Grund des vom Berufungsgericht festgestellten und durch Verfahrensrügen der Revision nicht angegriffenen Sachverhalts fest, daß in dem hier entscheidenden Zeitpunkt, nämlich September 1952, eine dauernde Dienstunfähigkeit des Klägers nicht gegeben war....

Dem Landesarbeitsgericht ist entgegen der Meinung der Revision auch darin beizupflichten, daß die Entwicklung des Gesundheitszustandes des Klägers in den Jahren 1953 und 1954 oder etwa bis zur letzten mündlichen Verhandlung in der Berufungsinstanz zur Beurteilung seiner Dienstunfähigkeit nicht herangezogen werden kann. Da es im vorliegenden Rechtsstreit darauf ankommt, ob diese neben dem seit September 1952 vorliegenden Ruhegeldbescheid gleichzeitig gegeben war oder nicht, ist dieser Zeitpunkt auch maßgeblich für die Beurteilung. Naturgemäß kann zu einem bestimmten Zeitpunkt wegen der Grenze der menschlichen Voraussicht immer nur eine Prognose gestellt werden, die notwendig subjektiv mitbestimmte Erwägungen der Beurteilung enthält, wie sich der Gesundheitszustand und damit die Dienstfähigkeit eines Arbeitnehmers in Zukunft gestalten wird. Auch eine gewissenhafte Beurteilung wird in aller Regel nur etwas über die Wahrscheinlichkeit eines sich zukünftig entwickelnden Zustandes sagen können. Diese Wahrscheinlichkeit muß aber auch genügen. Weder zugunsten noch zu Lasten einer Partei kann berücksichtigt werden, daß sich die Voraussage nach kürzerer oder längerer Zeit nicht bewahrheitet hat. Eine gegenteilige Ansicht müßte in Fällen wie dem vorliegenden zu einer nicht vertretbaren Unsicherheit der Rechtslage führen. Denn wollte man ihr folgen, so würde sich auch die Notwendigkeit der Wiedereinstellung eines nach § 18 Abs. 3 ATO ausgeschiedenen Angestellten ergeben, wenn sich nachträglich herausstellt, daß die angenommene dauernde Dienstunfähigkeit doch nicht vorlag. Demnach ist hier aus Rechtsgründen nicht zu beanstanden, wenn das Berufungsgericht die Dienstunfähigkeit des Klägers nicht als dauernde angesehen hat, weil im September 1952 deren Behebung angesichts der durch ärztliches Gutachten in Aussicht gestellten Wiederherstellung des Klägers im Frühjahr 1953 absehbar erschien.

Da mithin das Landesarbeitsgericht zu Recht das Vorhandensein einer dauernden Dienstunfähigkeit in dem für diesen Rechtsstreit maßgeblichen Zeitpunkt verneint, kommt schon deshalb ein Erlöschen des Arbeitsverhältnisses des Klägers auf Grund der Vorschrift des § 18 Abs. 3 ATO nicht in Betracht. ...

40

1. Arbeitsbereitschaft i. S. des § 62 Ziff. 9 Satz 1 BMT-G liegt bei Vorhandensein der sonstigen Erfordernisse vor, wenn die Bestimmung des Aufenthaltsortes, sei es innerhalb oder außerhalb des Betriebes, für den Arbeiter bindend durch den Arbeitgeber erfolgt ist. Unter diesen Voraussetzungen kann Arbeitsbereitschaft auch in der eigenen Häuslichkeit des Arbeiters bestehen.

2. Bei Rufbereitschaft i. S. des § 62 Ziff. 30 BMT-G kann der Arbeiter seinen Aufenthaltsort grundsätzlich selbst wählen und auch während dieser Zeit wechseln. Er muß jedoch den Arbeitgeber stets unterrichten, wo er sich befindet, und in der Lage bleiben, auf Abruf die Arbeit aufzunehmen.

Bundesmanteltarifvertrag für Arbeiter gemeindlicher Verwaltungen und Betriebe, § 62 Ziff. 9, Ziff. 30.

IV. Senat. Urteil vom 26. Februar 1958 i. S. Bezirkskrankenhausverband L. (Bekl.) w. 1. K., 2. W. (Kl.) 4 AZR 388/55.

I. Arbeitsgericht Offenburg — II. Landesarbeitsgericht Freiburg i. Br.

Die Kläger werden von dem Beklagten als Fahrer der beiden Krankentransportwagen des Bezirkskrankenhauses L. beschäftigt. Sie haben eine Dienstzeit von täglich 7.30—17.30 Uhr. Für den Bedarfsfall hat sich im täglichen Wechsel jeweils einer der Kläger von 17.30 bis 7.30 Uhr dem Krankenhaus zur Verfügung zu halten. Die Wohnung des Klägers zu 1) befindet sich in unmittelbarer Nähe des Krankenhauses und hat Telefon. Dem weiter weg wohnenden Kläger zu 2) ist für die Nächte seiner Bereitschaft ein Zimmer im Krankenhaus eingeräumt, in dem er auch schlafen kann. Um vor allem bei Unfällen möglichst schnell zur Verfügung zu stehen, dürfen sich der Kläger zu 1) während des Bereitschaftsdienstes nur in seinem Haus und Garten, der Kläger zu 2) nur im Krankenhaus aufhalten. Als Vergütung für diesen Dienst zahlt der Beklagte den Klägern eine Pauschale. Soweit sie während dieser Zeit beschäftigt werden, erhalten sie Entlohnung nach § 16 des Bundesmanteltarifvertrages für Arbeiter gemeindlicher Verwaltungen und Betriebe vom 22. Mai 1953 (BMT-G).

Die Kläger sind der Ansicht, ihr Bereitschaftsdienst sei als Arbeitsbereitschaft i. S. des § 62 Ziff. 9 in Verbindung mit § 15 Abs. 3 BMT-G anzusehen und zu vergüten. Sie begehren eine entsprechende Feststellung.

Der Beklagte meint demgegenüber, es liege Rufbereitschaft i. S. des § 62 Ziffer 30 BMT-G vor. Die Kläger müßten nur auf Abruf tätig werden, könnten im übrigen aber ihre Zeit nach Belieben verwenden. Der Annahme einer Rufbereitschaft stehe nicht entgegen, daß sie sich während des Bereitschaftsdienstes zu Hause bzw. im Krankenhaus aufzuhalten hätten.

Das Arbeitsgericht hat von der täglichen Bereitschaftszeit der Kläger vier Stunden als Arbeitsbereitschaft und acht Stunden als Rufbereitschaft angesehen. Das Landesarbeitsgericht hat festgestellt, daß der Beklagte die ganze Zeit als Arbeitsbereitschaft zu entlohnen habe.

Die Revision des Bekl. war erfolglos.

Aus den Gründen:

Die Kläger haben im täglichen Wechsel in der Zeit von 17.30 bis 7.30 Uhr Arbeitsbereitschaft, wenn sie sich nach der Begriffsbestimmung des § 62 Ziffer 9 BMT-G, der auf die Arbeitsverhältnisse der Parteien anzuwenden ist, „ohne Arbeit zu leisten, an der Arbeitsstelle oder einer anderen vom Arbeitgeber bestimmten Stelle zur Verfügung zu halten" haben. Diese Voraussetzungen sind hier gegeben. Denn nach den bindenden Feststellungen des angefochtenen Urteils darf sich auf Anordnung des Bezirkskrankenhauses während des Bereitschaftsdienstes der Kläger zu 1) nur in seinem in unmittelbarer Nähe des Krankenhauses gelegenen Haus nebst Garten, der Kläger zu 2) nur im Krankenhaus selbst zum Zwecke jederzeitiger Arbeitsaufnahme aufhalten.

Fraglich kann bei der nach § 62 Ziff. 9 BMT-G zum Begriff der Arbeitsbereitschaft gehörenden, einseitig durch den Arbeitgeber erfolgenden Festlegung des Aufenthaltsorts des Arbeiters nur sein, ob die „andere vom Arbeitgeber bestimmte Stelle" nach dem unter Beachtung der Grundsätze der §§ 133, 242 BGB zu ermittelnden Sinn der Tarifvorschrift (vgl. Hueck-Nipperdey, Lehrbuch des Arbeitsrechts, 6. Aufl., Bd II, S. 268 ff.) im Betriebe selbst liegen muß, oder ob es auch eine außerhalb desselben befindliche Stelle sein kann, sofern sie nur vom Arbeitgeber für den Arbeiter bindend festgelegt ist. Für die erste Auffassung läßt sich nichts daraus herleiten, daß § 62 Ziff. 9 Satz 1 BMT-G zunächst die „Arbeitsstelle" als den Aufenthaltsort des Arbeiters aufführt. Denn die „Arbeitsstelle", d. h. die Stelle, an der die Arbeit zu erbringen ist, kann sich je nach Lage des Einzelfalles sowohl innerhalb wie außerhalb des Betriebes befinden. Abgesehen davon bietet auch die Fassung der Tarifbestimmung im übrigen keinen Anhalt dafür, daß der eine Arbeitsbereitschaft fordernde Arbeitgeber bei Bestimmung einer „anderen Stelle" als Aufenthaltsort auf den unmittelbaren Betriebsbereich beschränkt sein sollte. Wäre das der Wille der Tarifvertragsparteien gewesen, so hätte nichts näher gelegen, als eine solche Voraussetzung durch Beifügung der Worte „im Betrieb" hinter „einer anderen vom Arbeitgeber bestimmten Stelle" klar hervorzuheben. Es ist daher für das Vorliegen einer Arbeitsbereitschaft i. S. des § 62 Ziff. 9 Satz 1 BMT-G ohne Bedeutung, ob innerhalb oder außerhalb des Betriebs ein Ort ausgewählt wird, wo der

Arbeiter sich zur Verfügung zu halten hat. Vielmehr kommt es in dieser Hinsicht entscheidend nur darauf an, daß die Bestimmung der „Stelle" des Aufenthaltorts durch den Arbeitgeber erfolgt. Wird der Arbeiter durch eine solche Maßnahme in seiner Bewegungsfreiheit auf die für ihn festgelegte Örtlichkeit beschränkt und ihm jedenfalls insoweit die Gestaltung seiner an und für sich arbeitsfreien Zeit entzogen, so besteht bei Vorhandensein der übrigen — hier nicht streitigen — Voraussetzungen des § 62 Ziff. 9 BMT-G Arbeitsbereitschaft.

Im Gegensatz dazu hat bei einer angeordneten Rufbereitschaft, die das Vorliegen von Arbeitsbereitschaft ausschließt (§ 15 Abs. 4 Satz 1 BMT-G), die dem Arbeiter nach der Begriffsbestimmung des § 62 Ziff. 30 BMT-G obliegende Anwesenheitspflicht lediglich zum Inhalt, sich in der eigenen Häuslichkeit oder an einem anderen dem Arbeitgeber anzuzeigenden Ort aufzuhalten. Während bei Arbeitsbereitschaft der Arbeiter an die eine, ihm vom Arbeitgeber vorgeschriebene Stelle gebunden ist, kann er bei Rufbereitschaft seinen Aufenthaltsort grundsätzlich selbst wählen und infolgedessen in dieser Zeit auch wechseln. Nur muß er den Arbeitgeber stets unterrichten, wo er zu erreichen ist, und in der Lage bleiben, auf Abruf die Arbeit aufzunehmen.

Daraus folgt entgegen der Auffassung der Revision, daß nicht stets dann Rufbereitschaft besteht, wenn sich der Arbeiter statt an der Arbeitsstelle in der eigenen Häuslichkeit aufhalten muß. Das ist auf Grund des § 62 Ziff. 30 BMT-G nur zu bejahen, sofern nach dem Inhalt der ihm auferlegten Bereitschaftspflicht die Wahl der eigenen Häuslichkeit als Aufenthaltsort seinem Belieben überlassen ist. Ist sie dem Arbeiter aber durch Anordnung des Arbeitgebers ohne die in § 62 Ziff. 30 a. a. O. vorgesehene Wahlmöglichkeit als der Ort zugewiesen, wo er sich zur Verfügung zu halten hat, so ist sie eine „andere vom Arbeitgeber bestimmte Stelle" i. S. des § 62 Ziff. 9 a. a. O. Da das nach den Feststellungen des angefochtenen Urteils bei dem Kläger zu 1) zutrifft, bejaht das Berufungsgericht mit Recht auch für diesen das Bestehen einer Arbeitsbereitschaft und die Verpflichtung des Beklagten zu einer Entlohnung gemäß § 15 Abs. 3 BMT-G.. Das gilt erst recht für den Kläger zu 2). Denn für diesen ist seine Anwesenheit im Krankenhaus selbst während der Zeit seines Bereitschaftsdienstes bestimmt.

41

Die ADO zu § 18 ATO ist durch die gesetzliche Ermächtigung nicht gedeckt und deshalb von vornherein unwirksam.

ADO zu § 18 ATO.

I. Senat. Versäumnisurteil vom 28. Februar 1958 i. S. Sch. (Kl.) w. Stadt Z. (Bekl.) 1 AZR 366/56.

I. Arbeitsgericht Pirmasens — II. Landesarbeitsgericht Mainz

Der Kläger war seit 1945, zuletzt als Amtsbote, bei der beklagten Stadt beschäftigt und nach Gruppe VIII TO.A eingestuft. Im Juli 1955 vollendete er das 65. Lebensjahr.

Auf seine Bitte sagte die Beklagte im Schreiben vom 13. Juli 1955 ihm zu, ihn unter den bisherigen Bedingungen „bis zur Erlangung der Bezüge aus der Sozialversicherung" weiterzubeschäftigen, jedoch sollte sie die tariflichen Bezüge in der Höhe der Hälfte der Bezüge aus der Rentenversicherung kürzen dürfen; sie verlangte vom Kläger die Unterzeichnung der folgenden Abtretungserklärung:

> „Ich erkläre mich bereit, auf der Grundlage der ADO zu § 18 ATO die Hälfte meiner Rentennachzahlung, wie im Dienstvertrag vom 15. Juli 1955 vorgesehen, der Stadtverwaltung abzutreten."

Der Kläger unterschrieb diese Abtretungserklärung nicht, sondern schickte der Beklagten die unterschriebene Abtretungserklärung vom 18. August 1955, die folgenden Wortlaut hat:

> „Unter dem Vorbehalt, daß außergerichtlich und evtl. gerichtlich die Rechtmäßigkeit der Rd.Verfg. des Min. f. Fin. u. Wiederaufbau vom 13.11.1950 — I Bes. 20 875/50 — MBl. S. 751 — festgestellt wird, trete ich die Hälfte der Bezüge aus der Reichsversicherung für die Dauer meines Dienstverhältnisses ab."

Der Kläger wurde bis zum 31. Dezember 1955 weiterbeschäftigt. Am 25. November 1955 erhielt er von der Sozialversicherung einen Feststellungsbescheid, wonach ihm die Rente ab 1. August 1955 gewährt wurde. Die seit dem 1. August fällige Rente wurde dem Kläger nachgezahlt. Die Hälfte der Rentenbezüge für die Monate August bis Dezember 1955 betrug 475,25 DM. Diesen Betrag hielt die Beklagte von den Dienstbezügen des Klägers ein. Hiergegen hat der Kläger Klage erhoben mit dem Antrag, die Beklagte zur Zahlung dieses der Höhe nach unstreitigen Betrages zu verurteilen. Die Beklagte verneint ihre Zahlungspflicht dem Grunde nach und hat um Klageabweisung gebeten. Arbeitsgericht und Landesarbeitsgericht haben die Klage abgewiesen. Auf die Revision des Klägers hat das Bundesarbeitsgericht die Beklagte nach dem Klageantrag verurteilt.

Aus den Gründen:

Nach den tatsächlichen, den Senat bindenden Feststellungen des Landesarbeitsgerichts ist mit dem Kläger mit Wirkung vom 1. August 1955 ein neuer Dienstvertrag abgeschlossen worden. Es kann dahingestellt bleiben, ob die im Zusammenhang mit diesem Dienstvertrag vereinbarte Abtretung rechtswirksam vorgenommen worden ist oder nicht; denn diese Abtretung war, wie sich aus den Feststellungen des Landesarbeitsgerichts ergibt, ohne wesentliche Bedeutung für die Frage des Zustandekommens des neuen Dienstvertrages selbst. Wird näher ausgeführt.

Ist der zwischen den Parteien zustande gekommene neue Dienstvertrag somit nicht aus dem Gesichtspunkt einer etwaigen Verkoppelung mit einer als Voraussetzung für das Zustandekommen des Vertrages vereinbarten, nach Ansicht des Klägers gesetzwidrigen Abtretung nichtig, so folgt seine Unwirksamkeit auch nicht daraus, daß sein Abschluß nach Ansicht der Revision erst in einem Zeitpunkt erfolgt ist, als das ursprüngliche Dienstverhältnis bereits sein Ende gefunden hatte. Wird näher ausgeführt.

Mit Recht geht hiernach das Landesarbeitsgericht davon aus, daß es entscheidend darauf ankommt, ob die von der Beklagten vorgenommene Gehaltskürzung nach der — durch den im Schreiben vom 18. August 1955 erwähnten Erlaß wieder in Kraft gesetzten — ADO zu § 18 ATO zulässig war.

Im Gegensatz zu der Ansicht des Landesarbeitsgerichts ist jedoch der Senat zu der Auffassung gekommen, daß die Beklagte zu einem solchen Abzug nicht berechtigt war.

Es kann dem Landesarbeitsgericht schon darum nicht gefolgt werden, daß der Fall des § 18 Abs. 2 ATO beim Kläger nicht vorgelegen hätte. § 18 Abs. 2 ATO spricht von den Voraussetzungen für die Erlangung laufender Bezüge aus der Reichsversicherung. Nach Auffassung des Senats fallen hierunter nicht nur die Wartezeiten im Sinne des Angestelltenversicherungsrechts und die Anwartschaftszeiten gemäß etwaigen Altersversorgungs-Regelungen, sondern auch die technischen Voraussetzungen für die Zahlung einer Altersrente. Zu diesen gehört aber der Rentenbescheid, da ohne ihn eine Rentenzahlung nicht erfolgen kann. Beim Kläger stand am 1. August 1955 der Rentenbescheid noch aus. Demzufolge wurde damals an ihn noch keine Rente gezahlt. Die Zeit bis zur

Aufnahme der Rentenzahlung sollte nach dem übereinstimmenden Parteiwillen durch den Abschluß des neuen Dienstverhältnisses überbrückt werden. Wenn der neue Arbeitsvertrag unter Berufung auf § 18 ATO abgeschlossen wurde, so haben die Parteien insoweit dessen Voraussetzungen entgegen der Ansicht des Landesarbeitsgerichts also nicht verkannt. Es liegt also ein Fall des § 18 Abs. 2 ATO vor.

Die ADO zu § 18 ATO stellt auf den Fall ab, daß Bezüge aus der Reichsversicherung gewährt werden. Ein solcher Fall deckt sich nicht unbedingt mit den Voraussetzungen des § 18 ATO, und es handelt sich bei der ADO nicht um eine Ausführungs- oder Durchführungsverordnung zu § 18 ATO. Das wird auch dadurch klar, daß die ADO zur ATO nicht auf Grund der ATO erlassen ist, sondern auf Grund des Gesetzes über die ergänzende Regelung der Dienstverhältnisse bei öffentlichen Verwaltungen und Betrieben, RGBl. 1938 I S. 206. Sie ist nicht, wie die ATO, vom Reichstreuhänder für den öffentlichen Dienst, sondern von der im vorgenannten Ergänzungsgesetz vorgesehenen Stelle, nämlich dem Reichsfinanzminister, erlassen worden.

Nun kann allerdings dem Kläger nicht darin gefolgt werden, daß der Zeitpunkt, von dem ab Bezüge aus der Reichsversicherung gewährt werden, die im Sinne der AOG zu § 18 ATO der Zeitpunkt des Erlasses des Rentenbescheides oder gar der der ersten Rentenzahlung sei. Erfolgt, wie es hier der Fall ist, die Zahlung rückwirkend für eine bereits vergangene Zeit, so ist der Zeitpunkt der Gewährung der Rentenzahlung im Sinne der ADO zu § 18 ATO vielmehr der in der Vergangenheit liegende Zeitpunkt, von dem ab durch den Rentenbescheid rückwirkend eine Rentenzahlung zuerkannt wird. Das war im vorliegenden Fall der 1. August 1955.

Gleichwohl kommt der ADO zu § 18 ATO keine rechtliche Bedeutung zu. Wie betont, ist sie erlassen worden auf Grund des Ergänzungsgesetzes. Dieses Gesetz gab dem Reichsfinanzminister jedoch nur die Ermächtigung, die tariflichen Ansprüche der Arbeitnehmer im öffentlichen Dienst zu deren Gunsten, nicht aber zu deren Ungunsten zu ändern. Es bedarf im vorliegenden Fall nicht der Entscheidung, ob die Tarifordnungen im öffentlichen Dienst generell lediglich Mindestbedingungen darstellen, die keinesfalls zu Ungunsten der Arbeitnehmer geändert werden dürfen (vgl. hierzu Nipperdey in Festschrift für Herschel, S. 9 ff.). Es bedarf auch nicht der Entscheidung darüber, ob und wann das Ergänzungsgesetz außer Kraft getreten ist und ob mit seiner Außerkraftsetzung alle auf Grund dieses Gesetzes erlassenen

Dienstordnungen automatisch in Wegfall gekommen sind; denn im vorliegenden Fall ist allein entscheidend, daß die ADO zu § 18 ATO von vornherein unwirksam gewesen ist.

Diese Unwirksamkeit ergibt sich daraus, daß das Ergänzungsgesetz lediglich eine Besserstellung der Arbeitnehmer im öffentlichen Dienst zuließ, nicht aber eine Verschlechterung ihrer tariflichen Ansprüche. Entgegen der Ansicht des Landesarbeitsgerichts ist eine solche Verschlechterung festzustellen; denn die nach der ADO zu § 18 ATO weiterbeschäftigten Angestellten sollten ein geringeres Gehalt erhalten, als es den Angestellten im öffentlichen Dienst gemeinhin zusteht. Das verstößt gegen die Eingangsworte der ATO, wonach diese für das Dienstverhältnis der von ihr erfaßten Belegschaftsmitglieder rechtsverbindliche Mindestbedingungen aufstellt, wie auch gegen die Eingangsworte der TO.A, die ebenfalls von rechtsverbindlichen Mindestbedingungen für das Dienstverhältnis der von der TO.A erfaßten Belegschaftsmitglieder spricht. Wenn das Landesarbeitsgericht gleichwohl die Annahme einer Verschlechterung der Arbeitsbedingungen des Klägers gegenüber den Tarifvorschriften ablehnt, weil der Kläger grundsätzlich nach Vollendung des 65. Lebensjahres keinen Anspruch auf Beschäftigung im öffentlichen Dienst mehr gehabt habe, so kann dem nicht gefolgt werden. Das würde einen Verstoß gegen den im öffentlichen Dienst geltenden Grundsatz bedeuten, wonach sich die Bezahlung nach der Leistung richten muß.

Daß der Kläger etwa infolge seines Alters minderleistungsfähig gewesen wäre, ist nicht festgestellt. Das Gegenteil ist daraus zu schließen, daß ihn die Beklagte gerade auf Grund der Vorschrift des § 18 Abs. 2 ATO weiterbeschäftigt hat, die ihrerseits voraussetzt, daß der betreffende Arbeitnehmer noch voll leistungsfähig ist. Wenn in § 3 Abs. 1 TO.A, der den Wert der Leistung als Maßstab für das Entgelt hinstellt, auch von dem Lebensalter gesprochen ist, so ist hiermit doch nicht auf das Höchstalter abgestellt, sondern lediglich auf das für die Anfangsgrundvergütung festgesetzte Alter im Sinne des § 5 TO.A. Eine Vorschrift, daß Angestellte im öffentlichen Dienst, die 65 Jahre alt oder älter sind, einen geringeren tariflichen Vergütungsanspruch haben als die übrigen oder daß gar diese Tarifordnungen auf über 65 Jahre alte Angestellte des öffentlichen Dienstes nicht anwendbar wären, findet sich weder in der ATO noch in der TO.A. Es gilt also der in beiden Tarifordnungen enthaltene Grundsatz, daß sie rechtsverbindliche Mindestbedingungen für alle im öffentlichen Dienst befindlichen Personen, und zwar auch für die über 65 Jahre alten Arbeitnehmer, aufstellen, neben dem Grundsatz, daß für die Höhe der Vergütung der Wert der Leistung maßgeblich ist, es sei denn, daß durch Spezialvorschrift eine Tarifgebundenheit ausdrücklich ausgeschlossen wäre, was hier jedoch nicht der Fall ist. Der Wert der Leistung ist somit nicht davon abhängig, ob der Arbeitnehmer im öffentlichen Dienst unter oder über 65 Jahre alt ist.

Hiernach kann, wenn ein Arbeitnehmer erstmalig nach Vollendung des 65. Lebensjahres in den öffentlichen Dienst eintritt, ihm gegenüber eine untertarifliche Bezahlung nicht erfolgen; denn auch für das Arbeitsverhältnis eines solchen Arbeitnehmers gelten die TO.A und die ATO. Dasselbe muß jedoch gelten, wenn ein Arbeitnehmer des öffentlichen Dienstes nach Vollendung des 65. Lebensjahres, sei es auch auf Grund eines neuen Dienstvertrages, in seiner Stellung verbleibt. Auch in diesem Fall kann der Arbeitgeber nicht verlangen, daß sich sein Arbeitnehmer bei gleichbleibender Leistung eine Kürzung seines Gehalts in der Weise gefallen läßt, daß die Hälfte der Rentenbezüge auf sein Gehalt angerechnet wird. Die ADO zu § 18 ATO spricht lediglich von einer teilweisen Anrechnung der Rentenbezüge aus der Reichsversicherung, nicht dagegen von einer Anrechnung von Bezügen aus einer Altersversorgung. Bei letzteren wäre, falls Zahlungspflichtiger der öffentliche Dienstherr wäre, noch eine gewisse Berechtigung für die Anrechnung vorhanden. Das gilt aber nicht für die Bezüge aus der Reichsversicherung, da es sich hierbei um Rechte handelt, die der Arbeitnehmer auf Grund von Einzahlungen, also durch echte Leistungen erworben hat. Daran wird auch nichts dadurch geändert, daß auch der Arbeitgeber an den Beitragszahlungen für die Altersversicherung beteiligt war; denn eine solche Beteiligung obliegt ihm in allen Fällen, und es ist im Einzelfall sogar möglich, daß der Hauptteil des Arbeitgeberanteils von einem früheren Dienstherrn getragen worden ist.

Es ist somit davon auszugehen, daß der Wert der Leistung des Arbeitnehmers für die Höhe des Entgelts entscheidend ist. Da dieser Wert durch das Lebensalter des Arbeitnehmers in einem Fall der vorliegenden Art jedoch nicht verändert wird, bedeutet die Anrechnung der halben Versicherungsbezüge eine Schlechterstellung des Arbeitnehmers und somit im Ergebnis eine untertarifliche Bezahlung. Eine solche untertarifliche Bezahlung verstößt gegen den Charakter der tariflichen Arbeitsbestimmungen als verbindlicher Mindestbedingungen. Dieser Grundsatz gilt für alle tarifgebundenen Arbeitnehmer des öffentlichen Dienstes. Daran vermag auch die Vorschrift des § 18 ATO nichts zu ändern. Richtig ist, daß diese Vorschrift auf diejenigen Arbeitnehmer im öffentlichen Dienst nicht anwendbar ist, die bereits bei ihrem Eintritt oder

Wiedereintritt in den öffentlichen Dienst über 65 Jahre alt sind. Die Nichtanwendbarkeit dieser einen Bestimmung hat jedoch nicht zur Folge, daß auch die übrigen Grundsätze der ATO und der TO.A auf die Arbeitsverhältnisse der über 65 Jahre alten im öffentlichen Dienst befindlichen Personen nicht angewendet werden können.

Hiernach stellt die Regelung der ADO zu § 18 ATO einen Verstoß gegen den Unabdingbarkeitsgrundsatz im öffentlichen Dienst dar. Zu einem solchen Verstoß war der Reichsfinanzminister durch das Ergänzungsgesetz nicht ermächtigt. Die daraus folgende Unwirksamkeit der ADO zu § 18 ATO wird auch nicht dadurch berührt, daß nach einer Fußnote in der Veröffentlichung der ADO zur ATO im RGBl. 1938 I S. 465 der Treuhänder seine Zustimmung zur ADO zu § 18 ATO gegeben hat. Zwar sieht § 1 Abs. 4b TO.A vor, daß eine von dieser Tarifordnung abweichende Regelung durch die Dienstordnung getroffen werden kann für Belegschaftsmitglieder, für die eine Sonderregelung erfolgt. Um eine solche Dienstordnung handelt es sich aber bei der ADO zur ATO nicht. Einmal ist diese ADO nicht vom Treuhänder erlassen worden und auch nicht auf Grund der TO.A oder der ATO. Sie ist vielmehr erlassen worden vom Reichsfinanzminister auf Grund des Ergänzungsgesetzes. Ferner steht die Vorschrift des § 1 Abs. 4 b TO.A unter dem Vorbehalt in den Eingangsworten der TO.A und der ATO, daß beide Tarifordnungen rechtsverbindliche Mindestbedingungen aufstellen. Durch die Zustimmung des Treuhänders konnten für den Reichsfinanzminister keine neuen Kompetenzen geschaffen werden. Deshalb war er an die Vorschrift des Ergänzungsgesetzes gebunden, nach der er von den geltenden Tarifordnungen nur zugunsten der Arbeitnehmer abweichen durfte. Da er zu ihren Ungunsten davon abgewichen ist, ist seine in der ADO zur ATO enthaltene Anordnung unwirksam.

Schließlich kann sich die Beklagte auch nicht auf § 19 ATO berufen. Nach dieser Vorschrift sind Ausnahmen für vorübergehend beschäftigte Belegschaftsmitglieder zulässig. Der Kläger, der nur bis zur Zahlung seiner Altersrente beschäftigt werden sollte, fällt zwar unter diesen Personenkreis. Die nach § 19 ATO zulässigen Ausnahmen beziehen sich jedoch nicht auf die Höhe des Gehalts und berechtigen deshalb nicht zu dessen Kürzung in der Weise, daß auf das Tarifgehalt ein Teil der Rentenbezüge anzurechnen ist. Wird eine solche Anrechnung durch gesetzliche oder tarifliche Vorschriften nicht gedeckt, so kann sich die Beklagte auf die hierüber mit dem Kläger bedingt getroffene Vereinbarung nicht berufen, sondern ist zur Zahlung des vollen Gehalts verpflichtet. Mit Recht verlangt der Kläger von der Beklagten deshalb die Auszahlung desjenigen Betrages, den ihm die Beklagte von seinem Gehalt in Höhe der halben Rentenbezüge einbehalten hat.

42

1. Eine offensichtlich, d. h. auf den ersten Blick erkennbar gesetzwidrig erfolgte Zulassung der Revision bindet das Revisionsgericht nicht.

2. Wenn das Landesarbeitsgericht eine Begründung für die Zulassung der Revision gibt, dann muß der Ausspruch der Zulassung im Urteilstenor in Verbindung mit der für ihn gegebenen Begründung auf seine Gesetzmäßigkeit geprüft werden.

3. Ist zwar im Urteilstenor die Revision ohne weiteren Hinweis zugelassen worden, ergeben aber die Urteilsgründe auf den ersten Blick, daß das Landesarbeitsgericht die grundsätzliche Bedeutung der Rechtssache nicht bejaht, sondern verneint oder unentschieden gelassen hat, so ist die Revision unstatthaft.

ArbGG §§ 69, 72.

I. Senat. Urteil vom 28. März 1958 i. S. S. (Kl.) w. Deutsche Bundespost (Bekl.) 1 AZR 159/56.

I. Arbeitsgericht Hamburg — II. Landesarbeitsgericht Hamburg

Der Kläger, der schon früher bei der Deutschen Reichspost beschäftigt gewesen war, ist Anfang 1954 erneut in ein Arbeitsverhältnis zur Deutschen Bundespost getreten. Vor seiner Wiedereinstellung ist ihm schriftlich eröffnet worden, daß er in jeder Hinsicht, insbesondere hinsichtlich Kleidung und Haartracht, inner- und außerdienstlich ein Verhalten zu zeigen habe, das einem Angehörigen des öffentlichen Dienstes angemessen und würdig sei, und daß ihm andernfalls fristlos gekündigt werden könne. Im Oktober 1955 richtete er an seine Dienststelle eine Anfrage, ob es ihm gestattet sei, außerdienstlich Hosenröcke, Schneiderkostüme, wie sie die Damen trügen, Röcke aus Kordsamt, Faltenröcke mit Schottenmuster und Plisseeröcke zu tragen. Seine Dienststelle antwortete ihm, daß er beim Tragen einer Kleidung und Haartracht, die dem allgemeinen Empfinden nicht entsprächen und durch die er sich lächerlich mache, gegen seine Verpflichtungen aus dem Dienstvertrag verstoße. Damit werde das Ansehen der Post geschädigt. Diese Eröffnung wurde von der Oberpostdirektion gebilligt.

Der Kläger hat daraufhin die Feststellung begehrt, daß die Beklagte nicht berechtigt sei, dem Kläger zu verbieten, außerhalb des Dienstes Kostümröcke, Faltenröcke, Schottenröcke und diverse andere Röcke zu tragen. Arbeitsgericht und Landesarbeitsgericht, letzteres wegen fehlenden Rechtsschutzinteresses, haben die Klage abgewiesen. Das Landesarbeitsgericht hat die Revision im Urteilstenor zugelassen und zur Begründung der Zulassung ausgeführt: „Mag es nach dieser Art der Begründung des Urteils überhaupt zweifelhaft sein, ob Veranlassung bestanden hat, das Rechtsmittel der Revision zuzulassen, so hat das Berufungsgericht um der rechtlichen Würdigung der verfassungsmäßigen Grundrechte und deren prozessualer Behandlung willen indes doch gemeint, dem Kläger den Rechtsweg der Revision eröffnen zu sollen. Es sei auf den Aufsatz von Müller: „Die grundsätzliche Bedeutung der Rechtssache" in der Festschrift für Herschel mit zahlreichen Nachweisen sowie Müller: „Rechtsprechung des BAG zur Zulässigkeit von Revision" in BB 1955, S. 642 ff. ausdrücklich hingewiesen, damit jedenfalls Klarheit über das Kostenrisiko der Revision besteht."

Die Revision des Klägers hat das Bundesarbeitsgericht als unzulässig verworfen.

Aus den Gründen:

Die Revision ist unstatthaft, da ihre Zulassung durch das Landesarbeitsgericht offensichtlich gesetzwidrig erfolgt ist. Eine solche auf den ersten Blick erkennbare gesetzwidrige Zulassung bindet das Revisionsgericht nicht (vgl. BAG 3, 46 [49]).

Da der Streit- und Beschwerdewert im vorliegenden Fall 500,— DM beträgt, wäre die Revision nur statthaft, wenn sie durch das Landesarbeitsgericht in einer dem Gesetz entsprechenden Weise zugelassen wäre oder wenn in der Revisionsbegründung eine Abweichung des angefochtenen Urteils von einem Urteil des Bundesarbeitsgerichts oder — unter gewissen Voraussetzungen — eines anderen Landesarbeitsgerichts schlüssig dargetan wäre (vgl. § 72 Abs. 1 ArbGG). Eine solche Divergenz wird in der Revisionsbegründung nicht geltend gemacht. Ebensowenig beruht die Zulassung der Revision im angefochtenen Urteil darauf, daß das Landesarbeitsgericht von einer ihm bekannten Entscheidung des Bundesarbeitsgerichts oder eines anderen Landesarbeitsgerichts abweichen wollte.

Liegt, wie das hier der Fall ist, keine der vorgenannten Voraussetzungen für die Statthaftigkeit der Revision vor, so wäre diese nur zu bejahen, wenn das Landesarbeitsgericht das Rechtsmittel wegen der grundsätzlichen Bedeutung der Rechtssache zugelassen hätte (§ 69 Abs. 3 ArbGG). Von einer grundsätzlichen Bedeutung der Rechtssache spricht der Vorderrichter überhaupt nicht. Zwar ist die Zulassung der Revision im Urteilstenor erfolgt. In den Gründen des Urteils ist jedoch eine besondere „Begründung" für die Zulassung gegeben, die keinesfalls unberücksichtigt bleiben kann. Diese Art der Begründung ist für die Beantwortung der Frage nach der Wirksamkeit der Zulassung maßgeblich. Denn wenn das Landesarbeitsgericht eine Begründung für die Zulassung der Revision gibt, dann muß der Ausspruch der Zulassung im Tenor des Urteils in Verbindung mit der für ihn gegebenen Begründung auf seine Gesetzmäßigkeit geprüft werden.

Das Landesarbeitsgericht läßt die Frage, ob der Rechtssache grundsätzliche Bedeutung zukommt, im ersten Halbsatz des letzten Absatzes der Entscheidungsgründe ausdrücklich offen. Wäre die grundsätzliche Bedeutung der Rechtssache vom Landesarbeitsgericht bejaht worden, so würde das Revisionsgericht allerdings nicht in der Lage sein nachzuprüfen, ob diese Bejahung zu Recht erfolgt ist oder nicht. So liegt der Fall hier aber nicht. Vielmehr betont das Landesarbeitsgericht an dieser Stelle selbst, es möge nach der Art der Begründung des angefochtenen Urteils, das heißt nach den die Entscheidung tragenden Gründen, überhaupt zweifelhaft sein, ob Veranlassung bestanden habe, das Rechtsmittel der Revision zuzulassen. Damit wird die Frage der grundsätzlichen Bedeutung der Rechtssache jedenfalls nicht bejaht, sondern, wenn nicht sogar verneint, so doch unentschieden gelassen.

Wenn das Landesarbeitsgericht fortfährt, um der rechtlichen Würdigung der verfassungsmäßigen Grundrechte und deren prozessualer Behandlung willen habe es indes doch gemeint, dem Kläger das Rechtsmittel der Revision eröffnen zu sollen, so wird damit nichts über eine — übrigens im Vordersatz bereits mindestens unentschieden gelassene — grundsätzliche Bedeutung der Rechtssache gesagt. Vielmehr ergibt sich hieraus, daß dem Landesarbeitsgericht die Vorstellung vorgeschwebt hat, es könne die Revision deshalb zulassen, weil im Prozeß verfassungsmäßige Grundrechte und ihre prozessuale Behandlung rechtlich gewürdigt seien. Das ist aber nach der gesetzlichen Vorschrift allein kein zur Zulassung der Revision berechtigender Grund; denn eine Zulassung aus diesem Grunde sieht das Gesetz, das eine erschöpfende Aufzählung der Zulassungsgründe enthält, nicht vor. Es kann auch offensichtlich keine Rede davon sein, daß jeder Rechtsstreit, in dem die Verletzung von Grundrechten behauptet und geprüft ist, grundsätzliche Bedeutung habe. Auch der Vorderrichter selbst spricht das gar nicht aus. Hinzu kommt, daß das Berufungsgericht nach dem erwähnten Vordersatz die Würdigung von Grundrechten gerade nicht für tragend hält, sondern auf das fehlende Rechtsschutzinteresse abstellt. Die Gesetzwidrigkeit der Zulassung ergibt sich weiter daraus, daß das Landesarbeitsgericht gemeint hat, „dem Kläger den Rechtsweg der Revision eröffnen zu sollen". Eine solche Zulassung würde jedoch eine Bevorzugung einer Prozeßpartei nur um deswillen bedeuten, weil sie im Prozeß unterlegen ist. Sie würde wegen Fehlens der gesetzlichen Voraussetzungen für die Zulassung ebenfalls gesetzwidrig sein.

Daß die Zulassung offensichtlich, d. h. auf den ersten Blick erkennbar gesetzwidrig ist, ergibt sich schon aus den dargelegten Gründen, wird aber durch den Schlußsatz der Begründung der Zulassung im angefochtenen Urteil völlig evident. Daß die Zulassung der Revision durch das Landesarbeitsgericht offensichtlich gesetzwidrig war, war auf Grund dieses Satzes dem Kläger, das heißt seinem Prozeßbevollmächtigten, von vornherein klar erkennbar. Denn in diesem Satz wurde er hierauf ausdrücklich hingewiesen, wenn dort unter Angabe von Zitaten aus der einschlägigen Literatur das Kostenrisiko einer möglicherweise unstatthaften Revision erwähnt wird. Dieser Hinweis, der sich nach seinem Zusammenhang und nach dem Inhalt der vom Landesarbeitsgericht zitierten Aufsätze nur auf die Frage der Statthaftigkeit, nicht auf die der Begründetheit der Revision beziehen kann, war deutlich genug, um dem Kläger vor Augen zu führen, daß er von vornherein damit rechnen mußte, daß das Revisionsgericht sich an die Zulassung der Revision durch das Landesarbeitsgericht nicht gebunden zu fühlen brauchte. Das war nach diesem Satz auch die Auffassung des Landesarbeitsgerichts, das hiermit den stärksten Zweifel in die gesetzliche Zulässigkeit seiner eigenen Zulassung zum Ausdruck gebracht hat. Deshalb stehen auch die Interessen der Rechtsmittelklarheit einer Verwerfung der Revision wegen gesetzwidrig erfolgter Zulassung nicht im Wege, so daß das Rechtsmittel des Klägers als unstatthaft zu betrachten und deshalb als unzulässig zu verwerfen war.

43

Sieht ein Tarifvertrag einen besonderen Zuschlag für „Nachtarbeit, die zugleich Mehrarbeit ist", vor und bezeichnet er als Mehrarbeit die über die regelmäßige werktägliche Arbeit hinaus geleistete Arbeit, so ist dieser Mehrarbeitszuschlag für alle Nachtstunden zu zahlen, wäh-

rend deren die Arbeitnehmer nach verfahrener werktäglicher Schicht erneut zur Arbeit eingesetzt werden. Um 0.00 Uhr beginnt in diesem Sinne kein neuer Werktag.

AZO §§ 3, 15.

II. Senat. Versäumnisurteil vom 17. April 1958 i. S. 1. K., 2. Sch. (Kl.) w. Fa. M. & P. (Bekl.) 2 AZR 289/57.

I. Arbeitsgericht Köln — II. Landesarbeitsgericht Düsseldorf, 3. Kammer Köln

Der Kläger zu 1) arbeitete im Jahre 1956 als Schlosser bei der Beklagten gegen einen tariflichen Stundenlohn von DM 2,30. Er war in der Woche vom 16. September bis 22. September 1956 regelmäßig zur Frühschicht eingeteilt. Nachdem er am 19. September seine Frühschicht von 7.00 Uhr bis 16.15 Uhr abgeleistet hatte, wurde er von der Beklagten wegen dringender Reparaturen am Abend des 19. September um 22.00 Uhr wieder zur Arbeit eingesetzt und arbeitete die Nacht durch bis 12.00 Uhr am 20. September 1956. Im Anschluß daran arbeitete er am 20. September nicht mehr und leistete dann am 21. und 22. September wieder die Frühschichten.

Der Kläger zu 2) ist ebenfalls bei der Beklagten als Schlosser beschäftigt, und zwar gegen einen Stundenlohn von DM 2,25. In der Woche vom 2. bis 8. September war er in der Frühschicht von 7.00 Uhr bis 16.15 Uhr tätig. Nachdem er am 4. September 1956 diese Frühschicht geleistet hatte, wurde er am gleichen Tage um 21.00 Uhr wieder zur Arbeit eingesetzt, weil dringende Reparaturarbeiten vorlagen. Er arbeitete die Nacht durch bis 12.00 Uhr am 5. September 1956. Er hat dann am 5. September nicht mehr gearbeitet. In der Woche vom 23. bis 29. September war der Kläger zu 2) ebenfalls in der Frühschicht eingesetzt. Er wurde, nachdem er am 25. September diese Frühschicht geleistet hatte, um 22.00 Uhr ebenfalls wegen dringender Reparaturarbeiten wieder zur Arbeit eingesetzt und arbeitete bis zum 26. September 6.00 Uhr morgens. Am 26. September hat er dann nicht weiter gearbeitet.

Der Kläger zu 1) hat in der Woche vom 16. bis 22. September insgesamt 53 Stunden gearbeitet.

Der Kläger zu 2) hat in jeder der beiden Wochen vom 2. bis 8. September und vom 23. bis 29. September nicht mehr als 48 Stunden gearbeitet.

Der Kläger zu 1) ist der Ansicht, die von ihm in der Nacht vom 19. bis 20. September geleisteten 8 Stunden seien mit einem Nachtzuschlag für die Nachtarbeit, die zugleich Mehrarbeit ist, von 50 % zu bezahlen. Die Beklagte ist der Ansicht, dem Kläger zu 1) seien nur 5 Stunden Mehrarbeit über die regelmäßige wöchentliche Arbeitszeit von 48 Stunden hinaus mit dem Zuschlag von 50 % zu vergüten. Die anderen 3 Stunden seien nur Nachtarbeit, die mit dem dem Kläger gewährten Zuschlag von 25 % ordnungsgemäß bezahlt seien, sie seien aber nicht Mehrarbeit. Die Differenz beträgt DM 1,71.

Der Kläger zu 2) verlangt für je 8 Stunden in den beiden Nächten vom 4. zum 5. September und vom 25. zum 26. September den Zuschlag für die „Nachtarbeit, die zugleich Mehrarbeit ist" mit 50 %, während ihm die Beklagte für 10 Stunden nur den Zuschlag von 25 % für Nachtarbeit, die nicht zugleich Mehrarbeit ist, gezahlt hat, für die anderen 6 Stunden außerdem weitere 25 %, zusammen also 50 % als Zuschlag für Nachtarbeit, die zugleich Mehrarbeit ist. Der Kläger zu 2) verlangt sonach einen Zuschlag von weiteren 25 % für 10 Stunden mit DM 5,60.

Beide Vorinstanzen haben die Klage abgewiesen. Auf die Revision des Klägers hat das Bundesarbeitsgericht die Beklagte zur Zahlung nach den Anträgen der Kläger verurteilt.

Aus den Gründen:

Die Parteien streiten darüber, ob den Klägern für in der Nachtzeit geleisteten Arbeitsstunden statt eines 25%igen Zuschlages für Nachtarbeit, die keine regelmäßige Schichtarbeit und auch nicht Mehrarbeit ist, ein 50%iger Zuschlag für Nachtarbeit, die zugleich Mehrarbeit ist, zusteht.

Für die Arbeitsverhältnisse der Kläger gilt der RTV für die Steine- und Erdenindustrie vom 1. Januar 1955, der in § 4 folgende Zuschlagsregelung enthält:

1. für Mehrarbeit 25 %,
2. für Nachtarbeit, die keine regelmäßige Schichtarbeit und auch nicht Mehrarbeit ist, 25 %,
3. für sonstige Nachtarbeit ein Verpflegungszuschlag von 6 %,
4. für Nachtarbeit, die zugleich Mehrarbeit ist, 50 %,
5. ...

Nach § 2 Ziff. 1 dieses RTV, auf dessen Auslegung es in diesem Rechtsstreit allein ankommt, darf die regelmäßige Arbeitszeit ausschließlich der Pausen werktäglich 8 Stunden und wöchentlich 48 Stunden nicht überschreiten. Dabei darf nach § 2 Ziff. 2 RTV die an einzelnen Werktagen regelmäßig ausfallende Arbeitszeit durch Betriebsvereinbarung auf andere Werktage verteilt werden. Wird ein Arbeitnehmer auf eigenen Wunsch von der Arbeit freigestellt, so ist die ausfallende Arbeitszeit auf Verlangen der Betriebsleitung vor oder nachzuholen. Nach § 2 Ziff. 6 dieses RTV werden Beginn und Ende der regelmäßigen werktäglichen Arbeitszeit und der Pausen betrieblich vereinbart und durch Aushang bekanntgegeben. § 3 Nr. 2 des RTV bestimmt den Begriff der Mehrarbeit im Sinne dieses Tarifvertrages: „Mehrarbeit ist die über die regelmäßige werktägliche Arbeit (§ 2 Ziff. 1—2) hinausgehende Arbeit". Nachtarbeit ist die in der Zeit von 22.00 Uhr bis 6.00 Uhr geleistete Arbeit (§ 3 Ziff. 3). Eine abweichende Regelung für die Nachtarbeit kann unter Beibehaltung der Zeitspanne von 8 Stunden betrieblich vereinbart werden.

Aus diesen Regelungen folgt, daß es entgegen der Ansicht der Beklagten für die Frage, ob Mehrarbeit vorliegt, allein darauf ankommt, ob über die regelmäßige werktägliche Arbeit hinaus gearbeitet worden ist. Auf die Frage, ob die regelmäßige wöchentliche Arbeitszeit überschritten ist, kommt es nach der Zuschlagsregelung dieses RTV nicht an. Die Kläger haben also dann den Anspruch auf Zahlung eines Zuschlages von 50 % für die in der Nachtzeit von 22.00 Uhr bis 6.00 Uhr geleistete Arbeit, wenn diese Arbeit über ihre regelmäßige werktägliche Arbeitszeit hinausgegangen ist.

Aus den tatsächlichen Feststellungen des Landesarbeitsgerichts geht hervor, daß beide Kläger wegen dringender Reparaturarbeiten in Nächten zur Arbeit eingesetzt worden sind, die Tagen folgten, an denen sie bereits ihre Tagesschicht, zu der sie vorher eingeteilt waren und in der sie auch in den folgenden Tagen blieben, voll verfahren hatten.

Wie sowohl der Erste Senat (Urteil vom 15. November 1957 — 1 AZR 610/57 —) wie auch der Zweite Senat (Urteil vom 11. Juli 1957 — 2 AZR 469/54 —) ausgeführt haben, ist die Frage, wann der erhöhte Zuschlag, den ein Tarifvertrag für Nachtarbeit aussetzt, zu zahlen ist, aus dem Wortlaut und dem Sinn und Zweck des maßgebenden Tarifvertrages zu entscheiden. Auch im vorliegenden Falle hat der Senat lediglich zu entscheiden, ob der RTV für die Steine- und Erdenindustrie, gültig ab 1. Januar 1955, das Klagebegehren rechtfertigt.

Dieser Tarifvertrag enthält eine ganz eindeutige Bestimmung des Begriffes der Mehrarbeit in § 3 Ziff. 2: Mehrarbeit ist die über die regelmäßige werktägliche Arbeitszeit hinausgehende Arbeit. Der RTV stellt es also in § 3 Nr. 2 bei der Bestimmung des Begriffes der Mehrarbeit nur auf die werktägliche Arbeitszeit ab, nicht aber auf die wöchentliche Arbeitszeit von 48 Stunden. Als Werktag in diesem Sinne ist zwar nicht der Kalendertag zu bezeichnen, sondern der Arbeitstag des einzelnen Arbeitnehmers, der, sofern es sich nicht um den Tag des regelmäßigen Schichtwechsels handelt, von dem Beginn der Schicht an einem Kalendertag bis zum Beginn der Schicht am nächsten Kalendertag rechnet. Hat der Arbeitnehmer an einem solchen Werktag seine Schicht verfahren, so liegt seine „regelmäßige" werktägliche Arbeitszeit für diesen Werktag hinter ihm.

Unter Zugrundelegung dieser Regelung d i e s e s RTV ist den Klägern ein Anspruch auf die Bezahlung der nach 22.00 Uhr bis 6.00 Uhr geleisteten Stunden, die auf die Tage fielen bzw. ihnen unmittelbar folgten, an denen sie ihre Tagesschicht schon verfahren hatten, mit einem Zuschlag von 50 % zuzubilligen. Hierfür spricht entscheidend der Sinn nud Zweck des RTV. Mit dem Nachtzuschlag mit 25 % soll nur die Nachtarbeit bezahlt werden, die keine regelmäßige Schichtarbeit und auch keine Mehrarbeit ist. Für eine regelmäßige Schichtarbeit sieht dieser Tarifvertrag außer dem in § 4 Nr. 3 erwähnten Verpflegungszuschlag keinen besonderen Zuschlag vor. 50 % Zuschlag sollen aber dann gezahlt werden, wenn die Nachtarbeit zugleich Mehrarbeit ist. Der Sinn dieser Zuschlagsregelung, so wie er auch in den auf die werktägliche Arbeitszeit abgestellten Normen zum Ausdruck gekommen ist, besteht darin, daß in dem einen Fall (Nachtarbeit, die zugleich Mehrarbeit ist), eine Belastung des Arbeitnehmers besteht, die über die des anderen Falles (Nachtarbeit, aber keine Mehrarbeit) hinausgeht. Dieser erhöhten Belastung der mit Mehrarbeit zusammentreffenden Nachtarbeit haben die Tarifvertragsparteien dadurch Rechnung getragen, daß sie in dem einen Fall (sofern es sich nicht um regelmäßige Schichtarbeit handelt) nur den geringeren Zuschlag von 25 v.H., in dem anderen aber, in dem die Belastung des Arbeitnehmers weitaus stärker ist, den erhöhten Zuschlag von 50 v.H. ausgesetzt haben.

Es kann dahingestellt bleiben, ob die Kläger den von ihnen verlangten Mehrarbeitszuschlag allein bei Zugrundelegung der Vorschriften der Arbeitszeitordnung (§§ 12, 14, 15) über die Bezahlung von Mehrarbeit verlangen könnten. Insbesondere braucht nicht erörtert zu werden, ob es sich im vorliegenden Fall um eine Mehrarbeit handelt, die lediglich infolge von Notfällen oder anderen unvermeidlichen Störungen erforderlich geworden ist und deshalb nach § 15 Abs. 1 Satz 2 AZO nicht kraft Gesetzes mit einem Mehrarbeitszuschlag zu bezahlen ist. Denn der hier vorliegende RTV gibt den Zuschlag für Mehrarbeit in jedem Fall einer über die regelmäßige werktägliche Arbeitszeit hinausgehende

Arbeit, also auch dann, wenn die Mehrarbeit durch Notfälle, Naturereignisse, Unglücksfälle oder andere unvermeidliche Störungen erforderlich geworden ist. Gegen die Rechtswirksamkeit einer solchen die Arbeitnehmer gegenüber § 15 AZO besserstellenden tariflichen Regelung bestehen keine Bedenken.

Um eine über die regelmäßige werktägliche Arbeitszeit hinausgehende Arbeit und damit um Mehrarbeit im Sinne dieses RTV handelt es sich bei den Klägern, die an den Abenden des 4., 19. und 25. September wiederum zur Arbeit eingesetzt wurden, nachdem sie an diesen Tagen bereits ihre Frühschichten und damit ihre durch § 2, 1 RTV festgelegte, werktägliche, regelmäßige Arbeitszeit voll geleistet hatten. Ob dieser Arbeitseinsatz der Kläger an den genannten Tagen betriebsverfassungsrechtlich, arbeitszeitrechtlich und arbeitsvertragsrechtlich zulässig war, braucht im vorliegenden Falle nicht erörtert zu werden. Es ist vielmehr von der Tatsache auszugehen, daß die Kläger an Werktagen, an denen sie bereits ihre Schichten verfahren hatten, erneut zur Arbeit eingesetzt worden sind.

Sind aber die Kläger an diesen Tagen erneut zur Arbeit eingesetzt worden, so ist die ganze Arbeit, die sie an diesem Tage begonnen haben und bis in die Morgenstunden des nächsten Tages fortgesetzt haben, als Einheit anzusehen und damit einheitliche Mehrarbeit, und zwar soweit sie in die Nacht gefallen ist, Nachtarbeit, die zugleich Mehrarbeit ist. Es ist insbesondere nicht möglich, als Überschreitung der werktäglichen Arbeitszeit nur die von den Klägern noch an dem Kalendertag, an dem sie ihre Frühschichten verfahren hatten, in der Zeit zwischen 22.00 Uhr und 24.00 Uhr geleisteten Arbeitsstunden anzusehen, aber die Stunden ab 0.00 Uhr als werktägliche Arbeitszeit des nächsten Werktages zu behandeln, an dem die Kläger zur Frühschicht um 7.00 Uhr hätten antreten müssen. Es würde vielmehr dem Sinn der getroffenen tariflichen Zuschlagsregelung, die einen Ausgleich für die erhöhte Belastung des Arbeitnehmers, der ermüdet von einer bereits voll geleisteten Schicht ohne ausreichende Ruhepausen weiter arbeitet, widersprechen, wenn in einem solchen Fall die Fiktion aufgestellt würde, dieser Arbeitnehmer sei, da um 0.00 Uhr ein neuer Kalendertag begonnen habe, nunmehr, obwohl er an dem vorhergehenden Tag nach einer Ruhezeit von nur 5¾ Stunden, in einem Fall des Klägers zu 2) sogar nur mit einer solchen von 4¾ Stunden, weiter gearbeitet habe, allein durch das Vorrücken des Kalenders so frisch geworden, daß nunmehr der der Zuschlagsregelung zugrunde liegende soziale Gedanke die Zubilligung des erhöhten Zuschlages nicht mehr erfordere. Die Gründe, die den erhöhten Zuschlag rechtfertigen, bestehen vielmehr in einem solchen Fall in besonderem Maße.

Fehlsam ist auch die Ansicht, um 0.00 Uhr habe eine vorverlegte Frühschicht der Kläger, die nach der im Betrieb geltenden Regelung sonst um 7.00 Uhr begonnen haben würde und damit eine neue werktägliche Arbeitszeit im Sinne des RTV angefangen; deshalb seien die Stunden dieser neuen Schicht nicht den Stunden der von den Klägern an den Vortagen geleisteten Schicht hinzuzurechnen. Es kann für den vorliegenden Fall dahingestellt bleiben, ob eine solche „Vorverlegung" der Schicht durch den Arbeitgeber allein arbeitszeitrechtlich, betriebsverfassungsrechtlich und arbeitsvertragsrechtlich zulässig wäre, und zwar jedenfalls für den Fall, daß zwischen der Beendigung der ersten Schicht und dem Beginn der vorverlegten Schicht dem Arbeitnehmer der gesetzlichen Regelung des § 12 AZO entsprechend Ruhezeiten gewährt worden sind. Nach dem hier vorliegenden RTV, der insoweit allein der Entscheidung zugrundezulegen ist, muß für den Begriff der Mehrarbeit auf die regelmäßige Arbeitszeit und damit auf die regelmäßige Schichtzeit abgestellt werden. Der Beginn dieser regelmäßigen Arbeitszeit wird nach § 2 Nr. 6 RTV betrieblich vereinbart und durch Aushang bekanntgegeben. Um eine Verlegung der regelmäßigen Arbeitszeit der Kläger handelt es sich in den 3 Nächten nicht. Die beiden Kläger sollten eine Änderung ihrer regelmäßigen Arbeitszeit gar nicht erfahren, vielmehr sollte ausnahmsweise nur in den 3 Nächten die Arbeit von den Klägern verlangt werden, weil gerade für diese 3 Nächte wegen der erforderlichen dringenden Reparaturarbeiten die Notwendigkeit zu dieser Arbeit bestand. Wäre diese Reparatur nicht angefallen, so hätte die Beklagte keine Veranlassung gehabt, die „Schicht der Kläger vorzuverlegen", sondern sie hätte es, da sie die von ihr getroffene Maßnahme allein mit der Notwendigkeit dringender Reparaturarbeiten begründet, ohne das Vorliegen einer solchen Notwendigkeit bei der Schichteinteilung belassen, die für die Kläger in den streitigen Wochen galt. Es liegt insbesondere nicht der Fall des Schichtwechsels vor, der in § 10 AZO geregelt ist. Denn die Kläger sind nicht „zur Herbeiführung eines regelmäßigen wöchentlichen Schichtwechsels" an den Tagen, an denen sie ihre Frühschicht, zu der sie eingeteilt waren, bereits verfahren hatten, abends nach einer im Sinne des § 12 AZO unzureichenden Ruhezeit erneut zur Arbeit eingesetzt worden. Sie sind vielmehr ohne einen solchen Schichtwechsel allein deshalb am gleichen Werktage erneut zur Arbeit herangezogen worden, weil dringende Reparaturarbeiten vorlagen. Deshalb ist auch die von den Klägern in der Nachtzeit geleistete Arbeit keine regelmäßige Schichtarbeit nach § 4 Ziff. 2 RTV. Denn sie ist ausnahmsweise nur an 3 nicht vorher bestimmten Tagen von den Klägern verlangt worden; die Kläger sind also nicht regelmäßig zu dieser Schicht eingesetzt worden.

Ist sonach davon auszugehen, daß die Kläger, die in den streitigen Tagen ihre regelmäßige Frühschicht verfahren haben, nach einer nicht im Sinne der Arbeitszeitordnung ausreichenden Ruhepause erneut am gleichen Tage zur Arbeit die Nacht hindurch eingesetzt worden sind, so ist diese Arbeit nach § 3 Nr. 2 des RTV als Mehrarbeit anzusehen und, soweit sie in die Nachtzeit gefallen ist, als Nachtarbeit, die zugleich Mehrarbeit ist. Beide Kläger haben daher nach dem RTV den Anspruch darauf, für die Nachtstunden mit dem Zuschlag von 50 % bezahlt zu werden. Der Kläger zu 1) hat daher für 8 Stunden diesen Zuschlag zu erhalten, während dem Kläger zu 2) dieser Zuschlag für 16 Stunden zusteht. Da der Kläger zu 1) den Zuschlag nur für 5 Stunden erhalten hat, der Kläger zu 2) nur für 6 Stunden, ist der rechnerisch der Höhe nach nicht bestrittene Klageanspruch beider Kläger gerechtfertigt.

44

Der Tod eines rheinischen Nur-Notars gibt seinen Erben die Möglichkeit, den Notariatsangestellten aus wichtigem Grund zu kündigen.

BGB § 626; Reichsnotarordnung (RNotO) § 36.

II. Senat. Urteil vom 2. Mai 1958 i. S. D (Bekl.) w. B. (Kl.).
2 AZR 607/57.

I. Arbeitsgericht Düsseldorf— II. Landesarbeitsgericht Düsseldorf

Die Klägerin war seit dem 1. März 1955 bei dem Notar Z. in N., einem sogenannten rheinischen Nur-Notar, als Notariatsangestellte gegen ein monatliches Gehalt von 344,— DM brutto beschäftigt. Nach dem am 13. Februar 1957 erfolgten Tod des Notars kündigte der Beklagte, der noch zu Lebzeiten des Verstorbenen dessen amtlich bestellter Notariatsvertreter gewesen war, in seiner Eigenschaft als Testamentsvollstrecker mit Schreiben vom 26. Februar 1957, an welchem Tage dem Beklagten das Testamentsvollstreckerzeugnis wegen des Todes des Notars erteilt worden war, das Arbeitsverhältnis mit sofortiger Wirkung. Zugleich erklärte er sich bereit, der Klägerin das Gehalt „zum Zwecke der Übergangsregelung" noch bis zum Schluß des Monats zu zahlen. Die Klägerin, die vom 5. Februar bis 5. März 1957 arbeitsunfähig erkrankt war, bot nach ihrer Wiederherstellung erfolglos ihre Arbeitskraft an.

Die Klägerin ist der Auffassung, daß ein Grund zur fristlosen Entlassung nicht vorgelegen habe; das Arbeitsverhältnis habe daher nur unter Einhaltung der ordentlichen Kündigungsfrist zum 31. März 1957 gekündigt werden können. Sie verlangt die Zahlung des Gehalts für den Monat März 1957.

Das Arbeitsgericht und das Landesarbeitsgericht haben den Beklagten antragsgemäß verurteilt. Die Revision führte zur Abweisung der Klage aus folgenden

Gründen:

Es kann dahingestellt bleiben, ob die Arbeitsverträge der in der Kanzlei des rheinischen Nur-Notars tätigen Angestellten bei dessen Tode — mit dem sein Amt erlischt — ohne ohne weiteres von selbst enden, auch wenn eine entsprechende ausdrückliche Vereinbarung, wie das Landesarbeitsgericht für den vorliegenden Fall feststellt, nicht getroffen worden ist. Hier könnte etwa bedeutsam sein, ob die Angestellten von der Beendigung des Amtes durch den Tod des Notars etwa wissen. Jedenfalls hat, auch wenn eine durch Zeitablauf eingetretene Beendigung des Dienstverhältnisses nicht eingetreten sein sollte, das Arbeitsverhältnis der Klägerin dann durch die Erklärung der außerordentlichen fristlosen Kündigung sein Ende gefunden, so daß sie den in Rede stehenden Betrag nicht geltend machen kann.

Ein wichtiger Grund für die Kündigung eines Arbeitnehmers ist dann gegeben, wenn dem Arbeitgeber unter Berücksichtigung aller vernünftigerweise in Betracht kommenden Umstände, insbesondere der Belange beider Teile, die Weiterbeschäftigung des Arbeitnehmers nicht zugemutet werden kann (so die ständige Rechtsprechung des Bundesarbeitsgerichts u. a. BAG 2, 207 [212]). Da der wichtige Grund nicht in einem Verschulden des Arbeitnehmers liegen muß (BAG 2, 214 [216]), kann auch der Tod des Arbeitgebers je nach der Sachlage für die Erben einen solchen außerordentlichen Kündigungsgrund darstellen (Hueck-Nipperdey, Lehrbuch des Arbeitsrechts, 6. Aufl., Bd. I, S. 530 Anm. 13; Kaskel-Dersch, Arbeitsrecht, 5. Aufl., S. 208; Nikisch, Arbeitsrecht, 2. Aufl., S. 547; Nipperdey, Dienstvertrag, 10. Aufl., Vorbem. 33 vor § 620). In dem hier zu entscheiden Rechtsstreit ist dies der Fall.

Der Notar ist Träger eines öffentlichen Amtes (§ 2 Satz 1 Reichsnotarordnung in der für Nordrhein-Westfalen geltenden Fassung). Er wird vom Justizminister des Landes durch Aushändigung einer Bestallungsurkunde bestellt (siehe § 13 RNotO). Das Amt ist an die Person des Notars gebunden und erlischt mit seinem Tode (§ 36 RNotO). Die Erben eines Notars haben somit nicht die Möglichkeit, dessen Praxis in irgendeiner Form weiterzuführen oder für ihre Rechnung weiterführen zu lassen oder über sie anderweitig zu verfügen, sie z. B. zu verkaufen (siehe Seybold-Hornig-Lemmens, Reichsnotarordnung, 3. Aufl., 1943, § 2 Anm. I 1 a; § 36 Anm. I 1; auch Göttlich, Die Amtsführung der Notare, 1950 S. 11). Die Amtseigenschaft des Notars und der öffentliche Charakter des Notaramtes lassen eine Gleichstellung mit der Rechtsanwaltschaft nicht zu, bei der jedenfalls in gewissem Rahmen und unter bestimmten Voraussetzungen die Erben die Praxis verwerten können (Seybold, a. a. O., § 36 Anm. II). Die Bedürfnisse der Rechtspflege werden durch die Verwahrung der Akten und Bücher beim Amtsgericht oder bei einem Notar (§ 39 Abs. 1 RNotO), durch die Bestellung eines Notarverwesers (§ 40 RNotO) oder dadurch befriedigt, daß ein anderer Notar vorübergehend mit der Abhaltung von Sprechtagen oder der Unterhaltung einer weiteren Geschäftsstelle betraut wird (§ 11 Abs. 1 RNotO). Aber auch wenn der Beklagte oder jemand anders zum Notarverweser bestellt worden wäre — was nach den Feststellungen des Landesarbeitsgerichts jedenfalls bis zum Schluß der letzen mündlichen Verhandlung in zweiter Instanz nicht geschehen ist; die entgegengesetzte Behauptung der Klägerin in der Revisionsinstanz könnte als neues tatsächliches Vorbringen sowieso nicht mehr berücksichtigt werden —, würde er diese seine Tätigkeit ausschließlich kraft eigenen Amtes im eigenen Namen geführt haben (Seybold, a. a. O., § 40 Anm. I). Der Notarverweser hat im Interesse der Sicherung einer geordneten Rechtspflege die laufenden Amtsgeschäfte des verstorbenen Notars abzuwickeln, dadurch für die Belange der rechtsuchenden Bevölkerung zu sorgen und deren notarielle Betreuung sicherzustellen; zugleich soll er die Notarstelle und deren Geschäftsumfang bis zur Bestellung eines neuen Notars aufrecht erhalten. Sein Amt führt der Notarverweser aber nicht etwa für Rechnung der Erben, sondern für Rechnung der Notarkammer (§ 40 RNotO), zu der er in einem öffentlich-rechtlichen Dienst- und Treueverhältnis steht. (Seybold, a. a. O., § 40 Anm. V). Der Notarverweser ist dabei — ebenso wie ein etwaiger Nachfolger in der Notarstelle — weder Rechtsnachfolger des verstorbenen Notars noch Träger desselben Amtes. Dieses ist vielmehr mit dem Tode des Notars endgültig erloschen; das Amt eines Notarverwesers oder eines neu bestellten Notars ist von dem Amt des verstorbenen Notars daher völlig unabhängig. Auch der Notarverweser ist unmittelbarer Träger des Notaramtes; eine Notariatsbehörde gibt es jedenfalls in Nordrhein-Westfalen nicht. Die Klägerin hätte unter diesem Gesichtspunkt somit auch keinen Anspruch auf Übernahme in die Dienste eines inzwischen etwa eingesetzten Notarverwesers gehabt. Zwar schließt die Tatsache, daß das Amt des verstorbenen Notars und das Amt seines Nachfolgers oder des Notarverwesers völlig unabhängig voneinander sind, nicht aus, daß durch besondere vertragliche Vereinbarungen Rechte und Pflichten aus den laufenden Verträgen, z. B. aus Mietverträgen, aber auch aus Anstellungsverträgen, auf den Amtsnachfolger oder den Notarverweser übertragen werden können (vgl. Seybold, a. a. O., § 36 Anm. II). Eine solche Vereinbarung kann aber hier schon deswegen nicht in Frage kommen, weil ein Notarverweser nach der das Revisionsgericht bindenden Feststellung des Landesarbeitsgerichts überhaupt nicht bestellt wurde. Selbst wenn dies aber geschehen wäre und der Notarverweser einen Arbeitsvertrag mit der Klägerin geschlossen hätte, würden sich im übrigen ihre Ansprüche auch nicht gegen den Beklagten, sondern gegen den Notarverweser richten.

Die Tätigkeit eines Notariatsangestellten ist somit jedenfalls beim rheinischen Nur-Notariat — die Verhältnisse sonst (§ 84 ff. RNotO) mit ihren etwaigen dienstrechtlichen Besonderheiten interessieren hier nicht — mit der Person des Notars so eng verbunden, daß hierfür nach dem Tode des Notars in dessen bisheriger Kanzlei grundsätzlich kein Raum mehr ist und daß sich allein schon hieraus ein wichtiger Grund zur Kündigung rechtfertigt. Dem kann auch nicht entgegengehalten werden, daß der Arbeitgeber grundsätzlich das Betriebsrisiko zu tragen habe. Es kann hierbei dahingestellt bleiben, ob man bei dem Amt eines Notars überhaupt von einem „Betrieb" im landläufigen Sinne sprechen darf. Der vorgenannte Rechtsgedanke kann nur dann zum Tragen kommen, wenn überhaupt die Fortführung des „Betriebes" rechtlich noch möglich ist, nicht aber dann, wenn der „Betrieb" bei dem Tode des Berechtigten nach der Rechtsordnung untergeht und auf die Erben daher gar nicht übergehen kann. Somit kann man auch nicht darauf abstellen, daß der verstorbene Notar sein Amt als dessen freiberuflicher Träger auch zu Erwerbszwecken ausgeübt hat und die Klägerin ihm hierbei durch ihre Arbeit beistand. Dieserhalb stand der Klägerin ihre Arbeitsvergütung zu — deswegen kann auch nicht ein etwaiger Gebührniseingang nach dem Tode des Notars berücksichtigt werden. Den Erben selbst ist aber die Weiterführung des Notaramtes in irgendeiner Form nun einmal nicht möglich. Sie haben noch nicht einmal die Verpflichtung, von sich aus die Notariatsakten abzuliefern.

Für die Entscheidung des vorliegenden Falles kann es aus diesen Gründen auch nicht darauf ankommen, ob die Klägerin schon etwa längere Zeit in der Kanzlei des verstorbenen Notars tätig gewesen ist, ganz abgesehen davon, daß man bei einer Dauer des Arbeitsverhältnisses von knapp zwei Jahren noch nicht von einer langjährigen Tätigkeit sprechen kann. Die fristlose Kündigung aus wichtigem Grunde ist auch nicht unter Berücksichtigung des Umstandes unzulässig, weil die ordentliche Kündigungsfrist verhältnismäßig kurz ist, nämlich einen Monat beträgt. Dann würde nämlich das Rechtsinstrument der außerordentlichen Kündigung bei kurzen Kündigungsfristen sehr leicht überhaupt nicht mehr herangezogen werden können. Weil die Erben nach der Rechtsordnung in keiner Weise die Notariatspraxis fortzuführen in der Lage sind, kann es ihnen nicht zugemutet werden, das Arbeitsverhältnis der Klägerin als Notariatsangestellte noch für die Dauer der Kündigungsfrist fortzusetzen. Ihnen würde mit der Gehaltszahlung eine Verpflichtung auferlegt, die gegenüber dem Wegfall der Notariatspraxis in jedem Falle unverhältnismäßig groß wäre.

Eine andere Beurteilung könnte vielleicht dann in Betracht kommen, wenn die Klägerin etwa neben ihrer Tätigkeit als Notariatsangestellte noch auf anderem Gebiet liegende Arbeiten für den verstorbenen Notar — z. B. als dessen Privatsekretärin — durchgeführt hätte oder wenn noch eine Tätigkeit im Interesse der Erben, z. B. hinsichtlich der Vornahme von Abwicklungsarbeiten bestimmter Art, in Betracht gekommen wäre. Hierfür hat die Klägerin aber nichts vorgetragen.

Daß der Beklagte seine außerordentliche Kündigung mit einer „Schonfrist" aussprechen konnte (vgl. BAG 1, 237 [238]), hat das Landesarbeitsgericht zutreffend ausgeführt. Die Klägerin hat sich in ihrer Revisionserwiderung hiergegen auch nicht gewandt.

45

1. Wird in einer Tarifordnung gesagt, daß die Probezeit eines Arbeitsverhältnisses drei Monate nicht überschreiten darf, so kann sich eine Partei des Arbeitsverhältnisses nicht darauf berufen, das Probearbeitsverhältnis sei in ein ordentliches Arbeitsverhältnis übergeleitet worden, wenn die Probezeit tatsächlich um einen Tag länger als drei Monate dauert, die Parteien aber bei der von ihnen vorgenommenen näheren Bestimmung der Probezeit davon ausgegangen sind, diese letztere Zeitspanne gebe genau den Zeitraum von drei Monaten wieder.

2. § 9 MuSchG schließt die Kündigung gegenüber einer Frau lediglich unter den dort genannten Voraussetzungen aus. Die Bestimmung

sieht aber nicht etwa die Verlängerung eines ohne Kündigung endenden Arbeitsverhältnisses vor.

BGB §§ 133, 157, 242, 620; TVG § 4; MuSchG § 9.

II. Senat. Urteil vom 21. Dezember 1957 i. S. H. (Kl.) w. Fa Pf. & Co. (Bekl.) 2 AZR 61/55.

I. Arbeitsgericht Stuttgart — II. Landesarbeitsgericht Stuttgart

Die Klägerin wurde von der Beklagten, die in C. ein Kaufhaus betreibt, am 22. März 1954 mit einem Monatsgehalt von DM 200,— als Verkäuferin eingestellt. In dem zwischen den Parteien abgeschlossenen Anstellungsvertrag heißt es u. a. in Ziffer 6:

„Das erste Vierteljahr der Beschäftigung gilt als Probevierteljahr.

Dieses Probevierteljahr ist zeitlich begrenzt vom 22. März bis 22. Juni 1954."

Für die Parteien galt seinerzeit die Tarifordnung für die Angestellten des Handels in Württemberg und Hohenzollern vom 10. Oktober 1938, RABl. VI S. 1462. Diese Tarifordnung (TO) bestimmt in § 6 unter anderem:

„2. Probezeit

Wird eine Probezeit verlangt, so darf sie 3 Monate nicht überschreiten. Die Vereinbarung muß schriftlich erfolgen. Das Probeverhältnis kann beiderseits monatlich auf Monatsende gekündigt werden. Für Lehrlinge bleibt § 77 HGB unberührt.

3. Aushilfsweise Einstellung

Eine Einstellung zur Aushilfe soll schriftlich vereinbart werden. Innerhalb eines Zeitraumes von höchstens 3 Monaten endet ein solches Anstellungsverhältnis mit dem Ablauf der Frist, für die es vereinbart ist. Nach Ablauf von 3 Monaten geht es in ein ständiges Arbeitsverhältnis über.

4. Kündigung

a) Für die Kündigung gelten die gesetzlichen Vorschriften.

b) Gefolgschaftsmitglieder haben nach der Kündigung Anspruch auf Ausstellung eines vorläufigen Zeugnisses, auch ist ihnen angemessene Zeit zum Aufsuchen einer anderen Stellung zu gewähren."

Während des Probevierteljahres wurde die Klägerin schwanger.

Am 22. Juni erklärte die Beklagte der Klägerin, daß das Arbeitsverhältnis beendet sei. Nach Erhalt des restlichen Gehalts und ihrer Papiere bescheinigte die Klägerin der Beklagten, daß ihre sämtlichen Ansprüche an die Beklagte abgegolten seien.

Die Klägerin ist der Ansicht, die Vereinbarung einer Probezeit vom 22. März bis 22. Juni 1954 verstoße gegen § 6 der genannten Tarifordnung, wonach die Probezeit eine Frist von drei Monaten nicht überschreiten dürfe. Die Probezeit sei somit am 21. Juni 1954 abgelaufen und es sei ein ordentliches Arbeitsverhältnis entstanden, da die Beklagte bis zu diesem Zeitpunkt nicht erklärt habe, die Probezeit sei beendet. Eine Kündigung der Klägerin durch die Beklagte sei aber infolge der Schwangerschaft der Klägerin gemäß § 9 Mutterschutzgesetz vom 24. Januar 1952 unzulässig. Die Klägerin hat daher beantragt, festzustellen, daß ihr Arbeitsverhältnis bei der Beklagten über den 22. Juni 1954 hinaus fortbestehe. Das Arbeitsgericht hat der Klage stattgegeben. Das Landesarbeitsgericht hat auf die Berufung der Beklagten die Klage abgewiesen. Die Revision der Klägerin wurde zurückgewiesen.

In den Gründen

heißt es:

1. Die Revision meint zunächst, nach dem Inhalt des § 6 TO hätten die Parteien überhaupt keinen befristeten Vertrag über ein Probearbeitsverhältnis abschließen dürfen. Während nämlich § 6 Ziffer 3 TO für die aushilfsweise Einstellung den Abschluß eines Zeitvertrages vorsehe, sei dies bezüglich des in § 6 Ziffer 2 geregelten Probeverhältnisses nicht der Fall. Die Vereinbarung eines Zeitvertrages für das Probearbeitsverhältnis sei somit nicht zulässig. Diese Auffassung ist nicht richtig. § 6 Ziffer 2 bestimmt in Satz 1 ganz allgemein, daß die Dauer der Probezeit drei Monate nicht überschreiten darf. Satz 2 schreibt vor, daß die Vereinbarung schriftlich erfolgen muß. Im dritten Satz heißt es dann weiter, daß das Probeverhältnis beiderseits monatlich auf Monatsende gekündigt werden kann. Der erste Satz enthält somit einen allgemeinen Grundsatz über die Höchstdauer des Probeverhältnisses, der dritte Satz bringt zum Ausdruck, daß das Probeverhältnis während der Probezeit gekündigt werden kann, und zwar mit einer Frist von einem Monat auf das Monatsende. Diese Bestimmung schließt aber nicht die weitere Möglichkeit aus, daß das Probeverhältnis von vornherein auf eine bestimmte Zeit — allerdings nicht länger als drei Monate — eingegangen werden darf. Wollte man dem dritten Satz einen Sinn zumessen, wie es die Revision will, so würde im unmittelbaren Ergebnis nämlich nur eine Probezeit von äußerstenfalls zwei Monaten statt von drei Monaten fest vereinbart werden können. Die Festlegung der

Probezeit auf höchstens drei Monate ist durch Satz 1 aber eindeutig erfolgt; die Bestimmung in Satz 3 kann daher nur in dem vorstehenden Sinn ausgelegt werden. Die in sich klare Regelung des Vertrages stimmt somit mit § 6 Ziffer 2 TO überein.

2. Es kann dahingestellt bleiben, ob es überhaupt und gegebenenfalls unter welchen Voraussetzungen zulässig ist, neben einer eigentlichen „Probezeit" noch eine besondere „Einführungszeit" zu vereinbaren, wenn nach dem Inhalt des Tarifvertrages oder der Tarifordnung die Probezeit eine bestimmte Höchstdauer nicht überschreiten darf. Das Landesarbeitsgericht hat nämlich tatsächlich doch festgestellt, daß beide Parteien sich im vorliegenden Fall über die Bestimmungen der einschlägigen Tarifordnung nicht hinwegsetzen wollten und daß ihre Willenserklärungen im Anstellungsvertrag dahin gingen, die Klägerin sollte drei Monate und nicht länger bei der Beklagten zur Probe tätig sein, wobei sie sich bei der Berechnung des Zeitraumes in übereinstimmender falscher Bezeichnung um einen Tag irrten. Diese inhaltliche Auslegung des Vertrages läßt einen Verstoß gegen Erfahrungs-, Denk- oder Auslegungssätze nicht erkennen und ist daher für die Revisionsinstanz bindend. Es ist ein allgemeiner Erfahrungssatz, daß bei derartigen Zeitbestimmungen häufig ungenaue Fassungen gewählt werden. So ist es vielfach üblich, bei der Bestimmung von Vierteljahreszeiträumen davon zu sprechen, daß sie vom 1. April bis zum 1. Juli oder vom 1. Oktober bis zum 1. Januar laufen sollen, während als Endtermin in Wahrheit der 30. Juni bzw. der 31. Dezember in Frage käme. Ebenso spricht man häufig von „acht Tagen", während an sich an eine Woche zu denken wäre.

Der Revision kann auch nicht darin gefolgt werden, daß das Probearbeitsverhältnis dadurch in ein ordentliches Arbeitsverhältnis übergeleitet worden sei, weil die Klägerin tatsächlich über drei Monate hinaus noch einen Tag gearbeitet und die Beklagte erst an diesem Tage erklärt habe, das Probeverhältnis sei beendet. Es würde dem Grundsatz von Treu und Glauben widersprechen, wenn eine Partei aus dem reinen Wortlaut einer Vertragsbestimmung, deren Formulierung sie selbst gebilligt hat, Rechte herleiten wollte, obwohl diese Vertragsbestimmung in Wirklichkeit nach dem übereinstimmenden Willen beider Parteien — sie glaubten, mit ihrer Angabe den genauen Zeitraum von drei Monaten bezeichnet zu haben — einen anderen Sinn hatte. Hieran ändert auch nichts der Umstand, daß die Bestimmungen einer Tarifordnung unabdingbar und arbeitsrechtliche Abmachungen, die gegen diese Bedingungen verstoßen, grundsätzlich insoweit unwirksam sind (Hueck-Nipperdey-Dietz, Gesetz zur Ordnung der nationalen Arbeit, 4. Aufl., § 32

Anm. 173; Mansfeld-Pohle, Die Ordnung der nationalen Arbeit, 2. Aufl., § 32 Anm. 11). Eine Berufung darauf, daß eine vertragliche Abmachung gegen eine Tarifordnung oder einen Tarifvertrag verstoße, ist dann unzulässig, wenn dies mit dem unser gesamtes Rechtsleben beherrschenden Grundsatz von Treu und Glauben unvereinbar ist.

3. Hat das Probearbeitsverhältnis aber tatsächlich mit dem 22. Juni 1954 sein Ende gefunden, so kann sich die Klägerin auch nicht auf § 9 Mutterschutzgesetz stützen. Diese Bestimmung besagt lediglich, daß die Kündigung gegenüber einer Frau während der Schwangerschaft und bis zum Ablauf von vier Monaten nach der Niederkunft unter bestimmten Voraussetzungen unzulässig ist, sieht aber nicht etwa die Verlängerung eines ohne Kündigung endenden Arbeitsverhältnisses vor. Die Berufung der Beklagten auf den Ablauf des Probearbeitsverhältnisses ist auch nicht etwa treuewidrig oder gar arglistig, wie die Revision anscheinend meint. Mit ihrem Hinweis in der Berufungsbegründungsschrift vom 11. Oktober 1954, sie könne es sich nicht leisten, gleich von vornherein Angestellte, die schwanger sind, aufzunehmen, da sie hierdurch nur halbe Arbeitskräfte erhalten würde, wollte die Beklagte dem ganzen Zusammenhang nach offensichtlich nur eine Begründung geben für die von ihr bei der Einstellung weiblicher Arbeitnehmer geforderte Erklärung darüber, ob diese ein Kind erwarten oder nicht. Dafür, daß durch den Abschluß eines Probearbeitsverhältnisses der Kündigungsschutz der werdenden Mutter ausgeschaltet werden sollte, bieten die Ausführungen keinerlei Anhalt.

46

Beamte, Angestellte und Arbeiter der in der Anlage A zu § 2 des Regelungsgesetzes aufgeführten Körperschaften und Anstalten des öffentlichen Rechts zählen zum öffentlichen Dienst im Sinne des Regelungsgesetzes und fallen unter den von diesem Gesetz erfaßten Personenkreis. Diese gesetzliche Regelung verstößt weder gegen den in Art. 131 GG erteilten Verfassungsauftrag noch gegen den Gleichheitsgrundsatz des Art. 3 GG.

RegelungsG §§ 1, 2, 52a; Art. 3, 131 GG.

III. Senat. Urteil vom 18. März 1958 i. S. L. N. (Bekl.) w. D. (Kl.) 3 AZR 69/55.

I. Arbeitsgericht Hannover. — II. Landesarbeitsgericht Hannover.

Die Klägerin war als Angestellte seit dem 15. Februar 1920 bei der Bank der O.L. in I., einer Anstalt des öffentlichen Rechts, beschäftigt.

Sie hat die Feststellung begehrt, daß sie gemäß § 52a des Regelungsgesetzes an der Unterbringung teilnehme. Ferner hat sie beantragt, den Beklagten zu verurteilen, an sie bis zu ihrer Wiederverwendung im öffentlichen Dienst oder bis zur Vollendung ihres 65. Lebensjahres Übergangsbezüge gemäß § 37 des Regelungsgesetzes rückwirkend ab 1. Januar 1952 zu zahlen.

Der Beklagte meint, die Klägerin habe nicht im öffentlichen Dienst gestanden, da ihr Dienstverhältnis den tariflichen Bestimmungen für das private Bankgewerbe unterlegen habe. Das Regelungsgesetz könne deshalb keine Anwendung finden.

Die Klage hatte in allen Instanzen Erfolg.

Aus den Gründen:

I. Die Bank der O.L. ist eine Anstalt des öffentlichen Rechts. Sie fällt als regionale landschaftliche Bank unter Nr. 29 der Anlage A zu § 2 Abs. 1 Nr. 1 des Regelungsgesetzes. Da die Klägerin am 8. Mai 1945 in den Diensten der Bank der O.L. stand, gehört sie zu dem Kreis der vom Regelungsgesetz erfaßten Personen. Denn gemäß § 2 Abs. des Regelungsgesetzes stehen den in § 1 Abs. 1 Nr. 1, 2 und 5 bezeichneten Personen gleich die „entsprechenden Angehörigen" der in der Anlage A zu § 2 des Regelungsgesetzes aufgeführten „Nichtgebietskörperschaften". Damit wird der Dienst bei den in der Anlage A aufgeführten Nichtgebietskörperschaften dem öffentlichen Dienst im Sinne des § 1 des Regelungsgesetzes gleichgestellt.

Die Ansicht der Beklagten, daß die Angehörigen der in der Anlage A aufgeführten juristischen Personen des öffentlichen Rechts nur dann unter das Regelungsgesetz fallen, wenn sie entweder Beamte oder Dauerangestellte gewesen sind oder materiellen öffentlichen Dienst, d. h. Dienst auf dem Gebiet der öffentlichen Verwaltung oder der Daseinsvorsorge geleistet haben, ist weder mit dem Wortlaut noch mit dem Sinn des § 2 des Regelungsgesetzes zu vereinbaren. Wollte man dessen Anlage A nur auf Beamte und Dauerangestellte beschränken, so bleibt unverständlich, weshalb ein so beschränkter Personenkreis mit dem weiten Begriff „Angehörige" der Nichtgebietskörperschaften umschrieben wird. Ferner würde § 2 des Regelungsgesetzes mit dessen ganzem Aufbau in Widerspruch geraten. Denn die Frage, ob ein bestimmter Personenkreis unter das Regelungsgesetz fällt, ist für alle Bediensteten, die mit den typischen Aufgaben einer Dienststelle betraut waren, in den sonstigen Vorschriften einheitlich behandelt. So erfassen die Bestimmungen der §§ 1, 62, 63 und 82 des Regelungsgesetzes grundsätzlich alle Angehörigen eines Dienstherrn, und zwar ohne Rücksicht darauf, ob sie in einem Beamten-, Angestellten- oder Arbeiterverhältnis standen. Die Wendung des § 2 a. a. O., daß den in § 1 Abs. 1 Nr. 1, 2 und 5 bezeichneten Personen die „entsprechenden" Angehörigen der in der Anlage A aufgeführten Nichtgebietskörperschaften gleichstehen, bezieht sich nur auf die sonstigen im § 1 des Regelungsgesetzes aufgestellten Voraussetzungen, insbesondere auf den Stichtag des 8. Mai 1945, an dem entweder ein Dienst- oder Arbeitsverhältnis oder ein Versorgungsverhältnis bestanden haben muß. Daß diese Auffassung dem Willen des Gesetzgebers entspricht, wird durch das am 11. September 1957 erlassene Zweite Änderungsgesetz zum Regelungsgesetz (BGBl. 1957 I S. 1275) bestätigt. Danach wird nämlich die Deutsche Rentenbank und Kreditanstalt unter Nr. 94 in die Anlage A zu § 2 des Regelungsgesetzes ausdrücklich aufgenommen, obwohl sie, wie bekannt war (vgl. 108. Sitzung des Bundesrats vom 22. Mai 1953 — Bundesanzeiger 1953 Nr. 98 S. 5), weder Beamte noch Dauerangestellte gehabt hat. Die Aufnahme der erwähnten Anstalt in die Anlage A zu § 2 kann nur den Sinn haben, daß die Angehörigen der Rentenbank und Kreditanstalt als Angestellte des öffentlichen Dienstes im Sinne des Regelungsgesetzes angesehen werden sollen. Gleiches muß für die Bediensteten der sonstigen in der Anlage A aufgeführten Nichtgebietskörperschaften, also auch der regionalen landschaftlichen Banken gelten.

Entgegen der Ansicht der Beklagten überschreitet die Erstreckung der Anlage A und damit des Regelungsgesetzes auf Angestellte und Arbeiter der in der Anlage A genannten Körperschaften und Anstalten des öffentlichen Rechts nicht den im Art. 131 GG niedergelegten Rahmen des Verfassungsauftrages. Dieser Auftrag geht dahin, die Rechtsverhältnisse der Personen zu regeln, die am 8. Mai 1945 im öffentlichen Dienst standen, aus anderen als beamten- oder tarifrechtlichen Gründen ausgeschieden und bisher nicht oder nicht ihrer früheren Stellung entsprechend wiederverwendet worden sind. Welche Angestellten und Arbeiter als zum öffentlichen Dienst gehörend angesehen werden sollten, ist weder in Art. 131 GG noch in den sonstigen Vorschriften des Grundgesetzes, die sich mit dem Recht der Angehörigen des öffentlichen Dienstes befassen (Art. 33 Abs. 4 und 5, 36 Abs. 1, 73 Ziffer 8, 75 Ziffer 1, 85 Abs. 2, 132 Abs. 1 und 2 und 137 Abs. 1 GG), bestimmt. Es muß vielmehr aus dem Sinn und Zweck des Verfassungsauftrages entnommen werden. Hierbei ist entscheidend, daß es sich bei der Verfassungsbestimmung des Art. 131 GG um einen weitgefaßten Gesetzgebungsauftrag handelt, der dem Bundesgesetzgeber bewußt einen weiten Ermessensspielraum eingeräumt hat. Zur Zeit der Beratungen des Bonner Grundgesetzes bestand noch keine Klarheit darüber, in welcher Weise das Problem der mit dem Zusammenbruch des Deutschen Reiches aus dem unmittelbaren oder mittelbaren Staatsdienst ausgeschiedenen Beamten, Angestellten und Arbeiter geregelt werden konnte; bei Erlaß der Verfassung konnte überhaupt noch nicht übersehen werden, wie sich die neu zu gründende Bundesrepublik wirtschaftlich entwickeln würde, welche Lasten ihr daher vernünftigerweise aufgebürdet werden konnten. Der Verfassungsgesetzgeber konnte den Bundesgesetzgeber nicht von vornherein an eng umgrenzte Begriffe binden, sondern mußte ihm ermöglichen, die tatsächlichen, rechtlichen und wirtschaftlichen Grundlagen und Fragen, die bei den Dienstverhältnissen der aus dem öffentlichen Dienst verdrängten oder entfernten Personen noch offen standen, eingehend zu klären, um dann eine Regelung zu treffen, die für alle am gerechtesten erschien. Auf diese Gedanken ist in der 40. Sitzung des Hauptausschusses des Parlamentarischen Rats, die entscheidend für die heutige Fassung des Art. 131 GG war, wiederholt hingewiesen worden (vgl. Verhandlungen des Parlamentarischen Rats — Hauptausschuß — S. 493 ff.). So hat z. B. der Vorsitzende Dr. Schmid zur Frage, ob auch die Berufssoldaten von dem Verfassungsauftrag des jetzigen Art. 131 GG erfaßt würden, ausgeführt, der Begriff „Personen, die im öffentlichen Dienst stünden", sei so allgemein, daß hierunter jeder falle, der „in irgendeiner Art und Weise" im öffentlichen Dienst gestanden habe (vgl. Verhandlungen des Parlamentarischen Rats — Hauptausschuß — S. 494). Dieser Ansicht ist in den folgenden Beratungen nicht widersprochen worden. Daher kann insbesondere nicht angenommen werden, daß zum öffentlichen Dienst im Sinne des Art. 131 GG nur gehört, was unter die Regelung des § 1 AOGÖ fällt. Diese Ansicht beruft sich u. a. auf die Wendung „aus anderen als tarifrechtlichen Gründen" und will dem Worte „tarifrechtlich" entnehmen, daß es sich um Arbeitnehmer handeln muß, die unter die ATO, TO.A und TO.B, also unter eine tarifrechtliche Regelung im öffentlichen Dienst, fallen. Dabei wird jedoch die Bedeutung der Wortfassung „tarifrechtliche Gründe" verkannt. In der 40. Sitzung des Hauptausschusses des Parlamentarischen Rats vom 14. Januar 1949 (vgl. Protokoll S. 494) machte der Abgeordnete Zinn darauf aufmerksam, daß bei der Fassung aus anderen als „beamtenrechtlichen Gründen", die damals zunächst gewählt worden war, an die Angestellten überhaupt nicht gedacht sei. Es müsse eine andere Terminologie gewählt werden. Sein Hinweis war der Anlaß, zu den beamtenrechtlichen Gründen auch die „tarifrechtlichen" hinzuzufügen, um so klarzustellen, daß sich die in Aussicht genommene Regelung auch auf Angestellte und

Arbeiter beziehen solle. Die Abgrenzung des öffentlichen Dienstes im § 1 AOGÖ wird zudem weitgehend durch Gesichtspunkte des Betriebsverfassungsrechts bestimmt. Für andere Rechtsbeziehungen ist in der Folgezeit der Begriff des öffentlichen Dienstes abweichend von der Regelung des AOGÖ bestimmt, so u. a. in § 127 Abs. 4 und § 10 des Deutschen Beamtengesetzes, in § 11 der Verordnung über die Nebentätigkeit der Beamten vom 6. Juli 1937 (RGBl. I S. 752), in § 1 der DVO zur VO über die Stiftung des Treudienstehrenzeichens vom 30. Januar 1938 (RGBl. I S. 49) ferner in § 4 Abs. 2 der Notdienstverordnung vom 15. Oktober 1938 (RGBl. I S. 1441) und in § 1 der 3. DVO zur Notdienstverordnung vom 14. Oktober 1939 (RGBl. I S. 2049). Entscheidend war jeweils der Sinn und Zweck des Gesetzes. Selbst für das Betriebsverfassungsrecht gab § 1 Abs. 3 AOGÖ den zuständigen Ministern die Möglichkeit, einer weiteren Entwicklung des öffentlichen Dienstes dadurch Rechnung zu tragen, daß sie andere Verwaltungen und Betriebe den unter § 1 Abs. 1 AOGÖ bezeichneten öffentlichen Verwaltungen und Betrieben gleichstellen konnten. Auch das heute geltende Betriebsverfassungsrecht, das die öffentlichen Betriebe allein nach ihrer öffentlich-rechtlichen Rechtsform bestimmt (vgl. § 88 des Betriebsverfassungsgesetzes, §§ 1, 83 des Personalvertretungsgesetzes), zeigt, daß § 1 AOGÖ nicht als Ausdruck einer allgemein gültigen und endgültig abgeschlossenen Rechtsentwicklung angesehen werden kann.

Sinn und Zweck des Art. 131 GG sowie der Wille des Verfassungsgesetzgebers erfordern daher, daß der Begriff öffentlicher Dienst des Artikel 131 GG so ausgelegt wird, daß von ihm jeder Arbeitnehmer erfaßt wird, der unter einem verständigen Gesichtspunkt zum öffentlichen Dienst gerechnet werden kann. Eine Überschreitung des im Art. 131 GG gegebenen Gesetzgebungsauftrages kann daher nicht darin gesehen werden, daß der Bundesgesetzgeber die bei einem öffentlichen Dienstherrn beschäftigten Personen zum öffentlichen Dienst im Sinne des Art. 131 GG zählt, ohne daß es auf die Art ihrer Tätigkeit ankommt. Wenn daher im § 2 des Regelungsgesetzes die Beamten, Angestellten und Arbeiter der in der Anlage aufgezählten Nichtgebietskörperschaften als in den Regelungsauftrag des Art. 131 GG fallend angesehen worden sind, so ist damit der in Art. 131 GG gegebene Gesetzgebungsauftrag nicht überschritten. Bei den hier in Rede stehenden regionalen Banken insbesondere handelt es sich um juristische Personen des öffentlichen Rechts und der Dienst bei ihnen wird in einer Reihe der am 8. Mai 1945 geltenden oben bereits miterwähnten gesetzlichen Bestimmungen dem öffentlichen Dienst zugerechnet (vgl. u. a. § 127 Abs. 4 und § 10

Deutsches Beamtengesetz i. V. m. § 11 der VO über die Nebentätigkeit der Beamten vom 6. Juli 1937; § 1 der DVO zur VO über die Stiftung des Treudienstehrenzeichens vom 30. Januar 1938; § 4 Abs. 2 der Notdienstverordnung vom 15. Oktober 1938 und § 1 der 3. DVO zur Notdienstverordnung vom 14. Oktober 1939).

Die Revision macht weiter geltend, daß die Aufnahme der Angestellten und Arbeiter derjenigen öffentlich-rechtlichen Körperschaften und Anstalten, die sich in ihrem Aufgabengebiet nicht wesentlich von gleichen Unternehmungen privatrechtlicher Rechtsformen unterscheiden, in den Kreis der unter das Regelungsgesetz fallenden Personen gegen den Gleichheitsgrundsatz des Art. 3 GG verstoße. In diesem Zusammenhang hat sie darauf hingewiesen, daß öffentlich-rechtliche Körperschaften und Anstalten, die sich mit Bank- und Versicherungsgeschäften befassen, mindestens im wesentlichen in der gleichen wirtschaftlichen Lage seien, wie die Bank- und Versicherungsunternehmen des privaten Rechts. Ihre Angestellten und Arbeiter würden aus diesem Grunde tarifrechtlich seit jeher gleichbehandelt. Der Gesetzgeber habe ihrer Sonderstellung als öffentlich-rechtlichen Körperschaften keine ausschlaggebende Bedeutung i. S. einer ungleichmäßigen Behandlung durch das Regelungsgesetz zukommen lassen dürfen, denn dadurch würde ihre wirtschaftliche Lage im Konkurrenzstreit stark beeinträchtigt und die Rechtsstellung ihrer Angestellten und Arbeiter gegenüber der privaten Wirtschaft trotz ihrer sonstigen arbeitsrechtlichen Gleichbehandlung ohne stichhaltige Rechtfertigung begünstigt.

Diese Ansicht der Revision ist nicht gerechtfertigt. Der Gleichheitsgrundsatz, der zwar als elementarer Rechtssatz auch die Gesetzgebung verpflichtet (Art. 20 Abs. 3 GG; BVerfGE 3, 58 [135]; 1, 14 [16 f., 32, 52]), zwingt nicht zu einer schematischen Gleichbehandlung der hier in Betracht kommenden Unternehmen des öffentlichen und privaten Rechts. Bei der Entscheidung der Frage, was als gleich und was als verschieden anzusehen ist, besteht ein Ermessensspielraum. Nur wenn sich sachliche Gesichtspunkte für eine gesetzliche Regelung nicht aufzeigen lassen, wenn also ganz offenbar der Gesetzgeber sich von sachfremden Erwägungen hätte leiten lassen, kann der Gleichheitsgrundsatz als verletzt angesehen werden (vgl. BVerfGE 6, 55 [71]; 3, 225 [240]; 1, 14 [16, 52]). Es stand weitgehend im Ermessen des Gesetzgebers, inwieweit er dem Verfassungsauftrag des Art. 131 GG nachkommen wollte. Wenn er hierbei den öffentlichen Dienst im wesentlichen nach der Person des öffentlich-rechtlichen Dienstherrn bestimmte und dann folgerichtig in der Aufzählung der Nichtgebietskörperschaften in der Anlage A des § 2 des Regelungsgesetzes auch solche Körperschaften und Anstalten des öffentlichen Rechts anführte, die sich mit Bank- und Versicherungsgeschäften befaßten, so kann schon deshalb von einer Verletzung des Gleichbehandlungsgrundsatzes nicht die Rede sein, weil sich diese von den privaten Unternehmungen desselben Wirtschaftszweiges durch ihre öffentlich-rechtliche Rechtspersönlichkeit grundsätzlich unterscheiden. Im vorliegenden Fall kann zudem nicht übersehen werden, daß die Verleihung der Rechtspersönlichkeit einer Körperschaft oder einer Anstalt des öffentlichen Rechts an Unternehmen des Bank- und Versicherungswesens eine Reihe von Unterschieden mit sich zu bringen pflegt. So genießen öffentlich-rechtliche Kreditanstalten bei der Zwangsvollstreckung Vorrechte, die öffentlich-rechtliche Form bietet bei der Kapitalausstattung sowie bei der Erhöhung und Herabsetzung des Grundkapitals Vorteile, die öffentlich-rechtlichen Banken stehen unter staatlicher Kontrolle. Sie sind regelmäßig verpflichtet, bestimmte Aufgaben ihrer öffentlich-rechtlich organisierten Gründer zu erfüllen, schließlich besteht eine gewisse Abhängigkeit zwischen den öffentlich-rechtlichen Banken und ihren Gründern insoweit, als diese als Gewährleistungsträger für die abgeschlossenen Bankgeschäfte eine bürgschaftsähnliche Haftung übernehmen. Mögen die öffentlich-rechtlichen Bankinstitute auf Grund ihrer Satzungen im einzelnen an diesen Besonderheiten mehr oder weniger teilnehmen und mag der einzelne Unterschied zu den Unternehmen des privaten Rechts, z. B. das Führen eines Amtssiegels, für die Beurteilung der Rechtsverhältnisse bei den verschiedenen Bankinstituten mehr oder weniger ins Gewicht fallen, wägt man alle Sonderregelungen, die für öffentlich-rechtliche Banken getroffen worden sind, in ihrer Gesamtheit ab und berücksichtigt man, daß insbesondere die regionalen landschaftlichen Banken bei der Ostentschuldung und bei der Kreditgewährung an landwirtschaftliche Betriebe zum Zwecke von Bodenverbesserungen weitgehende staatliche Aufgaben wahrnahmen. so kann von offensichtlich sachfremden Erwägungen des Gesetzgebers bei der Aufnahme dieser regionalen landschaftlichen Banken in die Anlage A zu § 2 des Regelungsgesetzes keine Rede sein. Ob die vom Gesetzgeber des Regelungsgesetzes gefundene Lösung als die denkbar gerechteste Lösung anzusehen ist, kann von den Gerichten nicht untersucht werden (vgl. BVerfGE 3, 58 [135]).

II. ...

47

Bei § 7 Regelungsgesetz kommt es nicht entscheidend darauf an, von welchen subjektiven Vorstellungen der Arbeitgeber bei der Anstellung des betreffenden Arbeitnehmers im einzelnen beherrscht war, sondern darauf, ob der Arbeitnehmer objektiv gesehen auch dann ohne sachliche Bedenken hätte angestellt werden können, wenn er keine enge Verbindung zum Nationalsozialismus gehabt hätte.

Regelungsgesetz § 7.

III. Senat. Urteil vom 1. April 1958 i. S. A. O. (Bekl.) w. P. (Kl.) 3 AZR 16/56.

I. Arbeitsgericht Mönchen-Gladbach. — II. Landesarbeitsgericht Düsseldorf.

Der im Jahre 1887 geborene Kläger ist gelernter Dreher und hat, unterbrochen durch zwei Jahre aktiven Militärdienst (1907—1909) und zwei Jahre Wehrdienst im Ersten Weltkrieg, bis 1923 in verschiedenen Fabriken gearbeitet. Nach eineinhalbjähriger Tätigkeit als Registrator und Bote bei den V.D. wurde er selbständiger Lebensmittelhändler. Im Jahre 1928 verkaufte er sein Geschäft und arbeitete dann etwa ein Jahr als Bote. Danach war er bis 1933 arbeitslos.

Am 1. April 1932 trat er der NSDAP und der SA als Mitglied bei. Am 22. Juni 1933 wurde er auf Vorschlag des Ortsgruppenleiters der NSDAP von der beklagten Allgemeinen Ortskrankenkasse auf Probe als Kassenbote und Krankenbesucher angestellt, nachdem unmittelbar vorher drei Angestellte der Beklagten, die der SPD und dem Zentrum angehört hatten, auf Betreiben der NSDAP entlassen worden waren. Durch Vertrag vom 18. Dezember 1933 wurde der Kläger als Beitragseinheber und Krankenbesucher gemäß § 351 Abs. 1 RVO mit einer Kündigungsfrist von drei Monaten nach der Gruppe 8 a der Reichsbesoldungsordnung dienstordnungsmäßig angestellt. Ab 18. Dezember 1938 galt diese Anstellung auf Lebenszeit. Am 13. Juni 1945 kündigte ihm die Beklagte mit folgendem Schreiben fristlos:

> „Auf Anordnung der alliierten Militärregierung R. werden Sie mit Wirkung vom heutigen Tage ohne weiteren Anspruch auf Gehalt und ohne Anspruch auf Ruhegehalt aus Ihrem Dienstverhältnis als Angestellter der Allgemeinen Ortskrankenkasse R. entlassen, jedoch unbeschadet Ihrer Rechte auf Gewährung von Ruhegehalt und Hinterbliebenenbezüge, falls solche später gewährt werden sollten. Für die der Allgemeinen Ortskrankenkasse geleisteten treuen Dienste spreche ich Ihnen den Dank und die Anerkennung aus."

Bei seiner Entnazifizierung kam der Kläger 1948 in die Gruppe III der Minderbelasteten und 1950 in die Gruppe V der Entlasteten. Die Beklagte lehnte jedoch sowohl seine Wiedereinstellung als auch einen Anspruch auf Ruhegehalt ab, da der Kläger seine dienstordnungsmäßige Anstellung wegen seiner engen Verbindung zum Nationalsozialismus erlangt habe (§ 7 Regelungsgesetz). Auf Beschwerde des Klägers hat das Oberversicherungsamt Nordrhein-Westfalen am 1. Juli 1954 entschieden, daß die dienstordnungsmäßige Anstellung des Klägers nicht unter § 7 falle. Es hat aber diese Entscheidung später aufgehoben, weil es dafür nicht zuständig gewesen sei.

Der Kläger hat auf Zahlung von Übergangsgehalt für die Zeit vom 1. April 1951 bis zum 31. Oktober 1952 und von rückständigem Ruhegehalt für die Zeit vom 1. November 1952 bis zum 31. Juli 1955 sowie auf Zahlung des laufenden Ruhegehalts ab August 1955 geklagt.

Seine Klage hatte in allen Instanzen Erfolg.

Aus den Gründen:

Das Landesarbeitsgericht ist ohne Rechtsirrtum zu dem Ergebnis gekommen, daß die Voraussetzungen des § 7 beim Kläger nicht gegeben sind. Nach der ersten Alternative des § 7 sollen solche Anstellungen unberücksichtigt bleiben, d. h. keine Rechte aus dem Regelungsgesetz gewähren, die in Widerspruch zu beamtenrechtlichen (hier: dienstordnungsrechtlichen) Vorschriften vorgenommen worden sind. Daß dies bei der dienstordnungsmäßigen Anstellung des Klägers im Dezember 1933 der Fall war, hat das Landesarbeitsgericht mit Recht verneint, und die Revision hat das nicht beanstandet. Da der Kläger im Außendienst beschäftigt war, konnte er ohne die sonst für seine Besoldungsgruppe in § 6 Abs. 1 Nr. 2 der Dienstordnung vorgeschriebene Prüfung planmäßig angestellt werden, nachdem er die in § 8 Abs. 1 der Dienstordnung verlangte sechsmonatige Probedienstzeit hinter sich gebracht hatte.

Es bleibt nur die Frage, ob die dienstordnungsmäßige Anstellung des Klägers „wegen enger Verbindung zum Nationalsozialismus vorgenommen worden" ist (zweite Alternative des § 7). Die Gründe, aus denen das angefochtene Urteil auch dies verneint hat, sind im Ergebnis zutreffend und werden durch die Angriffe der Revision nicht erschüttert. Eine enge Verbindung zum Nationalsozialismus lag allerdings beim Kläger nicht nur bei seiner Einstellung auf Probe im Juni 1933, sondern auch noch fortwirkend bei seiner planmäßigen Anstellung mit Anwartschaft auf Altersversorgung (vgl. § 2 der 3. DVO zum Regelungsgesetz) vor. Denn der Kläger genoß damals als alter Parteigenosse und SA-Mann die tatkräftige Unterstützung des Ortsgruppenleiters D., der ihn auf Anfrage der Beklagten zusammen mit zwei anderen Parteigenossen für die Besetzung der durch Entlassung von drei Gegnern des Nationalsozialismus freigewordenen Stellen vorgeschlagen hatte. Ohne diesen Vorschlag einer einflußreichen Parteistelle wäre der Kläger unter den damaligen Verhältnissen nach der Lebenserfahrung weder probeweise eingestellt noch sechs Monate später dienstplanmäßig angestellt worden. Er verdankt also seine Stellung bei der Beklagten seinen engen Beziehungen zur NSDAP.

Gleichwohl genügt ein solcher einfacher ursächlicher Zusammenhang nach der Rechtsprechung, die der Senat in wesentlicher Übereinstimmung mit dem Bundesverwaltungsgericht entwickelt hat, nicht, um den Tatbestand der zweiten Alternative des § 7 Regelungsgesetz zu erfüllen. Dazu ist vielmehr ein dem Sinn des § 7 entsprechend qualifizierter Kausalzusammenhang erforderlich. Denn der Zweck der genannten Bestimmung liegt — wie sich aus § 8 Regelungsgesetz ergibt — nicht darin, allen als Nationalsozialisten in eine Stellung gekommenen Personen durch eine Art zweiter Entnazifizierung ihre Rechte aus dem Regelungsgesetz zu entziehen, sondern er beschränkt sich im wesentlichen darauf, diejenigen treffen zu wollen, die wegen ihrer engen Verbindung zum Nationalsozialismus einen Posten erlangt haben, für den sie persönlich oder fachlich nicht hinreichend oder in offensichtlichem Maße weniger geeignet waren als andere vorhandene Bewerber. Der dem Sinne des § 7 entsprechend qualifizierte Kausalzusammenhang besteht daher darin, daß die enge Verbindung zum Nationalsozialismus bei objektiver Betrachtung die überwiegende Ursache für die Anstellung war (BAG 3, 120 [123]). Dabei kommt es im allgemeinen trotz des scheinbar andersdeutigen Gesetzeswortlauts nicht entscheidend darauf an, von welchen subjektiven Vorstellungen der Arbeitgeber bei der Anstellung im einzelnen beherrscht war, sondern darauf, ob der betreffende Arbeitnehmer auch dann ohne sachliche Bedenken hätte angestellt werden können, wenn er keine enge Verbindung zum Nationalsozialismus gehabt hätte. § 7 soll also diejenigen früheren öffentlichen Bediensteten treffen, die ein verständiger Behördenvorstand nach Abwägung aller Umstände ersichtlich nicht hätte anstellen können, wenn der Arbeitnehmer nicht so enge Beziehungen zum Nationalsozialismus gehabt hätte. Nach dem Charakter des § 7 als einer Ausnahmevorschrift hat der Dienstherr zu beweisen, daß dies der Fall war.

Auf Grund des festgestellten Sachverhalts konnte das Landesarbeitsgericht, das sich in seinen Urteilsgründen an die vorstehenden Grundsätze gehalten hat, ohne Rechtsverstoß zu dem Ergebnis kommen, daß die Beklagte den ihr obliegenden Beweis nicht geführt hat und auch nicht führen kann. Dabei ist davon auszugehen, daß die Tätigkeit eines Beitragserhebers und Krankenbesuchers bei einer Ortskrankenkasse keine besonderen Anforderungen an die Fähigkeiten des Bewerbers stellt und keine besondere Vorbildung verlangt. Die nötige Lebenserfahrung besaß der Kläger als ein Mann in damals schon reiferem Lebensalter mit verschiedenartiger beruflicher Arbeitnehmer-Tätigkeit ohne weiteres. Hinzu kommt, daß die Beklagte seine dienstlichen Leistungen und seine Führung nicht beanstandet hat. Sie hat ihm sogar in dem Entlassungsschreiben Dank und Anerkennung für seine treuen Dienste ausgesprochen. Es kann also rückblickend gefolgert werden, daß der Kläger im Jahre 1933 auch dann hätte dienstordnungsmäßig angestellt werden können, wenn er keine Beziehungen zum Nationalsozialismus gehabt hätte.

Dem von der Beklagten besonders hervorgehobenen Umstand, daß der Kläger die Stelle eines unmittelbar vorher wegen Gegnerschaft zum Nationalsozialismus entlassenen Beitragserhebers eingenommen hat, kommt keine besondere Bedeutung zu. Denn die Beklagte hat nicht behauptet, daß der Kläger selbst seinen Vorgänger bewußt verdrängt habe, und das angefochtene Urteil meint zutreffend, daß das Unrecht, welches diesem Vorgänger durch seine politisch bedingte Entlassung zugefügt worden ist, nicht ohne weiteres die darauf folgende Einstellung des Klägers zum Unrecht macht.

48

1. Reicht bei Gruppenwahl nur eine Gruppe eine Liste ein, so genügt es, daß diese Liste so viel Bewerber enthält, wie auf diese Gruppe Betriebsratsmitglieder und Ersatzmänner entfallen würden, wenn auch die andere Gruppe eine Liste eingereicht hätte. Die allein auf Grund einer solchen Liste erfolgte Wahl ist wirksam.

2. Der Betriebsrat besteht aus einer ungeraden Zahl von Mitgliedern. Im Bedarfsfall ist diese Zahl aus den Ersatzmitgliedern „aufzufüllen".

BetrVG §§ 9, 11, 13, 18, 22, 32; WahlO § 6 Abs. 3.

I. Senat. Beschluß vom 11. April 1958 i. S. Fa. A. (Antragsgegnerin) w. I. M. f. d. B. D. (Antragstellerin) 1 ABR 4/57.

I. Arbeitsgericht Frankfurt am Main. — II. Landesarbeitsgericht Frankfurt am Main.

Im März 1957 fand im Betrieb der Rechtsbeschwerdeführerin die Betriebsratswahl statt. Der Betrieb beschäftigt in der Regel etwa 160 Arbeitnehmer, so daß sieben Mitglieder des Betriebsrats zu wählen waren. Nach dem Verhältnis der Arbeiter zu den Angestellten (115 : 54) entfielen auf erstere fünf, auf letztere zwei Betriebsratssitze. Ein Beschluß auf Vornahme einer Gemeinschaftswahl war nicht gefaßt worden.

Der Wahlvorstand forderte zur Einreichung der Wahlvorschläge auf. Die Angestelltengruppe reichte rechtzeitig eine vier Namen enthaltende Vorschlagsliste ein. Von der Arbeitergruppe ging in der gesetzlichen Frist eine Vorschlagsliste nicht ein. Das gab der Wahlvorstand bekannt und setzte unter Hinweis auf die Folgen der Nichteinreichung einer Vorschlagsliste der Arbeitergruppe die gesetzliche Nachfrist. Auch innerhalb dieser reichte die Arbeitergruppe keine Liste ein.

Die Wahl wurde nunmehr auf Grund der Vorschlagsliste der Angestelltengruppe durchgeführt. Die Angestelltengruppe gab 44 Stimmen ab, von denen 12 ungültig waren. Die übrigen 32 Stimmen erhielten die auf der Angestelltenliste vorgeschlagenen Angestellten. Der Wahlvorstand gab daraufhin bekannt, daß die beiden Angestelltenvertreter, die die meisten Stimmen erhalten hatten, Betriebsratsmitglieder geworden seien und die beiden anderen auf der Angestelltenliste stehenden Angestellten deren Ersatzmänner.

Hiergegen richtet sich die von einer im Betrieb vertretenen Gewerkschaft erhobene Anfechtung, die damit begründet worden ist, daß der Betriebsrat aus sieben Mitgliedern bestehen müsse. Die Vorschlagsliste der Angestelltengruppe habe nicht den gesetzlichen Bestimmungen entsprochen, da sie statt 14 nur 4 Kandidaten enthalten habe. Der Wahlvorstand hätte die Angestelltengruppe zur Ergänzung ihrer Liste auffordern müssen. Da das nicht geschehen sei, sei eine gesetzliche Vorschrift verletzt und somit die Wahl anfechtbar. Der aus zwei Personen bestehende Betriebsrat und die Arbeitgeberin sind der Anfechtung mit dem Einwand entgegengetreten, die Vorschlagsliste habe den gesetzlichen Bestimmungen entsprochen, da sie vier Kandidaten enthalten habe. Der Wahlvorstand habe der Angestelltengruppe keine Nachfrist gesetzt. Die Wahl sei somit wirksam erfolgt.

Dem Anfechtungsantrag haben die Vorinstanzen stattgegeben.

Die Rechtsbeschwerde der Arbeitgeberin hatte Erfolg aus den folgenden

Gründen:

Die Entscheidung hängt, wie auch das Landesarbeitsgericht erkannt hat, nicht von der Wirksamkeit des § 6 Abs. 3 Satz 2 der Wahlordnung (Erste Rechtsverordnung zur Durchführung des Betriebsverfassungsgesetzes vom 18. März 1953, BGBl. I S. 58) ab. Es besteht deshalb auch im vorliegenden Fall kein Anlaß, abschließend zu dieser umstrittenen Vorschrift (vgl. BAG 1, 116; Dietz, BetrVG, 2. Aufl., § 6 WahlO Anm. 3) Stellung zu nehmen. Selbst wenn man trotz der gegen die Wirksamkeit dieser Vorschrift sprechenden Bedenken von ihrer Wirksamkeit ausgeht, ist die in diesem Verfahren angefochtene Wahl nicht unwirksam gewesen. Ein zur Anfechtung berechtigender Verstoß gegen das Wahlverfahren liegt nicht vor.

Die von der Angestelltengruppe eingereichte Vorschlagsliste entsprach zur Zeit ihrer Einreichung den gesetzlichen Vorschriften. Denn diese Liste enthielt die Zahl der Bewerber, die auf die Angestelltengruppe entfallen wäre, zuzüglich der erforderlichen Zahl der Ersatzmänner, wenn auch die Arbeitergruppe eine dem Gesetz entsprechende Liste eingereicht hätte. Ob die Arbeitergruppe eine solche Liste einreichen würde, konnte vor Ablauf der in dem Wahlausschreiben gesetzten Frist nicht festgestellt werden. Denn bis zur letzten Minute dieser Frist konnte immer noch eine Liste der Arbeitergruppe eingereicht werden. Nach Ablauf der Frist zur Einreichung der Wahlvorschläge konnte aber die Angestelltengruppe eine neue Liste mit mehr Bewerbern ihrerseits nicht mehr einreichen, da eben die Frist zur Einreichung der Wahlvorschläge verstrichen war.

Die Tatsache, daß die Arbeitergruppe innerhalb der Frist zur Einreichung der Wahlvorschläge keine Liste eingereicht hat, hätte zwar dem Wahlvorstand Veranlassung geben können, die Angestelltengruppe zur Einreichung einer erweiterten Liste aufzufordern. Der Wahlvorstand hat jedoch eine solche Aufforderung an die Angestelltengruppe nicht gerichtet, sondern die Arbeitergruppe unter Setzung einer Nachfrist zu veranlassen versucht, eine eigene Liste einzureichen.

Die nach Ablauf der Nachfrist erfolgte Abstimmung über die Liste der Angestellten, die infolge der Untätigkeit der Arbeitergruppe die einzige Liste geblieben war, ist jedoch als eine Abstimmung über eine ordnungsgemäß eingereichte Liste anzusehen. Die Wahl ist daher nicht deshalb als anfechtbar anzusehen, weil über eine nicht ordnungsmäßige Liste abgestimmt worden ist. Die in § 6 Abs. 3 Satz 2 der Wahlordnung enthaltene Vorschrift, daß bei nur einer Liste diese die doppelte Anzahl der zu wählenden Personen enthalten m u ß, bezieht sich selbst bei Unterstellung ihrer Wirksamkeit nur auf den Fall, daß beide Gruppen je eine Liste eingereicht haben oder daß bei Vornahme einer Gemeinschaftswahl nur eine Liste eingereicht worden ist. Den hier vorliegenden Ausnahmefall wollte diese Vorschrift, soweit erkennbar, nicht regeln. Aber selbst wenn man anderer Auffassung wäre, würde daraus noch nichts für die Anfechtbarkeit der hier vorgenommenen Wahl folgen. Denn die Vorschrift des § 6 Abs. 3 Satz 2 der Wahlordnung ist nur im Zusammenhang mit den hierauf folgenden Bestimmungen auszulegen. Nur dann, wenn der Wahlvorstand eine Nachfrist gesetzt und die Gruppe zur Auffüllung ihrer Liste aufgefordert hat und die Gruppe dieser Aufforderung nicht nachgekommen ist, tritt die Folge des Unwirksamwerdens der Liste ein. Ist aber diese Aufforderung unterblieben, so ist die Liste, auch wenn sie gegen die Vorschrift des § 6 Abs. 3 Satz 2 verstößt, nicht ungültig geworden. Denn die Folge des Ungültigwerdens setzt nicht nur einen Verstoß gegen § 6 Abs. 3 Satz 2 voraus, sondern auch ein Untätigbleiben der Gruppe trotz Aufforderung seitens des Wahlvorstandes.

Die Anfechtung kann aber auch nicht darauf gestützt werden, daß der Wahlvorstand es unterlassen hat, die Angestelltengruppe zur Ergänzung ihres Wahlvorschlages aufzufordern. Es kann dahingestellt bleiben, ob der Wahlvorstand hierzu verpflichtet war oder ob er jedenfalls dann, wenn die Arbeitergruppe aus eigenem Entschluß von der Einreichung eines Wahlvorschlages abgesehen hatte, im Rahmen freien Ermessens handelte, als er von einer Auflage an die Angestelltengruppe zur Ergänzung des Wahlvorschlages absah. Auch wenn man davon ausgeht, daß der Wahlvorstand verpflichtet war, die Angestelltengruppe zur Ergänzung des Wahlvorschlages anzuhalten, liegt in der Unterlassung durch den Wahlvorstand kein Verhalten, das das durchgeführte Wahlverfahren unzulässig macht. Einmal ist es, da die Wahlen nicht notwendigerweise zum selben Zeitpunkt erfolgen müssen, durchaus möglich, daß die Wahl innerhalb der Angestelltengruppe bereits durchgeführt war, als sich herausstellte, daß die Arbeitergruppe endgültig bei der Nichteinreichung eines Wahlvorschlages verblieb. Aber auch wenn die Wahl der Angestellten erst später durchgeführt worden ist, läßt sich nicht feststellen, daß die ordnungsmäßig durchgeführte Abstimmung nach der ordnungsmäßig eingereichten Wahlliste mangelhaft war. Jedenfalls ist in diesem Verhalten des Wahlvorstandes nicht ein die Wirksamkeit der Wahl berührender erheblicher Verstoß gegen Vorschriften über das Wahlverfahren zu erblicken. Denn es kann nicht Rechtens sein, der einen an der Wahl beteiligten Arbeitnehmergruppe die Möglichkeit zu eröffnen, durch Nichteinreichung ordnungsmäßiger Wahlvorschläge oder durch Zurückziehung ursprünglich eingereichter Wahlvorschläge die Wahl zu Lasten der anderen Arbeitnehmergruppe zu sabotieren.

Auch aus § 22 BetrVG ergeben sich gegen die Ordnungsmäßigkeit der Wahl keine Bedenken. Dieser betrifft nur die nachträgliche Änderung der Zahl der Betriebsratsmitglieder. Darum handelt es sich hier nicht. Im

Fall des § 22 hat die Belegschaft zu erkennen gegeben, daß sie eine bestimmte, d. h. im allgemeinen die dem Gesetz entsprechende Anzahl von Betriebsratsmitgliedern wünscht. (Dieser Wille ergibt sich eben aus der Wahl.) Diesen Wunsch respektiert der Gesetzgeber, wenn er bei einem nachträglichen Absinken dieser Zahl Neuwahlen vorschreibt. Hat aber, wie hier, die Belegschaft durch ihr Verhalten zu erkennen gegeben, daß sie nur eine geringere Zahl von Betriebsratsmitgliedern wünscht, als dem Gesetz entspricht, so entfällt dieser Grund zur Anwendung des § 22 BetrVG.

Zwar wird infolge der am 29. März 1957 stattgefundenen Wahl nicht die gesetzlich vorgeschriebene Zahl von Betriebsratsmitgliedern erreicht. Aber auch das kann nicht zur Feststellung der Anfechtbarkeit der Wahl führen; denn diese Zahl kann unter bestimmten Umständen unterschritten werden. Das ergibt sich bereits aus § 11 BetrVG. Wenn dort gesagt ist, daß die nächst niedrigere Betriebsgröße zugrunde zu legen sei, so schließt das nicht aus, in Fällen, in denen das notwendig ist, auch noch weiter hinunterzugehen (Dietz, a. a. O., § 11 BetrVG Anm. 1). Im Vordergrund muß der Wille des Gesetzgebers stehen, daß überhaupt ein Betriebsrat zu bilden ist. Demgegenüber muß die Frage der Größe des Betriebsrats zurücktreten. Ist es hiernach möglich, auch über die Vorschrift des § 11 BetrVG hinaus die Stärke des Betriebsrats zu vermindern, wie das z. B. der Fall sein kann, wenn mehrere Vorschlagslisten innerhalb einer Gruppe zusammen nicht die im Gesetz vorgesehene Zahl von Vorschlägen enthalten (Hueck-Nipperdey, Lehrbuch, 6. Aufl., Bd. 2, S. 722 f.), so folgt hieraus, daß auch der Umstand die Anfechtbarkeit nicht begründet, daß die Vorschlagsliste der Angestelltengruppe nur vier Namen enthalten hat.

Entgegen der Auffassung des Wahlvorstandes ist jedoch durch die von der Angestelltengruppe vorgenommene Wahl der Betriebsrat nicht in der Weise gebildet worden, daß ihm zwei Mitglieder angehören, während die beiden übrigen gewählten Angestellten Ersatzmitglieder werden. Das widerspricht dem Grundsatz, daß nach dem Willen des Gesetzes der Betriebsrat, wenn er nicht nur aus dem Betriebsobmann besteht, mindestens aus drei Mitgliedern bestehen muß. Auch im übrigen geht der Gesetzgeber erkennbar stets von einer ungeraden Zahl von Betriebsratsmitgliedern aus. Wenn in § 32 Abs. 1 Satz 2 BetrVG der Fall der Stimmengleichheit geregelt ist, so spricht das nicht für die Zulässigkeit einer geraden Zahl der Betriebsratsmitglieder, vielmehr ist hier offenbar an den Fall gedacht, daß durch Abwesenheit oder Stimmenthaltung von Betriebsratsmitgliedern keine Mehrheit erzielt wird.

Hiernach wird der Betriebsrat im Betrieb der Rechtsbeschwerdeführerin aus den drei Angestellten gebildet, die die höchste Stimmenzahl auf sich vereinigt haben. Der vierte auf der Liste angeführte Angestellte ist Ersatzmann.

49

Die Überstundenvergütung aus § 16 des niedersächsischen Jugendarbeitsschutzgesetzes steht dem Jugendlichen für die über die regelmäßige Arbeitszeit des § 10 hinaus geleistete Arbeitszeit auch dann zu, wenn das Gewerbeaufsichtsamt nach § 34 Nr. 1 abweichend von § 10 eine längere Arbeitszeit zugelassen hat.

Niedersächsisches Arbeitsschutzgesetz für Jugendliche §§ 10, 16, 34.

II. Senat. Urteil vom 24. April 1958 i. S. Fa. Rh. (Bekl.) w. 1. K., 2. P. (Kl.) 2 AZR 37/56.

I. Arbeitsgericht Oldenburg. — II. Landesarbeitsgericht Hannover.

Der am 5. Dezember 1936 geborene Kläger zu 1. und der am 15. Oktober 1936 geborene Kläger zu 2. standen vom Frühjahr 1952 an im Lehrverhältnis bei der Beklagten, die ein Installationsgeschäft betreibt. Nach Ablegung der Gesellenprüfung im März 1955 sind sie zum 1. April 1955 aus dem Betrieb der Beklagten ausgeschieden.

Die Kläger haben im Jahre 1954 wöchentlich 47,5 Stunden gearbeitet. Das Gewerbeaufsichtsamt hatte gemäß § 34 Nr. 1 des niedersächsischen Arbeitsschutzgesetzes für Jugendliche vom 9. Dezember 1948 eine Beschäftigung jugendlicher Arbeitnehmer bis zu 45 Stunden wöchentlich zugelassen.

Die Kläger verlangen mit der Klage die Vergütung der Arbeit, die sie über 40 Stunden wöchentlich hinaus bis zu 47,5 Stunden wöchentlich in der Zeit vom 1. Januar 1954 bis zur Vollendung ihres 18. Lebensjahres, d. h. bis zum 4. Dezember 1954 bzw. bis zum 14. Oktober 1954 geleistet haben. Zur Rechtfertigung ihres Klagebegehrens haben sie vorgetragen, alle Arbeit, die sie als Jugendliche über 40 Stunden wöchentlich geleistet hätten, sei gemäß § 16 des niedersächsischen Arbeitsschutzgesetzes für Jugendliche mit einer Überstundenvergütung abzugelten.

Die Beklagte hat demgegenüber ausgeführt, die regelmäßige Arbeitszeit der Kläger habe im Hinblick auf die vom Gewerbeaufsichtsamt erlassene Ausnahmegenehmigung 45 Stunden wöchentlich betragen. Überstunden seien daher nur die über 45 Wochenstunden hinaus geleisteten Stunden. Insoweit könnten die Kläger aber keine Ansprüche mehr geltend machen; diese Ansprüche seien nach § 5 des Lohntarifvertrages für die Betriebe des Elektrohandwerks im Lande Niedersachsen vom 24. November 1954, in Kraft seit dem 10. Dezember 1954, verfallen. Nach diesem Tarifvertrag seien nämlich alle Ansprüche binnen einer Ausschlußfrist von 3 Monaten nach Fälligkeit dem Betrieb gegenüber geltend zu machen. Diese Ausschlußfrist hätten die Kläger, die im März 1955 der Gewerkschaft beigetreten und damit tarifgebunden seien, mit der am 7. April 1955 erhobenen Klage nicht innegehalten.

Die Klage hatte in allen Instanzen Erfolg.

Aus den Gründen:

Nach § 16 des niedersächsischen Arbeitsschutzgesetzes für Jugendliche stehen, wie das Landesarbeitsgericht zutreffend ausführt, dem Jugendlichen neben dem Entgelt für die Arbeit selbst dann Überstundenvergütungen zu, wenn „die regelmäßige tägliche Arbeitszeit überschritten werden muß". Diese Vorschrift setzt sonach den Begriff der „regelmäßigen täglichen Arbeitszeit" als bereits gegeben voraus; in ihr ist jedenfalls eine eigene Bestimmung dieses Begriffes nicht enthalten. Sie knüpft vielmehr an die Begriffsbestimmung des niedersächsischen Arbeitsschutzgesetzes in den vorhergehenden Vorschriften an. Als regelmäßige tägliche Arbeitszeit bezeichnet dieses Gesetz für Jugendliche in § 10 die Zeit von 7 Stunden täglich und 40 Stunden wöchentlich. Im Hinblick auf die in den Gesetzestext aufgenommene Überschrift des § 10 regelt diese Vorschrift sonach auch den Begriff der regelmäßigen Arbeitszeit dahin, daß diese 7 Stunden täglich und 40 Stunden wöchentlich beträgt. Von diesem durch das Gesetz selbst bezeichneten Begriff der regelmäßigen Arbeitszeit ist bei der Anwendung der dem § 10 nachfolgenden Vorschriften auszugehen. Wenn also § 16 eine besondere Überstundenvergütung für den Fall vorsieht, daß die regelmäßige Arbeitszeit überschritten werden muß, so ist diese Bestimmung dahin zu lesen, daß das Überstundenentgelt zu entrichten ist, wenn die Arbeitszeit von 7 Stunden täglich und 40 Stunden wöchentlich, wie sie in § 10 des Gesetzes bestimmt ist, überschritten worden ist.

Zu Unrecht macht die Revision demgegenüber geltend, dieser im Gesetz selbst bestimmte Begriff der regelmäßigen Arbeitszeit habe dadurch auch für die Anwendung des § 16 a. a. O. eine Änderung erfahren, daß das Gewerbeaufsichtsamt gemäß § 34 a. a. O. eine Ausnahmegenehmigung erteilt habe. Nach dieser auch der Beklagten erteilten Ausnahmegenehmigung dürfen zwar jugendliche Arbeitnehmer bis zu 45 Stunden wöchentlich beschäftigt werden, die Ausnahmegenehmigung besagt aber nichts zu der Frage, ob und wie die über 40 Stunden hinausgehende Arbeitszeit besonders zu vergüten ist. Es kann für die Entscheidung des Rechtsstreites dahingestellt bleiben, ob auf Grund des § 34 des Gesetzes eine Ausnahmegenehmigung unbefristet erteilt werden kann und ob, nachdem nahezu 10 Jahre seit Inkrafttreten des Gesetzes verstrichen sind, eine alsbald nach Erlaß des Gesetzes erteilte Genehmigung, was die Kläger bekämpften, nach wie vor von Bestand ist. Weiter kann dahingestellt bleiben, ob die erteilte Genehmigung ordnungsmäßig verlautbart worden ist, ob es insbesondere ausreicht, wenn die Genehmigung nur dem einzelnen Betrieb oder einer Innung für bestimmte ihr angehörende Betriebe erteilt wird oder ob nicht vielmehr eine solche Ausnahmegenehmigung auch den davon betroffenen jugendlichen Arbeitnehmern gegenüber hätte verlautbart werden müssen. Denn auch wenn man zugunsten der Beklagten davon ausgeht, daß die Ausnahmegenehmigung rechtswirksam erteilt und verlautbart worden und auch noch von Bestand ist, vermag die Tatsache, daß eine längere Arbeitszeit als die des § 10 zugelassen worden ist, nicht dazu führen, daß die so verlängerte Arbeitszeit zu der „regelmäßigen Arbeitszeit" der Jugendlichen im Sinne der §§ 10, 16 des niedersächsischen Arbeitsschutzgesetzes für Jugendliche geworden ist und deshalb der Arbeitgeber nicht zur Bezahlung der Überstundenvergütung nach § 16 a. a. O. gehalten ist, soweit es sich um Arbeitsstunden innerhalb des Rahmens der nach § 34 Nr. 1 zugelassenen Arbeitszeit handelt. Dies gilt auch dann, wenn gleichartige Ausnahmegenehmigungen einer ganzen Reihe von Betrieben erteilt sind, und selbst dann, wenn die Mehrzahl der Betriebe in den Besitz einer solchen Ausnahmegenehmigung gelangt ist.

§ 34 a. a. O. stellt lediglich eine „Übergangsbestimmung" dar, die, wie es im Gesetzestext ausdrücklich heißt, „zur Erleichterung der Einführung des Gesetzes" den Gewerbeaufsichtsämtern die Befugnis gibt, in „Einzelfällen" „Ausnahmen" (darunter eine verlängerte Arbeitszeit) zuzulassen. § 34 setzt also, indem es Ausnahmegenehmigungen ermöglicht, den Bestand des Gesetzes und die Fortgeltung der für den Regelfall gesetzten Normen und Begriffsbestimmungen voraus. Gerade weil nach § 10 des Gesetzes grundsätzlich die regelmäßige Arbeitszeit 7 Stunden täglich und 40 Stunden wöchentlich beträgt, sind die Gewerbeaufsichtsämter ermächtigt worden, ausnahmsweise im Einzelfall zur Erleichterung der Einführung des Gesetzes eine längere Arbeitszeit der Jugendlichen zuzulassen und damit den Arbeitgeber von der Beachtung der sonst zwingenden und durch die Strafvorschriften des § 29 sanktionierten Normen über die Arbeitszeit der Jugendlichen freizustellen. § 34 ändert also den § 10 nicht, sondern ermächtigt nur zur Erteilung von Ausnahmegenehmigungen. Bei dieser Ermächtigung handelt es sich, was auch die Revision nicht in Zweifel zieht, um eine solche zum Erlaß von Verwaltungsakten, nicht aber um eine solche zum Erlaß von Rechtsverordnungen. Die Gewerbeaufsichtsämter können schon begrifflich durch Verwaltungsakt im Einzelfall eine durch Gesetz getroffene Regelung nicht ändern, sie können lediglich gestatten, daß eine im Gesetz getroffene Regelung ausnahmsweise im Einzelfall nicht beachtet zu werden braucht. Die Erteilung der Ermächtigung zum Erlaß eines solchen Verwaltungsaktes setzt also gedanklich das Bestehen der gesetzlichen Regelung und die Bindung an diese voraus; sie kann aber das Gesetz selbst und den dort geprägten Begriff „regelmäßige Arbeitszeit" nicht ändern. Eine solche Befugnis steht nur dem Gesetzgeber, aber nicht einer nur zum Erlaß von Verwaltungsakten befugten Verwaltungsbehörde zu.

Im übrigen hat das Gewerbeaufsichtsamt auch gar keine andere Arbeitszeit als regelmäßige Arbeitszeit festgesetzt. Es hat lediglich zugelassen, daß die regelmäßige Arbeitszeit nach § 10 des Gesetzes überschritten werde, ohne aber an die Stelle der gesetzlichen Regelung eine andere Arbeitszeit eindeutig und allgemein als regelmäßige Arbeitszeit zu bestimmen.

Es mag zutreffen, daß alsbald nach Inkrafttreten des niedersächsischen Arbeitsschutzgesetzes von der Wirtschaft und insbesondere von den Mittel- und Kleinbetrieben Klage darüber geführt worden ist, daß die Bestimmung der regelmäßigen Arbeitszeit, so wie sie in § 10 getroffen worden ist, nicht nur zu einer untragbaren Belastung der Wirtschaft führe, sondern insbesondere auch die Unterbringung von Jugendlichen in Lehrstellen wesentlich erschweren werde. Es mag weiter zutreffen, daß in diese Erkenntnis von der im Gesetz enthaltenen Möglichkeit zum Erlaß von Übergangsbestimmungen nach § 34 des Gesetzes im großen Umfange Gebrauch gemacht worden ist, und es mag schließlich zutreffen, daß die ursprüngliche Befristung für solche Übergangsregelungen später mit rückwirkender Kraft aus diesen Gründen durch Bundesgesetz in Wegfall gebracht worden ist. All das ändert aber nichts daran, daß der Begriff der regelmäßigen Arbeitszeit, so wie er in § 10 des Gesetzes bestimmt worden ist, unberührt geblieben ist. Insbesondere hat der dazu allein befugte Gesetzgeber davon Abstand genommen, die §§ 10 und 16 des Gesetzes zu ändern. Durch die Praxis der Gewerbeaufsichtsämter mag zwar eine verlängerte Arbeitszeit der Jugendlichen üblich geworden sein. Die Regelung über die Überstundenvergütung, wie sie § 16 des Gesetzes enthält, stellt es aber nicht auf die übliche Arbeitszeit ab, sondern auf die regelmäßige Arbeitszeit. Diese ist in § 10 des Gesetzes bestimmt. Es ist denkgesetzlich nicht möglich, den Begriff der regelmäßigen Arbeitszeit, wie er in § 16 des Gesetzes verwendet worden ist, anders auszulegen, als es der gesetzlichen Begriffsbestimmung in § 10 des Gesetzes entspricht. Daher kann es bei der Auslegung des § 16 nicht auf die „übliche" Arbeitszeit abgestellt werden. Daß die Gewerbeaufsichtsämter die vom Gesetz gestattete Ausnahme durch Verwaltungsakte zur Regel gemacht haben, wie die Revision vorträgt, vermag auf die Auslegung des Gesetzes keinen Einfluß zu haben.

Dem Senat haben auch die Drucksachen sowohl des niedersächsischen Landtages wie des Bundestages über die Beratungen zu dem niedersächsischen Arbeitsschutzgesetz und zu dem Änderungsgesetz des Bundes vorgelegen. Aus diesen Drucksachen in kein Anhalt für die nach dem Wortlaut und dem Inhalt des Gesetzes nicht gerechtfertigte Auslegung der Revision zu finden, daß durch die Regelung des § 34 des Gesetzes auch die Möglichkeit geschaffen werden sollte, den Begriff der regelmäßigen Arbeitszeit, so wie er durch § 10 des Gesetzes bestimmt ist, zu ändern. Vielmehr rechtfertigt gerade die Tatsache, daß das niedersächsische Arbeitsschutzgesetz für Jugendliche nach seinem Inkrafttreten sowohl durch das Änderungsgesetz vom 16. Mai 1949 von dem niedersächsischen Gesetzgeber wie aber auch durch das Gesetz vom 21. Juni 1951 von dem Bundesgesetzgeber, in seinem § 10 nicht geändert worden ist, die Annahme, daß der § 10 und die in ihm enthaltene, auch für § 16 anzuwendende Begriffsbestimmung der regelmäßigen Arbeitszeit nicht durch eine nach § 34 des Gesetzes erteilte Ausnahmegenehmigung (Zulassung einer längeren Arbeitszeit) geändert werden sollte.

Wenn der Gesetzgeber, wie die Revision meint, die regelmäßige Arbeitszeit des § 10 für grundsätzlich zu kurz erkannt hätte, hätte er sie verlängern können. Von dieser Möglichkeit hat er aber eben keinen Gebrauch gemacht.

Schließlich ist auch nicht, wie die Revision (im Anschluß an Siebert, die Methode der Gesetzesauslegung, S. 27 ff.) meint, schon durch die Tatsache der Ermächtigung nach § 34 des Gesetzes die volle Wirkung des Gesetzes aufgehoben, das Gesetz selbst insoweit „suspendiert" worden. Die Einführung des Gesetzes hat der Gesetzgeber in der Weise erleichtert, daß eine längere Arbeitzeit zugelassen werden konnte. Auch das stellt bereits eine Erleichterung der Einführung des Gesetzes dar; denn bei Erteilung einer Ausnahmegenehmigung nach § 34 sind die Arbeitgeber in die Lage versetzt, den betrieblichen Bedürfnissen entsprechend Jugendliche auch über 7 Stunden täglich und 40 Stunden wöchentlich zu beschäftigen. Diese Zulassung hat entgegen der Annahme der Revision nicht zum Inhalt oder zur begriffsnotwendigen Folge, daß damit auch die Verpflichtung, nach § 16 Überstundenvergütung bei Überschreitung der im Gesetz (§ 10) bestimmten regelmäßigen Arbeitszeit zu zahlen, in Wegfall gekommen ist. Wenn der Gesetzgeber für den Fall der Zulassung einer längeren Arbeitszeit den Jugendlichen auch den Anspruch auf die Überstundenvergütung nach § 16 a. a. O. hätte nehmen wollen, so hätte er, wenn er dies nicht schon im Gesetz (§§ 10, 16) aussprechen wollte, zumindest im § 34 die Gewerbeaufsichtsämter zur Änderung der „regelmäßigen" Arbeitszeit und zum Erlaß auch einer soweit gehenden, Regelung ermächtigen müssen. Dies ist aber nicht der Fall. Ermächtigungen des Inhalts, wie sie § 34 des Gesetzes enthält, können schon aus Gründen der Rechtssicherheit nicht über ihren Wortlaut hinaus ausdehnend ausgelegt werden. Insbesondere ist eine solche Auslegungsmöglichkeit nicht schon deshalb gegeben, weil in § 34 das Wort „Überschreitung der regelmäßigen Arbeitszeit" nicht auftaucht. Das Fehlen dieser Worte führt entgegen der Annahme der Revision nicht dazu, daß die zugelassene längere Arbeitszeit nunmehr die regelmäßige Arbeitszeit geworden ist.

Bei dieser Sachlage kann dahingestellt bleiben, ob die Gewerbeaufsichtsämter überhaupt rechtswirksam ermächtigt werden konnten, durch Verwaltungsakt gemäß § 34 in solche privatrechtlichen Ansprüche einzugreifen, die das Gesetz durch die Regelung des § 16 den jugendlichen Arbeitnehmern gibt, die mehr als die regelmäßige (im Sinne des § 10) Arbeitszeit geleistet haben.

Sonach ist davon auszugehen, daß die regelmäßige Arbeitszeit der Kläger im Sinne des § 16 des Gesetzes nach wie vor trotz des Vorliegens der Ausnahmegenehmigung des Gewerbeaufsichtsamts 7 Stunden täglich und wöchentlich 40 Stunden betrug. Nach § 16 des Gesetzes haben danach die Kläger den Anspruch auf Bezahlung der von ihnen über 7 Stunden täglich und wöchentlich 40 Stunden geleisteten Arbeit mit der Überstundenvergütung. Die Höhe dieses Anspruchs ist bei Zugrundelegung dieser auch vom Landesarbeitsgericht zutreffend vertretenen Rechtsauffassung unstreitig.

Die Kläger haben diesen Anspruch auch nicht durch die Nichtinnehaltung der Verfallregelung des Lohntarifvertrages vom 24. November 1954, der am 10. Dezember 1954 in Kraft getreten ist, verloren. Denn zu der Zeit, als dieser Lohntarifvertrag in Kraft trat und damit einen Verfall solcher Ansprüche, die nicht binnen einer Ausschlußfrist von drei

Monaten nach Fälligkeit dem Betrieb gegenüber geltend gemacht waren, einführte, waren die Kläger noch nicht tarifgebunden. Sie könnten frühestens im März 1955 tarifgebunden geworden sein, weil sie erst zu diesem Zeitpunkt der tarifschließenden Gewerkschaft beigetreten sind. Für einen solchen Fall greift aber die Verfallklausel jedenfalls nicht mit der Wirkung durch, daß bereits vor länger als 3 Monaten entstandene Ansprüche von Lehrlingen eben durch den Beitritt zur tarifschließenden Arbeitnehmerorganisation verfallen sind, ohne daß die erst jetzt Tarifgebundenen noch eine angemessene Nachfrist zur Geltendmachung der Ansprüche für sich in Anspruch nehmen könnten. Eine Übergangsregelung insoweit enthält der Tarifvertrag nicht. Bei dieser Sachlage ist die von den Klägern im April 1955 erhobene Klage rechtzeitig. Es kann deshalb dahingestellt bleiben, ob die Kläger überhaupt trotz ihrer Mitgliedschaft zur vertragsschließenden Gewerkschaft der Tarifbindung unterworfen worden sind. Der Tarifvertrag behandelt lediglich die Lohnansprüche der Lohnempfänger. Bei den Klägern handelt es sich aber um Lehrlinge und um Ansprüche, die nicht auf dem Tarifvertrag, sondern unmittelbar auf § 16 des niedersächsischen Jugendarbeitsschutzgesetzes beruhen und keine Lohnansprüche von Lohnempfängern im Sinne des Tarifvertrages sind.

Schließlich greift auch die von der Beklagten erhobene Einrede der Arglist den Klägern gegenüber nicht durch. Es kann nicht als arglistig angesehen werden, wenn die Kläger ihren Anspruch auf Vergütung der im Jahre 1954 während ihrer Lehrzeit geleisteten Überstunden erst unmittelbar nach dem Austritt aus der Lehre im April 1955 geltend machen.

50

1. Auf die Arbeitsverhältnisse deutscher Arbeitnehmer bei den alliierten Streitkräften ist das Betriebsverfassungsgesetz oder das Bundespersonalvertretungsgesetz weder unmittelbar noch entsprechend anwendbar.

2. Art. 44 Abs. 9 Truppenvertrag enthält kein die Wirksamkeit von Maßnahmen des Dienstherrn berührendes Anhörungs- oder Mitwirkungsrecht der Betriebs- oder Personalvertretungen.

3. Bei den in Ziffer 1 genannten Arbeitsverhältnissen besteht nur dann ein Anhörungs- oder Mitwirkungsrecht der Betriebs- oder Personalvertretungen, wenn ein solches durch eine Betriebs- oder Dienstvereinbarung begründet worden ist.

BetrVG §§ 6, 88 Abs. 1; PersVG §§ 1, 61, 70; Truppenvertrag Art. 44.

I. Senat. Urteil vom 25. April 1958 i. S. Bundesrepublik (Bekl.) w. R. (Kl.) 1 AZR 305/57.

I. Arbeitsgericht Nürnberg. — II. Landesarbeitsgericht Bayern (Nürnberg).

Der Kläger war seit 1951 bei den amerikanischen Streitkräften als Kraftfahrer beschäftigt. Er hatte mehrfach mündliche wie schriftliche Anerkennungen für gutes und unfallfreies Fahren erhalten. Am 19. November 1956 fuhr er von Nürnberg nach Heidelberg. Hierbei fuhr er teilweise mit überhöhter Geschwindigkeit. Der mitfahrende alliierte Offizier rügte das. Seiner Aufforderung, langsamer zu fahren, kam der Kläger nur unvollständig nach. Auf der Rückfahrt von Heidelberg nach Nürnberg fuhr er wiederum streckenweise zu schnell. Wiederum wurde er von einem mitfahrenden Offizier wiederholt wegen des zu hohen Tempos zurechtgewiesen. Am 27. November 1956 wurde ihm fristgemäß zum 29. Dezember 1956 gekündigt. Die Personalabteilung hatte den Betriebsratsvorsitzenden am 26. November 1956 von der beabsichtigten Kündigung in Kenntnis gesetzt. Eine Anhörung des Betriebsrats fand nicht statt.

Mit der am 17. Dezember 1956 eingereichten Klage hat der Kläger die Feststellung begehrt, daß die Kündigung sein Arbeitsverhältnis nicht gelöst habe. Die Kündigung sei nicht durch in seinem Verhalten liegende Gründe bedingt und deshalb sozialwidrig. Außerdem sei entgegen der Vorschrift des § 66 BetrVG der Betriebsrat nicht angehört worden.

Arbeitsgericht und Landesarbeitsgericht haben der Klage stattgegeben.

Die Revision der beklagten Bundesrepublik führte zur Zurückverweisung an das Landesarbeitsgericht.

Aus den Gründen:

Das Landesarbeitsgericht hält die Kündigung für unwirksam, weil die amerikanische Dienststelle den Betriebsrat nicht angehört habe. Es folgert eine solche Anhörungspflicht aus einer analogen Anwendung des Betriebsverfassungsgesetzes. Die Auffassung, daß das Betriebsverfassungsgesetz auf die Arbeitsverhältnisse bei den Streitkräften der drei Mächte (Frankreich, Großbritannien, USA) und der anderen Entsendestaaten Anwendung finde, ist jedoch rechtsirrtümlich.

Nach Art. 44 Abs. 3 des Vertrages über die Rechte und Pflichten ausländischer Streitkräfte und ihrer Mitglieder in der Bundesrepublik Deutschland vom 23. Oktober 1954 (BGBl. II S. 321 = Truppenvertrag), der, wie der Senat bereits mit Urteil vom 20. Dezember 1957 in 1 AZR 533/56 entschieden hat, verbindliches deutsches Gesetzesrecht darstellt, ist auf die Rechtsverhältnisse der Angestellten bei den Streitkräften das deutsche Arbeitsrecht anzuwenden, das für die Angestellten der deutschen Bundesbehörden gilt, es sei denn, es handele sich um tarifliche Vorschriften oder Art. 44 des Truppenvertrages enthalte eine abweichende Regelung. Das Betriebsverfassungsgesetz findet jedoch auf die Betriebe und Verwaltungen des Bundes keine Anwendung (§ 88 Abs. 1 BetrVG); dieses Gesetz enthält also kein deutsches Arbeitsrecht, das für Angestellte der deutschen Bundesbehörden gilt. Somit scheidet eine unmittelbare oder mittelbare Anwendung von Vorschriften des BetrVG auf die hier in ihrer Wirksamkeit umstrittene Kündigung, die nach Inkrafttreten des Truppenvertrages ausgesprochen worden ist, aus.

Aber auch die für die Angestellten des Bundes geltende Vorschrift des Personalvertretungsgesetzes vom 5. August 1955 (BGBl. I S. 477) gilt nicht für die bei den alliierten Streitkräften beschäftigten deutschen Arbeitnehmer. Daß eine unmittelbare Anwendung dieses Gesetzes nicht in Frage kommen kann, ergibt sich schon aus § 1, der den Geltungsbereich des Gesetzes positiv bestimmt (vgl. Dietz, PersVG 1956, § 1 Anm. 25; Molitor, Bundespersonalvertretungsgesetz, 2. Aufl. 1958, § 1 Anm. 4).

Auch eine mittelbare Anwendung dieses Gesetzes und damit seiner Bestimmungen über die Errichtung von Personalräten und ihre Mitwirkung bei Kündigungen (§ 70 Abs. 1 Buchst. b Ziff. 5, § 61) scheidet aus. Zur Zeit des Inkrafttretens des Truppenvertrages war das Personalvertretungsgesetz noch gar nicht in Kraft getreten. Der Truppenvertrag selbst ist aber eine zwischenstaatliche Vereinbarung, bei deren Auslegung vor allem auf den ausdrücklich oder stillschweigend erklärten Willen der Vertragschließenden abzustellen ist, so daß eine mittelbare Anwendung des später in Kraft getretenen Personalvertretungsgesetzes auf Arbeitsverhältnisse deutscher Arbeitnehmer bei den alliierten Streitkräften nur in Frage käme, wenn dies dem Willen der Vertragsschließenden entsprechen würde. Das ist aber nicht der Fall.

Schon 1953 erklärte Großbritannien als die eine vertragschließende Macht, daß das Betriebsverfassungsgesetz als nicht maßgebend für die Beschäftigung bei den Besatzungsbehörden oder Besatzungsstreitkräften anzusehen sei. Nach dem Inkrafttreten des Truppenvertrages richte sich die nach diesem Zeitpunkt von den britischen Streitkräften zu befolgende Betriebsratspolitik nach den einschlägigen Bestimmungen des Vertrages über die Rechte und Pflichten der Streitkräfte (BB 1953, S. 87). Schon diese Äußerung läßt erkennen, daß von dieser Seite an eine Anwendung deutschen Betriebsverfassungs- oder Personalvertretungsrechts auf Arbeitsverhältnisse deutscher Arbeitnehmer bei den alliierten Streitkräften nicht gedacht war. Eine entsprechende Auffassung vertrat die amerikanische Stationierungsmacht im Schreiben AG 230033 GPA vom 6. Mai 1955 nach Inkrafttreten des Truppenvertrages. Eine Einschränkung ist hier nur für das Kontrollratsgesetz Nr. 22 gemacht. Es kann hier aber dahingestellt bleiben, ob zur Zeit der Geltung des Kontrollratsgesetzes Nr. 22 auch die Arbeitsverhältnisse der bei den alliierten Streitkräften beschäftigten deutschen Arbeitnehmer von diesem Gesetz erfaßt wurden, weil es keine Mitwirkung eines Betriebsrats bei Kündigungen von Arbeitnehmern vorschreibt. Aus dem vorgenannten Schreiben ergibt sich weiter, daß die amerikanische Stationierungsmacht der Ansicht ist, die Regelung des Betriebsvertretungsrechts im Einzelfalle solle Betriebsvereinbarungen überlassen bleiben. Vor allem aber ist dem Schreiben der amerikanischen Stationierungsmacht zu entnehmen, daß auch sie der Auffassung ist, das Betriebsverfassungsrecht des Truppenvertrages sei ein eigenständiges Recht; die Vorschriften deutschen Betriebsverfassungsrechts seien nicht anzuwenden. Auch aus dem anläßlich des Inkrafttretens des TV AL gepflogenen Notenwechsels folgt, daß eine Anwendung deutschen Betriebsverfassungs- oder Personalvertretungsrechts bei Verwaltungen und Betrieben der alliierten Mächte und der Entsendestaaten nicht erfolgen sollte. In den Schreiben der Alliierten Hohen Kommission an den Bundeskanzler und Bundesfinanzminister vom 28. Januar 1955 ist nämlich zum Ausdruck gebracht worden, daß die Regelung betriebsverfassungsrechtlicher Fragen jedenfalls für die Zeit nach Inkrafttreten des Truppenvertrages lediglich Einzelbetriebsvereinbarungen überlassen bleiben sollte.

Auch die Bundesregierung ist bei Abschluß des Truppenvertrages nicht davon ausgegangen, es sei das Betriebsverfassungs- oder Personalvertretungsrecht auf die Arbeitsverhältnisse deutscher Arbeitnehmer bei den alliierten Streitkräften anzuwenden, das auf die entsprechenden Arbeitsverhältnisse bei deutschen Behörden oder Verwaltungen anzuwenden ist. Im Gegenteil: Aus der Beantwortung der Kleinen Anfrage Nr. 311 — Drucksache 2997 — durch die Bundesregierung (BT-Drucks. [2. Wahlperiode] Nr. 3120) ergibt sich, daß die Bundesregierung a n s t r e b e, für die deutschen Angestellten der Streitkräfte ein Betriebsverfassungsrecht einzuführen, das sich der Regelung des inzwischen in Kraft getretenen Personalvertretungsgesetzes annähere, eine Auffassung, die die Bundesregierung auch in einer Stellungnahme zu der Kleinen Anfrage in der BT-Drucks. (3. Wahlperiode) Nr. 198 vertreten hat (vgl. RdA 58, 142). Daraus folgt, daß die Bundesregierung noch in den Jahren 1957 und 1958 die Ansicht vertritt, die Vorschriften des Truppenvertrages könnten nicht so aufgefaßt werden, daß an die Stelle des Kontrollratsgesetzes Nr. 22

ohne weiteres und ohne besondere Vereinbarung mit den zuständigen ausländischen Mächten das Personalvertretungsgesetz des Bundes getreten sei. Wenn dem aber so ist, so kann keine Rede davon sein, daß seitens der Bundesregierung bzw. der Bundesrepublik Deutschland als des anderen vertragsschließenden Teiles des Truppenvertrages der Wille erklärt worden sei, Inhalt dieses Vertrages sei auch die Anwendung deutschen Betriebsverfassungs- oder Personalvertretungsrechts auf Arbeitsverhältnisse deutscher Arbeitnehmer bei den alliierten Streitkräften.

Die Nichtanwendung des Betriebsverfassungsgesetzes und des Personalvertretungsgesetzes verstößt auch nicht gegen Art. 3 Abs. 1 GG; denn die Rechtsverhältnisse der Angestellten bei den Streitkräften sind von denen der Angestellten im deutschen öffentlichen oder privaten Dienst so verschieden, daß eine unterschiedliche Regelung betriebsverfassungsrechtlicher Fragen nicht willkürlich, sondern gerechtfertigt ist.

Es gelten somit für die bei den Streitkräften beschäftigten deutschen Arbeitnehmer nur die betriebsverfassungsrechtlichen Vorschriften des Art. 44 Abs. 9 des Truppenvertrages. Es kann aber der Ansicht des Klägers nicht gefolgt werden, daß sich hieraus selbst ein Anhörungsrecht des Betriebsrats bei Kündigungen ergebe. Denn die betriebsverfassungsrechtlichen Vorschriften des Truppenvertrages, die eine vom deutschen Betriebsverfassungsrecht abweichende und abschließende Sonderregelung darstellen, können weder als Mitwirkungsrecht im Sinne der §§ 61, 70 PersVG noch als Anhorungsrecht im Sinne des § 66 Abs. 1 BetrVG aufgefaßt werden. Vielmehr ergibt sich aus dem klaren und eindeutigen Wortlaut des Art. 44 Abs. 9 des Truppenvertrages, daß der Betriebsrat lediglich Anspruch darauf hat, gehört zu werden, wenn er das für erforderlich hält, ohne daß dem eine Anhörungspflicht des Dienstherrn dergestalt entspricht, daß letzterer von sich aus an den Betriebsrat herantreten müßte, um ihn anzuhören. Es ist Sache des Betriebsrats, von sich aus die Initiative zu ergreifen, wenn er glaubt, gegenüber Maßnahmen der Streitkräfte begründete Einwendungen erheben zu können. Eine Verpflichtung der Dienststellen der Streitkräfte als Arbeitgeber, sich, bevor sie eine mit den Dienstverhältnissen ihrer deutschen Arbeitnehmer zusammenhängende Maßnahme treffen, mit dem Betriebsrat zu beraten, diesen zur Stellungnahme aufzufordern oder auch nur anzuhören, besteht nicht. Vielmehr sind nach der Vorschrift des Art. 44 Abs. 9 des Truppenvertrages die von den Dienststellen getroffenen Maßnahmen zunächst ohne Rücksicht auf eine etwaige Stellungnahme des Betriebsrats wirksam. Das Recht des Betriebsrats, gehört zu werden, beschränkt sich also darauf, sich, wenn er will, Gehör zu verschaffen, damit eine beabsichtigte Maßnahme z. B. unterbleibt oder eine getroffene zurückgenommen wird.

Art. 44 Abs. 9 des Truppenvertrages enthält keine besonderen Vorschriften für den Fall von Kündigungen, sondern bezieht sich auf alle arbeitgeberseitig getroffenen Maßnahmen. Wollte man annehmen, daß in all diesen Fällen ein die Wirksamkeit der Maßnahme berührendes Anhörungsrecht des Betriebsrats bestünde, und zwar selbst dann, wenn nach deutschem Betriebsverfassungsrecht lediglich ein Unterrichtungs- oder gar kein Mitwirkungsrecht des Betriebsrats vorgesehen ist, so würde die Stellung der Betriebsräte bei den Streitkräften in diesen Fällen eine stärkere sein als die der Personalräte im deutschen öffentlichen Dienst oder der Betriebsräte im Bereich der deutschen Privatwirtschaft, ein Ergebnis, das von keiner der vertragsschließenden Parteien des Truppenvertrags gewollt war.

Da hiernach eine gesetzliche Verpflichtung der Streitkräfte zur Anhörung des Betriebsrats oder zur Beratung mit diesem im Falle von Kündigungen nicht besteht, kann eine solche Verpflichtung nur aus etwaigen Betriebsvereinbarungen hergeleitet werden. Die bei Einführung des TV AL gemäß Schreiben der Alliierten Hohen Kommission vom 28. Januar 1955 empfohlene Musterbetriebsvereinbarung enthält eine solche Regelung für sich allein noch nicht. Vielmehr gilt diese nur für die Betriebe, in denen eine Betriebsvereinbarung gemäß dem Muster tatsächlich abgeschlossen ist. Auch das Schreiben des amerikanischen Hauptquartiers vom 6. Mai 1955 stellt noch keine verbindliche Regelung betriebsverfassungsrechtlicher Normen dar. Dieses Schreiben enthält vielmehr nur Richtlinien für den Abschluß von Betriebsvereinbarungen und über deren möglichen Inhalt. Erforderlich ist auch hiernach in jedem einzelnen Fall der Abschluß einer Betriebsvereinbarung.

Eine solche Betriebsvereinbarung ist hier am 19. April 1956, also vor Ausspruch der dem Kläger gegenüber erklärten Kündigung, zustande gekommen. Sie sieht ein irgendwie geartetes Mitwirkungsrecht des Betriebsrats bei Kündigungen, die aus disziplinarischem Anlaß erfolgt sind, nicht vor. Danach brauchte die Dienststelle des Klägers bei der Kündigung des mit dem Kläger abgeschlossenen Arbeitsvertrages, die aus disziplinarischen Gründen erfolgt ist, den Betriebsrat nicht einzuschalten. Die Kündigung ist also nicht deshalb unwirksam, weil der Betriebsrat nicht gehört worden wäre.

Da das Landesarbeitsgericht von seinem rechtsirrigen Standpunkt aus die Frage der Sozialwidrigkeit der dem Kläger gegenüber ausgesprochenen Kündigung nicht geprüft und in dieser Richtung keine Feststellungen getroffen hat, war der Senat nicht in der Lage zu entscheiden, ob die Voraussetzungen des § 1 KSchG gegeben sind. Daß diese Vorschrift auch auf die Angestellten bei den Streitkräften anzuwenden ist, ergibt sich aus Art. 44 Abs. 3 Satz 1 des Truppenvertrages.

51

Der Zuschuß des Arbeitgebers nach dem ArbKrankhG ist nach Kalendertagen zu berechnen.

ArbKrankhG § 1.

II. Senat. Urteil vom 13. Mai 1958 i. S. Fa. E. (Bekl.) w. K. (Kl.) 2 AZR 47/58

I. Arbeitsgericht Berlin. — II. Landesarbeitsgericht Berlin.

Die Klägerin hat in der Zeit vom 4. Juli 1955 bis zum 8. August 1957 bei der Beklagten als Arbeiterin (Werkstatteinrichterin) gearbeitet. Im Juni 1957 erzielte sie einen Nettoarbeitsverdienst von 197,01 DM. Im Betrieb der Beklagten wird an 5 Tagen in der Woche gearbeitet. Der Lohn wird im Monat abgerechnet. Am 27. Juli 1957 (einem Sonnabend) erkrankte die Klägerin bis zum Donnerstag, dem 8. August 1957. Die Krankenkasse zahlte ihr nach Ablauf der ersten beiden Karenztage beginnend mit dem 29. Juli ein tägliches Krankengeld von 5,20 DM, und zwar für insgesamt 11 Kalendertage 57,20 DM. Die Beklagte, bei der die Klägerin wegen dieser Krankheit 9 Arbeitstage versäumt hatte, zahlte einen Arbeitgeberzuschuß nach dem Gesetz zur Verbesserung der wirtschaftlichen Sicherung der Arbeiter im Krankheitsfalle vom 26. Juni 1957 (ArbKrankhG) von insgesamt 5,72 DM. Sie ist zur Zahlung weiterer 2,09 DM bereit.

Die Klägerin hält den ihr gewährten Zuschuß für zu gering und hat vorgetragen, der Zuschuß müsse so hoch sein, daß sie insgesamt den Unterschiedsbetrag zwischen dem ihr gewährten Krankengeld und 90 % des Nettoarbeitsverdienstes als Zuschuß bekommen, den sie unter Zugrundelegung des Nettoarbeitsverdienstes im Monat Juni 1957 während der Krankheitszeit erzielt hätte, wenn sie nicht an den in diese Krankheitszeit fallenden Arbeitstagen durch diese Krankheit an der Arbeitsleistung verhindert gewesen wäre. Der Nettoverdienst des Monats Juni 1957 müsse deshalb auf 20 Arbeitstage verteilt werden, wenn man von einer Lohnperiode von 28 Tagen (20 Arbeitstage, 8 arbeitsfreie Tage) ausgehe. Das ergebe einen arbeitstäglichen Verdienst von 9,85 DM.

9 Arbeitstage seien in die Krankheitszeit gefallen, dafür hätte die Klägerin 9 × 9,85 DM Lohnausfall gehabt, insgesamt 88,65 DM. Den Unterschiedsbetrag zwischen 90 % von diesen 88,65 DM (= 79,79 DM) und dem für 11 Tage gezahlten Krankengeld (= 57,20 DM) müsse die Beklagte als Arbeitgeberzuschuß nach dem ArbKrankhG zahlen, insgesamt also 22,59 DM. Da die Beklagte nur 5,72 DM gezahlt habe, rechtfertige sich die Klageforderung in Höhe von 16,87 DM.

Die Beklagte ist demgegenüber der Ansicht, daß der Zuschuß von ihr richtig berechnet sei. Er müsse so ermittelt werden, daß der Nettoarbeitsverdienst nicht für den einzelnen Arbeitstag, sondern für jeden Kaländertag zu ermitteln sei. Bei einer 4wöchigen Lohnperiode von 28 Kalendertagen und 20 Arbeitstagen sei also der von der Klägerin in der vorhergehenden Lohnperiode erzielte Nettoarbeitsverdienst von 197,01 DM nicht durch Teilung dieses Betrages durch 20, sondern mit 28 für jeden Kalendertag zu ermitteln. Dann ergebe sich ein kalendertäglicher Nettoarbeitsverdienst von 7,04 DM. Der kalendertägliche Zuschuß stelle sich damit auf den Unterschiedsbetrag zwischen 90 % von 7,04 DM = 6,33 DM und dem kalendertäglichen Krankengeld von 5,20 DM, also auf 1,13 DM.

Beide Vorinstanzen haben sich der Ansicht der Klägerin angeschlossen.

Die Revision der Beklagten führte zur Aufhebung und Zurückverweisung an das Landesarbeitsgericht.

Aus den Gründen:

Zwischen den Parteien besteht Streit darüber, wie nach dem Gesetz zur Verbesserung der wirtschaftlichen Sicherung der Arbeiter im Krankheitsfalle (ArbKrankhG) der Zuschuß des Arbeitgebers zu berechnen ist.

Es trifft zwar zu — wie das Landesarbeitsgericht ausführt —, daß das Gesetz zur Verbesserung der wirtschaftlichen Sicherung der Arbeiter im Krankheitsfalle vom 28. Juni 1957 (ArbKrankhG) auf Anregungen zurückzuführen ist, die ursprünglich zum Ziele hatten, den Arbeiter im Krankheitsfalle den Angestellten gleichzustellen und ihm damit den Lohnanspruch gegen den Arbeitgeber in vollem Umfange auf die Dauer von 6 Wochen zu erhalten. Damit wäre dem Arbeiter ein arbeitsvertraglicher Anspruch auf Fortzahlung des vollen Lohnes im Krankheitsfalle gegen seinen Arbeitgeber eingeräumt worden. Diese Anregungen sind aber in der ursprünglichen Form nicht zum Gesetz geworden. Stattdessen hat der Gesetzgeber einen anderen Weg gewählt: Durch das Gesetz zur Verbesserung der wirtschaftlichen Sicherung der Arbeiter im Krankheitsfalle ist einmal das von der gesetzlichen Krankenversicherung dem Arbeiter im Krankheitsfalle zu gewährende sozialversicherungsrechtliche Krankengeld erhöht worden, zum anderen ist dem Arbeitgeber die arbeitsvertragliche Pflicht auferlegt worden, zu diesem Krankengeld dem Arbeiter einen Zuschuß zu geben. Der Gesetzgeber hat entgegen den Ausführungen des Landesarbeitsgerichts nicht die Lösung gewählt, daß einerseits alle Krankengeldzahlungen und andererseits 90 % des während der Krankheit entgangenen Verdienstes (berechnet nach dem Durchschnittsverdienst der letzten 4 den Lohnperioden des Betriebes entsprechenden Wochen) gegenübergestellt werden und dann dem Arbeitgeber aufgegeben wird, die sich so ergebende Differenz dem Arbeitnehmer als Zuschuß zu zahlen. Das Gesetz sagt vielmehr in § 1 Abs. 1 Satz 1 lediglich, daß der Arbeiter im Krankheitsfalle von dem Arbeitgeber einen Zuschuß zum Krankengeld erhalten muß. Dieser Zuschuß ist, wie sich aus § 1 Abs. 1 Satz 4 ergibt, für die Tage zu zahlen, für die der Arbeiter Kranken- oder Hausgeld aus der gesetzlichen Krankenversicherung erhält. Damit wird auf die tägliche — nach Kalendertagen berechnete und gewährte — Leistung der Krankenkasse abgestellt und auf die Zuschüsse des Arbeitgebers zu diesen täglichen Leistungen. Es ist im Gegensatz zu der Ansicht des Landesarbeitsgerichts nicht auf die Differenz zwischen den Gesamtleistungen der Krankenkasse aus der Krankengeldgewährung einerseits und dem Gesamtverdienst, der entgangen ist, andererseits abgestellt. Das Gesetz hat dem Arbeitgeber nicht aufgegeben, durch seine Zuschußzahlung den Arbeiter so zu stellen, daß er durch Krankengeld und Zuschuß auf 90 % des in den vorhergehenden Lohnperioden erzielten Verdienstes (Nettoverdienstes) kommt. Deshalb ist die vom Landesarbeitsgericht im Ergebnis gebilligte Berechnungsweise der Klägerin, die zu der Klageforderung von 16,87 DM führt, mit dem Gesetz nicht vereinbar. Eine solche vielleicht mögliche Lösung hat der Gesetzgeber nicht gegeben. Vielmehr muß nach dem klaren Wortlaut des Gesetzes für jeden Krankheitstag (Krankengeldtag) die Zuschußzahlung des Arbeitgebers in der Weise berechnet werden, daß gegenübergestellt wird einerseits das Krankengeld für diesen Tag und andererseits der Nettoverdienst ebenfalls für diesen Tag, wobei letzterer nach § 2 Satz 2 a. a. O. zu berechnen ist. Das Gesetz ist sonach den Weg gegangen, dem Arbeiter für jeden Kalendertag, für den er Krankengeld bezieht, durch die Zuschußleistung des Arbeitgebers 90 % seines Nettoarbeitsentgeltes zukommen zu lassen, auf das er (unter Zugrundelegung des letzten nach § 2 ArbKrankhG zu berechnenden Nettoarbeitsentgeltes) gekommen wäre, wenn er auch für diesen Kalendertag (Krankengeldtag) Arbeitsentgelt verdient hätte. Es ist also auf den einzelnen Tag der Krankheit und den an diesem ausgefallenen Verdienst abgestellt, nicht auf die gesamte Krankkeitsdauer und den gesamten Verdienstausfall. Das Gesetz hat eindeutig den Weg eines Zuschusses zu den täglichen Leistungen der Krankenkasse gewählt, nicht aber schlechthin bestimmt, daß der Arbeitgeber die Differenz zwischen 90 % des gesamten wegen der Krankheit des Arbeitnehmers entgangenen Nettoverdienstes und den gesamten Krankengeldzahlungen zu tragen hat.

Aus diesen Feststellungen folgt jedoch noch nicht, wie die Zuschüsse des Arbeitgebers zu berechnen und zu gewähren sind, nach kalendertäglichem oder nach arbeitstäglichem Verdienst. Diese Frage ist im Schrifttum stark umstritten (vgl. dazu Dersch, Betrieb 1958, S. 516 und die dort gegebenen Nachweise), sie wird auch in der Rechtsprechung der Gerichte für Arbeitssachen bisher nicht einheitlich beurteilt.

Für die Zugrundelegung nur der Arbeitstage bei der Ermittlung des Nettoarbeitsentgelts könnte sprechen, daß der Arbeitgeber dem Arbeiter als Lohnempfänger Arbeitsentgelt nur für die an den Arbeitstagen geleistete Arbeit zahlt. Andererseits ist zu berücksichtigen, daß der Arbeiter mit seinem so erarbeiteten Verdienst seinen Lebensunterhalt auch für die arbeitsfreien Tage bestreiten muß. Der besseren Sicherung dieses Lebensunterhaltes dient das Gesetz zur Verbesserung der wirtschaftlichen Sicherung der Arbeiter im Krankheitsfalle.

Diese Zielsetzung sowie der Wortlaut und der Inhalt des Gesetzes führen eindeutig zu dem Ergebnis, daß die Umrechnung des Arbeitsverdienstes auf Kalendertage erforderlich ist und der Zuschuß zu diesem auf Kalendertage errechneten Arbeitsverdienst für jeden Kalendertag zu zahlen ist, und zwar so, daß damit der Arbeiter durch die Krankengeldgewährung einerseits und die Zuschußgewährung andererseits auf 90 % des Nettoarbeitsverdienstes für jeden in die Zeit der Arbeitsunfähigkeit fallenden Kalendertag kommt, den er für diesen Kalendertag verdient hätte, wenn er nicht arbeitsunfähig krank gewesen wäre. Dabei wird zur Berechnung dieses entgangenen Verdienstes auf die Regelung des § 2 zurückgegriffen. Es wird also davon ausgegangen, daß für jeden Kalendertag in der Krankheit 90 % des Verdienstes zu zahlen sind, den der Arbeitnehmer für jeden Kalendertag während der letzten 4 Wochen den Lohnperioden des Betriebes entsprechenden Wochen erzielt hat.

Diese Auslegung des Gesetzes ergibt sich zunächst aus § 1 Abs. 1 ArbKrankhG. Danach hat der Arbeitgeber zu dem Krankengeld einen Zuschuß zu gewähren. Aus § 1 Abs. 1 Satz 2 folgt, daß der Zuschuß in Höhe des Unterschiedsbetrages zwischen dem Krankengeld und 90 % des

Nettoarbeitsverdienstes nach § 2 zu zahlen ist und aus § 1 Abs. 1 Satz 4 folgt schließlich, daß der Zuschuß für die Tage, also für jeden einzelnen Tag, zu zahlen ist, für die der Arbeiter Krankengeld erhält, also für die „Krankengeldtage". Aus dieser Gesamtregelung des Gesetzes folgt, daß die Sicherung des Arbeiters im Krankheitsfalle nach wie vor zunächst in der durch das ArbKrankhG erhöhten Krankengeldzahlung besteht. Die Krankengeldleistung ist nach wie vor die Hauptleistung zur Sicherung des Arbeitnehmers (Dersch, a. a. O., S. 517). Die aus der Krankengeldzahlung an den Arbeiter fließenden Beträge sollen durch die Zuschußzahlung im wirtschaftlichen Ergebnis für den Arbeiter verbessert werden. Zuschuß ist nur für die Krankengeldtage zu geben, andererseits aber auch für jeden Krankengeldtag (§ 1 Abs. 1 Satz 4 ArbKrankhG). Ist also der Zuschuß für jeden Tag der Krankengeldzahlung zu gewähren, also als Zuschuß für jeden Kalendertag, so folgt daraus, daß Fehltage, an denen zwar Krankengeld, aber kein Zuschuß gewährt wird, vom Gesetz nicht vorgesehen sind. Aus dieser Regelung ergibt sich zwingend, daß auch bei arbeitsfreien Tagen Zuschuß gewährt werden muß, sofern nur für diese arbeitsfreien Tage Krankengeld gewährt wird. Eine Auslegung des Gesetzes dahin, daß für einzelne Tage (arbeitsfreie Tage) nur Krankengeld gezahlt wird, während für andere Tage (Arbeitstage) Krankengeld und Zuschuß gezahlt wird, ist sonach mit dem Wortlaut und dem Inhalt des Gesetzes nicht vereinbar. Im Hinblick auf diese Regelung des Gesetzes kann sie auch damit nicht gerechtfertigt werden, daß der arbeitsfähige Arbeiter die Mittel zu seinem Lebensunterhalt nur an den Arbeitstagen verdiene.

Die Krankengeldzahlung ist ihrer Höhe nach konstant; sie bestimmt sich nach gesetzlichen Regelungen außerhalb des § 1 ArbKrankhG. Für die Anwendung dieses Gesetzes muß die gesetzlich festgelegte Berechnung des Krankengeldes als einer der dem Arbeiter im Krankheitsfalle zukommenden Leistungen als gegeben hingenommen werden. Insbesondere muß also als gegeben hingenommen werden, daß sich das Krankengeld nach den Regelungen der Reichsversicherungsordnung (RVO) bestimmt und, daß nach diesen Regelungen der RVO (§ 182 Abs. 1 RVO) das Krankengeld für alle Kalendertage gezahlt wird, obwohl das Arbeitsentgelt nur für Arbeitstage entrichtet wird. Die Krankengeldleistung wird nach § 180 RVO nach dem Grundlohn berechnet. Als Grundlohn gilt dabei der auf den Kalendertag entfallende Teil des Arbeitsentgeltes. Für die Berechnung des Krankengeldes findet damit eine Umrechnung des nur an den Arbeitstagen verdienten Arbeitsentgeltes auf Kalendertage statt. Dabei ist kraft ausdrücklicher Bestimmung der RVO die Woche mit 7 Tagen, der Monat mit 30 Tagen und das Jahr mit 360 Tagen angesetzt.

Diese Vorschriften der RVO ermöglichen die konstante Berechnung des Krankengeldes für jeden Kalendertag ohne Rücksicht darauf, ob es sich bei diesen Kalendertagen um arbeitsfreie Tage oder um Arbeitstage handelt. Für die arbeitsfreien Tage wird durch Umrechnung des Arbeitsentgelts auch auf die arbeitsfreien Tage nach dem in der RVO ausdrücklich vorgeschriebenen Verfahren ein „Arbeitsentgelt" als konstante Summe für jeden Kalendertag zur Errechnung des Krankengeldes, das für jeden Kalendertag zu gewähren ist, ermittelt. Der Arbeiter erhält das Krankengeld in dieser konstanten Größe für jeden Kalendertag ausgezahlt, nicht nur für Arbeitstage, vielmehr auch für arbeitsfreie Tage, und zwar auch für durch Einführung der 5-Tagewoche gewonnene arbeitsfreie Tage.

Die danach konstante Größe des für jeden Kalendertag zu zahlenden und zu errechnenden Krankengeldes soll nach dem ArbKrankhG bis zu einer anderen Größe aufgestockt werden, und zwar dahin, daß 90 % des Nettoarbeitsverdienstes (§ 2) an jedem Kalendertag der Krankkeit (Krankengeldtag) erreicht werden. Wenn die kalendertägliche Krankengeldleistung aufgestockt wird, soll also erreicht werden, daß die auf den Kalendertag abgestellten Einnahmen des Arbeiters aus der Krankengeldgewährung höher werden, und zwar durch den daneben zu gewährenden Zuschuß des Arbeitgebers. Da sonach eine kalendertägliche Einnahme (Leistung der Krankenkasse) durch die Zuschußzahlung verbessert werden soll, so muß notwendig diese Zuschußleistung als Zuschuß zu einer kalendertäglichen Leistung ebenfalls nach Kalendertagen gewährt und berechnet werden. Denn wenn von einer kalendertäglichen Leistung (Krankengeld) ausgegangen werden soll, so muß die Erhöhung, um die diese Leistung für jeden Kalendertag verbessert werden soll, ebenfalls nach Kalendertagen festgesetzt werden.

Als Wert, um den verbessert werden soll, ist, wenn das Gesetz im Ergebnis die Gesamtbezüge des Arbeiters im Krankheitsfalle auf 90 % des für den Krankheitstag entgangenen Nettoarbeitsverdienstes bemessen will, der Betrag zu ermitteln, der als kalendertäglicher Zuschuß zu den kalendertäglichen Leistungen der Krankenkasse erforderlich ist, damit der Arbeiter auf 90 % seines nach § 2 zugrundezulegenden Nettoarbeitsverdienstes für jeden Kalendertag kommt, für den der Zuschuß gewährt werden soll. Das Gesetz zur Verbesserung der wirtschaftlichen Sicherung der Arbeiter im Krankheitsfalle weist keinen eigenen Weg zur Errechnung dieses Zuschusses des Arbeitgebers. Dies tut insbesondere § 2 nicht, wie das Landesarbeitsgericht zutreffend hervorhebt. Denn diese Vorschrift bestimmt nur den Begriff des Nettoarbeitsentgeltes (Satz 1) und sagt, welcher Nettoverdienst der Berechnung zugrundezulegen ist, nicht aber, wie sich diese Berechnung zu vollziehen hat. Der Betrag des Zuschusses steht entgegen den Beträgen des Krankengeldes und der 90 % des Nettoarbeitsverdienstes nicht nach den Regelungen innerhalb oder außerhalb des Lohnfortzahlungsgesetzes als konstante Größe fest, sondern muß für jeden Krankengeldtag einheitlich berechnet werden. Die Notwendigkeit zu einer solchen Berechnung hat der Gesetzgeber offenbar bewußt in Kauf genommen. Er hat zwar davon Abstand genommen, im ArbKrankhG ausdrückliche Vorschriften über die Berechnungsweise für den Zuschuß des Arbeitgebers zu treffen. Es kann jedoch nicht davon ausgegangen werden, daß dem Gesetzgeber die Tatsache der Zahlung des Krankengeldes einerseits nach Kalendertagen und der Zahlung des Arbeitsentgeltes andererseits nach Arbeitstagen unbekannt war. Wenn aber eine Berechnung des Zuschusses erforderlich ist, so muß dieser Zuschuß für die Tage errechnet werden, für die er gewährt werden soll, also für Kalendertage.

Diese Errechnung ist nicht in der Weise möglich, daß für arbeitsfreie Tage (insbesondere Sonntage und bei 5-Tage-Woche Sonnabende) ein fiktiver Lohn in der Weise zugrundegelegt wird, daß für diese arbeitsfreien Tage der gleiche Lohn angenommen wird, den der Arbeiter an Arbeitstagen erzielt hat oder hätte. Man kann also bei einer 6-Tage-Woche, in der ein Arbeiter 90,— DM verdient hätte, nicht zusätzlich weitere 15,— DM in Ansatz bringen und dann das auch für den Sonntag gezahlte Krankengeld auf 90 % von 15,— DM = 13,50 DM aufstocken. Dieser Berechnung würde die Tatsache entgegenstehen, daß ein solches Nettoeinkommen von dem Arbeiter auch an gesunden Tagen nicht verdient worden wäre.

Die Errechnung kann vielmehr nur in der Weise vorgenommen werden, daß das für die Arbeitstage gezahlte Entgelt für die Berechnung auch des Zuschusses ebenso wie bei der Krankengeldberechnung auf Kalendertage umgerechnet wird. Denn es liegt nahe, dann, wenn für die Berechnung der einen von zwei dem Arbeiter zukommenden Leistungen (des Krankengeldes) gesetzliche Berechnungsvorschriften bestehen, die gleichen Berechnungsvorschriften auch für die andere Leistung (den Zuschuß) zumindest entsprechend anzuwenden. Dafür spricht insbesondere, daß beide Leistungen einheitlich zweckbestimmt sind: sie sollen, als Einheit gesehen, die wirtschaftliche Sicherung des Arbeiters im Krankheitsfalle verbessern.

Es sind sonach auch für die Berechnung des Arbeitgeberzuschusses zum Krankengeld die Vorschriften der §§ 182, 180 RVO anzuwenden. Die Woche ist zu 7 Tagen und der Monat zu 30 Tagen anzusetzen. Bei einer Lohnperiode von 4 Wochen ist daher der in dieser Periode erzielte Nettolohn für jeden Kalendertag, Arbeitstag wie arbeitsfreien Tag, dadurch zu ermitteln, daß der Betrag des Nettolohnes der ganzen 4 Wochen durch 28 zu teilen ist, während bei einer Lohnperiode von einem Monat der erzielte Nettolohn durch 30 zu teilen ist. So ist das Nettoarbeitsentgelt als die für die Berechnung des für jeden Kalendertag zu zahlenden Zuschusses erforderliche Größe zu ermitteln. Damit steht einerseits die Höhe des kalendertäglichen Krankengeldes und andererseits der Betrag, auf den durch die Zuschußzahlung für jeden Kalendertag die gesamten Einnahmen des Arbeiters für jeden Kalendertag erhöht werden sollen, fest. Der Arbeiter erhält insgesamt durch Krankengeld und Zuschuß 90 % des so ermittelten kalendertäglichen Nettoarbeitsverdienstes. Damit kann der für jeden Kalendertag (mag dieser ein Arbeitstag oder ein arbeitsfreier Tag sein) zu gewährende Zuschuß durch Subtraktion des Krankengeldes von 90 % des unter Heranziehung der Vorschriften der RVO ermittelten kalendertäglichen Nettoverdienstes errechnet werden.

Auf diesem Weg kann also der an den Arbeitstagen der letzten vier Wochen (des letzten Lohnabrechnungszeitraumes) erzielte Arbeitsverdienst des Arbeiters auch für die Berechnung des Zuschusses ebenso wie für die Berechnung des Krankengeldes auf Kalendertage umgerechnet werden. Dieser Weg ist der nach dem Gesetz allein mögliche Weg, denn wenn das Gesetz von einer Zuschußleistung zu einer anderen Leistung spricht, ohne für die Berechnung der Zuschußleistungen eine Regel zu geben, so muß die Zuschußleistung nach denselben Regeln berechnet werden wie die andere Leistung. Wird die eine Leistung durch Umrechnung des nur an den Arbeitstagen verdienten Entgelts auf Kalendertage ermittelt, so ist auch die andere Leistung, der Zuschuß, als Zuschuß zu einer kalendertäglichen Leistung nach Kalendertagen durch die gleiche Umrechnung zu ermitteln.

Entgegen der Ansicht der Klägerin und des Landesarbeitsgerichts spricht gegen die Berechnungsmethode auch nicht der Gedanke, daß dem erkrankten Arbeiter die Lohnfortzahlung bis zur Höhe von 90 % des Nettoarbeitsverdienstes in jedem Fall gewährleistet sein müsse. Das Gesetz zur Verbesserung der wirtschaftlichen Sicherung der Arbeiter im Krankheitsfalle beruht nicht auf dem sogenannten Lohnausfallprinzip. Es bestimmt insbesondere nicht, daß der Arbeiter im Krankheitsfalle auf *die ganze Zeit der Arbeitsunfähigkeit gesehen* immer auf 90 % seines Nettoverdienstes kommen müsse. Dies ergibt sich bereits daraus, daß dem Arbeiter nicht 90 % des Lohnes gewährt werden sollen, den er erzielt hätte, wenn er nicht krank geworden wäre, sondern daß ihm lediglich ein Zuschuß zu dem Krankengeld zukommen soll. Diese Zuschußzahlung ist nicht auf den insgesamt entgangenen Arbeitsverdienst abgestellt, sondern auf die für Kalendertage errechnete und gewährte Krankengeldzahlung. Der Berechnung ist der Arbeitsverdienst der letzten vier den Lohnperioden des Betriebes entsprechenden Wochen zugrundezulegen. Daraus ergibt sich, daß bei einer Änderung des Arbeitsverdienstes in den Lohnperioden, in denen der Arbeiter noch gearbeitet hat, und in den Lohnperioden in denen er krank war, der Arbeiter entweder begünstigt wird (wenn in der Krankheitszeit weniger gearbeitet worden wäre als in den letzten 4 Wochen) oder aber benachteiligt wird (wenn in der Krankheitszeit mehr gearbeitet worden wäre als in den letzten 4 Wochen). Auch hieraus folgt, daß das ArbKrankhG nicht auf den tatsächlich entgangenen Lohn abstellt. Es findet nicht ein Ausgleich des ganzen Lohnausfalls in der ganzen Krankheitszeit, sondern nur eine Zuschußzahlung unter Zugrundelegung des auf die einzelnen Kalendertage zu errechnenden Verdienstes für diese Kalendertage statt. Das Gesetz gewährt gerade nicht — im Gegensatz zur Rechtstellung der Angestellten — dem Arbeiter für die Dauer der Krankheitszeit einen Anspruch auf Fortzahlung eines nach § 2 ArbKrankhG zu berechnenden Lohnes in der Höhe, wie er ihn ohne die Krankheit erzielt hätte, sondern hat lediglich dem Arbeitgeber auferlegt, einen für jeden Krankengeldtag (= Kalendertag) zu errechnenden Zuschuß zu den auf den Kalendertag abgestellten und für jeden Kalendertag gewährten Leistungen der Krankenkasse zu zahlen.

Es trifft zwar zu, daß bei dieser auf Kalendertage abgestellten Zuschußberechnung im einzelnen Fall nach dessen besonderen Ausgestaltung hinsichtlich des Verhältnisses der in die Krankheitszeit fallenden Arbeitstage und arbeitsfreien Tage der Arbeiter in der ganzen Lohnperiode, während deren er nur zeitweise krank war, auf mehr oder weniger als 90 % des Arbeitsentgeltes kommen kann, das er in den nach § 2 zugrundezulegenden letzten 4 Wochen erzielt hat. Dies beruht darauf, daß die Krankengeldzahlung auf Kalendertage abgestellt ist und daß damit auch der Zuschuß auf Kalendertage abzustellen ist, obwohl der Arbeitsverdienst nur an Arbeitstagen erarbeitet wird. Derartige Unebenheiten müssen aber im Hinblick auf die Regelung des Gesetzes, die eine Zuschußzahlung zu dem kalendertäglichen Krankengeld für jeden Kalendertag vorsieht und damit nur einen kalendertäglichen Lohnausgleich regelt, in Kauf genommen werden. Sie treten insbesondere, und zwar noch in verstärktem Maße, auch bei einer Berechnung des Zuschusses nach Arbeitstagen auf, wenn entgegen dem Gesetz der so berechnete Zuschuß nur für Arbeitstage, nicht aber für jeden Tag der Krankengeldgewährung gezahlt wird.

Sonach muß auch im vorliegenden Fall der Zuschuß nach Kalendertagen berechnet werden.

52

Der Arbeiter, der innerhalb der ersten vier Wochen nach der rechtlichen Begründung des Arbeitsverhältnisses erkrankt, hat nach dem ArbKrankhG vom Beginn der 5. Woche an den Anspruch auf die Gewährung des Zuschusses mit der Maßgabe, daß die 6-Wochenfrist mit dem Beginn der Erkrankung zu laufen beginnt.

ArbKrankhG § 1.

II. Senat. Urteil vom 13. Mai 1958 i. S. W. (Bekl.) w. H. (Kl.) 2 AZR 656/57.

I. Arbeitsgericht Nürnberg. — II. Landesarbeitsgericht Bayern in Nürnberg.

Der Kläger arbeitete bei dem Beklagten als Stukkateur im Arbeitsverhältnis seit dem 10. Juli 1957 gegen einen Stundenlohn von 2,61 DM bei 45stündiger Arbeitszeit. Am 27. Juli 1957 wurde er durch einen Betriebsunfall bis zum 18. August 1957 arbeitsunfähig krank. Er verlangt vom 7. August 1957 an bis zum 18. August 1957 den Zuschuß des Arbeitgebers zum Krankengeld nach dem Gesetz zur Verbesserung der wirtschaftlichen Sicherung der Arbeiter im Krankheitsfalle vom 26. Juni 1957 (ArbKrankhG), den er mit insgesamt 7,32 DM berechnet.

Zur Rechtfertigung seines Klageanspruchs hat er vorgetragen, er sei nach Ablauf von 4 Wochen seit der rechtlichen Begründung seines Arbeitsverhältnisses zuschußberechtigt. Daß er während und wegen seiner Krankheit nicht 4 Wochen bei dem Beklagten habe tatsächlich arbeiten können, stehe dem Anspruch nicht entgegen, denn durch die Erkrankung sei das Arbeitsverhältnis weder beendet noch unterbrochen. Die Höhe des geltend gemachten Anspruchs rechtfertige sich daraus, daß sein Arbeitsverdienst nach dem Durchschnitt der letzten 3 Wochen zu berechnen sei, während deren er bei der Beklagten tatsächlich gearbeitet habe. Für diesen Fall müsse § 2 ArbKrankhG entsprechend ausgelegt werden.

Der Beklagte hat demgegenüber vorgetragen, der Kläger könne deshalb keinen Zuschuß verlangen, weil er nicht 4 Wochen bei ihm tatsächlich gearbeitet habe. § 1 Abs. 2 ArbKrankhG stelle insoweit eine Schutzvorschrift zugunsten des Arbeitgebers dar. Der Anspruch sei auch der Höhe nach nicht gerechtfertigt, denn nach § 2 a. a. O. sei nur der während der 4 letzten Wochen erzielte Verdienst der Zuschußberechnung zugrundezulegen, auch wenn der Arbeiter nur 3 Wochen tatsächlich gearbeitet habe. Sonach ergebe sich ein Arbeitsverdienst des Klägers von 9,81 DM täglich. Dieser Arbeitsverdienst liege unter dem dem Kläger gewährten Krankengeld von 12,50 DM.

Die Klage hatte in allen Instanzen Erfolg.

Aus den Gründen:

Der kraft Zulassung statthaften und ordnungs- und fristgemäß eingelegten Revision mußte der Erfolg versagt bleiben.

Der Arbeiter, der innerhalb der ersten 4 Wochen nach der rechtlichen Begründung des Arbeitsverhältnisses erkrankt, hat, wie das Landesarbeitsgericht zutreffend angenommen hat, vom Beginn der 5. Woche an den Anspruch auf Gewährung des Zuschusses des Arbeitgebers zum Krankengeld nach dem ArbKrankhG mit der Maßgabe, daß die 6-Wochenfrist dieses Gesetzes mit dem Beginn der Krankheit zu laufen beginnt.

Aus § 1 Abs. 1 Satz 1 ArbKrankhG folgt, daß jeder Arbeiter, der infolge Krankheit an seiner Arbeitsleistung verhindert ist, ohne daß ihn ein Verschulden trifft, gegen seinen Arbeitgeber einen Anspruch auf Zahlung eines Zuschusses zu den Leistungen aus der gesetzlichen Kranken- oder Unfallversicherung hat. Aus dieser Fassung des Gesetzes folgt, daß der Anspruch bereits durch die Begründung des Arbeitsverhältnisses und mit dieser als Ausfluß der Fürsorgepflicht des Arbeitgebers entsteht. Denn diese Vorschrift räumt den Anspruch nicht nur solchen Arbeitnehmern ein, die bereits 4 Wochen bei dem Arbeitgeber tatsächlich beschäftigt waren, sondern ohne Rücksicht auf die Zeit der tatsächlichen Arbeitsleistung jedem Arbeiter, der im Arbeitsverhältnis zu dem Arbeitgeber steht. Wenn der Gesetzgeber eine solche Beschränkung des Kreises der anspruchsberechtigten Arbeitnehmer gewollt hätte, hätte es nahe gelegen, dies durch eine entsprechende Fassung im Gesetz zum Ausdruck zu bringen. Insoweit ist auf die rechtssystematisch ähnliche Regelung des § 1 KSchG zu verweisen: Kündigungsschutz wird nur solchen Arbeitnehmern eingeräumt, die länger als 6 Monate ohne Unterbrechung in demselben Betrieb oder Unternehmen beschäftigt sind und das 20. Lebensjahr vollendet haben. Während § 1 KSchG sonach den Kreis der geschützten Arbeitnehmer begrenzt, bestimmt § 1 Abs. 1 ArbKrankhG ohne eine solche Begrenzung, daß alle Arbeiter den Anspruch auf Zuschußzahlung nach diesem Gesetz haben. Aus der unterschiedlichen Regelung hinsichtlich des Kündigungsschutzes und hinsichtlich der Zuschußzahlung im Krankheitsfall muß entnommen werden, daß im Falle des

KSchG eine bestimmte Dauer des Arbeitsverhältnisses Voraussetzung für den Eintritt des Kündigungsschutzes ist, während im Fall des ArbKrankhG die Dauer des Arbeitsverhältnisses nicht materielle Anspruchsvoraussetzung sein sollte. Aus § 1 Abs. 1 Satz 1 ArbKrankhG folgt sonach, daß der Anspruch vom ersten Tag des bestehenden Arbeitsverhältnisses an kraft Gesetzes jedem Arbeiter, also auch dem, der in den ersten 4 Wochen nach Beginn des Arbeitsverhältnisses erkrankt, gegeben ist. Wenn § 1 Abs. 2 dann bestimmt „der Zuschuß nach Abs. 1 wird erst nach 4wöchiger ununterbrochener Dauer des Arbeitsverhältnisses bei demselben Arbeitgeber gewährt", so ist aus dieser Fassung nur zu entnehmen, daß die tatsächliche Auszahlung des Zuschusses (auf den nach Abs. 1 Satz 1 ein Anspruch vom Beginn des Arbeitsverhältnisses an besteht) unterbleibt, wenn nicht die in § 1 Abs. 2 erwähnte 4-Wochenfrist abgelaufen ist. Aus dem Zusammenhang der Regelungen in Abs. 1 und Abs. 2 des § 1 ergibt sich sonach, daß bereits mit dem rechtlichen Beginn des Arbeitsverhältnisses ein in doppelter Richtung bedingter Anspruch auf den Zuschuß des Arbeitgebers zum Krankengeld entsteht: Der Zuschuß ist einmal bedingt von dem Eintritt eines die Arbeitsunfähigkeit verursachenden Krankheitsfalles, der Leistungen aus der gesetzlichen Kranken- oder Unfallversicherung auslöst und der ohne Verschulden des Arbeitnehmers eingetreten ist, und weiter in der tatsächlichen Auszahlung aufschiebend bedingt dadurch, daß vor oder nach Eintritt des Krankheitsfalles die 4wöchige Dauer des Arbeitsverhältnisses erreicht ist. Tritt diese aufschiebende Bedingung ein, so wird mit dem Tage des Eintritts dieser Bedingung der Anspruch zu einem unbedingten, die Pflicht zur tatsächlichen Gewährung des Zuschusses ausgelöst. Vom Beginn der 5. Woche seit der rechtlichen Begründung des Arbeitsverhältnisses und damit auch der Begründung des bedingten Rechtsanspruchs auf den Zuschuß ist also der Zuschuß auszuzahlen. Da aber der Anspruch als solcher schon mit dem Eintritt der Arbeitsunfähigkeit rechtlich besteht, ist die Frist von 6 Wochen, für die nach § 1 Abs. 1 Satz 4 ArbKrankhG der Zuschuß zu zahlen ist, vom Eintritt der Arbeitsunfähigkeit an zu rechnen, nicht erst von dem Tage, von dem an der Zuschuß nach § 1 Abs. 2 ArbKrankhG zu gewähren ist.

Wenn § 1 Abs. 2 ArbKrankhG bestimmt, daß der Zuschuß nach 4wöchiger ununterbrochener „Dauer des Arbeitsverhältnisses" bei demselben Arbeitgeber gewährt wird, so ist auch aus dieser Fassung des Gesetzes ersichtlich, daß der Anspruch bereits dann besteht, wenn ein Arbeitsverhältnis rechtlich begründet worden ist und dieses Arbeitsverhältnis 4 Wochen ununterbrochen gedauert hat. Die rechtliche Begründung des Arbeitsverhältnisses reicht auch nach der Fassung des § 1 Abs. 2 aus; auch sie stellt es nicht auf die tatsächliche Beschäftigung ab. Beide Voraussetzungen sind mit Wirkung vom 7. August (Ablauf von 4 Wochen) zugunsten des Klägers erfüllt. Der Kläger ist am 10. Juli 1957 in den Dienst des Beklagten getreten. Damit ist zwischen den Parteien ein Arbeitsverhältnis rechtlich begründet worden. Erkrankt ist der Kläger am 27. Juli, also zu einem Zeitpunkt, in dem das am 10. Juli begründete Arbeitsverhältnis zwischen den Parteien bereits und noch von Bestand war. Das im Rechtssinne am 10. Juli 1957 begründete Arbeitsverhältnis ist insbesondere auch über den Tag der Erkrankung des Klägers hinaus als rechtliches, die Fürsorgepflicht des Arbeitgebers, die auch in dem ArbKrankhG eine Konkretisierung erfahren hat, auslösendes Band zwischen Arbeitnehmer und Arbeitgeber von Bestand geblieben. Es ist durch die Erkrankung des Klägers weder unterbrochen noch gar beendet worden. Daß die Erkrankung eines Arbeitnehmers und die daraus folgende Arbeitsunfähigkeit nicht zur Unterbrechung oder Beendigung des Arbeitsverhältnisses ohne weitere rechtsgestaltende Maßnahmen des Arbeitgebers oder Arbeitnehmers führen, ergibt sich unmittelbar aus dem Gesetz. Dieser Grundsatz folgt insbesondere für gewerbliche Arbeiter auch aus § 123 Abs. 1 Nr. 8 und § 124 Abs. 1 Nr. 4 der GewO; denn die dort genannten Kündigungsrechte auch für den Fall der Erkrankung setzen voraus, daß das Arbeitsverhältnis trotz der Erkrankung des Arbeitnehmers fortbesteht und auch nicht unterbrochen wird. Gerade auch aus § 3 ArbKrankhG folgt ebenfalls, daß das Arbeitsverhältnis eines erkrankten Arbeiters nicht durch die Erkrankung beendet oder unterbrochen wird. § 3 ArbKrankhG ist zudem, indem es die Gewährung des Zuschusses auf den rechtlichen Bestand des Arbeitsverhältnisses abstellt, nicht aber auf die tatsächliche Arbeitsleistung, ein deutliches Anzeichen dafür, daß auch im Sinne des § 1 ArbKrankhG allein der rechtliche Bestand des Arbeitsverhältnisses maßgebend ist für die Frage, ob ein Zuschußanspruch als Rechtsanspruch besteht oder nicht.

Aus § 1 Abs. 2 ArbKrankhG ergibt sich also entgegen der Annahme der Revision nicht, daß der Arbeiter vier Wochen bei demselben Arbeitgeber tatsächlich Arbeit geleistet haben muß, um zuschußberechtigt zu sein. Die materiellen Anspruchsvoraussetzungen für den Zuschußanspruch als Rechtsanspruch regelt nicht § 1 Abs. 2, sondern § 1 Abs. 1. Dies ergibt sich auch äußerlich daraus, daß § 1 Abs. 2 mit den Worten „der Zuschuß nach Abs. 1" eingeleitet wird. § 1 Abs. 1 stellt es aber nicht auf die tatsächliche Beschäftigung des Arbeiters, sondern auf den Bestand des Arbeitsverhältnisses im Rechtssinne ab.

Wenn die Revision daraus, daß nach § 1 Abs. 1 ArbKrankhG der Zuschuß für jeden Tag, für den der Arbeiter Krankengeld oder Hausgeld bekommt, zu zahlen ist, folgert, eine Auslegung dahin, daß der in den ersten 4 Wochen erkrankte Arbeiter erst vom Beginn der fünften Woche den Zuschuß erhalte (also für die vorhergehenden Tage keinen Zuschuß erhalte), sei unmöglich, denn entweder müsse der Arbeiter vom 1. Tag der Gewährung von Krankengeld auch den Zuschuß des Arbeitgebers erhalten (was angesichts des § 1 Abs. 2 ArbKrankhG nicht möglich sei) oder aber überhaupt nicht, so kann dem nicht gefolgt werden. § 1 Abs. 2 setzt gedanklich die Grundregel des § 1 Abs. 1 voraus und läßt sie unberührt; § 1 Abs. 2 bestimmt nur, daß die Zuschuß z a h l u n g im Hinblick auf den nach § 1 Abs. 1 a. a. O. begründeten Rechtsanspruch erst mit der 5. Woche tatsächlich einsetzt. Hierin liegt auch entgegen der Ansicht des Beklagten kein Verstoß gegen den Gleichheitsgrundsatz und den Gleichberechtigungsgrundsatz des Grundgesetzes und des Arbeitsrechts. Denn es wird im Gesetz sachlich aus Gründen differenziert, die auf die Dauer des Arbeitsverhältnisses abgestellt sind. Es ist deshalb zulässig, daß der eine Arbeiter (der nach mehr als 4wöchiger Dauer des Arbeitsverhältnisses erkrankt) bereits mit dem Einsetzen der Krankengeldzahlung in den Genuß des Zuschusses kommt und ihn für volle sechs Wochen behält, während der andere (der in den ersten 4 Wochen des Arbeitsverhältnisses erkrankt) bis zum Ende der 4. Woche nur das Krankengeld und erst mit Beginn der 5. Woche den Zuschuß erhält und sich auch die davor liegende Zeit seiner Krankheit auf die 6-Wochenfrist des § 1 Abs. 1 Satz 4 ArbKrankhG anrechnen lassen muß. Die von dem Beklagten aus § 1 Abs. 1 ArbKrankhG hergeleiteten Bedenken stehen also nicht der Annahme entgegen, daß der in den ersten 4 Wochen eines Arbeitsverhältnisses erkrankte Arbeiter den Zuschußanspruch gegen seinen Arbeitgeber vom Beginn der 5. Woche an geltend machen kann, wobei jedoch auf die 6-Wochenfrift auch die Krankheitstage innerhalb der ersten 4 Wochen des Arbeitsverhältnisses anzurechnen sind.

Dem steht auch nicht, wie die Revision annimmt, die Vorschrift des § 2 ArbKrankhG entgegen. Die Bedeutung dieser Vorschrift erschöpft sich darin, den Begriff des Nettoarbeitsentgelts in Satz 1 zu regeln und Vorschriften für die Berechnung dieses Nettoarbeitsentgelts in Satz 2 zu treffen. Aus einer solchen Vorschrift kann aber nichts über die in § 1 des Gesetzes geregelten materiellen Anspruchsvoraussetzungen hergeleitet werden. § 2 enthält keine materiellen Regelungen über die Anspruchsbegründung, sondern setzt diese als gegeben voraus. Sie kann auch nicht zur Auslegung dieser Regelungen herangezogen werden, da sie eben nur den Begriff des Nettoarbeitsentgelts und dessen Berechnung bestimmt. In diesem Zusammenhang kann unerörtert bleiben, ob die Berechnungsvorschriften des § 2 vollständig sind oder aber insofern unvollständig, als sie den Fall einer Erkrankung in den ersten 4 Wochen nach Beginn des Arbeitsverhältnisses nicht behandeln. Das würde nur eine ausfüllbare und auszufüllende Lücke in den Berechnungsvorschriften bedeuten, nicht aber eine Einschränkung hinsichtlich der materiellen Anspruchsvoraussetzungen beinhalten.

Das so gewonnene Ergebnis entspricht auch dem in den Bundestagsberatungen zum Ausdruck gebrachten Ziel, sich bei der Lohnfortzahlungsregelung für Arbeiter im Krankheitsfalle der der Angestellten anzugleichen. Die Arbeiter sollten grundsätzlich wie Angestellte auf 6 Wochen in den Genuß des um das Krankengeld verkürzten Arbeitsentgeltes kommen. Diese ursprünglich verfolgten Ziele sind zwar nicht in vollem Umfange zum Gesetz geworden. Statt des Anspruchs auf Fortzahlung des Arbeitsentgelts ist nach dem Gesetz vielmehr den Arbeitern neben einem erhöhten Krankengeld auch der Anspruch auf einen Zuschuß des Arbeitgebers zu diesem Krankengeld auf die Dauer von 6 Wochen gewährt worden. Gleichwohl entspricht es der allgemeinen Zielsetzung des Gesetzes, hinsichtlich der Anspruchsvoraussetzungen keine Unterschiede zwischen Angestellten und Arbeitern zu machen, soweit diese sich nicht unmittelbar aus dem Gesetz zur wirtschaftlichen Sicherung der Arbeiter im Krankheitsfall einerseits und den für Angestellte geltenden Regelungen andererseits ergeben. Es besteht zwar nach dem ArbKrankhG ein Unterschied zwischen Angestellten und Arbeitern auch insoweit, als für Arbeiter der Zuschuß erst nach vierwöchiger ununterbrochener Dauer des Arbeitsverhältnisses gewährt wird, während Angestellte, die in den ersten vier Wochen des Anstellungsverhältnisses erkranken, sofort den Anspruch auf Fortzahlung der Vergütung haben. Bei der allgemeinen Auslegung des Gesetzes zur Verbesserung der wirtschaftlichen Sicherung der Arbeiter im Krankheitsfalle ist aber die Zielrichtung der gesetzlichen Maßnahmen zu beachten. Deshalb müssen unterschiedliche Regelungen jedenfalls nicht ausdehnend ausgelegt werden. Auch dies spricht dafür, § 1 Abs. 2 ArbKrankhG lediglich als Wartefrist für die Gewährung, d. h. die Auszahlung des Zuschusses aufzufassen, nicht aber die tatsächliche Beschäftigung über 4 Wochen hinaus als materielle Anspruchsvoraussetzung in dem Sinne anzusehen, daß erst nach 4 Wochen ein Zuschußanspruch überhaupt rechtlich entsteht. Vielmehr entsteht auch für den Arbeiter wie für den Angestellten bereits mit dem rechtlichen Zustandekommen des Arbeitsverhältnisses ein Rechtsanspruch auf die Leistungen des Arbeitgebers im Krankheitsfalle, für den Arbeiter jedoch mit der Maßgabe, daß diese nur in einem Zuschuß zum Krankengeld bestehen und daß die tatsächliche Zahlung des Zuschusses erst nach Ablauf von vier Wochen seit dem Zustandekommen des Arbeitsverhältnisses einsetzt. Diesen Zuschuß hat dann der Arbeitgeber bis zur Dauer von 6 Wochen seit Beginn der Arbeitsunfähigkeit zu zahlen; die Krankheitstage in den ersten vier Wochen des Arbeitsverhältnisses sind also anzurechnen, ohne daß eine Nachzahlung eines Zuschusses für diese Krankheitstage erfolgt.

Sonach ist der vom Kläger verfolgte Anspruch dem Grunde nach gerechtfertigt. Es stellt insbesondere auch keine mißbräuchliche Rechtsausübung dar, wenn der Kläger diesen Anspruch geltend macht. Dafür, daß der Kläger in Kenntnis einer bereits bestehenden Krankheit unter deren Verschweigen das Arbeitsverhältnis eingegangen ist, um alsbald wegen Krankheit der Arbeit fernzubleiben, besteht keinerlei Anhalt. Hiergegen spricht schon die Tatsache, daß die Krankheit des Klägers auf einem Betriebsunfall beruht.

Die Parteien streiten weiter über die Frage, wie der Zuschuß zu berechnen sei. Dieser Streit beruht darauf, daß der Kläger vor seiner Erkrankung nicht volle 4 Wochen lang von dem Beklagten Entgelt bezogen hat, sondern bereits nach 3 Wochen erkrankt ist. § 2 ArbKrankhG stellt es auf den Nettoverdienst während der letzten 4 den Lohnperioden des Betriebes entsprechenden Wochen ab. Diese Berechnungsgrundlage versagt hier, weil der Kläger nicht 4 Wochen lang Lohn von dem Beklagten bezogen hat. Insoweit besteht also eine Lücke in dem Gesetz, als der Fall einer Erkrankung in den ersten 4 Wochen in § 2 nicht hinsichtlich der Berechnung des Zuschusses geregelt ist. Diese Lücke kann aber aus dem Sinn des Gesetzes heraus geschlossen werden. Im Gegensatz zu der Annahme des Landesarbeitsgerichts, das den hier gegebenen Fall nur nach § 2 Satz 1 behandeln will, muß auch in diesem Fall von Satz 2 als der Berechnungsregel des Gesetzes ausgegangen werden. Diese muß dahin ergänzt werden, daß bei einem Arbeitsverhältnis, das noch nicht 4 Wochen gedauert hat, der Durchschnitt des während der Dauer der Tätigkeit erzielten Arbeitsentgelts unter Berücksichtigung der Tatsache, daß es bereits in weniger als 4 Wochen verdient ist, der Berechnung des Zuschusses zugrundezulegen ist. Da das Krankengeld für jeden Tag gewährt wird, muß auch, wie der Senat in dem zur Veröffentlichung bestimmten Urteil vom 13. Mai 1958 — 2 AZR 47/58 — des näheren ausgeführt hat, das Arbeitsentgelt auf Kalendertage umgestellt werden. Da das Gesetz von einer Zeitspanne von 4 Wochen ausgeht, muß in einem Fall, in dem der Arbeitnehmer erst 3 Wochen gearbeitet hat, gleichwohl aber zuschußberechtigt ist, entweder zur Gewinnung der in § 2 Satz 2 gegebenen Berechnungsgrundlage des Arbeitsentgeltes für 4 Wochen für die 4. Woche der gleiche Verdienst wie der Durchschnittsverdienst der 3 vorhergehenden Wochen eingesetzt und dann durch 28 geteilt werden oder aber es muß von dem in 3 Wochen erzielten Arbeitsentgelt ausgegangen und dann durch 21 geteilt werden. Beide Berechnungsarten führen zum gleichen Ergebnis. Im Falle des Klägers ergibt sich ein kalendertäglicher Verdienst von 13,11 DM. Dieser ist also so zu berechnen, als seien auch Sonntage und sonstige arbeitsfreie Tage durch Verteilung des an den Arbeitstagen erzielten Verdienstes auch auf diese arbeitsfreien Tage mit bezahlt worden. Der Kläger macht daher mit Recht einen Anspruch auf einen kalendertäglichen Zuschuß von 0,61 DM zu dem ihm gewährten Krankengeld von kalendertäglich 12,50 DM geltend.

53

1. Ein Sportunfall, der zur Arbeitsunfähigkeit führt, ist Unglück im Sinne der §§ 133c GewO, 63 HGB u. 616 BGB.

2. Er ist unverschuldetes Unglück, wenn es sich um einen nicht besonders gefährlichen Sport handelt, der die Leistungsfähigkeit des Sporttreibenden nicht wesentlich übersteigt.

3. Bei einer sportlichen Betätigung gegen Entgelt (Vertragsspieler der Fußballoberliga) widerspricht es Treu und Glauben, wenn der Arbeitnehmer sich bei einer durch diese sportliche Betätigung erlittenen und zur Arbeitsunfähigkeit führenden Verletzung wegen der Zahlung des 6-Wochengehaltes an den Arbeitgeber hält. Einem solchen Verlangen steht die Einrede der Arglist entgegen.

GewO § 133c; HGB § 63; BGB § 616.

II. Senat. Urteil vom 30. Mai 1958 i. S. Fa. P. & Co. (Bekl.) w. W. (Kl.) 2 AZR 451/55.

I. Arbeitsgericht Köln. — II. Landesarbeitsgericht Düsseldorf in Köln.

Der damals 20 Jahre alte Kläger war als technischer Zeichner gegen ein Nettogehalt von DM 232,40 in den Jahren 1953 und 1954 bei der Beklagten im Anstellungsverhältnis beschäftigt. Im Herbst 1953 schloß er einen Vertragsspielervertrag mit einem der Fußballoberliga angehörenden Verein ab, auf Grund dessen er eine monatliche Aufwandsentschädigung von DM 80,— erhielt. Nachdem der Kläger bereits im November 1953 bei einem Spiel einen Bluterguß im Knie erlitten hatte und deshalb etwa 8 Tage lang arbeitsunfähig krank gewesen war, zog er sich am 18. März

1954 bei einem Trainingsspiel mit einer anderen Mannschaft des Fußballvereins eine Meniskusverletzung zu. Er wurde wegen dieser Verletzung in einem Sportkrankenhaus vom 24. März bis zum 17. April 1954 stationär behandelt und dort auch operiert. Nach der Entlassung aus dem Krankenhaus nahm er seinen Dienst bei der Beklagten am 5. Mai 1954 wieder auf.

Mit dem Vortrag, es handele sich bei diesem Sportunfall um ein unverschuldetes Unglück, nimmt der Kläger die Beklagte auf Fortzahlung des 6-Wochengehaltes nach § 133c Abs. 2 der GewO in Anspruch.

Die Beklagte ist dem gegenüber der Ansicht, es liege kein Unglück vor, jedenfalls aber kein unverschuldetes Unglück. Auch stehe der Geltendmachung des Anspruchs die Einrede der Arglist entgegen, denn für die Folgen eines Sportunfalls, wie ihn der Kläger erlitten habe, dürfe nicht der Arbeitgeber in der Form des 6-Wochengehalts herangezogen werden. Vielmehr müßten die Fußballvereine, die sich durch ihre Teilnahme an den Spielen in der Fußballoberliga wirtschaftliche Einnahmen sicherten, auch bei Verletzungen ihrer Spieler hinsichtlich der Heilungskosten und des Verdienstausfalls eintreten.

Beide Vorinstanzen hatten dem Kläger das 6-Wochengehalt zugesprochen.

Die Revision der Beklagten hat zur Abweisung der Klage geführt.

Aus den Gründen:

Dem Kläger, der als technischer Angestellter bei der Beklagten tätig war, steht nach § 133c Abs. 2 GewO im Falle der Nichtleistung der geschuldeten Dienste der Anspruch auf die vertragsmäßige Leistung des Arbeitgebers für die Dauer von 6 Wochen nur zu, wenn die Verrichtung der Dienste durch unverschuldetes Unglück verhindert worden ist. Jedoch mindern sich die Ansprüche um denjenigen Betrag, welcher dem Berechtigten aus einer auf Grund gesetzlicher Verpflichtung entstehenden Gegenleistung oder Unfallversicherung zukommt.

Dem Landesarbeitsgericht ist insoweit entgegen den Ausführungen der Revision beizutreten, als es angenommen hat, daß der Sportunfall, den der Kläger bei einem Trainingsspiel erlitten hat, ein Unglück im Sinne des § 133c Abs. 2 GewO ist. Der Kläger ist gegen seinen Willen bei einem Trainingsspiel erheblich verletzt worden. Die Verletzung war so schwer, daß sie eine Heilbehandlung in einem Krankenhaus erforderte und daß der Kläger auch operiert werden mußte. Sie hat zur zeitweisen Arbeitsunfähigkeit des Klägers geführt. Diese Verletzung stellte sich sonach als ein Unglück dar, das den Kläger getroffen hat und ihn auch an der Ausübung der Dienstleistung bis zum 5. Mai 1954 hinderte. In diesem Zusammenhang ist es unerheblich, ob es sich bei der Betätigung als Vertragsfußballspieler in einem Oberligaverein um einen gefährlichen Sport handelt oder nicht. Auch eine Körperbeschädigung nicht unerheblicher Art, die bei einem gefährlichen Sport gegen den Willen des Sporttreibenden eintritt, ist ein Unglück, das diesen Sporttreibenden trifft. An dem Vorliegen dieses Tatbestandsmerkmals des § 133c GewO kann sonach nicht gezweifelt werden.

Das Landesarbeitsgericht bejaht in seinen Entscheidungsgründen die Frage, ob es sich um ein unverschuldetes Unglück handelt. Rechtsprechung und Schrifttum zu der Frage, ob Sportunfälle ein verschuldetes oder ein unverschuldetes Unglück bei der Anwendung der Vorschriften der §§ 63 HGB und 133c GewO darstellen, erkennen einheitlich an, daß eine Sportbetätigung in vernünftigem Rahmen entsprechend der Leistungsfähigkeit des Sporttreibenden nicht bereits ein Verschulden in dem Sinne darstellt, daß dann jeder Unfall, der sich bei einer solchen Sportausübung ereignet, nicht mehr unverschuldetes Unglück sei. Dies gilt auch dann, wenn es sich um einen Sport handelt, bei dem die Gefahr von Unfällen nicht völlig ausgeschlossen ist. Eine sportliche Betätigung in vernünftigem Umfange ist heute Allgemeingut der arbeitenden Menschen. Sie wird nicht nur aus Freude am Sport, sondern gerade auch zur Gesunderhaltung des Körpers und zum Ausgleich für die Belastungen des Arbeitslebens ausgeübt. Ein Verschulden gegen den Arbeitgeber oder gegen sich selbst liegt sonach nicht vor, wenn ein Arbeitnehmer im Rahmen einer solchen allgemeinen Übung Sport treibt und dabei verletzt wird (vgl. Hueck-Nipperdey, Lehrbuch des Arbeitsrechts 1957, Band 1, S. 304; Nikisch, Arbeitsrecht 1955, S. 506; Würdinger HGB 2. Aufl., § 63 Anm. 1d; Schlegelberger-Schröder, HGB, 3. Aufl., § 63 Anm. 4; RAG 20, 322). Etwas anderes gilt dann, wenn es sich um einen besonders gefährlichen Sport handelt oder um einen Sport, der die Leistungsfähigkeit des Sporttreibenden, wie diesem bekannt ist, erheblich übersteigt. Liegt ein in diesem Sinne besonders gefährlicher Sport vor, so ist eine Körperverletzung, die der Sporttreibende dabei erleidet, nicht unverschuldet im Sinne der genannten Vorschriften, sondern verschuldet. Die sportliche Betätigung als solche muß dabei als eine Einheit angesehen werden. Handelt es sich um einen besonders gefährlichen Sport, den der Sporttreibende ausübt, so ist ein dabei erlittener Unfall auch dann verschuldet, wenn die besonderen Umstände, unter denen es zu dem Unfall gekommen ist, nicht besonders gefährlich waren. Denn durch die Aufnahme dieses besonders gefährlichen Sportes ist die Kausalkette in Gang gesetzt worden, die dann zu dem Unfall geführt hat. Entgegen der Annahme des Landesarbeitsgerichts kommt es also nicht darauf an, wie die konkreten Umstände anläßlich des Unfalls, den der Kläger erlitten hat, waren, ob es sich dabei um ein Kampfspiel oder ein Trainingsspiel gehandelt hat. Denn auch an dem Trainingsspiel hätte der Kläger nicht teilgenommen, wenn er sich nicht als Vertragsspieler für die Oberliga verpflichtet hätte.

Das Landesarbeitsgericht hat bei der Prüfung der Verschuldensfrage es im Hinblick darauf, daß es sich um ein Trainingsspiel handelte, dahingestellt sein lassen, ob das Fußballspiel als Mannschaftskampf in der Oberliga eine Gefahr besonderer Größe darstelle. Vom Standpunkt des Landesarbeitsgerichts, das es auf die Frage des Verschuldens abstellt, gesehen, durfte es diese Frage sonach nicht dahingestellt sein lassen. Das Landesarbeitsgericht mußte vielmehr von seinem Standpunkt aus prüfen, ob bereits das Fußballspielen in der Oberliga die Ausübung eines besonders gefährlichen Sports darstellt. Nur dann wäre eine Feststellung, ob der Kläger durch seine Betätigung als Vertragsspieler in der Oberliga den Unfall im Sinne des § 133c GewO verschuldet hat, möglich gewesen. Diese Sachaufklärung hätte sich im Hinblick auf das substantiierte Vorbringen der Beklagten nicht darauf beschränken dürfen, daß die Zahl aller Fußballspiele und aller Fußballspieler in der Bundesrepublik einerseits und die Zahl aller von diesen Fußballspielern erlittenen Unfälle andererseits gegenübergestellt werden. Die Beklagte hat ständig vorgetragen, gerade das Fußballspielen in der Oberliga sei besonders gefährlich, es sei jedenfalls im Hinblick auf den besonders harten Einsatz, mit dem dort gespielt werde, wesentlich gefährlicher als sonstiges Fußballspielen. Sie hat also nicht behauptet, daß das Fußballspiel ganz allgemein ohne Rücksicht darauf, bei welcher Gelegenheit und unter welchen Mannschaften es ausgeführt wird, besonders gefährlich sei. Diesem, gerade auf das Fußballspiel in der Oberliga abgestellten Vortrag der Beklagten hätte das Landesarbeitsgericht, notfalls nach Erlaß entsprechender Auflagebeschlüsse gemäß § 139 ZPO, nachgehen müssen. Es hätte z. B. durch klare Fragestellungen dem Fußballbund oder den Oberligavereinen gegenüber aufklären müssen, wieviel Spieler in der westdeutschen Oberliga zur streitigen Zeit tätig waren und wieviele von diesen Oberligaspielern sich bei den Wettkämpfen oder Trainingsspielen während ihrer Zugehörigkeit zu einer Oberligamannschaft Verletzungen mit der Folge einer zeitweiligen Arbeitsunfähigkeit zugezogen haben. Jedenfalls kann nicht das Fußballspielen ganz allgemein gleich gewertet werden.

Der Senat war jedoch nicht gehalten, die Sache zur weiteren Aufklärung insoweit an das Landesarbeitsgericht zurückzuverweisen. Denn der mit der Klage verfolgte Anspruch erweist sich bereits aus einem anderen Rechtsgrunde als nicht gerechtfertigt.

Aus den besonderen Umständen dieses Falles folgt, daß die Geltendmachung des Anspruchs durch den Kläger mit seinen ihm auch dem Arbeitgeber gegenüber obliegenden Pflichten in Widerspruch steht. Der Kläger hat den Unfall erlitten, als er als Vertragsspieler an einem Sport teilnahm, der sicher nicht ungefährlich in dem Sinne ist, daß die Gefahr von zur zeitweisen Arbeitsunfähigkeit führenden Verletzungen gering ist oder gar gänzlich ausscheidet. Als Vertragsspieler bezieht er für seine Tätigkeit Entgelt. Seine Tätigkeit unterscheidet sich also maßgebend von der anderer Sporttreibender, die sich sportlich lediglich deshalb betätigen, um Leibesübungen zu treiben und sich so gesund zu erhalten, ohne aus ihrer Sportausübung Entgelt oder sonstige wirtschaftliche Vorteile zu ziehen, vielmehr in der Regel für diesen Sport noch Aufwendungen machen. Die Lohnfortzahlung im Krankheitsfalle, wie sie § 63 HGB und § 133c GewO regeln, beruht auf dem Gedanken, den Arbeitnehmer vor den Wechselfällen des Schicksals in einem gewöhnlichen Leben, wie es auch andere Arbeitnehmer führen, zu schützen. Wenn also ein Arbeitnehmer einen nicht besonders gefährlichen Sport so treibt, wie ihn eine Vielzahl von Menschen treibt, und er dabei verletzt wird, so liegt ein im Leben üblicher Schicksalsschlag vor, den auszugleichen die Lohnfortzahlung durch den Arbeitgeber zum Ziele hat. Insoweit greift dann die in den §§ 133c GewO, 63 HGB und 616 BGB zum Ausdruck gekommene Fürsorgepflicht des Arbeitgebers ein. Anders aber ist es dann, wenn der Arbeitnehmer sich gegen Entgelt sportlich betätigt. Hier entspricht es der Billigkeit, daß derjenige, der aus dieser entgeltlichen Betätigung seinen Nutzen zieht und für den sie ausgeübt wird, auch die wirtschaftlichen Folgen aus solchen Unglücken zu tragen hat, die der bei ihm und für ihn gegen Entgelt tätige Sporttreibende erleidet. Daß heute das Spiel in der Oberliga nicht nur eine reine sportliche Betätigung im Interesse der Spieler ist, die die Oberligavereine allein aus Gründen der Gesundheitsförderung für die Spieler gerade der Oberligavereine betreiben, bedarf keiner näheren Begründung. Die Oberligavereine ziehen aus den Oberligaspielen, für die Eintrittskarten gegen Entgelt verkauft werden und bei denen häufig sehr viele Zuschauer erscheinen, erheblichen wirtschaftlichen Nutzen. Gerade aus diesem Grund sind alle Oberligavereine bestrebt, für das Kampfspiel in der Oberliga geeignete Spieler heranzuziehen. Sie sind deshalb auch bereit, diesen Spielern Einnahmen zukommen zu lassen. Gerade deshalb ist die Einrichtung der „Vertragsspieler" geschaffen. Die Oberligavereine betätigen sich also insoweit, als sie Vertragsspieler bestellen, auch zur Erzielung wirtschaftlicher Einnahmen. Zu einer solchen Betätigung gehört es dann auch, daß sie die Spieler, aus deren Tätigkeit sie wirtschaftlichen Nutzen ziehen und denen sie deshalb ein Entgelt zahlen, vor den Folgen von Unfällen, die sie bei der Ausübung des in der Oberliga auch auf Gewinnerzielung gerichteten Spielbetriebes erleiden, schützen. Sache der Oberligavereine ist es danach, bei Verletzung ihrer Vertragsspieler die soziale Sicherung dieser Vertragsspieler zu übernehmen. Es würde dem Grundsatz von Treu und Glauben und der Billigkeit widersprechen, wenn die Oberligavereine das Risiko der Folgen körperlicher Verletzungen und der dadurch eintretenden Arbeitsunfähigkeit ihrer Vertragsspieler nicht zu berücksichtigen brauchten, weil sie es auf den Arbeitgeber abwälzen könnten, bei dem diese Vertragsspieler außerhalb ihrer gegen Entgelt für den Oberligaverein sportlichen Betätigung im Arbeitsverhältnis stehen. Dies ist auch nicht mit der Erwägung gerechtfertigt, daß die Oberligavereine ihre Einnahmen zum wesentlichsten Teil zur Förderung des Breitensportes verwenden.

Diese besonderen Umstände des Spielens gegen Entgelt in einem Oberligaverein sind auch dem Arbeitnehmer, der sich neben seiner beruflichen Tätigkeit im Arbeitsleben als bezahlter Vertragsspieler sportlich betätigt, bekannt, sie sind damit auch dem Kläger bekannt gewesen. Wenn der Kläger gleichwohl sich bei einer zur Arbeitsunfähigkeit führenden Verletzung nicht an den Oberligaverein hält und auch nicht Wert auf eine Sicherung durch den Oberligaverein, etwa in der Form einer auch den Verdienstausfall ohne Inanspruchnahme des Arbeitgebers deckenden Sportversicherung, legt, so verstößt er gegen die ihn treffenden Pflichten aus dem Arbeitsverhältnis, wenn er dann die Beklagte als seine Arbeitgeberin auf Zahlung des 6-Wochengehalts bei einem in einer Oberligamannschaft erlittenen Unfall in Anspruch nimmt. Denn zu diesen Pflichten aus dem Arbeitsverhältnis gehört es auch, insoweit die Belange des Arbeitgebers zu wahren. Zu diesen Belangen des Arbeitgebers gehört es, nicht mit dem Risiko einer gegen Entgelt ausgeübten sportlichen Betätigung belastet zu werden, aus der ein anderer — der Oberligaverein — wirtschaftliche Einnahmen erzielt. Dem kann insbesondere nicht entgegengehalten werden, daß der Vertragsspieler von seinem Verein nach den zwischen beiden getroffenen Abmachungen wegen eines Verdienstausfalls nicht oder nur insoweit entschädigt wird, als keine Lohnfortzahlungsansprüche gegen den Arbeitgeber bestehen. Wer sich in eine nicht ungefährliche sportliche Betätigung begibt, für die er Entgelt annimmt, ohne sich andererseits durch Abmachungen mit dem, der ihn zu dieser nicht ungefährlichen Tätigkeit gegen Entgelt bestellt hat, zu sichern, handelt insoweit auf eigene Gefahr. Er kann also die Folgen einer solchen eigenen Unterlassung nicht auf den Arbeitgeber abwälzen.

Aus diesen Gründen verstößt die Geltendmachung des mit der Klage verfolgten Anspruchs gegen die den Kläger aus dem Arbeitsverhältnis treffenden Pflichten. Es bedeutet eine Überspannung der Fürsorgepflicht, wenn der Arbeitgeber für die Folgen solcher Unfälle aufkommen müßte, auch in der Form des 6-Wochengehalts, die sein Arbeitnehmer bei der Ausübung einer sportlichen Betätigung gegen Entgelt erlitten hat.

54

1. Die Statthaftigkeit der Divergenzrevision nach § 72 Abs. 1 Satz 3 ArbGG erfordert nicht die Rechtskraft der angeführten Entscheidung des anderen Landesarbeitsgerichts.

2. Die Zustimmung der Hauptfürsorgestelle für Schwerbeschädigte zu der vom Arbeitgeber ausgesprochenen Kündigung eines Schwerbeschädigten muß innerhalb der im gegebenen Fall in Frage kommenden Kündigungsfrist beantragt sein.

ArbGG 1953 § 72 Abs. 1 Satz 3; SchwBeschG 1953 §§ 1, 14.

II. Senat. Urteil vom 31. Mai 1958 i. S. Fa. ABG-Werke (Bekl.) w. W. (Kl.) 2 AZR 28/58.

I. Arbeitsgericht Hameln. — II. Landesarbeitsgericht Hannover.

Der Kläger ist deutscher Staatsangehöriger und 17 Jahre alt. Er wurde im Juli 1955 von der Beklagten als Bohrer eingestellt und erlitt bald darauf einen Betriebsunfall, durch den seine Erwerbsfähigkeit nicht nur vorübergehend um mindestens 50 v. H. gemindert wurde. Mit Wirkung vom 26. Mai 1956 wurde im Jahre 1957 seine Erwerbsfähigkeit infolge des erlittenen Betriebsunfalls rechtskräftig auf 50 v. H. festgesetzt. Am 2. November 1956 kündigte die Beklagte dem Kläger zum 16. November 1956. Am 16. Januar 1957 beantragte sie vorsorglich die Zustimmung der Hauptfürsorgestelle, über die jedenfalls bis zum Schluß der letzten mündlichen Verhandlung vor dem Landesarbeitsgericht noch nicht rechtskräftig entschieden worden ist.

Der Kläger hat beantragt festzustellen, daß hierdurch das Arbeitsverhältnis nicht aufgelöst worden sei.

Die Klage hatte in allen Instanzen Erfolg.

Aus den Gründen:

1. Da der Streitwert nur DM 1000,— beträgt, das Landesarbeitsgericht die Revision auch nicht gemäß § 69 Abs. 3 ArbGG zugelassen hat, ist die Revision nur statthaft, wenn die Voraussetzungen des § 72 Abs. 1 Satz 2 oder 3 ArbGG vorliegen. Die Revision macht insofern geltend, daß die angefochtene Entscheidung von der Entscheidung des Landesarbeitsgerichts Bremen vom 16. Mai 1956 — I Sa 98/55 — (BB 1956, S. 724) abweiche und auf dieser Abweichung beruhe.

Daß das angezogene Urteil noch nicht rechtskräftig ist, steht der Geltendmachung der Divergenz nicht entgegen, denn § 72 Abs. 1 Satz 3 ArbGG verlangt nicht das Vorliegen einer abweichenden rechtskräftigen Entscheidung eines anderen Landesarbeitsgerichts, sondern läßt, ebenso wie § 69 Abs. 3 ArbGG, das Vorliegen einer abweichenden Entscheidung eines anderen Landesarbeitsgerichts überhaupt genügen. Eine andere Auffassung wäre bei dem Wortlaut der Vorschrift, der insoweit auf keine Einschränkung hindeutet, dieserhalb mit dem Grundsatz der Rechtsmittelklarheit nicht zu vereinbaren.

Wollte man im Falle des § 72 Abs. 1 Satz 3 ArbGG die Divergenzrevision nur bei einer Bezugnahme auf rechtskräftige Entscheidungen der Landesarbeitsgerichte zulassen, so würde vor allem auch in dem Fall, in dem zwei Landesarbeitsgerichte zu gleicher Zeit dasselbe Rechtsproblem verschieden beurteilt haben und gegen beide Urteile Revision eingelegt ist, die Divergenz nicht auf diese Abweichung gestützt werden können. Damit aber würde gerade der Zweck der Divergenzrevision, die Rechtseinheit zu sichern, in sein Gegenteil verkehrt werden.

Eine Divergenz liegt auch sachlich vor. Das angefochtene Urteil beruht auf dem von ihm aufgestellten Rechtsgrundsatz, daß der Erwerb der Schwerbeschädigteneigenschaft unmittelbar durch die infolge des Betriebsunfalls herbeigeführte Erwerbsminderung eintritt, ohne daß ein unanfechtbar gewordener Rentenbescheid vorliegen muß. Demgegenüber gründet sich die angezogene Entscheidung des Landesarbeitsgerichts Bremen auf den von ihm aufgestellten Rechtsgrundsatz, daß der Schwerbeschädigtenschutz — ebenso wie nach dem Schwerbeschädigtengesetz vom 12. Januar 1923 — auch nach dem Schwerbeschädigtengesetz vom 16. Juni 1953 erst mit der Anerkennung der Schwerbeschädigteneigenschaft durch die zuständige Behörde beginne und daß dieser Feststellungsakt rechtsbegründend wirke. Die angefochtene Entscheidung beruht somit auf einer Abweichung von der angezogenen Entscheidung.

Wenn der Kläger meint, es liege deswegen nicht jeweils derselbe Komplex rechtlicher Erwägungen vor, da es sich im vorliegenden Falle um einen Betriebsunfall, bei dem vom Landesarbeitsgericht Bremen entschiedenen Fall jedoch um einen Kriegsbeschädigten gehandelt habe, die Personenkreise also unterschiedlich seien, so kann dem nicht gefolgt werden. § 1 SchwBeschG 1953 sagt einfach, daß Schwerbeschädigte Deutsche sind, die nicht nur vorübergehend um mindestens 50 v. H. in ihrer Erwerbsfähigkeit gemindert sind, gleichgültig ob es sich im übrigen um einen Kriegsbeschädigten oder um einen durch Arbeitsunfall beschädigten Arbeitnehmer handelt. Um die Tragweite jenes vom Gesetz normierten Sachverhaltes für die rechtlich bedeutsame Schwerbeschädigteneigenschaft geht es hier wie dort.

Der Kläger kann sich auch nicht hinsichtlich der von ihm geltend gemachten Unzulässigkeit der Revision auf die von ihm in Bezug genommenen Entscheidungen des Bundesarbeitsgerichts AP Nr. 1 zu § 10 BergmannsversorgungsscheinG NRW, AP Nr. 4 zu § 14 SchwBeschG 1953 und BAG 4, 101 stützen. Die erstgenannte Entscheidung bezieht sich nicht auf das Schwerbeschädigtengesetz, sondern auf das Gesetz über einen Bergmannsversorgungsschein im Lande Nordrhein-Westfalen vom 10. Juli 1948 und behandelt die Frage, wann der Schutz auf Grund des Schwerbeschädigtengesetzes beginnt, nur am Rande. Die dortigen Ausführungen über den Beginn der Schwerbeschädigteneigenschaft tragen die Entscheidung nicht, da das Urteil eben nicht einen Fall nach dem Schwerbeschädigtengesetz, sondern einen solchen nach dem Gesetz über den Bergmannsversorgungsschein von 1948 betrifft. Auf den besonderen, jenem Gesetz eigentümlichen Zweck und seine ihm eigene Fassung wird ausdrücklich abgehoben. Die Entscheidung vom 3. Januar 1957 befaßt sich nicht mit der Frage des Beginns der Schwerbeschädigteneigenschaft, sondern mit dem Problem des Erlöschens des Schwerbeschädigtenschutzes. Auch in der Entscheidung vom 7. Mai 1957 hat sich das Bundesarbeitsgericht nicht mit der Frage des Beginns der Schwerbeschädigteneigenschaft auseinandergesetzt, sondern mit der Frage, ob die Kündigung eines Schwerbeschädigten auch dann der Zustimmung der Hauptfürsorgestelle bedarf, wenn der Arbeitgeber die Schwerbeschädigteneigenschaft des Arbeitnehmers nicht kennt und mit der weiteren Frage, wann die in § 15 SchwBeschG 1953 vorgesehene Mindestkündigungsfrist beginnt.

Wohl aber hat der erkennende Senat in seinem zur Veröffentlichung in der „Amtlichen Sammlung" vorgesehenen Urteil vom 13. Februar 1958 (2 AZR 467/55) den Rechtssatz aufgestellt, daß die Schwerbeschädigteneigenschaft nach dem SchwBeschG 1953 durch den Anerkennungsbescheid nicht begründet, sondern nur bewiesen wird. Diese Entscheidung macht aber die eingelegte Revision nicht unstatthaft. Denn für die Zulässigkeit der sogenannten Divergenzrevision kommt es, wie das Bundesarbeitsgericht mehrfach entschieden hat (vgl. BAG 1, 224 ff., BAG 4, 101 [102]), darauf an, ob die Divergenz zur Zeit der Einlegung der Revision besteht und nicht darauf, ob sie zur Zeit der Entscheidung über die Revision durch ein in der Zwischenzeit ergangenes Urteil des Bundesarbeitsgerichts beseitigt war.

2. Die Revision ist danach zwar statthaft, sie ist aber unbegründet. Wie der Senat in der zuletzt genannten Entscheidung mit eingehender Begründung ausgeführt hat, ist die Schwerbeschädigteneigenschaft gegeben, wenn allein der Tatbestand des § 1 SchwBeschG 1953 vorliegt, ohne daß es noch einer besonderen Anerkennung bedarf. Die Ausführungen der Revision geben keinen Anlaß, diesen Standpunkt aufzugeben.

Daß der Kläger zur Zeit des Ausspruchs der Kündigung bereits Schwerbeschädigter im Sinne des Gesetzes war, hat das Landesarbeitsgericht ausdrücklich festgestellt, ergibt sich im übrigen auch daraus, daß im Laufe des Rechtsstreits die Minderung seiner Erwerbsfähigkeit durch die zuständige Behörde mit Wirkung vom 26. Mai 1956 rechtskräftig auf 50 % festgesetzt worden ist.

3. Die Beklagte bedurfte gemäß § 14 SchwBeschG 1953 zur Kündigung der Zustimmung der Hauptfürsorgestelle. Diese hat sie nach dem eigenen Vortrag der Beklagten erst am 16. Januar 1957, also nach Ablauf des Zeitpunktes, zu dem die Kündigung erfolgte, beantragt. Dann konnte aber auf keinen Fall die Kündigung noch das Arbeitsverhältnis beenden.

Nach § 15 zweiter Halbsatz SchwBeschG 1953 läuft zwar die Kündigungsfrist erst vom Eingang des Antrages bei der Hauptfürsorgestelle. Diese Bestimmung ist für die Fälle von Bedeutung, in denen dem Schwerbeschädigten zunächst gekündigt und erst danach die Zustimmung der Hauptfürsorgestelle beantragt wird. Der Arbeitgeber soll hierdurch gezwungen werden, den Antrag auf Zustimmung der Hauptfürsorgestelle möglichst bald zu stellen. Die Vorschrift bedeutet aber nicht, daß der Arbeitgeber jederzeit nach Ausspruch der Kündigung noch die zur Wirksamkeit der Kündigung erforderliche Zustimmung der Hauptfürsorgestelle beantragen kann, vielmehr muß der Antrag in jedem Fall noch innerhalb der dem Arbeitnehmer eingeräumten Kündigungsfrist gestellt werden. Läßt der Arbeitgeber die Kündigungsfrist verstreichen, ohne bis dahin die Zustimmung der Hauptfürsorgestelle auch nur beantragt zu haben, so kann der Antrag sich auf die ausgesprochene Kündigung überhaupt nicht mehr auswirken. Der kündigende Arbeitgeber hätte es nämlich sonst in der Hand, das Wirksamwerden der Kündigung beliebig lange hinauszuschieben. Eine solche Ungewißheit widerspräche dem Wesen der Kündigung.

Der Arbeitnehmer muß nämlich möglichst bald sehen können, wie lange er noch mit dem Fortbestehen des Arbeitsverhältnisses rechnen kann. Die Kündigung verliert deshalb endgültig ihre Wirksamkeit, wenn die Kündigungsfrist abgelaufen und die erforderliche Zustimmung noch nicht beantragt ist (vgl. die Entscheidung 1 AZR 242/55 vom 21. Februar 1958 für den Fall, daß eine Kündigung der Zustimmung der Betriebsvertretung bedurfte). Es kann auch nicht unter Hinweis auf die Bestimmung des § 17 SchwBeschG 1953 für das Schwerbeschädigtenrecht gefolgert werden, daß auch noch nach Ablauf der Kündigungsfrist die nach §§ 14 ff. SchwBeschG 1953 erforderliche Zustimmung wirksam beantragt werden könne. § 17 Abs. 1 Satz 2 SchwBeschG 1953 trifft vielmehr lediglich eine besondere Regelung für den Fall, daß die Entscheidung der Hauptfürsorgestelle noch nicht ergangen ist, nachdem die Kündigungsfrist ganz oder auf weniger als vier Wochen abgelaufen ist. In diesem Fall soll dem Schwerbeschädigten eine Schonfrist von vier Wochen eingeräumt werden, um zu vermeiden, daß ihm infolge des mit dem Zustimmungsverfahren verbundenen Zeitablaufs unbillige Nachteile entstehen. Über das Verhältnis zwischen dem Zeitpunkt der Stellung des Antrags auf Zustimmung der Hauptfürsorgestelle zur Kündigung und dem Zeitpunkt der Kündigungserklärung sagt die Vorschrift nichts. (Wie hier Verwaltungsgericht Freiburg vom 14. Oktober 1955, NJW 1956, 564; ferner wohl auch Becker, SchwBeschG, § 17 Anm. 2; Monjau, SchwBeschG, § 17 Anm. 2.)

55

1. Ist ein Angestellter am Gewinn des Geschäftsjahres vertraglich beteiligt, so ist der Gewinn des ganzen Geschäftsjahres auch dann maßgebend, wenn der Angestellte bereits im Laufe des Geschäftsjahres ausscheidet.

2. Mangels eindeutiger gegenteiliger Bestimmungen im Vertrage ist Abrechnungsgrundlage die für das ganze Geschäftsjahr zu erstellende Jahresbilanz; scheidet der Angestellte im Laufe des Geschäftsjahres aus, so bedarf es bei Fehlen entsprechender Vereinbarungen nicht der Aufstellung einer Zwischenbilanz zum Tage des Ausscheidens.

3. Beim Ausscheiden eines Angestellten im Laufe des Geschäftsjahres mindert sich betragsmäßig der ihm zustehende Anspruch auf den Gewinnanteil im Verhältnis der Zeit seiner Beschäftigung während dieses Geschäftsjahres zu dem ganzen Geschäftsjahr.

HGB § 59; BGB § 611.

II. Senat. Urteil vom 3. Juni 1958 i. S. H. (Kl.) w. A. (Bekl.) 2 AZR 406/55.

I. Arbeitsgericht Frankfurt/M. — II. Landesarbeitsgericht Frankfurt/M.

Der Kläger macht eine ihm von dem Kaufmann L. abgetretene Forderung auf Rückzahlung von Beträgen geltend, die L. dem Beklagten als Gewinnbeteiligung für die Zeit vom 1. Juli 1950 bis zum 31. Dezember 1950 und vom 1. Januar 1951 bis zum 30. Juni 1951, in der der Beklagte Angestellter des L. war, ausgezahlt haben soll.

Zwischen L. und dem Beklagten ist am 24. Juni 1950 ein Anstellungsvertrag mit folgendem — hier bedeutsamen — Inhalt zustandegekommen:

a) Der Beklagte übernahm im Betrieb des L. verantwortlich die Abteilung Mehl, Getreide, Futtermittel, Hülsenfrüchte und einschlägige Produkte.

b) Der Beklagte erhielt neben einem festen Gehalt „25 % des Reingewinns der Abteilung".

c) Der Reingewinn sollte vierteljährlich in einer Betriebsabrechnung vorläufig ermittelt werden, während die Regelung des endgültigen Jahresgewinns der Abteilung der vom vereidigten Bücherrevisor der Firma L. am Ende des Wirtschaftsjahres zu erstellenden Jahresbilanz überlassen bleiben sollte.

Das Wirtschaftsjahr sollte das Kalenderjahr sein. Für das Jahr 1950 sollte die Bilanzierung für die letzten sechs Monate am 31. Dezember 1950 erfolgen. Die Jahresbilanz für 1950 ist im Juli 1952 aufgestellt worden, die für 1951 danach, aber noch im Jahre 1952. Beide Bilanzen sind dem Beklagten trotz Aufforderung nicht zugänglich gemacht worden.

Das Anstellungsverhältnis zwischen L. und dem Beklagten endete am 30. Juni 1951.

In der Zeit zwischen dem 1. Juli 1950 und dem 30. Juni 1951 hat L. 41 500,— DM an den Beklagten gezahlt, nach Angaben des Beklagten auf den Gewinnanteil.

Der Kläger hat den Beklagten auf Zahlung von 33 000,— DM in Anspruch genommen und vorgetragen:

Tatsächlich sei aber ein Gewinn in der von dem Beklagten geleiteten Abteilung in der fraglichen Zeit nicht erzielt worden. Das gesamte Betriebsergebnis von 185 251,27 DM sei nämlich durch eine Forderung der Einfuhr- und Vorratsstelle Frankfurt/Main, die am 16./29. April 1952 vergleichsweise auf 200 000,— DM bemessen sei, aufgezehrt worden. Die von der Einfuhr- und Vorratsstelle geltend gemachte Forderung beträfe auch die Zeitspanne, in der der Kläger die Abteilung Mehl usw. im Laufe der Jahre 1950/51 geleitet habe.

Der Beklagte hat vorgetragen, der Betrag von 41 500,— DM sei ihm nicht in voller Höhe zugeflossen. Ein Teil dieses Betrages sei sofort an L. zurückgegeben worden, ein anderer Teil habe nicht den Gewinnanteil, sondern Gehalt und Spesenforderungen des Beklagten betroffen. Auch sei der vom Kläger behauptete Verlust für die Zeit vom 1. Juli 1950 bis zum 30. Juni 1951 nicht eingetreten, jedenfalls aber nicht für die Abteilung, an deren Gewinn der Beklagte beteiligt gewesen sei. Diese Abteilung habe vielmehr in der Zeit vom 1. Juli 1950 bis zum 30. Juni 1951 mit Gewinn gearbeitet, und zwar mit einem so hohen Gewinn, daß die Ansprüche des Beklagten aus der Gewinnbeteiligung höher als die dem Kläger gezahlten 41 500,— DM seien. Da der Kläger es auch verabsäumt habe, ihm eine Abrechnung zu erteilen und ihm insbesondere die Bilanzen für die Jahre 1950 und 1951 vorzulegen, könne er schon aus diesem Grunde den von ihm verfolgten Anspruch nicht geltend machen.

Die Klage hatte in keiner Instanz Erfolg.

Das Landesarbeitsgericht hat ausgeführt, der Anspruch des Klägers sei verjährt und sachlich nicht begründet. In den Bilanzen für 1950 und 1951 hätten nur die Geschäftsvorfälle berücksichtigt werden können, die in dieser Zeitspanne eingetreten seien. Für Forderungen, die der Höhe nach bei der Bilanzerstellung noch nicht festgestanden hatten, hätten zwar Rückstellungen vorgenommen werden können. Es sei aber unzulässig, in eine Bilanz und in eine Gewinn- und Verlustrechnung Rechnungsposten aufzunehmen, die erst in einem späteren Bilanzierungszeitraum buchungsmäßig erfaßt worden seien. Deshalb hätte L. in die Halbjahresbilanzen für die Zeitspannen vom 1. Juli 1950 bis 31. Dezember 1950 und vom 1. Januar 1951 bis 30. Juni 1951 nicht die Verbindlichkeiten einsetzen können, die aus dem am 16. April 1952 bzw. 29. April 1952 mit der Einfuhr- und Vorratsstelle geschlossenen Vergleich stammten. Lediglich insoweit hätten die Forderungen dieser Stelle berücksichtigt werden können, als in den beiden Halbjahresrechnungen Rückstellungen vorgenommen worden seien. In den Betriebsabrechnungen für die Zeit vom 1. Juli 1950 bis zum 30. Juni 1951 habe L. die Forderungen der Einfuhr- und Vorratsstelle nicht berücksichtigt, und zwar auch nicht in der Form von Rückstellungen. Deshalb ergebe sich aus dieser Betriebsabrechnung ein Gewinn von 173 251,27 DM, der die Grundlage für den Gewinnanteil des Beklagten darstelle.

Aus den Gründen:

I. Der Revision ist zwar zuzugeben, daß die von dem Kläger verfolgten Ansprüche noch nicht verjährt sind.

Nach dem zwischen L. und dem Beklagten geschlossenen Anstellungsvertrag sollte der Gewinn, an dem der Beklagte beteiligt war, vorläufig auf Grund einer Betriebsabrechnung ermittelt werden, während der endgültige Jahresgewinn der Abteilung der vom vereidigten Bücherrevisor der Firma L. am Ende des Geschäftsjahres zu erstellenden Bilanz überlassen bleiben sollte. Es ist zunächst davon auszugehen, daß, wenn von einer Bilanzerstellung am 31. Dezember gesprochen wird, damit eine Bilanzerstellung zum 31. Dezember gemeint ist. In der Bilanz eines Geschäftsjahres sind alle im Bilanzierungszeitraum zu erfassenden Rechnungsposten zusammenzustellen. Sie kann deshalb noch nicht am letzten Tage des Bilanzierungszeitraumes vorliegen, sondern muß zu diesem letzten Tage als Stichtag erstellt werden. Daraus ergibt sich, daß die Bilanz für das Jahr 1950 nicht am 31. Dezember 1950 bereits vorliegen mußte und konnte, sondern erst zu diesem Bilanzstichtag im Laufe des Jahres 1951 erstellt werden mußte und konnte.

Für das Jahr 1951, in dem der Beklagte nur bis zum 30. Juni 1951 im Betrieb des L. tätig war, brauchte entgegen der Annahme des Landesarbeitsgerichts eine Bilanz mit dem Bilanzstichtag des 30. Juni 1951 nicht erstellt zu werden. Denn aus den getroffenen Abreden ergibt sich, daß der Beklagte an dem Jahresgewinn seiner Abteilung beteiligt war. Der Jahresgewinn dieser Abteilung konnte aber erst zum Schluß des Geschäftsjahres 1951 ermittelt werden. Es ist davon auszugehen, daß auch dann, wenn ein am Gewinn eines Geschäftsjahres beteiligter Angestellter im Laufe eines Bilanzjahres ausscheidet, grundsätzlich nicht zu dem Tag des Ausscheidens eine Zwischenbilanz als Abrechnungsgrundlage zu erstellen ist. Vielmehr ist in einem solchen Falle auch für die Berechnung des Anteils am Jahresgewinn, der dem im Laufe des Bilanzjahres ausgeschiedenen Angestellten zukommt, die zum Schluß des Jahres aufgestellte Jahresbilanz maßgebend. Die Tatsache, daß der Angestellte bereits während des Bilanzjahres ausgeschieden ist, führt also grundsätzlich nicht zu der Notwendigkeit, eine Zwischenbilanz zum Tage des Ausscheidens dieses Angestellten aufzustellen; sie wirkt sich nur dahin aus, daß der Betrag, der dem Angestellten nach der Jahresbilanz bei einer Tätigkeit während des ganzen Geschäftsjahres zukommen würde, im Verhältnis der Zeit, während der er gearbeitet hat, zu der Zeit des ganzen Geschäftsjahres betragsmäßig herabgesetzt wird.

Aus den getroffenen Abreden ergibt sich insbesondere im Gegensatz zu der Annahme des Beklagten nicht, daß hier ausnahmsweise auch für das Jahr 1951 eine Zwischenbilanz für die Zeit zu erstellen war, in der der Beklagte noch bei L. tätig war. Nur für das Jahr 1950 war vereinbart, daß eine nicht das ganze Geschäftsjahr umfassende Zeitspanne bilanzmäßig besonders erfaßt und der Gewinnbeteiligung des Beklagten zugrundegelegt werden sollte. Für das Jahr 1951 fehlt es aber an einer entsprechenden Bestimmung im Vertrag. Sie kann auch nicht als stillschweigend zustandegekommen unterstellt werden. Denn die Abrechnung auf Grund einer eigens zu diesem Zwecke zu erstellenden Zwischenbilanz würde nicht nur mit der Tatsache in Widerspruch stehen, daß der Beklagte nach dem Vertrage am Gewinn des ganzen Geschäftsjahres beteiligt ist; sie würde vielmehr auch dem Arbeitgeber eine zusätzliche Belastung aufbürden, deren Übernahme angesichts des Wortlautes dieses Vertrages nicht ohne weiteres unterstellt werden kann.

Ist sonach die zum 31. Dezember 1951 aufzustellende Jahresbilanz auch für die Berechnung des Gewinnanteils des am 30. Juni 1951 ausgeschiedenen Beklagten maßgebend, so wurde der Anspruch des Beklagten auf Auszahlung dieses Gewinnanteiles erst nach Aufstellung der Bilanz, also erst im Jahre 1952 fällig. Die Verjährung des Anspruchs auf Rückzahlung gezahlter Vorschüsse begann also erst am Schluß des Jahres 1952 zu laufen und war damit erst am 31. Dezember 1954 beendet, also zu einer Zeit, als der vorliegende Rechtsstreit bereits anhängig war.

II. Die Entscheidung der Vorinstanz erweist sich jedoch aus anderem Rechtsgrund als im Ergebnis richtig.

Nach dem zwischen den Parteien geschlossenen Vertrag war für die endgültige Berechnung des dem Beklagten zukommenden Gewinnanteils die vom vereidigten Bücherrevisor der Firma L. am Ende des Wirtschaftsjahres (= Kalenderjahr) zu erstellende Jahresbilanz maßgebend. Diese endgültige Abrechnung mußte in der Weise erfolgen, daß dem Beklagten die Jahresbilanzen für 1950 und 1951 vorgelegt wurden und daß sich dann zugunsten der einen oder der anderen Partei ergebende Beträge gezahlt wurden. Der Beklagte insbesondere brauchte ihm vorschußweise gezahlte Beträge nur dann zurückzuzahlen, wenn ihm die Jahresbilanz vorgelegt und unter deren Zugrundelegung mit ihm abgerechnet worden war.

Nach den tatsächlichen Feststellungen des Landesarbeitsgerichts sind die Jahresbilanzen für 1950 im Juli 1952 und für 1951 „noch im Jahre 1952" aufgestellt worden. Diese Bilanzen sind jedoch, wie unter den Parteien unstreitig ist, dem Beklagten nicht zugänglich gemacht worden.

Bereits aus diesem Grunde entfällt der Anspruch, den der Kläger verfolgt. Denn einen Rückzahlungsanspruch wegen gezahlter Vorschüsse kann der Kläger nur geltend machen, nachdem er mit dem Beklagten, wie es in dem Anstellungsvertrag des Beklagten vorgesehen war, unter Zugrundelegung der Bilanzen abgerechnet hat. Da der Kläger selbst vorträgt, eine solche Abrechnung zwischen L. und dem Beklagten habe nicht stattgefunden, erweist sich schon aus diesem Grund der geltend gemachte Zahlungsanspruch als unbegründet. Der Kläger ist nicht befugt, Zahlung sehr erheblicher Beträge von dem Beklagten zu verlangen, ohne zuvor die im Vertrage selbst vorgesehene Abrechnung unter Zugrundelegung der Bilanzen durchgeführt zu haben. Zu dieser Abrechnung gehört es aber, daß der Kläger dem Beklagten zumindest Einsicht in die Bilanzen gibt, was er unstreitig nicht getan hat.

Zu Unrecht rügt der Kläger insoweit eine Verletzung der dem Landesarbeitsgericht nach § 139 ZPO obliegenden Pflichten. Das Landesarbeitsgericht wäre nur dann gehalten gewesen, die Bilanzen anzufordern und zum Gegenstand der Verhandlung zu machen, wenn zuvor zwischen den Parteien abgerechnet worden war und dabei die Bilanzen dem Beklagten vorgelegen hatten und dieser gegen die Richtigkeit der Bilanzen als solche oder gegen die Richtigkeit einzelner Bilanzansätze Einwendungen erhoben hätte. Das hätte der Kläger vortragen müssen. So lag aber der Fall hier nicht. In den Vorinstanzen hatte sich der Kläger zunächst bereit erklärt, dem Beklagten das Rechnungswerk vorzulegen und ihm auch Einsicht in die Bücher zu gestatten. An diese Regelung hatte sich der Kläger dann nicht gehalten. Er hatte es vielmehr ausdrücklich abgelehnt, dem Beklagten diese Unterlagen zugehen zu lassen. Bei dieser Sachlage mußten die Vorinstanzen davon ausgehen, daß die im Vertrag vorgesehene Abrechnung zwischen den Parteien nach dem eigenen Vortrag des Klägers überhaupt noch nicht erfolgt war. Eine solche Abrechnung zwischen den Parteien unter Zugrundelegung der dem Beklagten mitzuteilenden Bilanzen für 1950 und 1951 ist aber überhaupt Voraussetzung für die Geltendmachung des Anspruchs auf Rückzahlung des auf den Gewinnanteil gezahlten Vorschusses. Es war daher nicht Aufgabe des Landesarbeitsgerichts, auch nicht unter Heranziehung der Grundsätze des § 139 ZPO, die dem Kläger obliegende, von ihm aber unterlassene Abrechnung mit dem Beklagten zu ersetzen und damit die wesentliche Voraussetzung für die Geltendmachung eines dem Kläger vielleicht gegen den Beklagten zustehenden Zahlungsanspruches erst zu schaffen. Daß nicht unter Zugrundelegung der Bilanz abgerechnet war, stand fest; auf die Vornahme einer solchen für den Klageanspruch entscheidenden Voraussetzung brauchte das Landesarbeitsgericht nicht hinzuwirken. In dem Unterlassen einer solchen Hinwirkung liegt keine Verletzung des § 139 ZPO.

56

1. Das Revisionsgericht darf die Verhandlungsprotokolle der Tarifpartner, die für die Auslegung des Tarifvertrages von Bedeutung sein können, auch ohne ausdrückliche Verfahrensrüge heranziehen.

2. Den erhöhten Mehrarbeitszuschlag nach § 17 Abs. 3 MTV für die Arbeiter im rheinisch-westfälischen Steinkohlenbergbau vom 7. April 1953 erhält auch, wer eine Zusatzschicht unmittelbar vor seiner regelmäßigen Schicht leistet.

3. Die Ausschlußklausel des § 33 Abs. 2 MTV für die Arbeiter im rheinisch-westfälischen Steinkohlenbergbau vom 7. April 1953 erfaßt nicht die tarifwidrige Entlohnung.

ZPO § 554 Abs. 3 Nr. 2 Buchstabe b; TVG § 1 (Auslegung); § 4 Abs. 4 (Ausschlußfristen); Manteltarifvertrag für die Arbeiter im rheinisch-westfälischen Steinkohlenbergbau vom 7. April 1953, § 17 Abs. 1 und 3; § 33 Abs. 1—3.

II. Senat. Urteil vom 10. Oktober 1957 i. S. H. Bergbau AG (Bekl.) w. L. (Kl.) 2 AZR 48/55.

I. Arbeitsgericht Dortmund. — II. Landesarbeitsgericht Hamm (Westf.).

Der Kläger war im Jahre 1953 als Schreiner auf einer Zeche der Beklagten beschäftigt, auf der im Dreischichtenbetrieb — Morgen-, Mittag- und Nachtschicht — gearbeitet wurde. Für sein Arbeitsverhältnis gilt der Manteltarifvertrag für die Arbeiter im rheinisch-westfälischen Steinkohlenbergbau vom 7. April 1953 — künftig: „MTV".

An 4 Tagen des Jahres 1953 leistete der Kläger auf Anordnung der Beklagten zusätzlich zu den jeweiligen Morgenschichten, zu denen er an diesen Tagen regelmäßig eingeteilt war, noch je eine Nachtschicht, ohne von der jeweils auf diese Nachtschichten wieder folgenden regelmäßigen Morgenschicht befreit zu sein.

Für die zusätzlich verfahrenen Nachtschichten erhielt er von der Beklagten einen 25%igen Mehrarbeitszuschlag. Unter Berufung auf § 17 Abs. 3 des MTV hat der Kläger eine Mehrarbeitsvergütung von weiteren 25 % für insgesamt 24 Stunden verlangt.

Die hier interessierenden Vorschriften des MTV lauten wie folgt:

„II. Mehrarbeit.

§ 16:

1. Bei vorhandener Gefahr für Menschenleben oder für die Sicherheit oder den ungestörten Ablauf des Betriebes ist jeder Betriebsangehörige im Rahmen der gesetzlichen Bestimmungen verpflichtet, länger als die regelmäßige Schichtzeit zu arbeiten.
2. Die Mehrarbeitsverpflichtung zur Aufrechterhaltung des Betriebsablaufes darf nicht zu einer regelmäßigen Schichtverlängerung führen.

§ 17:

1. Für Über- und Nebenschichten an Werktagen, die über die Zahl der Arbeitstage im Monat hinaus verfahren werden, wird ein Zuschlag von 25 % gewährt. Als Arbeitstage sind hierbei nur diejenigen Tage anzusehen, an denen der einzelne Arbeiter zur Arbeit verpflichtet ist (Pflichtschichten).
2. Als verfahrene Schichten in diesem Sinne gelten auch:
   a) Arbeits- und Krankfeierschichten,
   b) entschuldigte Fehlschichten im Sinne der Arbeitsordnung mit Ausnahme derjenigen, die auf eigenen Wunsch herausgeholt werden.
3. Wird im Anschluß an eine voll verfahrene Schicht Überarbeit von mehr als 2 Stunden geleistet, so erhöht sich für die über 2 Stunden hinausgehende Mehrarbeit der Zuschlag auf 50 %.
4. Wird im Anschluß an die Mittagsschicht über die regelmäßige Schichtzeit hinaus Mehrarbeit geleistet, so ist hierfür als weiterer Zuschlag ein Nachtarbeitszuschlag von 10 % zu zahlen. In vierschichtig gelegten Betriebspunkten gilt als Mittagszeit im Sinne dieser Bestimmung die dritte Schicht.

§ 21:

1. ...
2. ...
3. An Sonn- und Feiertagen wird für die zur zweiten Schicht gehörenden Arbeiter als weiterer Zuschlag ein Nachtarbeitszuschlag von 10 % bezahlt, wenn und soweit sie über ihre regelmäßige Schichtzeit hinaus beschäftigt werden."

§ 33 MTV:

„1. Beschwerden wegen unrichtiger Lohnzahlung werden nur berücksichtigt, wenn sie sofort bei der Auszahlung bei dem auszahlenden Angestellten angebracht werden.

2. Beschwerden wegen unrichtiger Ermittlung oder Errechnung des Lohnes sind von den Betriebsangehörigen unverzüglich vorzubringen.
3. Die Ansprüche der Absätze 1 und 2 sind nötigenfalls im Wege der Klage innerhalb einer Ausschlußfrist von 6 Monaten seit dem Auszahlungstage geltend zu machen. Ansprüche anderer Art werden hierdurch nicht berührt. Die Werksleitung hat Ansprüche auf Rückzahlungen zu Unrecht gezahlten Lohnes — gegebenenfalls im Klagewege — innerhalb der gleichen Ausschlußfrist von 6 Monaten geltend zu machen.
4. Nach Ablauf vorstehender Fristen gilt die Entlohnung unter Ausschluß des Gegenbeweises als rechtmäßig und rechtsgültig erfolgt. Die Ansprüche anderer Art (Abs. 3) werden dadurch nicht berührt."

Das Landesarbeitsgericht hat der Klage stattgegeben. Die Revision der Beklagten blieb ohne Erfolg.

Aus den Gründen:

A. Zur Frage der Anwendung des § 17 Abs. 3 MTV.

1. Das Landesarbeitsgericht ist für die Frage, ob der Kläger im Hinblick auf die von ihm verfahrenen Nachtschichten gemäß § 17 Abs. 3 MTV einen 50 %igen Zuschlag statt des ihm gewährten 25 %igen Zuschlages verlangen kann, von folgendem ausgegangen:

§ 17 Abs. 3 MTV wolle die Überbeanspruchung erhöht vergüten, die eintrete, wenn ein Arbeitnehmer im unmittelbaren zeitlichen Anschluß an eine voll verfahrene Schicht eine weitere Schicht von mehr als zwei Stunden verfahre. Nicht sei entscheidend, daß es sich bei der zunächst voll verfahrenen Schicht um eine solche handele, zu der der Arbeitnehmer regelmäßig eingeteilt war...

2. Die Revision der Beklagten rügt zweierlei: Als Verfahrensverstoß im Sinne der §§ 139, 286 ZPO will sie geltend machen, das Landesarbeitsgericht habe den wiederholt gestellten Anträgen auf Beiziehung der Verhandlungsprotokolle der Tarifparteien zur Ermittlung der Bedeutung des § 17 Abs. 3 MTV nicht entsprochen. Als Verletzung des materiellen Rechtes macht sie eine Verkennung des Sinnes von § 17 Abs. 3 MTV geltend mit der Begründung, das Landesarbeitsgericht werde den seit mehr als 50 Jahren feststehenden Begriffen der „Überschicht" und der „Nebenschicht" nicht gerecht...

3. Die Rüge der Verletzung der verfahrensrechtlichen Vorschriften der §§ 286, 139 ZPO geht fehl. Die in diesen Vorschriften näher geregelten gerichtlichen Aufklärungs- und Beweiswürdigungspflichten betreffen Tatsachen. Soweit es aber darum geht, inwieweit aus den

Verhandlungsprotokollen der Tarifpartner etwas für die Auslegung einer normativen Tarifvorschrift wie der des § 17 Abs. 3 MTV gewonnen werden kann, ist das eine Frage der Überprüfung der Rechtsanwendung (vgl. statt aller Hueck-Nipperdey, Lehrbuch des Arbeitsrechts 6. Aufl., Bd. II, 1957 S. 272 zu Fußnoten 51 und 52), die dem Revisionsgericht in vollem Umfang ohne ausdrückliche Rüge obliegt (s. BAG AP Nr. 10 zu § 1 TVG Auslegung).

4. Der Rüge der materiellrechtlichen Verletzung des § 17 Abs. 3 MTV kann ebenfalls nicht gefolgt werden.

a) Der Revision ist zwar zuzugeben, daß es sich bei den Begriffen „Überschicht" und „Nebenschicht", wie sie in § 17 Abs. 1 Satz 1 MTV verwendet werden, um seit langem feststehende Begriffe handelt. Seit Einführung der §§ 93 d, 93 e des Allgemeinen Berggesetzes für die Preußischen Staaten vom 24. Juni 1865 — GS 705 — durch die Berggesetznovelle vom 14. Juli 1905 — GS 307 — verstand man unter Überschichten die im unmittelbaren Anschluß an eine regelmäßige Arbeitsschicht geschehende Verlängerung der Arbeitszeit (vgl. RAG 19, 208 ff. [210] = ARS 32, 216 [218/219] = ZfB 79, 444 [446]; Amtliche Begründung zur Berggesetznovelle vom 14. Juli 1905 in ZfB Bd. 46, S. 206; Boldt, Das Allgemeine Berggesetz, 1.—3. Aufl., 1948, § 93e, Anm. 3; derselbe, Arbeitsblattei, D, Bergarbeitsrecht, VI, Arbeitszeit zu Ziffer C 3; derselbe, das Recht des Bergmannes, 2. Aufl., 1948, S. 162; Erlaß RAM vom 8. März 1940 — III b 4551/40 — in RABl. 1940, I, S. 106; Isay, Kommentar zum ABG, 1919, Bd. I, § 93 d, Anm. 1; Brassert-Gottschalk, ABG § 93 Anm. 1; Ebel, Preußisches Allgemeines Berggesetz 1944, § 93 d Anm. 3; Dapprich, Leitfaden des Bergrechts, 4. Aufl., 1955, S. 88; Schlüter, Allgemeines Berggesetz für die Preußischen Staaten, 1924, § 93 d Anm. 2); Nebenschichten dagegen sind solche zusätzliche Schichten, die von der regelmäßigen Arbeitsschicht durch eine Pause getrennt sind, also zwischen den normalen Arbeitsrhythmus gelegt sind. Sie brauchen nicht an demselben Tage wie die Normalschicht geleistet zu werden. Von diesen — auch in § 2 der VO über die Beschäftigung Jugendlicher in bergbaulichen Betrieben vom 20. Januar 1939 — RGBl. I S. 97 — verwendeten Begriffen sind die Tarifparteien des MTV von jeher und insbesondere auch anläßlich seiner Neufassung im Jahre 1953 in § 17 Abs. 1 Satz 1 ausgegangen. Das ergibt sich aus einem Vergleich von § 17 Abs. 1 Satz 1 MTV mit der entsprechenden Vorschrift des § 3 c Abs. 3 Ziffer 3 Satz 1 des früheren Manteltarifvertrages für das rheinisch-westfälische Steinkohlenrevier vom 30. Mai 1932, der wörtlich der jetzigen Fassung des § 17 Abs. I Satz 1

MTV 1953 entspricht. Aus den Ausführungen von Höcker in der Bergmännischen Zeitschrift „Glückauf" Bd. 89 (1953) S. 413 ff. [415] ergibt sich, daß lediglich § 17 Abs. 1 Satz 2 MTV gewissen von der Rechtsprechung vorgenommenen Klarstellungen Rechnung tragen sollte (vgl. dazu RAG 9, 206 ff. und 19, 208 ff.).

Gerade der von der Revision betonte Umstand aber, daß es sich bei den Begriffen der „Überschicht" und „Nebenschicht" um feststehende Begriffe handele, gibt aber auch besonderen Anlaß zu der Feststellung, daß § 17 Abs. 3 MTV diese feststehenden Begriffe der „Überschicht", „Nebenschicht" und „regelmäßigen Schicht" nicht verwendet, sondern von einer „Überarbeit von mehr als zwei Stunden im Anschluß an eine voll verfahrene Schicht" spricht. Die Ausführungen der Revision, „Überarbeit" sei der Sammelbegriff für „Überschicht" und „Überstunden" und damit für Mehrarbeit im unmittelbaren Anschluß an eine Normalarbeit, ist in dieser Form nicht überzeugend. Eine solche feste systematische Bedeutung des Wortes „Überarbeit" gibt es nicht. Die Rechtswissenschaft verwendet das Wort „Überarbeit" vielfach schlechthin synonym für jede Mehrarbeit, gleichgültig ob sie vor oder nach der normalen Arbeit, ohne Rücksicht darauf, ob sie im unmittelbaren Anschluß vor oder daran oder im zeitlichen Abstand dazu geschieht (vgl. Hueck-Nipperdey a. a. O. Bd. II S. 200 zu Fußnote 78; S. 216, S. 376). Der Sprachgebrauch des täglichen Lebens bezeichnet als „Überstunden" ebenfalls jede Mehrarbeit, gleichgültig ob sie vor oder nach der normalen Arbeitszeit, ob sie im unmittelbaren Anschluß davor oder danach oder im zeitlichen Abstand dazu geschieht.

Unter diesen Umständen kann die Bedeutung des Wortes „Überarbeit" in § 17 Abs. 3 MTV nicht aus einer allgemeinen Begriffswelt erkannt werden, sondern ist sie aus den Zusammenhängen zu entnehmen, in denen das Wort durch den Manteltarifvertrag verwendet wird (BAG AP Nr. 6 zu § 4 TVG Geltungsbereich).

b) Der Sinn des § 17 Abs. 3 MTV war, wie auch die Parteien nicht in Zweifel ziehen, den Fall der Überschicht im herkömmlichen Sinne zu regeln. Hätte aber § 17 Abs. 3 MTV nur diesen Fall der Überschicht im herkömmlichen Sinne regeln wollen, dann hätte es nahe gelegen, in § 17 Abs. 3 MTV den Begriff der „Überschicht" genau so zu verwenden, wie das in § 17 Abs. 1 Satz 1 MTV geschehen ist, § 17 Abs. 3 MTV also so zu fassen, daß Überschichten von mehr als zwei Stunden mit 50% Zuschlag zu vergüten sind. Daß man eine solche dann mehr als naheliegende Fassung nicht wählte, erklärt sich aus der Neuregelung, die die Vergütung von Überschichten durch den MTV 1953 erfahren hat.

Unter der Geltung des MTV von 1932 war es für die Frage der Höhe des Mehrarbeitszuschlages gleichgültig, ob der Arbeiter eine Nebenschicht oder Überschicht verfuhr. Beide wurden gleichmäßig hoch vergütet. Deshalb war in lohnmäßiger Beziehung die Frage, ob noch dann eine Nebenschicht vorliegt, wenn die zusätzliche Schicht zwar von der vorangehenden Normalschicht, nicht jedoch von der nachfolgenden Normalschicht zeitlichen Abstand hielt, uninteressant; denn selbst wenn man eine solche Nebenschicht der Überschicht gleichgestellt hätte, ergab sich daraus vergütungsmäßig kein Unterschied. Anders wurde die Situation, als mit § 17 Abs. 3 MTV 1953 die Überschicht im herkömmlichen Sinne höher vergütet werden sollte als die Nebenschicht. Für Fälle der hier in Rede stehenden Art, in denen also die zusätzliche Schicht zwar zur vorangegangenen regelmäßigen Schicht zeitlichen Abstand hielt, der nachfolgenden regelmäßigen Arbeitsschicht aber unmittelbar vorausging, drängte sich die Gleichbehandlung solcher Fälle mit denen der Überschichten im herkömmlichen Sinne geradezu auf, und zwar aus zwei Gründen, aus einem juristischen Grunde und einem Arbeitsbewertungsgesichtspunkt:

Juristisch ist einer Nebenschicht nämlich nicht nur eigentümlich der zeitliche Abstand von der vorangegangenen regelmäßigen Arbeitschicht, sondern auch ein zeitlicher Abstand von der auf die Nebenschicht folgenden regelmäßigen Arbeitschicht. Schon § 93 d Abs. 2 ABG in der Fassung der Berggesetznovelle von 1905 bestimmte, vor dem Beginn sowohl einer regelmäßigen Schicht als einer Nebenschicht müsse für den Arbeiter eine mindestens achtstündige Ruhezeit liegen, betrachtete also als „Nebenschicht" nicht den Fall, daß sich eine Zusatzschicht unmittelbar und ohne zeitlichen Abstand vor eine regelmäßige Schicht legte. Durch § 12 der AZO vom 30. April 1938 — RGBl. I 447 — ist diese Ruhezeit sogar auf 11 Stunden erhöht worden (vgl. Reuß-Grotefend-Dapprich, Das Allgemeine Berggesetz, 10. Aufl., 1953, § 93 d Anm. 2; wohl auch Ebel, a. a. O., § 93 d Anm. 3; Dapprich, Leitfaden S. 89 und S. 174). Sobald also wegen der durch § 17 Abs. 3 MTV geschaffenen Möglichkeit einer erhöhten Vergütung für Überschichten Fälle der hier in Rede stehenden Art auftauchten, wurde schon aus juristischen Gründen zweifelhaft, ob derartige „Nebenschichten" noch Nebenschichten waren, oder ob sie sich nicht wie Überschichten behandeln lassen mußten.

Viel eindringlicher war naturgemäß der Gesichtspunkt der inneren Berechtigung einer erhöhten Vergütung für „Überschichten". Anlaß und Anknüpfungspunkt für deren erhöhte Abgeltung war nicht der sachlich gesehen reichlich belanglose Umstand, daß sie gerade im unmittelbaren

Anschluß an eine voraufgegangene regelmäßige Schicht abgeleistet wurden, sondern lediglich der Umstand, daß man zwei ununterbrochen hintereinander verfahrene Schichten arbeitseinsatz- und arbeitskräftemäßig für höher abgeltungsbedürftig ansah als eine Nebenschicht im herkömmlichen Sinne mit zeitlichem Abstand von der voraufgegangenen und der nachfolgenden regelmäßigen Schicht. Bei diesem Anknüpfungspunkt konnte es daher für die Höhe der Vergütung einen sachlich gerechtfertigten Unterschied nicht machen, ob die zusätzlich verfahrene Schicht unmittelbar zeitlich vor oder unmittelbar zeitlich nach einer regelmäßigen Schicht lag. Denn in beiden Fällen traf gleichermaßen zu, daß zwei Schichten lang ununterbrochen gearbeitet wurde. Dem trägt die Fassung des § 17 Abs. 3 MTV klar Rechnung. Nach einer voll verfahrenen Schicht, gleichgültig ob regelmäßige Schicht oder Zusatzschicht, ist jede unmittelbar anschließende Schicht „Überarbeit" im Sinne des § 17 Abs. 3 MTV. Das rechtfertigt es, den § 17 Abs. 3 MTV auch für die hier zur Entscheidung stehenden Fälle anzuwenden. Ein „unlösbarer Widerspruch mit dem gesamten Tarifsystem und der Berechnungsweise der Mehrarbeitszuschläge", wie die Revision ausführt, ist nirgends zu erkennen.

c) Die Annahme, daß § 17 Abs. 3 MTV in dieser Weise auszulegen ist und keinesfalls für die hier zur Entscheidung stehenden Fälle eine Lücke enthält, findet auch in den von der Beklagten in der Revisionsinstanz vorgelegten Auszügen aus den Protokollen der Tarifparteien über die Vorverhandlungen zu der Neufassung von § 17 Abs. 3 MTV in etwa einen Anhalt. In ihnen ist zwar mehrfach als Beispiel für die Anwendung von § 17 Abs. 3 MTV der Fall der Überschicht im herkömmlichen Sinne in seiner Abgrenzung von der echten Nebenschicht erwähnt. Es ist aber von seiten des Vertreters der Gewerkschaft ebenso ausdrücklich als Ziel des § 17 Abs. 3 MTV bezeichnet worden, Mehrarbeit, die hintereinanderfolgend mehr als 10 Stunden beträgt, müsse mit 50 % bezahlt werden. Einer Heranziehung weiterer Verhandlungsprotokolle der Tarifparteien und deren Auswertung zur Ermittlung einer etwaigen anderen Bedeutung des § 17 Abs. 3 MTV bedarf es nicht. Die Verhandlungsprotokolle haben wie Gesetzesmaterialien für die Auslegung der Tarifnorm keine selbständige Bedeutung, sondern können nur dann und dort in Betracht kommen, wenn der aus ihnen herzuleitende Gedanke — hier also die Anwendung des § 17 Abs. 3 MTV ausschließlich auf Überschichten in dem von der Beklagten gewollten Sinne — im Tarifvertrag einen — wenn auch unvollkommenen oder zweideutigen — Ausdruck gefunden hat. Das ist nach Wortlaut und Sinngebung nicht der Fall.

B. Zur Frage der Anwendung des § 33 MTV.

1. Hierzu hat das Landesarbeitsgericht folgendes ausgeführt: Diese Bestimmung betreffe nur die Fälle, in denen die reine Ausrechnung des Lohnes, also im wesentlichen die Feststellung der Zeitspanne, in der gearbeitet wurde, und die Multiplizierung der Zeitspanne mit dem Lohnsatz in Frage stehe.

2. Die Revision hat auch hierzu wiederum zweierlei gerügt, nämlich in verfahrensmäßiger Hinsicht die Verletzung von §§ 139, 286 ZPO wegen Unterlassung der beantragten Beiziehung der Verhandlungsprotokolle der Tarifvertragsparteien und in materieller Hinsicht die Verkennung des Inhaltes von § 33 MTV sowie des § 25 der als Tarifvertrag abgeschlossenen Arbeitsordnung (AO) für die im Aachener, Niedersächsischen und Nordrhein-Westfälischen Steinkohlenbergbau tätigen Arbeiter...

3. Zur Verfahrensrüge der Revision gilt sinngemäß das oben zu A 3 dieses Urteils Ausgeführte, worauf zur Vermeidung von Wiederholungen verwiesen werden kann. Ausschlußklauseln haben nach herrschender Meinung normativen Charakter (vgl. Hueck-Nipperdey, a. a. O., Bd. II S. 192 Fußnote 50, S. 207 Fußnote 98 mit Nachweisungen).

4. Auch die Rüge der Verletzung des § 33 MTV geht fehl.

Für § 33 Abs. 1 MTV ist eindeutig, daß diese Vorschrift nur wegen solcher Irrtümer zur Anwendung kommen soll, die bei der Auszahlung des an und für sich richtig berechneten Lohnes durch die Kasse geschehen. Diese Vorschrift kommt für den vorliegenden Fall in keinem Fall zur Anwendung.

§ 33 Abs. 2 und Abs. 3 entsprechen ebenso wie § 25 AO ohne inhaltliche Änderung der früheren Vorschrift des § 6 Abs. 3 MTV 1932 bzw. des § 25 der früheren Normalbetriebsordnung von 1936. Für diese haben die Landesarbeitsgerichte des Ruhrreviers seit jeher angenommen, durch die Ausschlußfristen im Sinne des § 33 Abs. 2 MTV solle nur die nachträgliche Geltendmachung von Ansprüchen ausgeschlossen werden, die sich aus einer falschen Berechnung des Lohnes ergeben, d. h. also auf tatsächlicher oder rechnerischer Grundlage beruhen. Wenn in dieser Bestimmung nicht nur von „Lohnerrechnungen", sondern auch von „Lohnermittlungen" die Rede sei, so solle damit offenbar nur die Berechnung des Gedingelohnes getroffen werden, da es sich hierbei nicht nur um die Errechnung, sondern auch um die Ermittlung der für die Gedinge maßgeblichen tatsächlichen Unterlagen handele. Dagegen betreffe die Ausschlußklausel nicht die Ansprüche, die auf einer unrichtigen Anwendung der Tarifbestimmungen beruhten, bei denen also der Streit nicht auf tatsächlicher, sondern auf rechtlicher Grundlage liege. (Vgl. Praxis des Arbeitsrechts 1928, S. 3—5; 1929, S. 158; Urteil des Landesarbeitsgerichts Dortmund, Praxis des Arbeitsrechts 1932 S. 165; Urteil des Landesarbeitsgerichts Dortmund vom 14. August 1936 — 12 Sa 75/36 —; Urteil des Landesarbeitsgerichts Düsseldorf vom 14. Juni 1950 — 1 Sa 35/50 —; Boldt, Recht des Bergmanns, 2. Aufl., 1948, S. 131 zu Fußnote 2; Dehmel, Bergbau und Wirtschaft, 1953, Beilage „Arbeitsrecht im Bergbau" S. V [VI]). Dem ist beizutreten. Wortlaut und Sinngebung der Vorschrift sprechen dafür, daß damit nur die vom Irrtum über die Arbeitstatsachen und die vom Rechenirrtum beeinflußte Lohnermittlung und Lohnberechnung, nicht dagegen die untertarifliche Bezahlung gemeint ist. Dem Landesarbeitsgericht ist darin beizutreten, daß andernfalls die Erwähnung der „Ansprüche anderer Art" in § 33 Abs. 3 MTV keinen recht verständlichen Sinn mehr hätte. Die Ausführung der Revision, bei den „anderen Ansprüchen" im Sinne des § 33 Abs. 3 MTV handele es sich um den Fall eines arglistigen Verhaltens des auszahlenden Angestellten oder des Lohnbuchhalters, ist wenig überzeugend. Jedenfalls gibt die Vorschrift des § 33 Abs. 2 MTV dafür, daß sie auch die Fälle der tarifwidrigen Bezahlung erfassen wolle, so wenig deutlichen Anhaltspunkt, daß sie im Zweifel eng auszulegen ist und ihr die Fälle der untertariflichen Bezahlung nicht zuzurechnen sind (RAG 17, 229 [232] = ARS 28, 56 [59]; s. auch AP Nr. 1 zu § 14 TO.B). Auch hier besteht zu einer Beiziehung der Tarifprotokolle aus den gleichen Gründen, wie oben zu § 17 Abs. 3 MTV ausgeführt, kein Anlaß.

57

Ein nach 1945 gegründeter Landesverband des Deutschen Roten Kreuzes kann für gebietsbelegene Versorgungspflichten des ehemaligen Deutschen Roten Kreuzes aus dem Gesichtspunkt der Funktionsnachfolge in zumutbaren Grenzen in Anspruch genommen werden, wenn er nach 1945, jedoch vor der Währungsreform, auf dem Gebiete der Roten-Kreuz-Arbeit Aufgaben fortgeführt hat, die nach Organisation, Zweck und Mittel und in ihrem wesentlichen Gehalt denjenigen einer Landesstelle des früheren Deutschen Roten Kreuzes entsprechen.

Gesetz über das Deutsche Rote Kreuz vom 9. Dezember 1937 (RGBl. I, 1330) §§ 1 ff.; Kontrollratsgesetz Nr. 2; Kontrollratsdirektive Nr. 50 Art. III; IV; br. Mil. Reg. VO Nr. 159; Funktionsnachfolge; BGB § 242.

II. Senat. Urteil vom 17. Oktober 1957 i. S. E. (Kl.)
w. Landesverband des DRK (Bekl.) 2 AZR 65/55.

I. Arbeitsgericht Hamburg. — II. Landesarbeitsgericht Hamburg.

Der Kläger trat im Jahre 1937 hauptamtlich in den Dienst des durch § 1 Abs. 1 des Gesetzes vom 9. Dezember 1937 — RGBl. I S. 1330 — geschaffenen Deutschen Roten Kreuzes — künftig: „DRK 1937" —, wo er bis 1945 tätig war, zuletzt als Verwaltungsführer der Landesstelle X des DRK 1937 in H. Im Mai 1945 wurde er auf die Dauer von 2½ Jahren interniert.

Nach einer ihm von dem DRK 1937 erteilten Versorgungszusage sollte er für den Fall, daß er im Dienste des DRK 1937 das 65. Lebensjahr vollendete, eine Altersrente erhalten, die ohne die 1945 eingetretenen Umwälzungen 481,60 RM betragen würde. Der Kläger erhält seit der Erreichung seines 65. Lebensjahres im Jahre 1952 aus einer seinerzeit vom DRK 1937 zur Sicherstellung der Versorgungszusage abgeschlossenen Versicherung den abgewerteten Betrag von 135,— DM monatlich, der ihm über den nach 1945 neu entstandenen Landesverband Württemberg-Baden des Deutschen Roten Kreuzes, Abteilung Vermögensverwaltung — Altersversorgung des DRK 1937, zur Auszahlung gebracht wird.

Der Beklagte ist unter dem Namen „Landesverband für das Deutsche Rote Kreuz in H." nach 1945 mit der Satzung eines rechtsfähigen Vereins neu gegründet worden. Ihn hat der Kläger auf Zahlung der Differenz zwischen der ihm tatsächlich ausgezahlten Monatsrente von 135,— DM und der von ihm beanspruchten Monatsrente von 481,60 DM ab dem 1. März 1952 zu einem Teilbetrag von 1000,— DM in Anspruch genommen mit der Behauptung, der Beklagte habe nach 1945 für seinen Bereich Vermögensteile des DRK 1937 übernommen und dessen Funktionen fortgeführt.

In den beiden Vorinstanzen ist seine Klage erfolglos geblieben. Auf die Revision des Klägers ist der Rechtsstreit an das Landesarbeitsgericht zurückverwiesen worden.

Aus den Gründen:

I. Für die Beurteilung der Berechtigung des Klagebegehrens bedarf es zunächst einer Klarstellung, welchen Inhalt die dem Kläger in den Jahren 1941 und 1943 erteilten Versorgungszusagen hatten und wie deren Inhalt rechtlich durch die Ereignisse von 1945 beeinflußt worden ist.

1. Bis zum Jahre 1945 hatte der Kläger gegen das damals gemäß § 1 des Gesetzes vom 9. Dezember 1937 — RGBl. I S. 1330 ff. — rechts-

fähige DRK 1937 eine Anwartschaft auf Zahlung einer Altersrente erworben, die zu einem Rentenanspruch gegen das DRK 1937 erstarken konnte, wenn er in dessen Dienst das 65. Lebensjahr vollendete.

2. Das DRK 1937 ist nach 1945 durch Auswirkungen der Besatzungsgesetzgebung aufgelöst worden. Wenn auch der Anhang zum Kontrollratsgesetz Nr. 2 über die Auflösung und Liquidierung der Nazi-Organisationen in seiner durch Kontrollratsgesetz Nr. 58 ergänzten Fassung das DRK 1937 nicht ausdrücklich als aufgelöste Organisation anführte, so ist doch seine Auflösung tatsächlich auf Grund des Kontrollratsgesetzes Nr. 2 in den drei westlichen Besatzungszonen erfolgt. Für die hier in Betracht kommende ehemalige britische Besatzungszone ergibt sich das aus der auf der Kontrollratsdirektive Nr. 50, br. MRVO Nr. 159 beruhenden, durch Verfahrensordnungen vom 23. April 1949 — VOBl. br. Z 1949 S. 130 — und vom 27. Juli 1950 — BAnz. 1950 Nr. 154 — näher ausgestalteten Tätigkeit des Allgemeinen Organisationsausschusses — AOA — in Celle, der das DRK 1937 in ständiger Handhabung als eine durch Kontrollratsgesetz Nr. 2 aufgelöste Nazi-Organisation behandelt und dessen Vermögen nach näherer Maßgabe der Kontrollratsdirektive Nr. 50, br. MRVO Nr. 159 und der oben genannten Verfahrensordnungen verteilt hat. Er hat im wesentlichen das Vermögen des DRK 1937 auf die nach 1945 neu entstandenen DRK-Organisationen überführt, soweit es sich um Vermögen handelte, das schon vor 1937 den damals selbständigen regionalen DRK-Einheiten gehörte. Im übrigen hat er das Vermögen des DRK 1937 den einzelnen Ländern zugeteilt (vgl. die Entscheidungen des AOA Celle, NJW RzW 1949/50 S. 220 Nr. 35; Fußnote 1 in NJW RzW 1951 S. 304 Nr. 45 [305]; NJW RzW 1951 S. 304 Nr. 42; NJW RzW 1952 S. 89 Nr. 40, NJW RzW 1952 S. 25 Nr. 45; NJW RzW 1953 S. 85 Nr. 35).

In der ehemals amerikanischen und französischen Zone geschah die Auflösung des DRK 1937 in ähnlicher Weise und ebenfalls auf Grund des Kontrollratsgesetzes Nr. 2 (für die ehemalige US-Zone vgl.: am. Mil. Reg. Ges. Nr. 58; Omgus-Weisung vom 26. Januar 1949 — APO 683 —, LAG Bayern — ABl. Bayer. StM. f. Arbeit und soziale Fürsorge 1954 C 125; für die ehemalige französische Zone vgl.: fr. Mil. Reg. VO Nr. 30 vom 3. Januar 1946 — JO 93 —, fr. Mil. Reg. Verfügung Nr. 132 vom 4. August 1949 — JO 2097 —, fr. Mil. Reg. VO Nr. 86 vom 16. April 1947 — JO 679 — und RK Konstanz, NJW RzW 1950 S. 95 Nr. 46).

3. Infolge der Auflösung der DRK 1937 konnte die Voraussetzung, unter der der Kläger gegen das DRK 1937 einen Altersrentenanspruch

erhalten sollte, nicht eintreten, weil er nicht im Dienst des DRK 1937 das 65. Lebensjahr vollendet hat. Dadurch sind indessen die dem Kläger vom DRK 1937 zugesagten Versorgungsrechte nicht schlechthin gegenstandslos geworden. Aus § 14 Nr. 2 des Umstellungsgesetzes ist ebenso wie aus § 21 des DM-Bilanzgesetzes vom 21. August 1949 zu entnehmen, daß auf Reichsmark lautende Forderungen gegen Organisationen, die von der Militärregierung aufgelöst wurden, infolge der Auflösung der Schuldner-Organisation nicht schlechthin erloschen, sondern nur von der Umstellung auf die neue Währungseinheit der Deutschen Mark ausgeschlossen und bis zu einer noch ausstehenden geetzlichen Regelung nicht realisierbar sind (BGHZ — Gr. S — 2, 300 [302]; Féaux de la Croix, NJW 1952, 953 ff.). Demnach ist auch das dem Kläger gegen das DRK 1937 zustehende Altersrentenanwartschaftsrecht nicht erloschen; es ist vielmehr ein Stillhaltezustand eingetreten, während dessen es bis zu einer gesetzlichen Regelung weder zu einem Vollrentenrecht noch zu einem auf Deutsche Mark lautenden Vollrentenrecht erstarken kann.

II. Von dieser soeben dargelegten Rechtslage aus gesehen kann der Kläger den Beklagten, der als Rechtssubjekt mit dem DRK 1937 nicht identisch ist, aus den Versorgungszusagen von 1941 und 1943 nur dann in Anspruch nehmen, wenn der Beklagte aus dem Gesichtspunkt der Vermögensübernahme oder aus dem der Funktionsnachfolge für Verbindlichkeiten des DRK 1937 haftet.

1. Eine Haftung des Beklagten aus dem Gesichtspunkt der Vermögensübernahme ist nicht gegeben. Das ergibt sich aus Art. IV der Kontrollratsdirektive Nr. 50, wonach die hier gemäß Art. III der Kontrollratsdirektive Nr. 50 in Betracht kommende Vermögenszuteilung von aufgelösten Organisationen auf vergleichbare neue Organisationen schuldenfrei zu geschehen hatte, sofern die Zonenbefehlshaber nichts Gegenteiliges bestimmten. Eine solche gegenteilige Bestimmung ist für die ehemals britische Zone gemäß br. Mil. Reg. VO Nr. 159 in Verbindung mit § 9 der Verfahrensordnung des AOA vom 23. April 1949 -- VOBl. br. Z. 1949, 130 — und §§ 7, 8 der Verfahrensordnung des AOA vom 27. Juli 1950 — BAnz. 1950 Nr. 154 — aber nur in der Weise erfolgt, daß den neuen Vermögensträgern Schulden der aufgelösten Organisationen durch besonderen Ausspruch des AOA auferlegt werden konnten (vgl. Féaux de la Croix, NJW 1952 S. 953 [954 Fußnote 19]; Thieme, Kollektive Wiedergutmachung laut KR-Direktive Nr. 50, insbesondere in der britischen Zone, in Frenkel, Handbuch der Wiedergutmachung, Gruppe XXIII, Blatt 15 Rückseite). Daß dem Beklagten von

dem AOA Pflichten aus dem Arbeitsverhältnis des Klägers mit dem DRK 1937 auferlegt worden seien, hat aber der Kläger nicht behauptet.

2. Was die Haftung des Beklagten aus dem Gesichtspunkt der Funktionsnachfolge angeht, hat das Landesarbeitsgericht ausgeführt, trotz weitgehender äußerlicher Gleichheit der Funktionen, wie sie das DRK 1937 wahrgenommen habe und der Beklagte jetzt wahrnehme, könne eine Funktionsnachfolge deshalb nicht angenommen werden, weil das DRK 1937 als Instrument der Verwaltungstätigkeit eines totalitären Staates angesehen werden müsse, während der Beklagte kein Instrument der heutigen staatlichen Verwaltungstätigkeit darstelle. Mit dieser Begründung kann jedoch eine Haftung des Beklagten aus dem Gesichtspunkt der Funktionsnachfolge nicht verneint werden.

a) Die Vorschrift des § 77 des Regelungsgesetzes verbietet es nicht, das Institut der Funktionsnachfolge für den vorliegenden Fall in Betracht zu ziehen. Soweit diese Vorschrift nämlich besagt, daß unter Art. 131 GG fallende Personen außer den Ansprüchen nach näherer Maßgabe des Regelungsgesetzes keine Ansprüche gegen den Bund oder andere öffentliche Dienstherren geltend machen können, steht fest, daß der Beklagte kein öffentlicher Dienstherr ist und daß vor allem der Kläger als Angestellter des DRK 1937 nicht zu den unter Art. 131 GG fallenden Personen gehört (vgl. Bundesverfassungsgericht, NJW 1957 S. 584; Ambrosius-Löns-Rengier, Gesetz zu Art. 131 GG, 1952, § 2 Anm. 9, S. 59; Kühn-Gerth, Die Gesetzgebung nach Art. 131 GG, 1951, S. 39 Ziffer 11; Röttgen-Lenz-Lenz, Das Recht der unter Art. 131 GG fallenden Personen, 2. Aufl., 1954, § 2 Anm. 3 Fußnote 7; Stellungnahme des Bundesfinanzministers vom 15. Mai 1953 — I B — BA 4101 — 376/52 —, veröffentlicht im Niedersächsischen Ministerialblatt 1953 S. 276).

b) Wie auch das Landesarbeitsgericht angenommen hat, können gegen die Anwendung des Instituts der Funktionsnachfolge im vorliegenden Fall keine rechtsgrundsätzlichen Bedenken daraus hergeleitet werden, daß es sich bei dem Beklagten um einen — nichtrechtsfähigen oder rechtsfähigen — Verein des Privatrechts handelt. In der Rechtsprechung und Literatur wird die Frage, ob das Institut der Funktionsnachfolge auch außerhalb des eigentlichen Bereichs der öffentlichen Verwaltung angewendet werden kann, unterschiedlich beurteilt (verneinend: BGHZ 16, 184 [188] und Scheuner, Festschrift für Nawiasky, 1956, S. 9 [34]; wohl auch Däubler, NJW 1954, S. 5 [S. 7 zu Fußnote 17]; bejahend: OLG Stuttgart NJW 1954, S. 277 Nr. 11 mit zustimmender Anmerkung von Reinhardt; weitere Nachweise bei: Steinbömer, Funktionsnachfolge, 1957, S. 47 ff., 54 ff.). Der Senat würde Bedenken haben, daß aus dem besonderen Anlaß der Katastrophe von 1945 und vornehmlich aus dem Gesichtspunkt des Vertrauenstatbestandes und der kontinuierlichen Ordnungsfunktion des öffentlichen Lebens in rechtsschöpferischer Analogie geschaffene Rechtsinstitut vorbehaltlos auf dem Gebiete des Privatrechtes anzuwenden. Einer grundsätzlichen Entscheidung dieser Frage bedarf es jedoch vorliegend nicht. Denn auch wenn die Anwendung des Begriffs der Funktionsnachfolge auf den eigentlichen Bereich der öffentlichen Verwaltung beschränkt bleibt, ergibt sich für die Rote-Kreuz-Tätigkeit jedenfalls, daß mit ihr — in der Bundesrepublik ebenso wie in den meisten Kulturnationen der Welt — eine humanitäre Ordnungsfunktion wahrgenommen wird, die ihrem Wesen nach zwar der öffentlichen Gewaltmittel entbehren kann, auf deren Wahrnehmung durch das Deutsche Rote Kreuz aber weder die Allgemeinheit noch die zuständigen Organe der Bundesrepublik verzichten können. Um diese unentbehrliche humanitäre Ordnungsfunktion der Roten-Kreuz-Arbeit für das gesamte öffentliche Wohl zu belegen, bedarf es nur des Hinweises darauf, welche große und unentbehrliche Bedeutung das Deutsche Rote Kreuz allein aus seiner bloßen ideologischen Verbundenheit mit dem weltumfassenden Hilfswerk des Roten Kreuzes nach 1945 zu einer Zeit hatte, als die staatlichen Funktionen zeitweilig brach lagen, und welche Funktionen es heute noch in Bereichen hat, die der deutschen öffentlichen Hand weitgehend noch unzugänglich sind. Der Umstand, daß die Bundesrepublik durch Gesetz vom 21. August 1954 — BGBl. II S. 781 ff. — den vier Genfer Rote-Kreuz-Abkommen beigetreten ist, in denen dem Internationalen Komitee vom Roten Kreuz vielfältige und bedeutende Aufgaben zufallen, daß die Bundesrepublik ebenso wie alle der Genfer Konvention angehörenden Staaten neben den Vertretern der Rot-Kreuz-Organisationen auf den Internationalen Rot-Kreuz-Konferenzen vertreten ist (vgl. Verdroß, Völkerrecht, 3. Aufl., 1955, S. 111), daß die öffentliche Hand die Rote-Kreuz-Arbeit fördert, in Bayern ihr sogar die Rechtsform einer öffentlichen Körperschaft gegeben hat (vgl. LAG Bayern — ABl. bayer. St. Min. für Arbeit und soziale Fürsorge 1954 C 125; BAG, AP Nr. 2 zu § 9 TVG; Erlaß des Bundesfinanzministeriums vom 15. Mai 1953 im Nieders. Ministerialblatt 1953 S. 276), ist ein weiterer Beweis dafür, daß die humanitären Funktionen des Roten Kreuzes solche sind, die nicht nach ihren Formen und Mitteln, aber nach ihrem dem öffentlichen Wohl dienenden Inhalt und Werte den Aufgaben der öffentlichen Verwaltungen gleichstehen. Das rechtfertigt es, für diesen Bereich das Institut der Funktionsnachfolge ebenso zuzulassen wie im Bereich der eigentlichen öffentlichen Verwaltung. Von diesem Gesichtspunkt aus gesehen ist es, weil es auf die humanitäre Ordnungsfunktion des Roten Kreuzes und damit auf das Wesen der Roten-Kreuz-Arbeit und nicht auf die juristische Form ankommt, unter der sie äußerlich betrieben wird, auch unerheblich, ob man das DRK 1937 als Verein des Privatrechts (so Pfundtner-Neubert, Das Neue Deutsche Reichsrecht, Bd. I b 37 zu § 1 des Gesetzes über das Deutsche Rote Kreuz vom 9. Dezember 1937; Kühn-Gerth, Die Gesetzgebung nach Art. 131 GG; 1951, S. 39 Ziffer 11) oder als Körperschaft des öffentlichen Rechts ansieht (vgl. das Schreiben des Bundesfinanzministers vom 15. Mai 1953 im Niedersächs. Ministerialblatt 1953 S. 276 und den Umstand, daß die Arbeitsverhältnisse beim DRK 1937 durch Tarifordnungen geregelt waren, die auf Grund des § 18 AOGÖ erlassen wurden, z. B. die Tarifordnung für den Krankentransport und den Unfallrettungsdienst des DRK — sog. RKTTr. — vom 17. Oktober 1944 — RArbBl. IV S. 395 — und die Tarifordnung für die freien gemeinnützigen Kranken- und Pflegeanstalten — FKrT — vom 20. Juli 1944 — RArbBl. IV S. 275 —, und daß das DRK 1937 zum mindesten im Laufe des Krieges in den damaligen staatsrechtlichen Reichsaufbau maßgeblich mit einbezogen worden ist, vgl. Erlaß über das Sanitäts- und Gesundheitswesen vom 28. Juli 1942 — RGBl. I S. 515 ff. —; Erlaß über die Vereinheitlichung des Krankentransportes vom 30. November 1942 — RGBl. 1943 I S. 17 und DVO vom 18. Januar 1943 — RGBl. I S. 19 ff.). Aus dem gleichen Grunde kann es nicht darauf ankommen, daß der Beklagte ein Verein des Privatrechts ist, der sich in seinen wesentlichen Funktionen nicht von der Roten-Kreuz-Arbeit unterscheidet, die in Bayern im äußeren Gewande einer öffentlich-rechtlichen Körperschaft betrieben wird.

c) Demnach ist gegen den Beklagten für in seinem Gebiet belegene Pflichten des DRK 1937 (vgl. BGHZ 10, 125 [127]) eine Funktionsnachfolge hinter dem DRK 1937 dann in Betracht zu ziehen, wenn er nach 1945, jedoch vor der Währungsreform (vgl. BGH LM Nr. 3 zu § 554 ZPO) auf dem Gebiete der Roten-Kreuz-Arbeit Aufgaben fortgeführt hat, die nach Organisation, Zweck und Mittel und in ihrem wesentlichen Gehalt (vgl. BGHZ 8, 169 ff. [177 ff.]; 10, 125 [126]; 13, 265 [303 ff.]; BGH — LM Nr. 9 zu Art. 134 GG) denjenigen entsprechen, die vorher der Landesstelle X des DRK 1937 oblagen. Aus dem der Funktionsnachfolge innewohnenden Prinzip, daß auch sie nur zu einer *zumutbaren* Belastung des neuen Funktionsträgers führen darf (BGHZ 8, 169 [181]), muß außerdem festgestellt sein, welche Belastungen sich für den Beklagten aus einer etwaigen Funktionsnachfolge ergeben können.

Darüber, ob und inwieweit die soeben gekennzeichneten Voraussetzungen für die Annahme einer Funktionsnachfolge gegeben sind, hat das Landesarbeitsgericht keine tatsächlichen Feststellungen getroffen. Es wird diese nachholen müssen.

Denn der vom Landesarbeitsgericht vertretene Standpunkt, die Landesstelle X des DRK 1937 sei ein Instrument der Verwaltung des totalitären Staates gewesen, während der Beklagte, trotz aller äußerlichen Gleichheit mit der Arbeit der früheren Landesstelle X, auf ganz anderer, freilich auch öffentlich geförderter Grundlage arbeite, vermag die Verneinung der Anwendung der Funktionsnachfolge nicht ohne besondere tatsächliche Feststellungen zu rechtfertigen und enthält einen Rechtsverstoß, auf dem die Abweisung der Klage beruht. Bei der Anwendung des Instituts der Funktionsnachfolge ist nämlich mehr oder weniger immer in Rechnung zu stellen, daß vor 1945 der damalige totalitäre Staat auf die Organisation, Zwecksetzung und auch auf die Mittelgestaltung von Behörden und sonstigen Institutionen der öffentlichen Hand maßgeblichen zentralistischen Einfluß genommen und sie in den Dienst der Kriegsführung gestellt hat und daß diese Auswirkungen totalitärer Einflußnahme inzwischen durch die Wiedereinführung demokratischer, rechtsstaatlicher und föderalistischer Grundsätze und Maßnahmen beseitigt sind. Solange die totalitäre Einflußnahme vor 1945 die beeinflußte Behörde oder sonstige öffentlich-rechtliche Institution nicht zu einer solchen des Unrechts machte (vgl. BGHZ 8, 169 [181/182]), hat die Rechtsprechung daher bisher auch keine Bedenken gehabt, das Institut der Funktionsnachfolge trotzdem anzuwenden. Derselbe Gesichtspunkt muß auch zur Geltung kommen, soweit Einflußnahmen des vergangenen totalitären Regimes auf das DRK 1937 in Rede stehen, insbesondere deshalb, weil letzten Endes auch das DRK 1937 überwiegend damit befaßt war, Unrechtsfolgen des vergangenen Regimes zu lindern und nicht zu vergrößern.

58

Verwendet ein Tarifvertrag ein Wort, das in der Rechtsterminologie einen festen Inhalt hat, muß man, soweit nicht sichere Anhaltspunkte für eine abweichende Auslegung gegeben sind, davon ausgehen, daß die Tarifvertragsparteien mit diesem Wort den allgemein üblichen Begriff wiedergeben wollen.

TVG § 1 Abs. 1, Rahmentarifvertrag für die Hohlglasindustrie (Gewerbliche Arbeitnehmer) vom 27. März 1953 § 10 Ziff. 4.

II. Senat. Urteil vom 14. November 1957 i. S. Fa. S. O. G. GmbH. (Bekl.) w. B. (Kl.) 2 AZR 481/55.

I. Arbeitsgericht Berlin. — II. Landesarbeitsgericht Berlin.

Die seit Anfang 1951 bei der Beklagten als Packerin beschäftigte Klägerin erlitt am 7. August 1954 auf dem Wege zur Arbeitsstätte mit ihrem Fahrrad einen von ihr nicht verschuldeten Unfall, wodurch sie bis zum 19. September 1954 arbeitsunfähig war. Für das Arbeitsverhältnis der Klägerin findet kraft beiderseitiger Organisationszugehörigkeit der Parteien der „Rahmentarifvertrag für die Hohlglasindustrie (Gewerbliche Arbeitnehmer)" vom 27. März 1953, abgeschlossen zwischen dem Fachverband Hohlglasindustrie e. V. und dem Verein der Glasindustrie e. V. einerseits und der Industriegewerkschaft Chemie, Papier und Keramik andererseits — künftig: „RTV" — Anwendung. Während ihrer Arbeitsunfähigkeit erhielt die Klägerin von der Beklagten einen Krankengeldzuschuß ab der dritten Krankheitswoche nach näherer Maßgabe des § 10 Ziffer 1 RTV. Unter Berufung auf § 10 Ziffer 4 RTV hat die Klägerin den Standpunkt vertreten, ihr Unfall sei ein unverschuldeter schwerer „Betriebsunfall" im Sinne dieser Bestimmung, so daß ihr Krankengeldzuschuß seit dem Tage nach dem Unfall in der — unter Zugrundelegung ihres Rechtsstandpunktes rechnerisch unstreitigen — Höhe von 12,19 DM zustehe.

Die hier interessierenden § 4 Ziffer 2, § 9 Ziffer 1 Buchstabe C, § 10 Ziffer 1 und Ziffer 4 RTV lauten wie folgt:

„§ 4 Löhne.

1. ...
2. Bezahlt wird die geleistete Arbeit, soweit sich aus dem Tarifvertrag nichts anderes ergibt. Siehe hierzu §§ 7 und 9.

§ 9 Unverschuldete Arbeitsversäumnis.

1. Dem Arbeitnehmer, der aus persönlichen Gründen ohne sein Verschulden, für eine verhältnismäßig nicht erhebliche Zeit an der Arbeitsleistung verhindert ist (§ 616 BGB), wird der Lohn fortgezahlt:

   A. ...

   B. ...

   C. für den Rest des Arbeitstages bei Unglücksfällen im Betrieb, wenn der von dem Unfall Betroffene die angeordneten und vorhandenen Schutzmaßnahmen beachtet und nicht grobfahrlässig gehandelt hat.

§ 10 Zuschuß zum Krankengeld.

1. Ist der Arbeitnehmer, welcher verheiratet ist oder als unterhaltspflichtiger Hauptternährer Unterhalt leistet, an der Leisung der Arbeit verhindert, weil er ohne eigenes Verschulden erkrankt ist oder einen Unfall erlitten hat, so sind ihm nach sechsmonatiger Betriebszugehörigkeit
   in der 3. und 4. Krankheitswoche je 10 v. H.,
   in der 5. und 6. Krankheitswoche je 20 v. H.,
   in der 7. und 8. Krankheitswoche je 30 v. H.
   des Durchschnittslohnes je Woche als Zuschuß zum Krankengeld zu zahlen. Der Durchschnittsnettolohn wird aus dem Verdienst im letzten Kalendermonat errechnet.
2. ...
3. ...
4. Bei unverschuldeten schweren Betriebsunfällen beginnt die Zuschußzahlung zum Krankengeld am Tage nach dem erlittenen Unfall, und zwar:
   in der 1. bis 4. Krankheitswoche je 10 v. H.,
   in der 5. bis 6. Krankheitswoche je 20 v. H.,
   in der 7. bis 10. Krankheitswoche je 30 v. H.
   gemäß Abs. 1. Diese Bestimmung gilt in Abweichung von Abs. 1 auch für sämtliche unverheirateten Arbeitnehmer."

Die Klage hatte in allen Instanzen Erfolg.

Aus den Gründen:

Der Klageanspruch der Klägerin rechtfertigt sich aus § 10 Ziffer 4 RTV.

1. Der Sinn und der Zweck des § 10 Ziffer 4 RTV müssen aus einem Vergleich mit § 10 Ziffer 1 RTV gewonnen werden. Wenn nämlich § 10 Ziffer 1 RTV einen Krankengeldzuschuß ab der 3. Krankheitswoche für jeden unverschuldeten Unfall eines verheirateten oder unterhaltspflichtigen Arbeitnehmers vorsieht, erklärt sich die in § 10 Ziffer 4 RTV vorgesehene sofortige Gewährung eines Krankengeldzuschusses an alle, auch die unverheirateten, Arbeitnehmer daraus, daß aus Gründen der besonderen Fürsorge derjenige Arbeitnehmer günstiger gestellt werden soll, der ohne eigenes Verschulden und in schwerem Umfang aus Anlaß und im Zusammenhang mit seiner Arbeit verunglückt ist.

Ein Unfall, der auf dem Wege zur Arbeit erfolgt, ist ein solcher, der sich aus Anlaß und im Zusammenhang mit der Arbeit ereignet. Denn wenn der Sinn und Zweck des § 10 Ziffer 4 RTV dahin geht, den im

Zusammenhang mit der Arbeit unverschuldet schwer verunglückten Arbeitnehmer besser zu stellen als denjenigen, der ohne Zusammenhang mit der Arbeit einen unverschuldeten Unfall erleidet, kann es keinen sachlichen Unterschied machen, ob sich der im Zusammenhang mit der Arbeit geschehende schwere Unfall innerhalb oder außerhalb der Betriebsstätte vollzieht.

2. Auch der Wortlaut des § 10 Ziffer 4 RTV spricht dafür, daß von dieser Vorschrift auch unverschuldete schwere Wegeunfälle umfaßt werden. Mit dem Wort „Betriebsunfall" haben die Tarifparteien einen Begriff verwendet, der seit 1925 einen festen gesetzlichen Inhalt hat und den Wegeunfall mit einbegreift. Denn seit dieser Zeit ist infolge der durch das zweite Gesetz über Änderungen in der Unfallversicherung vom 14. Juli 1925 — RGBl. I S. 97 — erfolgten Einfügung des § 545 a RVO der Wegeunfall dem Betriebsunfall gleichgestellt. Man muß daher, soweit nicht sichere Anhaltspunkte für eine abweichende Auslegung gegeben sind, davon ausgehen, daß die Tarifparteien in § 10 Ziffer 4 RTV das meinten, was seither darunter verstanden wurde (vgl. RAG ARS 4, 158 [160]; 6, 435 ff. [438/439]; 8, 54 [55]). Daraus, daß seit der Geltung des 6. Gesetzes über Änderungen in der Unfallversicherung vom 9. März 1942 — RGBl. I S. 107 ff. — die §§ 542, 543 RVO Unfälle, die sich im Zusammenhang mit bestimmten, in §§ 537—540 RVO näher bezeichneten, Tätigkeiten ereignen, ebenso wie die Wegeunfälle (§ 543 RVO) nicht mehr als „Betriebsunfälle", sondern als „Arbeitsunfälle" bezeichnen, kann nicht gefolgert werden, in § 10 Ziffer 4 RTV sei etwas anderes gemeint als das, was dem früheren „Betriebs"unfall und jetzigen „Arbeits"unfall entspricht. Denn beide Ausdrücke sind ohne inhaltlichen Unterschied im Arbeitsleben gebräuchlich. Hätten die Tarifpartner daher in § 10 Ziffer 4 RTV trotz der ersichtlich gewollten begünstigten Behandlung der im Zusammenhang mit der Arbeit schuldlos und schwer verunglückten Arbeitnehmer unter „Betriebsunfällen" nicht die Wegeunfälle mit einbegreifen wollen, so mußten sie das ausdrücklich hervorheben. Aus dem bloßen Umstand, daß von „Betriebs"-, und nicht von „Arbeits"-Unfällen gesprochen wird, ergibt sich kein Anhaltspunkt dafür, daß damit lediglich Unfälle „im" Betrieb gemeint seien. Erwägungen in der Richtung, daß in einem Tarifvertrag immer die Terminologie des Gesetzes wörtlich verwendet werden müsse (vgl. RAG ARS 8, 54 ff.), können jedenfalls im Hinblick auf den erörterten Sinn und Zweck des § 10 Ziffer 4 RTV keinen Erfolg haben.

3. Auch § 9 Ziffer 1 Buchstabe C RTV gibt keinen Anhalt dafür, daß § 10 Ziffer 4 RTV in dem von der Beklagten gewollten einengenden

Sinne zu verstehen sei. Soweit § 9 Ziffer 1 Buchstabe C RTV von „Unglücksfällen im Betrieb" spricht, kommt dem keinerlei den Begriff „Betriebsunfall" definierende Bedeutung zu. Denn die Fassung „Unglücksfall im Betrieb" erklärt sich zwanglos daraus, daß in § 9 Ziffer 1 Buchstabe C RTV lediglich die Frage des Arbeitsentgeltes für den Rest des Unfalltages geregelt ist, man also hier von einem tatsächlichen Geschehen ausgeht, das sich nach Arbeitsantritt und vor Arbeitsende im Betrieb ereignet hat. Vor allem aber hat § 9 Ziffer 1 Buchstabe C RTV auch einen ganz anderen Zweck als § 10 Ziffer 4 RTV. § 9 Ziffer 1 Buchstabe C regelt die Fortzahlung des Lohnes bei unverschuldeter Arbeitsversäumnis in einem ganz bestimmten Fall, während der Zweck des § 10 Ziffer 4 RTV dahin geht, einem Arbeitnehmer im Krankheitsfalle bei schweren Unfällen anläßlich und im Zusammenhang mit seiner Arbeit einen Zuschuß zu gewähren. Es ist nicht ersichtlich, daß die Tarifvertragsparteien Anlaß genommen hätten, mit der einem ganz anderen Zweck dienenden Vorschrift des § 9 Ziffer 1 Buchstabe C den Begriff des Betriebsunfalles auch für die Fälle festzulegen, in denen nach § 10 Ziffer 4 RTV bevorzugt Krankengeldzuschuß gewährt werden soll. Gegen eine solche Annahme spricht auch, daß in § 9 Ziffer 1 Buchstabe C von „Unglücksfällen im Betrieb", in § 10 Ziffer 1 RTV von „Unfällen" schlechthin und in § 10 Ziffer 4 RTV von „Betriebsunfällen" gesprochen wird, die Terminologie also in allen drei Bestimmungen wenig einheitlich ist. Die Sachverhalte, die in § 9 Ziffer 1 Buchstabe C und § 10 Ziffer 4 RTV geregelt sind, unterscheiden sich zudem nicht unwesentlich voneinander insoweit, als für das in § 9 Ziffer 1 Buchstabe C RTV gewährte Resttagegeld genügt, daß der Verunglückte nicht grob fahrlässig handelte, während er in den Fällen des § 10 Abs. 4 RTV völlig schuldlos gehandelt haben muß, also auch nicht fahrlässig gehandelt haben darf und nach der Sinngebung des § 10 Ziffer 4 RTV nun einmal deswegen begünstigt behandelt werden soll, weil er anläßlich und im Zusammenhang mit der Arbeit verunglückt ist.

4. . . .

5. Der unverschuldete Wegeunfall der Klägerin führt somit dann zu einem vergünstigten Krankengeldzuschuß im Sinne des § 10 Ziffer 4 RTV, wenn er ein „schwerer" Unfall war. Da auch zum Begriff der „Schwere" des Unfalles in § 10 Ziffer 4 RTV ebenfalls nichts im Sinne einer Einengung gesagt ist, muß der Arbeitsunfall der Klägerin, der nach den für die Revision bindenden tatsächlichen Feststellungen des Landesarbeitsgerichts zu einer Arbeitsunfähigkeit von mehr als 7 Wochen ge-

führt hat, als „schwer" im Sinne von § 10 Ziffer 4 RTV angesehen werden, weil nach allgemeinem Sprachgebrauch ein Unfall schon dann „schwer" ist, wenn er zu einer solch langen Arbeitsunfähigkeit führt.

59

Die Geltung des Gleichbehandlungsgrundsatzes im überbetrieblichen Raum ist, seine Geltung in diesem Umfang einmal unterstellt, jedenfalls dann nicht verletzt, wenn ein Unternehmen bei der Gewährung von Jubiläumsgaben aus sachlich zu billigenden unternehmenspolitischen Gründen die Arbeitnehmer eines Betriebes anders behandelt als die Arbeitnehmer der übrigen Betriebe.

BGB § 242.

II. Senat. Urteil vom 5. Dezember 1957 i. S. Fa. M—U AG (Bekl.) w. H. (Kl.) 2 AZR 474/55.

I. Arbeitsgericht Mannheim. — II. Landesarbeitsgericht Baden in Mannheim.

Die Beklagte ist eine Aktiengesellschaft, deren Hauptverwaltung sich in H. befindet. In ihr sind eine Reihe von früher selbständigen Unternehmen aufgegangen, zu denen auch die am 1. Januar 1903 gegründete Margarinefabrik „E. AG" in M. gehört. Insgesamt gehören zu der Beklagten 13 Produktions- und Verwaltungsbetriebe sowie 50 betriebsratsfähige Bezirksniederlagen der Verkaufsorganisation. In M. befinden sich außer dem „E."-Werk noch die Verkaufsleitung der Beklagten für Süddeutschland sowie eine Bezirksniederlassung als selbständige Betriebe.

Im Jahre 1952 gewährte die Beklagte den Arbeitnehmern ihrer sämtlichen Betriebe als Sonderzuwendung eine Weihnachtsgratifikation von 50 % und eine sogenannte Herbstbeihilfe von 25 % des Monatsverdienstes. Da das „E."-Werk am 1. Januar 1953 das 50jährige Werksjubiläum feierte, wurden diese beiden Sonderzuwendungen an die Arbeitnehmer des „E."-Werkes mit Billigung des Finanzamtes M. unter der Bezeichnung einer „Jubiläumsgabe" steuerfrei ausgezahlt.

Als die Beklagte am 19. Juni 1954 ihr 25jähriges Firmenjubiläum feierte, gewährte sie den Arbeitnehmern ihrer Betriebe eine Jubiläumszuwendung, die je nach Dienstzeit des Arbeitnehmers 60—90 % eines Monatsverdienstes ausmachte. Von dieser Regelung nahm sie jedoch die Arbeitnehmer des „E."-Werkes mit Rücksicht auf die im Jahre 1952 erhaltene „Jubiläumsgabe" aus. Diese erhielten jedoch im Gegensatz zu den übrigen Betrieben der Beklagten eine Ferien- und eine Herbstbeihilfe in

Höhe von je 25 % des Monatsverdienstes. An die Arbeitnehmer aller Betriebe der Beklagten, einschließlich des „E."-Werkes, wurde außerdem im Jahre 1954 eine Weihnachtsgratifikation in Höhe eines halben Monatsverdienstes ausgeschüttet.

Der im „E."-Werk beschäftigte Kläger würde, wenn er im Jahre 1954 die gleichen Sonderzuwendungen erhalten hätte, wie sie die Angehörigen der anderen Betriebe der Beklagten erhalten haben, brutto insgesamt 20 % mehr erhalten haben, als er als Angehöriger des „E."-Werkes im Jahre 1954 tatsächlich erhalten hat. Er hat von der Beklagten Zahlung des entsprechenden Betrages von 67,85 DM verlangt.

Das Landesarbeitsgericht hat der Klage entsprochen, das Bundesarbeitsgericht hat sie abgewiesen.

Aus den Gründen:

1. Das Landesarbeitsgericht ist bei seiner Entscheidung rechtlich davon ausgegangen, nach dem Gleichbehandlungsgrundsatz müsse der Arbeitgeber nicht nur eine willkürliche und sachfremde differenzierende Behandlung der Arbeitnehmer desselben Betriebes, sondern auch im Verhältnis der Arbeitnehmer eines Betriebes zu den Arbeitnehmern eines anderen Betriebes desselben Unternehmens unterlassen. Es hat diesen seinen rechtlichen Ausgangspunkt mit der Überlegung begründet, der Gleichbehandlungsgrundsatz entstehe auf der Grundlage des Arbeitgeber und Arbeitnehmer verbindenden Arbeitsverhältnisses und sei ein Ausfluß der daraus sich ergebenden Treue- und Fürsorgepflicht des Arbeitgebers. Es sei kein einleuchtender Grund dafür ersichtlich, den Gleichbehandlungsgrundsatz zwar dann anzuwenden, wenn eine große Zahl von Arbeitsverhältnissen in einem einzigen Betrieb gegeben sei, nicht aber dann, wenn die gleich große Zahl von Arbeitnehmern sich auf mehrere Betriebe desselben Unternehmens verteile.

2. Mit dieser seiner Annahme über die Grundlage des Gleichbehandlungsgrundsatzes hat das Landesarbeitsgericht einen Standpunkt eingenommen, der im einzelnen einer näheren, in das einzelne gehenden Untersuchung bedürfte (BAG [Gr. S.] 1, 291 [314/315]). Mit der weiteren, auf diesem Ausgangspunkt fußenden Annahme zum Geltungsbereich des Gleichbehandlungsgrundsatzes für die Arbeitnehmer mehrerer Betriebe desselben Unternehmens hat das Landesarbeitsgericht eine Ansicht vertreten, die in der Literatur weitgehend abgelehnt wird (vgl. statt aller: Hueck-Nipperdey, Lehrbuch, Bd. I, 6. Aufl., S. 385 zu Fußnote 117; wohl auch Nikisch, Lehrbuch, Bd. I, 2. Aufl., S. 425; Götz Hueck, Betrieb 1956, S. 352; ders. in Anm. zu AP Nr. 10 zu

§ 242 BGB — Ruhegehalt), vom Bundesarbeitsgericht bisher unentschieden gelassen wurde (so: BAG AP Nr. 10 zu § 242 BGB — Ruhegehalt) oder die nur als Möglichkeit künftiger Rechtsprechungsentwicklung ins Auge gefaßt wird (vgl. Hueck-Nipperdey, a. a. O. S. 385, Fußnote 118).

3. Der Senat braucht indessen hierzu im einzelnen keine Stellung zu nehmen. Denn auch wenn man mit dem Landesarbeitsgericht einmal annehmen wollte, der Gleichbehandlungsgrundsatz sei für die Arbeitnehmer mehrerer Betriebe desselben Unternehmens anzuwenden und daher von der Beklagten anläßlich des Firmenjubiläums im Jahre 1954 bei der Bemessung der Jubiläumszuwendungen für die Arbeitnehmer ihrer Betriebe einschließlich der des „E."-Werkes zu beachten gewesen, ergibt sich, daß sie jedenfalls den — in seiner Gültigkeit in diesem Umfang einmal unterstellten — Grundsatz nicht verletzt hat, wenn sie die Arbeitnehmer des „E."-Werkes und damit auch den Kläger in der geschehenen Weise anders behandelte als die Arbeitnehmer der übrigen Betriebe.

a) Nach den vom Landesarbeitsgericht getroffenen tatsächlichen und für die Revisionsinstanz bindenden Feststellungen war Anlaß für die im Jahre 1954 erfolgte Sonderbehandlung der Arbeitnehmer des „E."-Werkes die nicht von wirtschaftlichen und finanziellen Erwägungen beeinflußte Überlegung der Beklagten, daß die Arbeitnehmer des „E."-Werkes, weil sie bereits im Jahre 1953 anläßlich des Werksjubiläums im Vergleich zu den übrigen Betrieben der Beklagten eine begünstigte Sonderbehandlung erfahren hatten, aus Gründen der Einheitlichkeit und der Einordnung in das aus verschiedenen früher selbständigen Betrieben hervorgegangene Unternehmen im Jahre 1954 nicht die gleichen Vergünstigungen erwarten dürften wie die Arbeitnehmer der anderen Betriebe.

b) Hierzu ist zunächst festzustellen, daß die Beklagte eine differenzierende Behandlung der Arbeitnehmer des „E."-Werkes schon aus steuerlichen Gründen in Betracht ziehen mußte. § 5 Abs. 2 der Lohnsteuerdurchführungsverordnung (LDVO) sieht eine Steuerfreiheit von Jubiläumsgaben nur für ein „Firmenjubiläum" vor, nicht für Jubiläen von einzelnen Werken eines Unternehmens. Das gilt auch, wenn ein Betrieb früher einmal selbständig war und infolge Überganges auf einen Rechtsnachfolger Teil eines Unternehmens geworden ist (Berié-Hentrich, Lohnsteuerrecht, 1955 S. 120). Die Gewährung der Steuerfreiheit für das Werksjubiläum des „E."-Werkes im Jahre 1953 entsprach somit nicht der Vorschrift des § 5 Abs. 2 LDVO. Nachdem das Finanzamt M. dem trotzdem zugestimmt hatte, so war doch nicht damit zu rechnen, daß es im Jahre 1954 der Steuerfreiheit einer Firmenjubiläumsgabe für die Arbeitnehmer des „E."-Werkes wiederum zustimmen werde. Wenn unter diesen

Umständen die Beklagte sich entschloß, es nicht zu versuchen, den Arbeitnehmern des „E."-Werkes aus Anlaß des Firmenjubiläums erneut auf Kosten der Allgemeinheit eine Steuerfreiheit für die im Jahre 1954 ausgeschütteten Sonderzuwendungen zu verschaffen, handelte sie durchaus korrekt. Diese letztlich dem Steuerrecht entsprechende differenzierende Behandlung der Arbeitnehmer des „E."-Werkes stellte keine Verletzung der Gerechtigkeit und daher keine Verletzung eines etwa geltenden überbetrieblichen Gleichbehandlungsgrundsatzes dar. Auch wenn die Beklagte die hier angeführten steuerlichen Gesichtspunkte nicht gesehen haben sollte, würde ihr Verhalten nicht zu beanstanden sein, da in der Bewertung des Verhaltens der Beklagten hinsichtlich seiner Wirkung auf den Kläger im Interesse der Gerechtigkeit die objektive Situation, also das im Ergebnis dem positiven Recht — hier der Vorschrift des § 5 Abs. 2 LDVO — Rechnung tragende Verhalten der Beklagten durchschlagen muß (BAG 3, 31 [35]).

c) Muß somit die Nichtverschaffung einer erneuten Steuerfreiheit für die Sonderzuwendungen des Jahres 1954 als Verletzung eines — etwaigen — Gleichbehandlungsgrundsatzes ausscheiden, so ist als Verletzungstatbestand lediglich in Betracht zu ziehen, daß die Arbeitnehmer der übrigen Werke im Jahre 1954 neben einer 50%igen Weihnachtsgratifikation, die auch die Arbeitnehmer des „E."-Werkes erhalten haben, eine steuerfreie Jubiläumszuwendung in der Staffelung von 60—90 % des Monatsverdienstes erhielten, während den Arbeitnehmern des „E."-Werkes versteuerte Beihilfen im Gesamtwert von 50 % der Monatsbezüge zuflossen. Aber auch darin kann kein Verstoß gegen einen etwa geltenden überbetrieblichen Gleichbehandlungsgrundsatz gesehen werden. Dieser Grundsatz würde seinem Sinn nach lediglich willkürliche und sachfremde differenzierende Behandlung verbieten (vgl. statt aller: BAG AP Nr. 4 zu § 611 BGB Gratifikation). Wenn die Beklagte aber nach den Feststellungen des Landesarbeitsgerichts im Jahre 1954 die unterschiedliche Behandlung der Arbeitnehmer des „E."-Werkes deshalb durchführte, weil ihr aus Gründen der Unternehmenseinheit daran lag, daß im Rahmen des Gesamtunternehmens nicht mehrere Jubiläen — Werks- und Firmenjubiläen — kurzfristig nacheinander gefeiert und aus diesem Anlaß mit Jubiläumsgaben dotiert wurden, war das ein durchaus sachlicher unternehmenspolitischer Gesichtspunkt, mit dem sie zum Ausdruck bringen durfte, daß ihr lieber gewesen wäre, wenn die Arbeitnehmer des „E."-Werkes sich weniger eigenständig und mehr unternehmensverbunden gezeigt hätten. Daß die Beklagte im Jahre 1953 dem Werksjubiläum, zudem widerstrebend, zugestimmt hatte, besagte nicht, daß sie damit auf die

Freiheit der unternehmenspolitischen Entscheidung verzichtete, derartige Erwägungen im Jahre 1954 zur Geltung zu bringen. Darin liegt auch weder eine Strafmaßnahme noch ein sonstiges rechtlich zu mißbilligendes Verhalten, zumal sie den Arbeitnehmern des „E.“-Werkes auch im Jahre 1954 ebenfalls recht erhebliche Zuwendungen in der Form von Herbst- und Ferienbeihilfen zukommen ließ. Vielmehr handelte sie im Rahmen des freiheitlichen Bereichs, den die geltende Rechts- und Wirtschaftsordnung dem Unternehmensermessen einräumt (vgl. BAG [Gr. S] 1, 291 [316]).

60

1. Für die unselbständige Anschlußberufung gelten die in § 519 Abs. 3 Ziffer 2 ZPO enthaltenen Vorschriften über die Begründung einer Berufung nur „entsprechend“, also nur soweit und in der Art, als sie für das Institut der unselbständigen Anschlußberufung passen.

2. Für eine in der mündlichen Verhandlung erhobene unselbständige Anschlußberufung genügt eine mündliche Begründung nicht. Es muß in entsprechender Anwendung des § 519 Abs. 3 Ziffer 2 ZPO eine schriftsätzliche Fixierung erfolgen.

3. Ob der Umfang der zu fordernden schriftlichen Begründung den an ihn zu stellenden prozessualen Erfordernissen genügt, bestimmt sich danach, ob eine hinreichend eindeutige Fixierung des Vortrags des Anschlußberufungsklägers erfolgt ist.

ZPO §§ 522 a, 519 Abs. 3 Ziffer 2.

II. Senat. Urteil vom 5. Dezember 1957 i. S. Fa. V. W. AG (Bekl.) w. F. (Kl.) 2 AZR 550/55.

I. Arbeitsgericht Nürnberg. — II. Landesarbeitsgericht Bayern in Nürnberg.

Dem bei ihr beschäftigten Kläger hat die Beklagte am 2. März 1955 wegen ungebührlichen Benehmens gegenüber der Geschäftsleitung und wegen Störung des Arbeitsfriedens fristlos gekündigt.

Mit der Begründung, die fristlose Kündigung vom 2. März 1955 sei unwirksam und könne auch nicht in eine fristgerechte Kündigung umgedeutet werden, hat der Kläger vor dem Arbeitsgericht beantragt, festzustellen, „daß die am 2. März 1955 ausgesprochenen Kündigungen unwirksam“ seien. Das Arbeitsgericht hat die Unwirksamkeit der fristlosen Kündigung festgestellt, im übrigen die Klage abgewiesen.

Mit der Berufung hat sich der Kläger gegen die vom Arbeitsgericht vorgenommene Umdeutung der fristlosen Kündigung in eine fristgemäße gewandt und beantragt, festzustellen, daß die Kündigung auch als fristgemäße Kündigung unwirksam sei. Die Beklagte hat Zurückweisung der Berufung beantragt. In der letzten mündlichen Verhandlung vom 18. Oktober 1955 hat sie durch ihren Prozeßbevollmächtigten außerdem eine unselbständige Anschlußberufung eingelegt mit dem Antrag, unter Aufhebung des Urteils des Arbeitsgerichts die Klage abzuweisen. Zur Begründung der Anschlußberufung hat sie sich in der handschriftlich gefertigten und unterschriebenen und dem Gericht überreichten Anschlußberufungsschrift „auf die Ausführungen und Schriftsätze der Beklagten in erster Instanz sowie auf Ziffer 2 der Berufungserwiderung vom 15. Oktober 1955“ bezogen.

Das Landesarbeitsgericht hat der Berufung des Klägers entsprochen und die Anschlußberufung der Beklagten als unzulässig verworfen, da sie mangelhaft begründet sei. Es hat in der Urteilsformel die Revision zugelassen und dazu in den Entscheidungsgründen ausgeführt, daß es seiner Entscheidung über die Anschlußberufung grundsätzliche Bedeutung beimessen und „daher“ die Revision zugelassen habe.

Gegen das Urteil des Landesarbeitsgerichts hat die Beklagte in vollem Umfange, also nicht nur, soweit ihre Anschlußberufung als unzulässig verworfen worden ist, Revision eingelegt mit dem Antrag, unter Aufhebung des Urteils des Landesarbeitsgerichts die Klage abzuweisen, hilfsweise den Rechtsstreit zur weiteren Verhandlung und Entscheidung an die Vorinstanz zurückzuverweisen.

Durch Beschluß des erkennenden Senats vom 28. März 1956 (BAG 2, 326 ff.) ist die Revision der Beklagten insoweit als unzulässig verworfen worden, soweit sie sich gegen die Entscheidung über die Berufung des Klägers richtet.

Aus den Gründen:

I. 1. Zur Verwerfung der Anschlußberufung der Beklagten wegen mangelnder Begründung hat das Landesarbeitsgericht ausgeführt, gemäß § 522a Abs. 3 ZPO in Verbindung mit § 519 Abs. 3 Ziffer 2 Halbsatz 1 ZPO müsse die Anschlußberufungsbegründung „die bestimmte Bezeichnung der im einzelnen anzuführenden Gründe der Anfechtung“ enthalten. Soweit die Anschlußberufungsbegründung ausführe, daß sie sich „zur Begründung auf die Ausführungen der Schriftsätze der Beklagten in erster Instanz“ beziehe, genüge eine bloße Bezugnahme auf das Vorbringen im ersten Rechtszuge nicht, um der Vorschrift des § 519 Absatz 3 Ziffer 2 ZPO zu entsprechen. Die Bezugnahme auf das erstinstanzliche Vorbringen sei auch deshalb ungenügend, weil die gesamten erstinstanzlichen Schriftsätze der Beklagten nicht von einer nach § 11 Abs. 2 ArbGG zur Vertretung vor dem Landesarbeitsgericht berechtigten Person unterzeichnet seien. Soweit die Beklagte sich in der Anschlußberufungsbegründung auf Ziffer 2 des zweitinstanzlichen Schriftsatzes vom 15. Oktober 1955 bezogen habe, könne dahinstehen, ob eine Bezugnahme auf einen anderen in der Instanz bereits eingereichten Schriftsatz für eine ordnungsmäßige Begründung einer Anschlußberufung im Sinne des § 519 Abs. 3 Ziffer 2 ZPO genüge. In Ziffer 2 des angezogenen Schriftsatzes habe nämlich die Beklagte zur Bekämpfung der Berufung des Klägers den Ausführungen des Ersturteils zugestimmt. Mithin enthalte Ziffer 2 des angezogenen Schriftsatzes keine Kennzeichnung der Gesichtspunkte, unter denen das Ersturteil angegriffen werde.

2. Diese Ausführungen des Landesarbeitsgerichts sind schon in ihrem rechtlichen Ausgangspunkt fehlerhaft. Das Landesarbeitsgericht ist nämlich für seine Annahme, die unselbständige Anschlußberufung der Beklagten sei nicht in einer der Vorschrift des § 519 Abs. 3 Ziffer 2 ZPO genügenden Weise begründet worden, ausweislich der von ihm für seine Ansicht zitierten Judikatur und Literatur (RAG 14, 312; 18, 327; RGZ 144, 6; 146, 250; BGHZ 7, 170; Stein-Jonas ZPO, 18. Aufl., § 519 Anm. III 2 b) lediglich von Erwägungen darüber ausgegangen, welche Anforderungen an die Begründung einer Berufung gemäß § 519 Abs. 3 Ziffer 2 ZPO zu stellen sind. § 522 a Abs. 3 ZPO schreibt aber die „entsprechende" Anwendung des § 519 Abs. 3 Ziffer 2 ZPO neben der „entsprechenden" Anwendung der weiteren dort genannten Vorschriften vor. „Entsprechende Anwendung" heißt aber soviel wie Anwendung unter Beachtung des Sinnes und der Tragweite der Institution, hinsichtlich derer angewendet werden soll. Die in § 522 a Abs. 3 ZPO vorgeschriebene „entsprechende" Anwendung von § 519 Abs. 3 Ziffer 2 ZPO bedeutet somit, daß das, was gemäß § 519 Abs. 3 Ziffer 2 ZPO für die Berufungsbegründung gilt, für die Begründung einer unselbständigen Anschlußberufung insofern Geltung haben soll, als und wie es nach der Art der letzteren auch für sie paßt und nicht wegen der inneren Verschiedenheit beider Rechtseinrichtungen keine Bedeutung für die unselbständige Anschlußberufung haben kann (RGZ (Gr. S) 170, 18 [21]).

3. Für eine unselbständige Anschlußberufung ist aber zu beachten und besonders kennzeichnend, daß sie noch bis zum Schluß der mündlichen Verhandlung eingelegt werden kann. Denn nach §§ 521 Abs. 1, 522 a Abs. 2 ZPO gibt es für ihre Einlegung bis zur Zurücknahme oder Verwerfung der Berufung (§ 522 Abs. 1 ZPO) oder bis zum Schluß der

mündlichen Verhandlung keine zeitliche Schranke (vgl. RGZ (Gr. S) 170, 18 [20]; BGH NJW 1954, 109 [110]; Stein-Jonas, ZPO, 18. Aufl., § 521 Anm. I 3). Wenn nun § 522 a ZPO auch für den Fall der Einlegung einer unselbständigen Anschlußberufung in der mündlichen Verhandlung vorsieht, daß sie in der Anschlußschrift zu begründen (§ 522 a Abs. 2 Halbsatz 2 ZPO) und für den Inhalt der Anschlußberufungsbegründung § 519 Abs. 3 Ziffer 2 ZPO „entsprechend" anzuwenden sei, kann folgendes nicht übersehen werden:

§ 519 Abs. 3 Ziffer 2 ZPO erstrebt nach seinem Sinn in erster Linie eine Gewähr dafür, daß bei einer Berufung der Berufungsrechtsstreit für die mündliche Verhandlung vorbereitet wird, so daß für das Berufungsgericht und für den Berufungsbeklagten in ausreichender Weise klargestellt wird, in welchen Punkten und mit welchen Gründen das Ersturteil angegriffen werden soll. Hierdurch soll eine Zusammenfassung und Beschleunigung des Rechtsstreites sowie die Vermeidung überflüssiger Arbeit erreicht werden (BAG AP Nr. 4 zu § 519 ZPO; BGHZ 7, 170 [172]). An einer solchen Sinngebung des § 519 Abs. 3 Ziffer 2 ZPO fehlt es aber weitgehend, wenn eine unselbständige Anschlußberufung erst in der mündlichen Verhandlung eingelegt und begründet wird. Gerade weil eine Anschlußberufung noch in der mündlichen Verhandlung eingelegt werden kann, läßt es sich nicht vermeiden, daß mit ihr tatsächliche und rechtliche Gesichtspunkte aufgegriffen werden, mit deren Erörterung weder das Gericht noch der Berufungskläger bis dahin gerechnet haben. Es ist sogar durchaus möglich, daß auch der Anschlußberufungskläger selbst in der mündlichen Verhandlung erst die Notwendigkeit und Zweckmäßigkeit der Einlegung einer unselbständigen Anschlußberufung erkennt und sich dazu unter Ausnutzung der ihm vom Gesetz eingeräumten Möglichkeit noch vor Schluß der mündlichen Verhandlung entschließt. Weil — vom Gesetz durchaus gestattet — die Erhebung einer unselbständigen Anschlußberufung noch am Schluß der mündlichen Verhandlung möglich ist, kann es nicht der Zweck der in § 522 a Abs. 1 und § 522 a Abs. 3 ZPO vorgesehenen sofortigen Begründung mit einem Begründungsinhalt nach näherer Maßgabe des § 519 Abs. 3 Ziffer 2 ZPO sein, für Gericht und Gegner eine sach- und zeitgerechte Vorbereitung der mündlichen Verhandlung zu ermöglichen.

4. Die in § 522 a Abs. 3, § 519 Abs. 3 Ziffer 2 ZPO vorgesehene Begründungspflicht hat eine nicht zu unterschätzende Bedeutung mit einer a n d e r e n Zweckrichtung:

a) Durch Anbringung der Anträge und der Begründung nach näherer Maßgabe des § 519 Abs. 3 Ziffer 1 und 2 ZPO wird auch eine F i x i e -

rung des Vortrags des Berufungsklägers im Interesse einer Erleichterung der Verhandlung für die Parteien und das Gericht und der Urteilsfindung durch das Gericht erreicht. Im Falle der Anschlußberufung ist eine solche Fixierung auf Grund einer entsprechenden Anwendung jener Vorschrift ebenfalls sinnvoll. Sie dient wiederum der Erleichterung der Urteilfindung, ferner der Erleichterung der Vorbereitung eines etwaigen weiteren Termins, und vor allem hat an ihr der Anschlußberufungsbeklagte ein schutzwertes Interesse. Gegen das Überraschungsmoment, das mit der Einlegung der unselbständigen Anschlußberufung in der mündlichen Verhandlung für den Anschlußberufungsbeklagten häufig entsteht, kann er sich nicht dadurch wehren, daß er sich gemäß §§ 272, 279 Abs. 2 ZPO auf mangelnde schriftsätzliche Vorbereitung und gemäß §§ 278 Abs. 2, 279 Abs. 1, 283 ZPO auf verspätete Geltendmachung von Angriffs- und Verteidigungsmitteln beruft. Diese Vorschriften sind nämlich gemäß § 522a Abs. 3, § 519 Abs. 5 ZPO ebenfalls nur „entsprechend" anzuwenden, das heißt also, ebenfalls nur insoweit, als sie mit dem Sinn und Zweck der unselbständigen Anschlußberufung zu vereinbaren sind. Da es aber zum kennzeichnenden Merkmal und Wesen der unselbständigen Anschlußberufung gehört, daß sie bis zur letzten mündlichen Verhandlung eingelegt werden kann, kann weder ihrer Einlegung als solcher noch der damit verbundenen Geltendmachung von Anfechtungsgründen, von neuen Tatsachen, neuen Beweismitteln und Beweiseinreden — jedenfalls soweit diese Tatsachen, Beweismittel und Beweiseinreden in der ersten Instanz noch nicht vorgebracht werden konnten — vom Anschlußberufungsbeklagten aus dem Gesichtspunkt der mangelnden schriftsätzlichen Vorbereitung oder des verspäteten Vorbringens begegnet werden. Aus dem aus § 272a ZPO zu entnehmenden und ausweislich der §§ 522a Abs. 3, 519 Abs. 5 ZPO auch für die unselbständige Anschlußberufung zu beachtenden Prozeßprinzip, daß keine Partei in einem Rechtsstreit überrumpelt werden soll, muß dem Anschlußberufungsbeklagten in solchen Fällen aber unter Umständen die Möglichkeit offenstehen, um Vertagung oder Gestattung der Schriftsatznachreichung nachzusuchen. Die mit § 522 Abs. 2 und 3 ZPO in entsprechender Anwendung von § 519 Abs. 3 Ziffer 2 ZPO geforderte Fixierung der Anträge und der Begründung der Anschlußberufung bieten ihm in solchen Fällen eine sichere Grundlage für seine entsprechenden Überlegungen. Deshalb ist eine schriftliche Begründung einer Anschlußberufung notwendig. Soweit Stein-Jonas, ZPO, 18. Aufl., § 522 Anm. III 2 zu Fußnote 14 unter Berufung auf die ältere und unter einer anderen Fassung der ZPO zum Inhalt der Berufungsbegründungspflicht ergangene

Entscheidung des Reichsgerichts in Warn R 1927 Nr. 38 und unter Berufung auf RG JW 1938, 1337 meint, bei Erhebung einer unselbständigen Anschlußberufung in der mündlichen Verhandlung genüge eine mündliche Begründung, trägt diese Ansicht weder dem Bedürfnis nach Fixierung des Vortrags des Anschlußberufungsklägers Rechnung, noch ist sie mit der in § 522 a Abs. 3 ZPO enthaltenen Verweisung auf § 519 Abs. 3 Ziffer 2 ZPO vereinbar.

b) Andererseits ist aber in Anlehnung an die Ausführungen des Reichsgerichts in JW 1938, 1337; RGZ 142, 307 [312] = JW 1934, 480; RGZ 150, 247 [249] = JW 1936, 1837, 1838 nicht zu verkennen, daß Formerfordernisse, hier also eine schriftsätzliche inhaltliche Begründungspflicht nach näherer Maßgabe des § 519 Abs. 3 Ziffer 2 ZPO, keine zweckwidrige Überspannung erfahren dürfen. Das würde aber der Fall sein, wenn im vorliegenden Falle auf einer Anschlußberufungsbegründung mit eingehender Darlegung und einer in das einzelne gehenden Angabe der Beweismittel bestanden würde, obwohl der Kläger und auch das Gericht aus der von der Beklagten vorgenommenen Bezugnahme auf Ziffer 2 des zweitinstanzlichen Schriftsatzes vom 5. Oktober 1955 erkennen konnten, welche Anfechtungsgründe die Anschlußberufung der Beklagten gegen das Ersturteil meinte, der erforderlichen Fixierung also gedient war, und der Kläger dazu keinen Anlaß nahm, unter Berufung auf § 272 a ZPO Vertagung oder Schriftsatznachreichung zu verlangen. Was nämlich die Beklagte jedenfalls durch ihre Bezugnahme auf Ziffer 2 des Schriftsatzes im Berufungsverfahren vom 15. Oktober 1955 als Anfechtungsgründe vorbrachte, ließ an Deutlichkeit für alle Beteiligten nichts zu wünschen übrig, wie es auch in sich verständlich und insbesondere als Begründung der Anschlußberufung in sich abgeschlossen war (wird ausgeführt). Wenn die Beklagte in Verbindung mit ihrer Anschlußberufung auf diesen Inhalt der Ziffer 2 ihres Schriftsatzes vom 15. Oktober 1955 verwies, so bedeutete das eindeutig, daß sie diese Gesichtspunkte ins Feld führen wollte, um die Berechtigung der von ihr ausgesprochenen fristlosen Kündigung geltend zu machen und die Abweisung der Klage auf Feststellung der Unwirksamkeit der fristlosen Kündigung zu erreichen. Dazu bedurfte es um so weniger einer besonderen Klarstellung, weil dieser Tatsachenkomplex sich weitgehend mit dem deckte, was auch im Streit der Parteien über die Berechtigung der fristgerechten Kündigung eine maßgebliche Rolle spielte...

Aus diesen Gründen genügte bereits die von der Beklagten vorgenommene Bezugnahme auf Ziffer 2 des Schriftsatzes vom 15. Oktober 1955 den Anforderungen, die gemäß § 522 a Abs. 2 Halbsatz 2 und Absatz 3 ZPO in entsprechender Anwendung von § 519 Abs. 3 Ziffer 2 ZPO an die Begründung der Anschlußberufung zu stellen waren. Alles andere wäre überflüssiges Schreibwerk gewesen, an dessen Beachtung kein Interesse bestand. Unter diesen Umständen braucht nicht weiter erörtert zu werden, inwieweit auch die Verweisung auf die in erster Instanz eingereichten Schriftsätze für eine Begründung der Anschlußberufung genügen konnte oder nicht. Demnach waren die Voraussetzungen der §§ 522 a Abs. 3, 519 b Abs. 1 ZPO für eine Verwerfung der Anschlußberufung der Beklagten aus dem Gesichtspunkt der mangelnden Begründung nicht gegeben.

II. Der Kläger hat sich darauf berufen, die Anschlußberufung der Beklagten sei schon deshalb nicht ordnungsmäßig erhoben gewesen, weil ihm der von der Beklagten in der mündlichen Verhandlung vom 18. Oktober 1955 dem Gericht überreichte Anschlußberufungsschriftsatz nicht zugestellt worden sei. Diese Rüge des Klägers ist unbegründet. Gemäß § 522 a Abs. 3 in Verbindung mit § 519 a ZPO war die Anschlußberufungsschrift dem Kläger von Amts wegen zuzustellen, was in der mündlichen Verhandlung vom 18. Oktober 1955 ohne Schwierigkeit nach näherer Maßgabe der §§ 212 a, 212 b ZPO hätte geschehen können. Daß es nicht geschehen ist, berührt die Ordnungsmäßigkeit der Erhebung der Anschlußberufung nicht, weil die Anschlußberufung gemäß § 522 a Abs. 1 ZPO bereits mit Einreichung der Anschlußberufungsschrift bei dem Berufungsgericht erhoben war (vgl. RG JW 1938 S. 895 Nr. 51; RG Warn 1940, 7; Rosenberg, Lehrbuch, 7. Aufl., 1956, § 135 V 2 e S. 647; Stein-Jonas, ZPO, 18. Aufl., § 519 a Anm. II; Baumbach-Lauterbach, 24. Aufl., 1956, § 519 a Anm. 1; Wieczorek, ZPO, 1957, § 519 a Anm. B).

III. Somit hat das Landesarbeitsgericht die Anschlußberufung der Beklagten zu Unrecht als unzulässig verworfen. Das angefochtene Urteil beruht auch auf diesem Gesetzesverstoß (§ 549 Abs. 1 ZPO). Soweit der Bundesgerichtshof (BGHZ 4, 58 [61]) angenommen hat, bei einer zu Unrecht geschehenen Verwerfung einer unselbständigen Anschlußberufung liege dann keine kausale Gesetzesverletzung im Sinne von § 549 Abs. 1 ZPO vor, wenn die Entscheidungsgründe des Berufungsurteils mit Sicherheit die Möglichkeit ausschlössen, daß die Anschlußberufung hätte Erfolg haben können, und des weiteren dem Revisionsgericht eine sachliche Nachprüfung des Berufungsurteils mangels entsprechender Revisibilität verwehrt sei, ergibt sich daraus für den hier zu entscheidenden Rechtsstreit kein Gesichtpunkt, der es rechtfertigen könnte, die Kausalität der Gesetzesverletzung zu verneinen. Es erscheint schon sehr fraglich, ob aus den Entscheidungsgründen des Landesarbeitsgerichts hervorgeht, daß es mit Sicherheit die Anschlußberufung auch sachlich zurückgewiesen hätte. Vor allem aber ist gar nicht der Fall gegeben, daß dem Bundesarbeitsgericht eine sachliche Nachprüfung des Urteils in bezug auf die Wirksamkeit bzw. Unwirksamkeit der außerordentlichen fristlosen Kündigung vom 2. März 1955 verwehrt wäre. Denn soweit das Landesarbeitsgericht die Revision zugelassen hatte, konnte es die Nachprüfung seines Urteils durch die Revisionsinstanz nicht darauf beschränken, ob die Verwerfung der Anschlußberufung zu Recht geschehen ist oder nicht, sondern es wurde für den ganzen Komplex, auf den sich die Anschlußberufung bezog, der dritte Rechtszug eröffnet (vgl. BAG 2, 326 [327, 328]; RAG 5, 193 [196]; Dersch-Volkmar, ArbGG, 6. Aufl., § 69 Anm. 22; Dietz-Nikisch, ArbGG, § 69 Anm. 26, § 72 Anm. 26).

IV. Zur Entscheidung über die Wirksamkeit der außerordentlichen fristlosen Kündigung vom 2. März 1955 sind noch weitere tatsächliche Feststellungen darüber erforderlich, ob nach dem Vorfall vom 2. März 1955 der Beklagten unter Berücksichtigung aller in Betracht zu ziehenden Umstände nach Treu und Glauben zuzumuten war, selbst nicht für die Dauer der vorgesehenen Kündigungsfrist das Arbeitsverhältnis mit dem Kläger fortzusetzen (vgl. statt aller BAG 2, 214 [216]). Dabei ist im Hinblick auf § 66 BetrVG auch eine Untersuchung notwendig, ob die Beklagte vor Ausspruch der außerordentlichen fristlosen Kündigung den Betriebsrat angehört hat, gegebenenfalls, welche Bedeutung eine Nichtanhörung hatte (vgl. BAG AP Nr. 10 zu § 66 BetrVG). Das alles macht gemäß § 565 ZPO die Aufhebung des angefochtenen Urteils und die Zurückverweisung zur anderweiten Verhandlung und Entscheidung insoweit notwendig, als das Landesarbeitsgericht die Rechtsunwirksamkeit der fristlosen Kündigung vom 2. März 1955 festgestellt und die Anschlußberufung der Beklagten als unzulässig verworfen hat.

61

1. Ein fristlos entlassenes Betriebsratsmitglied kann nach § 11 Abs. 1 Satz 3 KSchG die Auflösung des Arbeitsverhältnisses und die Zahlung einer Abfindung beantragen.

2. Gibt das Gericht diesem Antrage statt, so setzt es den Tag der fristlosen Kündigung als Zeitpunkt der Auflösung des Arbeitsverhältnisses fest.

KSchG § 13, § 11 Abs. 1 Satz 2 und Satz 3, § 7 Abs. 2.

II. Senat. Urteil vom 23. Januar 1958 i. S. F. Z. P. & Co. (Bekl.) w. H. (Kl.) 2 AZR 71/56.

I. Arbeitsgericht Frankfurt/Main. — II. Landesarbeitsgericht Frankfurt/Main.

Der Kläger war seit 1926 in der Zwiebackfabrik der Beklagten als Angestellter für die technische Überwachung der Betriebsanlagen, insbesondere die Bedienung und Wartung der Röstöfen des Betriebes tätig. Seit mehreren Jahren war er außerdem Vorsitzender des Betriebsrates der Beklagten. Ihm ist von der Beklagten mit Zustimmung des Betriebsrates am 11. August 1954 fristlos mit der Begründung gekündigt worden, er habe es pflichtwidrig unterlassen, eine von ihm verursachte Beschädigung eines Gasofens zu melden, und dadurch habe er eine Gefahr für den Bestand des Betriebes und das Leben der Betriebsangehörigen hervorgerufen. Der Kläger hat inzwischen eine andere Stelle angetreten.

Der Kläger hat mit der am 21. August 1954 beim Arbeitsgericht eingereichten Klage Feststellung der Unwirksamkeit der Kündigung vom 11. August 1954 sowie weiterhin Auflösung des Arbeitsverhältnisses wegen Unzumutbarkeit seiner Fortsetzung und Verurteilung der Beklagten zur Zahlung einer, der Höhe nach in das Ermessen des Gerichts gestellten, Abfindung beantragt.

Das Landesarbeitsgericht hat unter Aufhebung des erstinstanzlichen Urteils das Arbeitsverhältnis mit Ablauf des 31. März 1955 aufgelöst und die Beklagte zur Zahlung einer Abfindung von 2000,— DM verurteilt. Auf die Revision der Beklagten hat das Bundesarbeitsgericht unter deren Zurückweisung im übrigen das Arbeitsverhältnis mit Wirkung vom 11. August 1954 aufgelöst und den Rechtsstreit zur Verhandlung und Entscheidung über die Höhe der Abfindung an das Landesarbeitsgericht zurückverwiesen.

Aus den Gründen:

A. (Zunächst wird ausgeführt, daß das Landesarbeitsgericht das Vorliegen eines wichtigen Grundes für die Kündigung des Klägers zutreffend und ohne Rechtsverletzung verneint hat.)

B. Soweit das Landesarbeitsgericht das Arbeitsverhältnis des Klägers aus dem Gesichtspunkt der Unzumutbarkeit seiner Fortsetzung aufgelöst hat, rechtfertigt sich dies aus § 11 Abs. 1 Satz 2 und Satz 3 KSchG.

1. Gegen die Anwendbarkeit des § 11 Abs. 1 Satz 2 und Satz 3 KSchG bei einer unwirksamen außerordentlichen fristlosen Kündigung eines Betriebsratsmitgliedes sind freilich die Bedenken geltend gemacht worden, der im Zweiten Abschnitt des Kündigungsschutzgesetzes stehende § 13 KSchG regele auch für außerordentliche Kündigungen den Kündi-

gungsschutz der Betriebsratsmitglieder abschließend und ohne Verweisung auf den Ersten Abschnitt des Gesetzes und damit auch ohne Verweisung auf § 11 Abs. 1 Satz 2 und Satz 3 KSchG. Eine unwirksame außerordentliche fristlose Kündigung eines Betriebsratsmitgliedes verstoße daher gegen ein gesetzliches Verbot, so daß § 11 Abs. 4 KSchG eingreife und die Vorschriften des Ersten Abschnittes des Kündigungsschutzgesetzes und damit auch § 11 Abs. 1 KSchG nicht zur Anwendung kämen (so: Herschel-Steinmann, KSchG, 3. Aufl., 1955, § 11 Anm. 6 e und § 13 Anm. 1 a und 19; derselbe in Anm. zu AP 1953 Nr. 137 und AP 1954 Nr. 7; Bescheid des BAM vom 18. August 1951 — BB 1951, 923 [924]; Rohwer-Kahlmann, KSchG, 1952, § 13 Anm. 5; Hunn, RdA 1954, 386 [387]; derselbe, Arbeit und Recht 1954 S. 262 [264, 265]; Trieschmann in BB 1954, 874 [875]; derselbe in RdA 1956, 258 [263]; LAG Düsseldorf vom 24. 7. 1953 — 3 Sa 84/53 —, Betrieb 1953, S. 764 = BB 1953, 769; Fitting-Kraegeloh-Auffarth, BetrVG, 4. Aufl., 1958, § 54, Bem. 34; früher so auch Hueck, KSchG, 2. Aufl., 1952, § 13 Anm. 12).

2. Diesen Überlegungen vermag der Senat nicht zu folgen.

a) Der Sache nach befaßt sich der im Zweiten Abschnitt des Gesetzes stehende § 13 KSchG nur mit dem Kündigungsschutz von Betriebsratsmitgliedern gegenüber einer ordentlichen Kündigung. Ihn regelt das Gesetz anders als den Kündigungsschutz der im Ersten Abschnitt des Gesetzes genannten Arbeitnehmer, indem es Betriebsratsmitglieder nicht nur vor sozialwidrigen, sondern, abgesehen von den Ausnahmefällen des § 13 Abs. 2 KSchG, vor ordentlichen Kündigungen seitens des Arbeitgebers überhaupt schützt. Soweit ordentliche Kündigungen gegenüber Betriebsratsmitgliedern in Rede stehen, hat daher auch der Erste Senat des Bundesarbeitsgerichts bereits in BAG 3, 341 [343] angenommen, daß für sie der im Ersten Abschnitt des Gesetzes stehende § 3 KSchG nicht anzuwenden ist, weil insoweit der Zweite Abschnitt des Gesetzes eine Sonderregelung enthält.

Nicht aber ist aus § 13 KSchG zu entnehmen, daß er auch eine Sonderregelung für den Fall schaffen will, daß einem Betriebsratsmitglied gegenüber eine außerordentliche Kündigung aus wichtigem Grunde ausgesprochen wird. Bereits die Wortfassung des § 13 Absatz 1 Halbsatz 2 KSchG deutet darauf hin, daß für derartige Fälle ein Sonderkündigungsschutz für Betriebsratsmitglieder vom Gesetzgeber nicht gewollt ist, sondern § 13 KSchG es bei der allgemeinen gesetzlichen Regelung des Ersten Abschnitts und damit auch bei der Regelung des § 11 KSchG beläßt. Gegen eine solche Annahme läßt sich auch nicht einwenden, daß im Falle einer unwirksamen außerordentlichen Kündigung eines Betriebsratsmitgliedes eine schlechthin gegen ein gesetzliches Verbot verstoßende und deswegen gemäß § 11 Abs. 4 KSchG nichtige Kündigung vorliege. Diese namentlich von Herschel in Anm. zu AP 1953 Nr. 137 und Trieschmann in BB 1954, 874 [875] geäußerte Ansicht übersieht, daß § 13 Abs. 1 Halbsatz 2 KSchG selbst kein gesetzliches Verbot für unwirksame außerordentliche Kündigungen enthält und daß § 11 Absatz 1 KSchG die Sondervorschrift ist, die unter Ausschluß von § 11 Absatz 4 KSchG dann eingreift, wenn eine außerordentliche Kündigung nur wegen Fehlens eines wichtigen Kündigungsgrundes unwirksam ist.

b) Eine solche Auslegung trägt aber auch dem Sinn des § 11 Absatz 1 KSchG Rechnung. Es liegt kein sachlicher Grund vor, ein Betriebsratsmitglied, dem unwirksam außerordentlich gekündigt worden ist, von der Pflicht zur fristgerechten Geltendmachung der Unwirksamkeit der außerordentlichen Kündigung nach näherer Maßgabe des § 11 Abs. 1 Satz 2 KSchG zu befreien. Denn das Bedürfnis nach rascher Klarstellung der Gültigkeit oder Ungültigkeit der Kündigung, dem § 11 Abs. 1 Satz 2 und § 3 Satz 1 KSchG dienen sollen, ist bei ihm gerade wegen seiner Betriebsratsfunktionen in viel größerem Maße gegeben als bei einem Arbeitnehmer, der nicht Betriebsratsmitglied ist. Ebensowenig ist einzusehen, warum ein Betriebsratsmitglied, dem außerordentlich, aber wegen Fehlens eines wichtigen Grundes, unwirksam gekündigt worden ist, nicht die Möglichkeit haben soll, nach Maßgabe des § 11 Abs. 1 Satz 3, § 7 Abs. 2 und Abs. 3, §§ 8 und 9 KSchG Auflösung des Arbeitsverhältnisses und Zahlung einer Abfindung zu beantragen. Die Fortsetzung des Arbeitsverhältnisses auf Grund einer unwirksamen außerordentlichen Kündigung kann ihm genau so verleidet werden wie jedem anderen Arbeitnehmer. Soweit Herschel (Anm. zu AP 1953 Nr. 137) hiergegen das Bedenken erhoben hat, in einem solchen Falle bestehe die Gefahr, daß das Betriebsratsmitglied Arbeit und Amt gegen Zahlung einer Abfindung für persönliche Zwecke preisgebe, ist nicht ersichtlich, daß ein solcher Gesichtspunkt den Gesetzgeber veranlaßt hat, die Auflösungs- und Abfindungsmöglichkeiten für Betriebsratsmitglieder einfach stillschweigend auszuschließen. Eine solche Annahme liegt im übrigen um so ferner, als ein Betriebsratsmitglied dann immer noch auf Grund einer Verständigung mit dem Arbeitgeber gegen eine vereinbarte Abfindung ausscheiden könnte (ebenso: Hueck-Nipperdey, Lehrbuch des Arbeitsrechts, 6. Aufl., Bd. I, 1958, § 65 IV 4 S. 623, 624 mit weiteren Nachweisen zu Fußnote 41 ebenda; Hueck, KSchG, 3. Aufl., 1955, § 13 Anmerk. 30, 31; derselbe, BB 1952, 467 [468]; Dietz, NJW 1951, 941 [945]; Erdmann-Müller, 2. Aufl., 1954, KSchG, § 13, Anm. 2 b; Monjau-

Heimeier, KSchG, 1951, § 14 Anm. 1; Nikisch, ArbR, 2. Aufl., Bd. I, 1955, S. 656 zu Fußnote 16; Kaskel-Dersch, Lehrbuch, 5. Aufl., 1957, S. 235 zu Fußnote 1; Bührig-Wittholz-Paulsen, KSchG, 1952, § 13 Anmerk. 14; Groß, Arbeit und Recht, 1953, 364 [367, 368]; Güntner, Arbeit und Recht 1954, 193 [194], RdA 1954, 131 [135] und ArbR-Blattei, Stichwort „Kündigungsschutz" III Prozessuale Probleme, zu E IV; vgl. die Urteile des LAG Hamm, in BB 1952, 830 = Betrieb 1952, 868; AP 1952 Nr. 201 mit Anm. von Hueck; AP 1953 Nr. 93 mit zust. Anm. von Molitor = BB 1953, 145; AP 1954 Nr. 7 = BB 1953, 679; LAG Tübingen, AP 1953 Nr. 137 = BB 1952, 746; LAG Düsseldorf, SAE 1952 Nr. 55 S. 138; LAG Stuttgart, SAE 1953 Nr. 40 = Betrieb 1954, S. 436).

c) Somit ergibt sich zusammengefaßt, daß das Landesarbeitsgericht auch im vorliegenden Fall für die von ihm ausgesprochene Auflösung des Arbeitsverhältnisses des Klägers zutreffend von § 11 Abs. 1 Satz 2 und 3 KSchG ausgegangen ist.

C. Soweit das Landesarbeitsgericht bei der von ihm vorgenommenen Auflösung als Zeitpunkt für die Auflösung den 31. Juli 1955 bestimmt hat, hat es als Auflösungszeitpunkt in entsprechender Anwendung des § 7 Abs. 2 KSchG den Tag angenommen, an dem das Arbeitsverhältnis im Falle einer möglichen und zulässigen ordentlichen Kündigung beendet gewesen wäre. Im Hinblick auf § 2 Abs. 1 AngKSchG vom 9. Juli 1926 ist es wegen der mehr als zwölfjährigen Beschäftigungszeit des Klägers von einer Kündigungsfrist von 6 Monaten ausgegangen und hat es deshalb den Auflösungszeitpunkt auf den 31. März 1955 bestimmt.

1. Diese auch mehrfach in der Literatur vertretene Ansicht (vgl. Monjau-Heimeier, KSchG, § 11 Anm. 3; Dietz, NJW 1951, 941 [945]; Oehmann, RdA 1952, 93 ff.; LAG Frankfurt, AP 1954 Nr. 85; LAG Stuttgart, AP 1954 Nr. 94 Leitsatz 6) hält jedoch einer näheren Nachprüfung nicht stand und ist fehlerhaft. Der S i n n des § 7 Abs. 2 KSchG bei seiner unmittelbaren Anwendung geht dahin, daß sich Arbeitnehmer und Arbeitgeber aus Anlaß eines gerichtlichen Streites über eine sozialwidrige ordentliche Kündigung dafür entscheiden können, im Falle der Unzumutbarkeit der Fortsetzung des Arbeitsverhältnisses, dessen Auflösung durch gerichtliches Gestaltungsurteil herbeizuführen. Wenn § 7 Abs. 2 KSchG für dieses Gestaltungsurteil vorschreibt, als Auflösungsdatum sei der Zeitpunkt festzusetzen, an dem das Arbeitsverhältnis bei sozialgerechtfertigter Kündigung geendet hätte, dann bedeutet das praktisch, daß der Arbeitnehmer zwar mit Erfolg die sozial ungerechtfertigte Kündigung bekämpfen kann, er aber im Falle eines Auflösungs- und Ab-

findungsantrages im Endergebnis die Beendigungswirkung der von ihm bekämpften Kündigung, wenn auch nicht kraft Ausspruchs durch den Kündigenden, sondern kraft gestaltenden Ausspruchs durch das Gericht, mitmacht, und zwar ohne Rücksicht darauf, ob der nach § 7 Abs. 2 KSchG festzusetzende Auflösungszeitpunkt vor Beginn oder nach dem Ende des Rechtsstreites liegt oder nicht und insbesondere aber ohne Rücksicht darauf, ob sich aus dem nach § 7 Abs. 2 KSchG festzusetzenden Zeitpunkt der Auflösung des Arbeitsverhältnisses im Einzelfall für den Arbeitnehmer vorteilhafte Ansprüche aus dem Gesichtspunkt des Annahmeverzuges des Arbeitgebers (§ 615 BGB) ergeben oder nicht. Der Umstand, daß das Arbeitsverhältnis eben wegen Unzumutbarkeit seiner Fortsetzung und damit aus Gründen aufgelöst wird, die in ihren materiellen Auswirkungen schwer abwägbar sind, hat dazu geführt, daß der Gesetzgeber den Zeitpunkt, der für die Auflösung des Arbeitsverhältnisses gemäß § 7 Abs. 2 KSchG zu wählen ist, einfach nach den zufälligen Gegebenheiten der Ausgestaltung der Kündigungsverhältnisse im Einzelfall bestimmt. Wird aber schon im Falle der unmittelbaren Anwendung des § 7 Abs. 2 KSchG der Auflösungszeitpunkt nicht nach materiellen Günstigkeitsüberlegungen bestimmt, sondern einfach von den Zumutbarkeitserwägungen über die Fortsetzung oder die Nichtfortsetzung des Arbeitsverhältnisses überlagert, so muß das auch in dem Fall der durch § 11 Abs. 1 Satz 3 KSchG vorgeschriebenen „entsprechenden" Anwendung von § 7 Abs. 2 KSchG gelten. Eine „entsprechende" Anwendung von § 7 Abs. 2 KSchG bedeutet dann aber, daß auch in den Fällen des § 11 Abs. 1 Satz 3 KSchG der Arbeitnehmer mit seinem Auflösungsantrag sagt, er erkenne zwar die Berechtigung der fristlosen Kündigung nicht an, wolle aber ebenfalls, und zwar sofort, wegen Unzumutbarkeit der Fortsetzung des Arbeitsverhältnisses die Beendigung herbeigeführt wissen. Jede andere Abstellung auf die Wirksamkeit einer gar nicht ausgesprochenen und damit fiktiven ordentlichen Kündigung trägt in den Aufhebungsprozeß geldliche Überlegungen hinein, die das KSchG lediglich mit der Abfindung selbst geregelt wissen wollte, deren Regelung es im übrigen den allgemeinen Rechtsvorschriften, keinesfalls aber der Wahl des Auflösungszeitpunktes des § 7 Abs. 2 KSchG zuweist (vgl. auch Hueck-Nipperdey, Lehrbuch. 6. Aufl., Bd. I, 1958, § 64 Anm. XII 4 c S. 612 zu Fußnote 173 a mit weiteren Nachweisen; Hueck, KSchG, 3. Aufl., 1955, § 11 Anm. 7; derselbe in Anm. zu AP 1954 Nr. 85; Herschel-Steinmann, KSchG, 3. Aufl., 1955, § 11 Anm. 6 b; Nikisch, ArbR, 2. Aufl., Bd. I, 1955, S. 649 zu Fußnote 118; Kraegeloh, Betrieb 1951, 877 [879]; Rohlfing-Rewolle,

KSchG, 1957, § 7 Anm. 11; LAG Hamburg, ARSt IX Nr. 653 und ARSt XI, Nr. 542).

2. Daraus folgt, daß auf die Revision der Beklagten das angefochtene Urteil insoweit aufzuheben ist, als es den Auflösungszeitpunkt auf den 31. März 1955 festgesetzt hat, und daß das Arbeitsverhältnis der Parteien stattdessen mit Wirkung vom 11. August 1954 — dem Tag des Ausspruchs der fristlosen Kündigung — aufzulösen ist, was das Revisionsgericht, da insoweit die Voraussetzungen von § 565 Abs. 3 Ziffer 1 ZPO gegeben sind, selbst aussprechen kann.

3. Diese Änderung des Auflösungszeitpunktes macht es notwendig, das angefochtene Urteil auch insoweit aufzuheben, als es die Abfindungssumme auf 2000,— DM festgesetzt hat. Aus den Ausführungen des Urteils des Landesarbeitsgerichts ergibt sich nämlich, daß es den Verdienstausfall des Klägers bis zum Ablauf einer ordentlichen Kündigungsfrist bei der Bemessung der Abfindung nicht berücksichtigt hat, weil es davon ausgegangen ist, der von ihm festgesetzte Auflösungszeitpunkt mache das entbehrlich. Demnach hätte es voraussichtlich die Abfindung höher festgesetzt, wenn es das Arbeitsverhältnis zum 11. August 1954 und nicht zum 31. März 1955 aufgelöst hätte. Die Frage, zu welchem Zeitpunkt die Auflösung des Arbeitsverhältnisses festzusetzen ist, und die Frage der Höhe der Abfindungssumme hängen aber so untrennbar miteinander zusammen, daß eine Änderung des Auflösungszeitpunktes durch das Revisionsgericht der Entscheidung des Landesarbeitsgerichts über die Höhe der Abfindung die Grundlage entzieht. Das macht es notwendig, auch insoweit die Entscheidung des Landesarbeitsgerichts aufzuheben, als es die Abfindungssumme festgesetzt hat, und den Rechtsstreit insoweit zur anderweiten Verhandlung und Entscheidung an das Landesarbeitsgericht zurückzuverweisen.

62

Ob derjenige, der einen anderen gegen Unfall versichert hat, nach eingetretenem Unfall an den Versicherten bzw. dessen Erben die von dem Versicherer ausgezahlte Versicherungssumme abführen muß, bestimmt sich nach der Art der Rechtsbeziehungen zwischen Versichertem und Versicherungsnehmer; das VVG regelt diese Frage in §§ 179, 75—77 nicht.

VVG § 179, 75, 76, 77.

II. Senat. Urteil vom 30. Januar 1958 i. S. C. (Bekl.) w. D. (Kl.) 2 AZR 293/56.

I. Arbeitsgericht Hamburg. — II. Landesarbeitsgericht Hamburg.

Die Klägerin ist die Tochter und — zusammen mit ihrem Bruder — Erbin des im Jahre 1953 an den Folgen eines Unfalles verstorbenen H., der bis zu seinem Tode Prokurist in dem Großhandelsgeschäft des Beklagten war. Der Beklagte hatte in Erfüllung einer dem Erblasser am 30. Dezember 1951 gemachten Versorgungszusage sich diesem gegenüber in einem notariellen Vertrage verpflichtet, an die Klägerin und deren Bruder den Betrag von 17 448,— DM und an die Schwägerin des Verstorbenen und deren uneheliches Kind, dessen Vater der Verstorbene war, den Betrag von 21 990,— DM teils in Kapital, teils in Rentenform, zu zahlen. Dieser Pflicht wird vom Beklagten seit dem Tode des H. auch entsprochen. Vor der Erteilung der Versorgungszusage vom 30. Dezember 1951, nämlich am 18. Januar 1951, hatte der Beklagte mit der N. Versicherungsgesellschaft eine Gruppenunfallversicherung abgeschlossen, worin, neben dem Beklagten und fünf anderen Angestellten, auch der Verstorbene für den Todesfall auf 20 000,— DM, für den Invaliditätsfall auf 40 000,— DM und für den Fall vorübergehender Arbeitsunfähigkeit auf 20,— DM Tagegeld versichert war. Auf Grund dieser Versicherung zahlte die Versicherungsgesellschaft anläßlich des unfallbedingten Krankseins des Verstorbenen an den Beklagten insgesamt 3390,— DM Tagegelder, die der Beklagte an den Verstorbenen weitergab. Anläßlich des Todes des H. zahlte die Versicherungsgesellschaft an den Beklagten 20 000,— DM, die dieser für sich behielt. Eine schriftliche Einwilligung des Verstorbenen zu dem Abschluß der Gruppenunfallversicherung ist nicht eingeholt worden.

Die Klägerin hat geltend gemacht, die von der Versicherungsgesellschaft an den Beklagten ausgezahlten 20 000,— DM stünden ihr und ihrem Bruder als den Erben des Verstorbenen zu. Sie hat einen Teilbetrag geltend gemacht.

Der Beklagte hat behauptet, anläßlich der dem Verstorbenen am 30. Dezember 1951 erteilten Versorgungszusage habe er in seiner Bilanz Rückstellungen in Höhe von 30 000,— DM gemacht, und die Gruppenunfallversicherung sei dazu bestimmt, ihm teilweise zur Abdeckung der dem Verstorbenen am 30. Dezember 1951 gemachten Versorgungszusage zu dienen.

Die beiden Vorinstanzen haben der Klage entsprochen. Das Bundesarbeitsgericht hat aufgehoben und an das Landesarbeitsgericht zurückverwiesen.

Aus den Gründen:

1. Aus den vom Landesarbeitsgericht angezogenen Vorschriften der §§ 179, 75 Abs. 1 VVG in Verbindung mit § 2039 BGB läßt sich der

Anspruch der Klägerin nicht rechtfertigen. Darüber, welche Rechte aus der Unfallversicherung auf die Person eines anderen, die für dessen Rechnung abgeschlossen ist, dem Versicherten gegen den Versicherungsnehmer zustehen, besagt § 179 VVG ebenso wenig etwas wie die in § 179 Abs. 2 Satz 2 VVG enthaltene Verweisung auf § 75 Abs. 1 VVG. Mit der Verweisung auf § 75 Abs. 1 Satz 1 VVG ist in § 179 Abs. 2 Satz 2 VVG lediglich zum Ausdruck gebracht, daß es sich bei der Unfallversicherung auf die Person Dritter für deren Rechnung ebenso wie bei der Schadensversicherung für fremde Rechnung um einen Vertrag zugunsten eines Dritten handelt (vgl. J. v. Gierke, Versicherungsrecht, Band 1, 1937, § 11 II 1 a S. 122 mit Nachweisen zu Fußnote 4 ebenda; Band 2, 1947, § 34 V S. 195). Verträge zugunsten eines Dritten regeln aber nur die Rechtsbeziehungen zwischen Versprechendem und Versprechensempfänger und geben darüber hinaus dem durch das Versprechen bedachten Dritten einen Anspruch gegen den Versprechenden. Sie regeln nicht die Rechtsbeziehungen im Innenverhältnis zwischen Versprechensempfänger und dem bedachten Dritten. Davon macht, wenn man von den hier nicht weiter in Betracht kommenden Vorschriften der §§ 77, 79 VVG einmal absieht, der in § 179 VVG geregelte Fall der Unfallversicherung eines Dritten auf dessen Rechnung keine Ausnahme. Denn auch die in § 179 Abs. 2 Satz 2 VVG enthaltene Verweisung auf § 75 Abs. 1 Satz 2 und § 75 Abs. 2 sowie auf § 76 VVG besagt nichts darüber, ob und welche Rechte dem Versicherten gegen den Versicherungsnehmer zustehen. Diese Vorschriften legen lediglich fest, welche Rechte dem Versicherten gegen den Versicherer (§ 75 VVG) und welche Rechte dem Versicherungsnehmer in bezug auf die Forderung des Versicherten gegen den Versicherer (§ 76 VVG) zustehen. Demnach konnte das Landesarbeitsgericht den Klageanspruch der Klägerin nicht aus den von ihm angezogenen Vorschriften als gerechtfertigt ansehen.

2. Dafür, ob, in welchem Umfang und unter welchen Voraussetzungen im einzelnen die Klägerin von dem Beklagten Zahlung der Versicherungssumme verlangen kann und ob der Beklagte wegen die Eingehung und Aufrechterhaltung der für Rechnung des Verstorbenen eingegangenen Versicherung und für die Auszahlung der Versicherungssumme seinerseits Forderungen gegen die Klägerin erheben kann, ist entscheidend, welche Rechtsbeziehungen im Innenverhältnis zwischen den Parteien bestehen.

a) Wenn nämlich das Gesetz eine Versicherung Dritter für deren Rechnung in § 179 VVG zuläßt, geht es davon aus, daß derjenige, der einen Dritten für dessen Rechnung versichert, dem Dritten also Versicherungsschutz zukommen läßt, das nur tut, wenn er zu dem Versicherten in einem rechtlichen Zuwendungsverhältnis steht. Dieses Zuwendungsverhältnis zwischen Versicherungsnehmer und Versicherten kann sehr verschiedenartig sein. Die Verpflichtung eines Versicherungsnehmers, ein Versicherungsverhältnis zugunsten eines Dritten in dessen Interesse einzugehen, es aufrechtzuerhalten und es zugunsten des Dritten unter Ausnutzung der dem Versicherungs n e h m e r in solchen Fällen nach § 76 VVG und nach § 15 Abs. 1 der Allgemeinen Unfallversicherungsbedingungen gegebenen Möglichkeiten im Interesse des Versicherten abzuwikkeln, kann ebensogut die Gegenleistung des Versicherungsnehmers an den Versicherten aus einem Kaufvertrag sein wie auf einer Schenkung, einer Geschäftsbesorgung, einem Auftrag, einer Geschäftsführung ohne Auftrag oder, was im vorliegenden Fall nach den Gesamtumständen besonders naheliegt, auf einem Arbeitsvertrag beruhen. Die Verpflichtung zur Auskehrung der eingezogenen Entschädigungssumme durch den Versicherungsnehmer an den Versicherten wird sich gegebenenfalls auch aus § 816 Abs. 2 BGB ergeben können (vgl. OGH VersR 1950 S. 81 mit Anm. von Möller ebenda S. 82; vgl. auch v. d. Thüsen VW 1953, S. 434 [435]).

b) Darüber, wie das Innenverhältnis des Versicherungsnehmers zum Versicherten im Einzelfall ist, sagt auch das VVG nichts aus. Wegen der dafür möglichen Vielfältigkeiten kann es auch naturgemäß nichts darüber aussagen. Das wird durch § 77 VVG, auf den in § 179 Abs. 2 Satz 2 VVG verwiesen ist, bestätigt. Auch § 77 VVG geht nämlich davon aus, daß dem Versicherungsnehmer für die Vornahme einer Fremdrechnungsdrittversicherung gegen den Versicherten unter Umständen Ansprüche aus dem von dem Versicherungsvertrag zu unterscheidenden Innenverhältnis zustehen können und gewährt dem Versicherungsnehmer solchenfalls für seine Ansprüche ein Zurückbehaltungsrecht an dem Versicherungsschein und ein Befriedigungsrecht aus der Versicherungssumme unter den in § 77 VVG näher genannten Voraussetzungen.

Auch § 179 Abs. 2 VVG besagt über die nähere Ausgestaltung des Innenverhältnisses zwischen Versicherungsnehmer und Versichertem nichts (vgl. dazu Prölss, VVG, 10. Aufl., 1957, § 77 VVG Anm. 1 und KG JPPrV 1936, 220 unter Ablehnung der früheren gegenteiligen Ansicht des KG in JPPrV 1932, 247). Seine Bedeutung ist eine ganz andere. Da dem V e r s i c h e r e r die näheren Einzelheiten der Ausgestaltung des Innenverhältnisses zwischen Versicherungsnehmer und Versichertem meist nicht bekannt sind und ihn diese auch nicht zu interessieren brauchen, soll der V e r s i c h e r e r sich nicht ohne besonderen gegenteiligen Nachweis darauf berufen können, es liege eine nach § 179 Abs. 3 Satz 1 VVG verbotene und nichtige Eigenrechnungsversicherung vor.

c) Dem entspricht es, daß auch die ganz überwiegende Meinung in Judikatur und Literatur nur das Innenverhältnis zwischen Versicherungsnehmer und Versicherten dafür entscheidend sein läßt, ob, in welchem Umfang und unter welchen Voraussetzungen in Fällen der hier in Rede stehenden Art der Versicherte vom Versicherungsnehmer Zahlung der eingezogenen Versicherungssumme verlangen kann (RG JW 1928, 1742 [1743]; RGZ 161, 94 ff. [100]; BGHZ 19, 94 [102]; KG VersR 1954 S. 454; OLG München, VersR 1952 S. 391; OLG Nürnberg, DAR 1954 S. 135; LG Kassel, VersR 1955 S. 268; LG Berlin, VersR 1954 S. 324; LG Berlin, VersR 1955 S. 166; LAG Stuttgart — RdK 30, 370; Bruck, Privatversicherungsrecht, 1930, S. 615 mit umfangreichen Nachweisen in Fußnote 56 ebenda; Ehrenzweig, Deutsches (Österreichisches) Versicherungsvertragsrecht, 1952, S. 221/223; J. v. Gierke, Versicherungsrecht, 2. Hälfte, 1947, § 34 VII S. 196; Hagen in Ehrenbergs Handbuch für das gesamte Handelsrecht, Bd. 8, Abt. 1, 1922, S. 692; Prölß, VVG, 10. Aufl., 1956, § 77 Anm. 1, § 179 Anm. 3; Prölß, Anm. zu RG vom 13. Juli 1936 in JW 1936 S. 2788 zu Ziffer II; Kisch, Handbuch des Privatversicherungsrechts, Bd. 3, 1922, S. 536, 538; Ritter, Das Recht der Seeversicherung, Bd. I, Hamburg, 1912, S. 738; Stiefel-Wussow, Kraftfahrzeugversicherung, 3. Aufl., 1955, § 3 AKB, Anm. 17 S. 111; Roesch, JR 1948, 100; v. d. Thüsen, Vers. W, 1953 S. 434 [435]; Thiel, VersR 1955, 728; ohne brauchbare Begründung: LAG Frankfurt/M., BB 56, 338).

d) Dem somit gegebenen Erfordernis, es für die Berechtigung des Klageanspruchs auf das Innenverhältnis zwischen der Klägerin und dem Beklagten abzustellen, hat das Landesarbeitsgericht nicht entsprochen. Da dem Revisionsgericht eine solche Prüfung mangels Vorliegens der Voraussetzungen von § 565 Abs. III Ziffer 1 ZPO nicht möglich ist, ist das angefochtene Urteil aus diesem Grunde aufzuheben und die Sache zur erneuten Verhandlung und Entscheidung an die Vorinstanz zurückzuverweisen.

3. Sollte das Landesarbeitsgericht zu der Feststellung gelangen, daß im Innenverhältnis zwischen dem Versicherten und dem Beklagten hinsichtlich der hier in Rede stehenden Versicherung weder ein vertragliches noch ein gesetzliches Schuldverhältnis (§§ 677 ff., 816 Abs. 2 BGB) gegeben ist, wird es zu prüfen haben, inwieweit der Beklagte treu- oder sittenwidrig handelt, wenn er, nachdem der Versicherungsfall eingetreten ist, sich auf die Rechtsgrundlosigkeit der Drittversicherung in seinem

Innenverhältnis zu der Klägerin beruft. Insoweit wird im Grundsatz auf das Urteil des KG, VersR 1954, 454 sowie auf Stiefel-Wussow, a. a. O., § 3 AKB, Bem. 18, S. 113 verwiesen. Es liegt aber nahe, daß dabei dem Umstand entscheidendes Gewicht beizumessen ist, daß der Beklagte für die Hinterbliebenen des Verstorbenen durch seine Zusage an den Verstorbenen vom 30. Dezember 1951 eine gute Versorgung sichergestellt und diese bisher erfüllt hat.

Sachregister

B

D

E

F

G

Gesetzesregister

Zusammenstellung der Entscheidungen nach der Zeitfolge